全国高等职业教育机电类“十二五”规划教材

CAD/CAM 应用技术

主　编　张志鹏
副主编　代战胜　董学琴　卢青波
鲁红亮　赵亚利

黄河水利出版社
·郑州·

内容提要

本书是高等职业院校机电一体化、机械制造、数控等机电类相关专业的 CAD/CAM 技术教材。本书共有 6 个情景，每个情景中有若干个具体项目。内容分为计算机辅助设计、计算机辅助制造，主要以目前国内最优秀、具有代表性的工程软件 CAXA 制造工程师为例，阐述了 CAD/CAM 的关键技术和一般操作步骤，通过典型实例为读者提供良好的计算机辅助技术学习平台。本书的最大特点是，实训项目丰富，实用性强。书中所有的实训题目均能用于其他工程软件。

图书在版编目(CIP)数据

CAD/CAM 应用技术/张志鹏主编. —郑州：黄河水利出版社，2012.1

全国高等职业教育机电类“十二五”规划教材

ISBN 978-7-5509-0039-4

Ⅰ.①C… Ⅱ.①张… Ⅲ.①计算机辅助设计-高等职业教育-教材②计算机辅助制造-高等职业教育-教材 Ⅳ.①TP391.7

中国版本图书馆 CIP 数据核字(2012)第 006613 号

出 版 社：黄河水利出版社

地址：河南省郑州市顺河路黄委会综合楼 14 层　邮政编码：450003

发行单位：黄河水利出版社

发行部电话：0371-66026940、66020550、66028024、66022620(传真)

E-mail：hhslcbs@126.com

承印单位：郑州海华印务有限公司

开本：787 mm×1 092 mm　1/16

印张：14.25

字数：347 千字　　印数：1—4 000

版次：2012 年 1 月第 1 版　　印次：2012 年 1 月第 1 次印刷

定价：31.00 元

前 言

《CAD/CAM 应用技术》是全国高等职业教育机电类“十二五”规划教材之一。

目前,计算机辅助设计与辅助制造(Computer Aided Design and Computer Aided Manufacturer,简称 CAD/CAM)技术广泛应用于航空航天、汽车、船舶、机械、电子等各个领域。本教材本着实用性的宗旨,深化课程体系与教学内容改革,使 CAD 和 CAM 贯穿一气,使学生通过实例,掌握机械 CAD 工程设计及 CAM 制造手段和方法,培养学生的工程综合应用能力和相关的技能、技巧,同时注重综合实践性环节,增强学生的动手能力及实践能力。从而,为社会培养出掌握先进制造技术、适应社会经济发展要求的高素质应用型人才。

本书涉及计算机辅助设计、计算机辅助制造及加工仿真等内容,适合作为机电一体化、机械制造、数控等机电类相关专业教学用书,同时,也可作为从事计算机辅助设计、制造,数控程序编制等工作的工程人员学习用书。

本书最大的特点是实训实例丰富,具有典型性和代表性,让读者能够举一反三,提高读者使用 CAD/CAM 软件的实际应用能力。

本教材建议学时为 60 学时左右。

本教材由商丘职业技术学院张志鹏任主编,商丘职业技术学院代战胜、董学琴,郑州职业技术学院卢青波、鲁红亮,郑州工业安全职业学院赵亚利任副主编。具体编写分工如下:情景 1 由张志鹏编写,情景 2 由董学琴编写,情景 3 由卢青波、鲁红亮编写,情景 4、6 由赵亚利编写,情景 5 由代战胜编写。由张志鹏负责制定教材提纲、组稿和统稿。

本书在编写过程中得到了兄弟院校和有关企业专家的大力支持与帮助,在此一并表示感谢!本书在编写过程中参阅了许多文献,在此也向这些文献的编者表示谢意!

由于编者水平有限,加上成书仓促,书中难免存在不足和问题之处,诚望专家和读者批评指正。

编 者

2011 年 11 月

目　录

情境 1　机械 CAD/CAM 技术概述

学习目标

1. 掌握 CAD/CAM 的基本概念;
2. 了解 CAD/CAM 相关概念及其基础知识;
3. 了解 CAD/CAM 软硬件相关知识;
4. 了解国内外优秀的 CAD/CAM 软件;
5. 了解 CAXA 制造工程师 2006 工作界面,各工具条中相关命令;掌握坐标系操作和系统颜色、层拾取过滤、系统参数、光源及材质的设置。

CAD/CAM 技术从 20 世纪 50 年代产生以来,已逐渐从一门新兴技术产业发展成为一种规模庞大的高新技术产业,对传统制造业和传统的设计制造方式产生了巨大的影响,带动了一大批企业的技术发展和更新。

任务 1.1　CAD/CAM 概论

从 20 世纪开始,涌现出了各种各样的先进制造技术(如 AMT 技术),计算机辅助设计与辅助制造(CAD/CAM)技术即是在 20 世纪 50 年代初随着计算机和数字化信息技术发展而形成的一项新技术,成为 20 世纪最杰出的工程成就之一。经过几十年的发展和应用,CAD/CAM 本身已形成规模庞大的产业,同时对整个制造业也产生了巨大的影响和推动作用,带来了巨大的社会效益和经济效益。目前 CAD/CAM 技术广泛应用于机械、电子、航空、航天、汽车、船舶、纺织、轻工及建筑等各个领域,它的应用水平已成为衡量一个国家技术发展水平及工业现代化水平的重要标志。

1.1.1　CAD/CAM 技术内涵

CAD/CAM(计算机辅助设计与辅助制造)技术是由计算机技术、机械设计和制造技术相互结合形成的一门多学科、综合性的应用技术。一般认为,CAD/CAM 技术具有狭义和广义两种概念。

(1)狭义的 CAD/CAM 技术是指利用 CAD/CAM 系统进行产品的造型设计、模型计算分析和数控程序的编制(包括加工刀具路径的生成、加工工艺的设计、刀具轨迹的仿真及数控代码的生成)等。

(2)广义的 CAD/CAM 技术是指利用计算机辅助技术进行产品设计与制造的整个过程及相关活动,包括新产品设计(几何造型、分析计算、工程绘图、结构分析、优化设计等),工艺准备(计算机辅助工艺过程设计、计算机辅助工装设计与制造、NC 自动编程、工时定额和材料定额编制等),生产作业计划、物料作业计划的运行控制(加工、装配、检测、输送、存储等),生产控制,质量控制及工程数据管理等。

1.1.2 CAD/CAM 的相关概念

与 CAD/CAM 技术及应用相关的一些概念有以下几个。

(1)CAD(计算机辅助设计)。指以计算机为辅助工具来完成产品设计过程中的各项工作,如草图绘制、零件设计、零件装配、装配干涉分析等,并达到提高产品设计质量、缩短产品开发周期、降低新产品成本的目的。

(2)CAE(计算机辅助工程分析)。指以现代计算力学和有限元分析为基础,以计算机仿真为手段,对设计产品进行结构参数、强度、寿命、运动状态及优化性能等方面的工程分析,用于测量与校核产品的可靠性和优化程度。

(3)CAPP(计算机辅助工艺过程设计)。指以计算机为辅助工具,并根据产品的设计信息、要求及产品制造工艺要求,交互地或自动地确定新产品加工方法和方案,例如,进行加工方法选择、工艺路线确定、工序设计等。

(4)CAM(计算机辅助制造)。CAM 有广义和狭义两种定义。广义 CAM 是指借助计算机来完成从生产准备到产品制造出来的全过程中的各项活动,包括工艺过程设计(CAPP)、工装设计、计算机辅助数控加工编程、生产作业计划、制造过程控制、计算机辅助质量检测(CAQ)与分析、产品数据管理(PDM)等。狭义 CAM 通常只是指 NC 程序编制,包括刀具路径规划,文件生成、刀具轨迹仿真及 NC 代码生成等。

任务 1.2 CAD/CAM 系统

1.2.1 CAD/CAM 系统的硬件

CAD/CAM 系统的硬件主要是指计算机的图形系统。它包括计算机的硬件、图形输入/输出设备及通信设备等。

1.2.1.1 CAD/CAM 系统的硬件组成形式

根据计算机技术的发展历程,CAD/CAM 系统的硬件组成大致可分为 5 类:主机型系统、小型机系统、工作站型系统、计算机系统、基于网络的微机——工作站系统。

1.2.1.2 CAD/CAM 系统对硬件的要求

(1)高性能的计算机。

(2)大容量的存储器。

(3)灵活的人机交互能力。

(4)逼真的图形输出能力。

(5)良好的网络通信功能。

1.2.2 CAD/CAM 系统的软件环境

软件是 CAD/CAM 系统的核心,CAD/CAM 系统的软件分为 3 个层次:系统软件、支撑软件和应用软件,如图 1-1 所示。

图 1-1 CAD/CAM 系统软件层次

1.2.2.1 系统软件

系统软件主要负责管理硬件资源以及各种软件资源,是应用和开发 CAD/CAM 系统的软件平台,一般包括操作系统、网络系统、窗口系统。例如,计算机上流行的窗口系统WindowsXP,工作站上流行的 Unix 操作系统、TCP/IP 网络协议等,都已成为当前 CAD/CAM 系统的通用开发平台。在这类环境下开发的软件容易移植,可以运行于各种流行的机型上;用户界面统一,便于使用人员掌握和适应;开放性好,容易与其他软件衔接和进行二次开发。

1.2.2.2 支撑软件

支撑软件就是目前市场上供应的各种商品化 CAD/CAM 系统,我国从国外引进的商品化 CAD/CAM 系统有:CATIA、Unigraphics、Pro/Engineer、Mastercam、Calma、Auto-trol、Gerber等,都属于这一类型。国内自主开发的 CAD/CAM 系统支撑软件的优秀代表当属 CAXA。

1.2.2.3 应用软件

应用软件是用户为解决实际问题而自行开发和委托开发的程序系统。应用软件在不同的专业领域有不同的内容,如飞机设计包括了总体方案、质量计算、空气动力计算、载荷分析、结构分析、应力计算、动力颤振分析、疲劳断裂计算、起落架设计、飞行控制、航空电子、电气系统、液压系统、可靠性设计弹射座椅、火力控制、隐身设计等。工程设计包含的内容更广。在激烈的市场竞争中,各家公司都力求保住技术优势,决不肯轻易出售自己的 CAD 专业设计系统,这类软件必须由各行业、各企业单位自己开发。

任务 1.3 国内外 CAD/CAM 软件简介

1.3.1 CATIA

CATIA 是由法国著名飞机制造公司 Dassault(达索公司)开发并由 IBM 公司负责销售的一个高档 CAD/CAM/CAE/PDM(Peculiarity Drive Model 特性驱动模型)应用系统。CATIA 起源于航空工业,随着从工作站平台移植到 PC 机,在短期内被推广到其他产业。现今 CATIA 在航空业、汽车制造业、通用机械制造业、教育科研单位拥有大量用户。

作为世界领先的 CAD/CAM 软件,CATIA 可以帮助用户完成大到飞机小到螺丝刀的设计及制造,它提供了完备的设计能力:从 2D 到 3D 到技术指标化建模,同时,作为一个完全集成化的软件系统,CATIA 采用特征造型技术和参数化造型技术,允许自动指定或由用户指定参数化设计、几何或功能化约束的变量式设计,将机械设计、工程分析及仿真和加工等功能有机地结合,为用户提供严密的无纸工作环境,从而达到缩短设计生产时间、提高加工质量及降低费用的效果。

1.3.2 Pro/Engineer

Pro/Engineer 是美国 PTC 公司推出的新一代 CAD/CAE/CAM 软件,它是一个集成化的软件,其功能非常强大,利用它可以进行零件设计、产品装配、数控加工、钣金件设计、模具设计、机构分析、有限元分析和产品数据库管理、应力分析、逆向造型优化设计等。

自从 Pro/Engineer 系统以参数化设计的面貌问世以来,随即带动业界对参数化设计的 CAD/CAM 系统引颈而盼,Pro/Engineer 参数化设计的特性如下:

(1)三维实体模型(Solid model)。

(2)单一数据库(Single database)。

(3)以特征作为设计的基础(Feature-based design)。

(4)参数化设计(Parametric design)。

1.3.3 UG NX

UG NX 软件起源于美国麦道飞机公司,后于 1991 年 11 月并入世界上最大的软件公司——EDS 公司。目前,UG NX 是西门子自动化与驱动集团(A&D)旗下机构 Siemens PLM Software 的产品之一。在 UG NX 软件问世初期,美国通用汽车公司是 UG 软件的最大用户。随着该软件的不断发展,UG NX 软件现已广泛地应用于通用机械、模具、汽车及航天等领域。UG 软件进入中国以来,得到了越来越广泛的应用,已成为我国工业界主要使用的大型 CAD/CAE/CAM 软件之一。

UG NX 并入西门子公司以后,来自 UGS PLM 的 NX 使企业能够通过新一代数字化产品开发系统实现向产品全生命周期管理转型的目标。市场最新版本为 NX6,它包含了企业中应用最广泛的集成应用套件,用于产品设计、工程和制造全范围的开发过程。

1.3.4 Mastercam

Mastercam 是美国 CNC Software. INC 所研制开发的集计算机辅助设计和制造功能于一体的软件。它的 CAD 模块不仅可以绘制二维和三维零件图形,也能在 CAM 模块中对被加工零件直接编制刀具路径和数控加工程序。它主要应用于加工中心、数控铣床、数控车床、线切割、雕刻机等数控加工设备。由于该软件的性价比好,而且学习使用比较方便,因此被中小型企业所接受。该软件是计算机平台上装机量最多、应用最广泛的软件之一。

它把计算机辅助设计(CAD)功能和计算机辅助制造(CAM)功能有机地结合在一起。通常的过程是:利用 CAD 模块设计零件,绘制加工图形,产生刀具路径,用仿真加工来验证刀具轨迹和优化程序,然后通过后处理将刀具轨迹转换为机床数控系统能够识别的数控加工文件(*.NC),最后经过计算机通信接口(RS-232 接口)将 NC 程序发送到加工中心等数控机床,数控机床完成设计零件的加工。计算机辅助数控编程(CAM)比以前在数控机床上使用手工编程更为先进。

1.3.5 Cimatron E

Cimatron E 是以色列 Cimatron 公司为工模具制造者提供的 CAD/CAM 解决方案,它为工模具工厂带来了新的效率和灵活性。该软件无缝集成了一系列强大的、兼容的模块,使得设计、造型和绘图在实体-曲面-线框的统一环境下高度关联、统一。

在制造过程中,Cimatron E 全面的 NC 解决方案包含一系列久经市场检验的加工策略,为用户提供了无与伦比的加工效率。在制造业中,Cimatron 实现了用于高速铣的 2.5 轴至 5 轴刀路、毛坯残留和能够显著减少编程与加工时间的模板。更有完全智能、基于特征的 NC 处理,也为高级用户提供了足够灵活的控制权。

1.3.6 CAXA 制造工程师 2006 概述

CAXA 是我国制造业信息化 CAD/CAM 和 PLM 领域研发的拥有自主知识产权软件的优秀代表和知名品牌，是中国领先的 PLM 方案和服务提供商。CAXA－ME 集成了数据接口、几何造型、加工轨迹生成、加工过程仿真检验、数控加工代码生成、加工工艺清单生成等一整套面向复杂零件和模具的数控编程功能。目前，CAXA－ME 已广泛应用于注塑模、锻模、汽车覆盖件拉伸模、压铸模等复杂模具的生产以及汽车、电子、兵器、航空航天等行业的精密零件加工。

1.3.7 CAXA 制造工程师 2006 主要功能

(1)方便的特征实体造型。

(2)强大的 NURBS 自由曲面造型。

(3)灵活的曲面实体复合造型。

(4)2 轴至 5 轴的数控加工功能。

(5)支持高速加工。

(6)参数化轨迹编程和轨迹批处理。

(7)加工工艺控制。

(8)加工轨迹仿真。

(9)通用后置处理。

(10)数学表达式的计算功能。

任务 1.4 CAXA 制造工程师软件介绍

CAXA 制造工程师 2006 是在 Windows 环境下运行 CAD/CAM 一体化的数控加工编程软件。软件集成了接口、几何造型、加工轨迹生成、加工过程仿真检验、数控加工代码生成、加工工艺单生成等一整套面向复杂零件和模具的数控编程功能。CAXA 制造工程师 2006 是 CAXA 制造工程师 2004 的升级版本，新增加了部分加工功能，对原有功能做了增强、改进。新增加的功能与原功能的名称有重复的在后面加数字以示区别，但原功能在该版本中还继续保留。

由于此软件投资少、易学好用，目前，它被广泛应用于各类职业院校和普通院校的教学之中，是全国数控技能大赛指定的专用 CAD/CAM 软件之一，也是前三届数控大赛参赛选手应用最多的软件，它的基础性和概念性为学生更快更好地掌握其他 CAD/CAM 软件起到了很好的桥梁作用。同时，随着 CAXA 制造工程师软件功能的不断增强，该软件在各类企业中也得到了越来越广泛的应用。

1.4.1 界面介绍

界面是交互式 CAD/CAM 软件与用户进行信息交流的中介。系统通过界面反映当前信息状态及将要执行的操作，用户按照界面提供的信息作出判断，并用输入设备进行下一步的操作。CAXA 制造工程师 2006 用户界面和其他 Windows 风格的软件一样，各种应用功能通过菜单和工具条驱动;状态栏指导用户进行操作并提示当前状态和所处位置;特征/轨迹树刻录了历史操作和相互关系;绘图区显示各种功能操作的结果,同时,绘图区和特征/轨迹树为用户提供了数据的交互功能,如图 1-2 所示。CAXA 制造工程师 2006 工具条中每一个按钮都对应了一个菜单命令,单击按钮与单击菜单命令的操作是同效的。

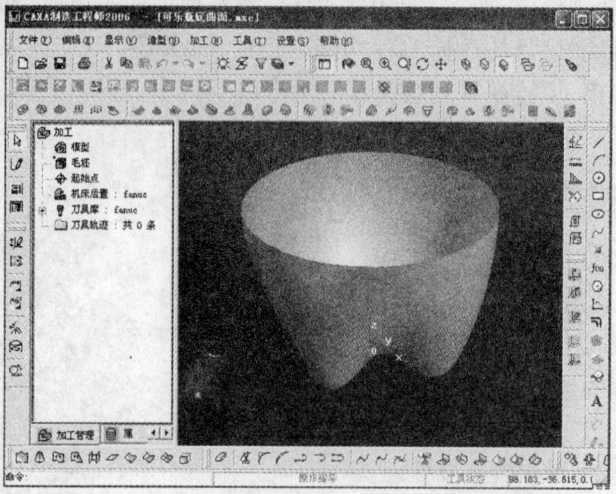

图 1-2 CAXA 制造工程师 2006 的操作界面

1.4.1.1 **绘图区**

绘图区是进行绘图设计的工作区域,如图 1-2 所示的中间有模型的区域。它们位于屏幕的中心,并占据了屏幕的大部分面积。在绘图区的中央设置了一个三维直角坐标系,该坐标系称为世界坐标系。它的坐标原点为(0.0000,0.0000,0.0000)。在操作过程中的所有坐标均以此坐标系的原点为基础。

1.4.1.2 **主菜单**

主菜单是位于界面最上方的菜单条,单击菜单条中的任意一个菜单项,都会弹出一个下拉式菜单,光标指向某一个菜单项会弹出其子菜单。菜单条与子菜单构成了下拉菜单,如图 1-3 所示。

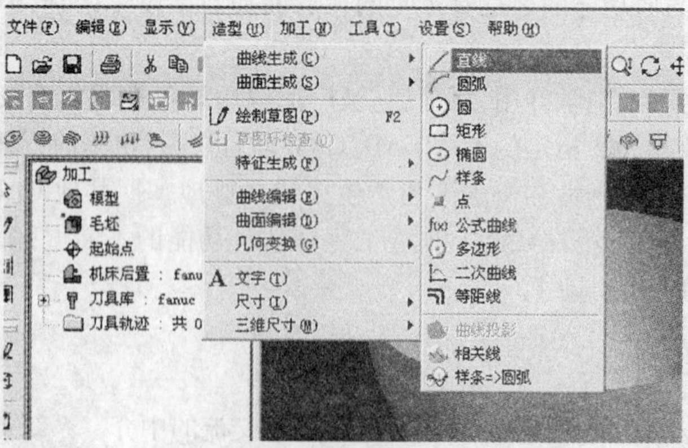

图 1-3 主菜单

主菜单包括文件、编辑、显示、造型、加工、工具、设置和帮助。每个部分都含有若干个下拉菜单。单击主菜单中的“造型”，光标指向下拉菜单中的“曲线生成”，然后单击其子菜单中的“直线”，界面左侧会弹出一个立即菜单，并在状态栏显示相应的操作提示和执行命令状态。对于除立即菜单和工具点菜单以外的其他菜单来说，某些菜单选项要求以对话的形式予以回答。单击这些菜单时，系统会弹出一个对话框，可根据当前操作作出响应。

1.4.1.3 立即菜单

立即菜单描述了该项命令执行的各种情况和使用条件。根据当前的作图要求，正确地选择某一选项，即可得到准确的响应。例如，选择“直线”按钮，便出现画直线的立即菜单，在立即菜单中，用鼠标选取其中的某一项（例如“角度线”），便会在下方出现一个选项菜单或者改变该项的内容，如图 1-4 所示。

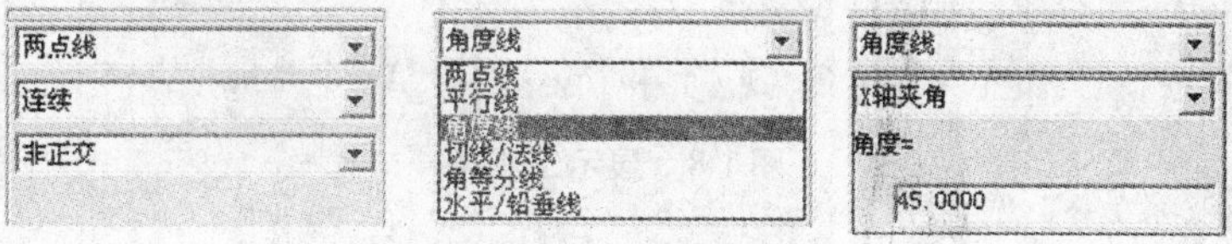

(a) (b) (c)

图 1-4 直线立即菜单

1.4.1.4 快捷菜单

光标处于不同的位置或选中不同的对象，单击鼠标右键会弹出不同的快捷菜单。熟练使用快捷菜单，可以提高绘图速度。

例如，用鼠标选中零件的轮廓线（变为红色），单击鼠标右键，则显示出一快捷菜单，如图 1-5 所示。

1.4.1.5 对话框

某些菜单选项要求用户以对话的形式予以回答，单击这些菜单时，系统会弹出一个对话框，如图 1-6 所示。用户要根据当前操作作出响应。

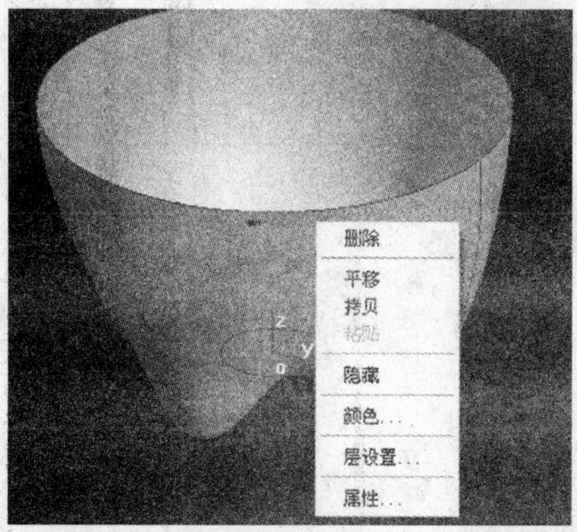

图 1-5 快捷菜单

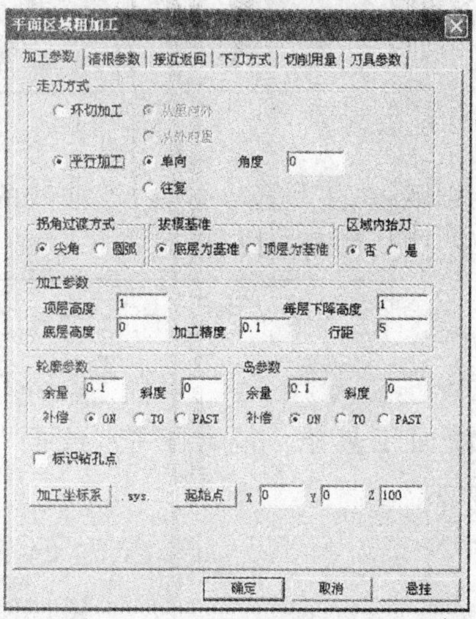

图 1-6 对话框

1.4.1.6 工具条

在工具条中,可以通过鼠标左键单击相应的按钮进行操作。工具条可以自定义,界面上的工具条包括:标准工具条、显示工具条、状态工具条、曲线工具条、几何变换工具条、线面编辑工具条、曲面工具条和特征工具条等。

(1)标准工具条。包含了标准的“打开文件”、“打印文件”等 Windows 按钮,也有制造工程师的“线面可见”、“层设置”、“拾取过滤设置”、“当前颜色”等按钮,如图 1-7 所示。

图 1-7 标准工具条

(2)显示工具条。包含了“缩放”、“移动”、“视向定位”等选择显示方式的按钮,如图 1-8 所示。

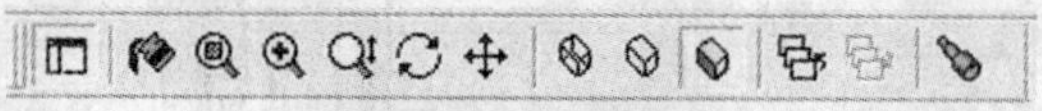

图 1-8 显示工具条

(3)状态工具条。包含了“终止当前命令”、“草图状态开关”、“启动电子图板”、“数据接口”等按钮,如图 1-9 所示。

图 1-9 状态工具条

(4)曲线工具条。包含了“直线”、“圆弧”、“公式曲线”等丰富的曲线绘制工具,如图 1-10 所示。

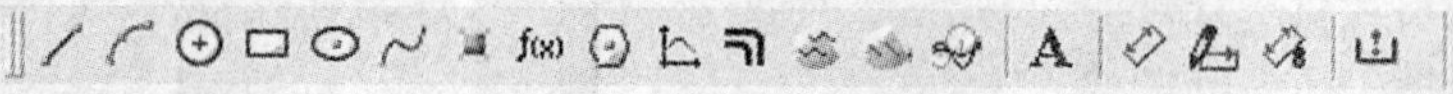

图 1-10 曲线工具条

(5)几何变换工具条。包含了“平移”、“镜像”、“旋转”、“阵列”等几何变换工具,如图 1-11所示。

1-11 几何变换工具条

(6)线面编辑工具条。包含了“曲线的裁剪”、“过渡”、“拉伸”和“曲面的裁剪”、“缝合”等编辑工具,如图 1-12 所示。

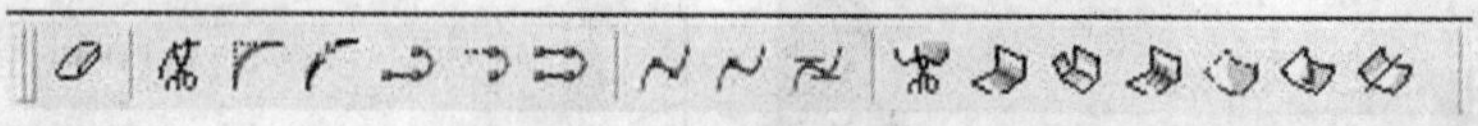

图 1-12 线面编辑工具条

(7)曲面工具条。包含了“直纹面”、“旋转面”、“扫描面”等曲面生成工具,如图 1-13 所示。

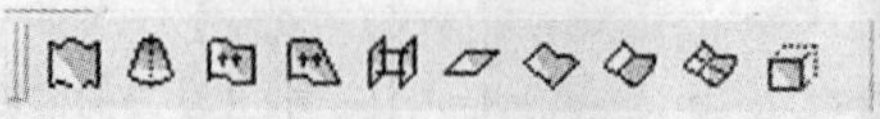

图 1-13 曲面工具条

(8)特征工具条。包含了“拉伸”、“导动”、“过渡”、“阵列”等丰富的特征造型工具,如图 1-14 所示。

图 1-14　特征工具条

(9)加工工具条。包含了“粗加工”、“精加工”、“补加工”等 28 种加工工具,如图 1-15 所示。

图 1-15　加工工具条

(10)坐标系工具条。包含了“创建坐标系”、“激活坐标系”、“删除坐标系”、“隐藏坐标系”等工具,如图 1-16 所示。

图 1-16　坐标系工具条

(11)三维尺寸标注工具条。包含了“尺寸标注”、“尺寸编辑”等工具,如图 1-17 所示。

图 1-17　三维尺寸标注工具条

(12)查询工具条。包含了“坐标查询”、“距离查询”、“角度查询”、“属性查询”等工具,如图 1-18 所示。

图 1-18　查询工具条

(13)零件特征树。零件特征树刻录了零件生成的操作步骤,用户可以直接在特征树中对零件特征进行编辑,如图 1-19 所示。

(14)加工管理特征树。加工管理特征树刻录了生成刀具轨迹的刀具、几何参数等信息,用户可以在加工管理特征树上编辑轨迹,如图 1-20 所示。

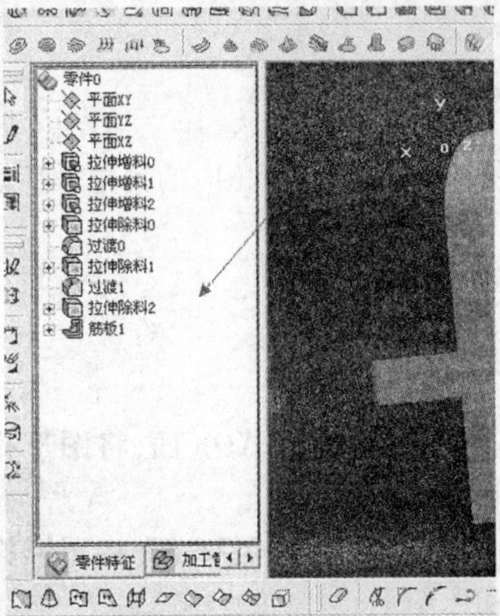

图 1-19　零件特征树

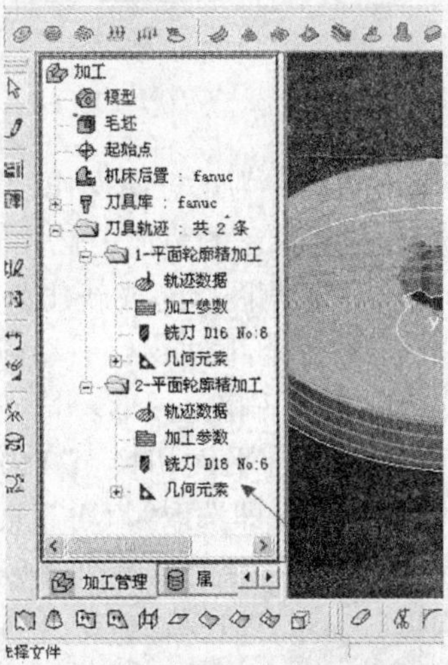

图 1-20　加工管理特征树

1.4.1.7 常用键含义

(1)鼠标键。单击鼠标左键可以用来激活菜单、确定位置点、拾取元素等,单击鼠标右键用来确认拾取、结束操作和终止命令。

例如,要运行画直线功能应先把光标移动到直线图标上,然后单击鼠标左键,激活画直线功能,这时,在命令提示区出现下一步操作的提示;把光标移动到绘图区内,单击鼠标左键,输入一个位置点,再根据提示输入第二个位置点,就生成了一条直线。

又如,在删除几何元素时,拾取完毕要删除的元素后,单击鼠标右键就可以把拾取到的元素删除掉了。

文中单击一般指按鼠标左键,右击为按鼠标右键。

(2)回车键和数值键。回车键和数值键在系统要求输入点时,可以激活一个坐标输入条,在输入条中可以输入坐标值。如果坐标值以@开始,表示是相对于前一个输入点的相对坐标;在某些情况下也可以输入字符串。

(3)空格键。空格键可以配合系统的当前操作,产生不同的快捷菜单。例如,当系统要求输入点时,按空格键弹出“点工具”菜单(见图1-21(a));当需要选择图素时,按空格键弹出“选择集拾取工具”菜单(见图1-21(b));当系统要求输入一个矢量时,按空格键弹出“矢量工具”菜单(见图1-21(c))。

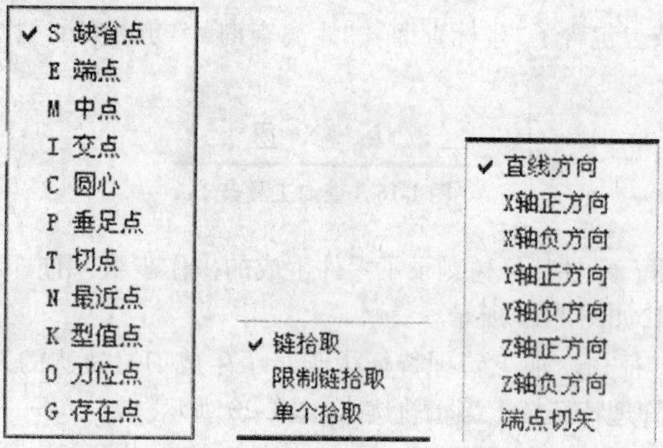

(a) (b) (c)

图1-21 通过空格键能产生的菜单

(4)功能热键。为了方便操作,系统还提供了一些功能热键,在相应的菜单项后表示出来,用户可以根据自己的习惯记忆并使用。

①F2键:进入草图状态或新建草图。

②F3键:显示全部图形。

③F4键:重画(刷新)图形。

④F5键:将当前平面切换至*XOY*面,同时将显示平面设置为*XOY*面,将图形投影到*XOY*面内进行显示,即选取“*XOY*平面”为视图平面和作图平面。

⑤F6键:将当前平面切换到*YOZ*面,同时将显示平面设置为*YOZ*面,将图形投影到*YOZ*面内进行显示,即选取“*YOZ*平面”为视图平面和作图平面。

⑥F7键:将当前平面切换到*XOZ*面,同时将显示平面设置为*XOZ*面,将图形投影到*XOZ*面内进行显示,即选取“*XOZ*平面”为视图平面和作图平面。

⑦F8 键:显示轴测图。按轴测图方式显示图形。

⑧F9 键:切换作图平面(*XOY*、*XOZ*、*YOZ*、),重复按 F9 键,当前可以在 3 个平面中相互转换。

1.4.2 显示

1.4.2.1 显示变换

CAXA 制造工程师提供了绘制图形的显示命令,它们只改变图形在屏幕上显示的位置、比例、范围等,不改变原图形的实际尺寸。图形的显示控制对绘制复杂视图和大型图样具有重要作用,在图形绘制和编辑过程中也要经常使用。单击“显示”下拉菜单中的“显示变换”,在该菜单的右侧弹出下拉菜单,如图 1-22 所示。

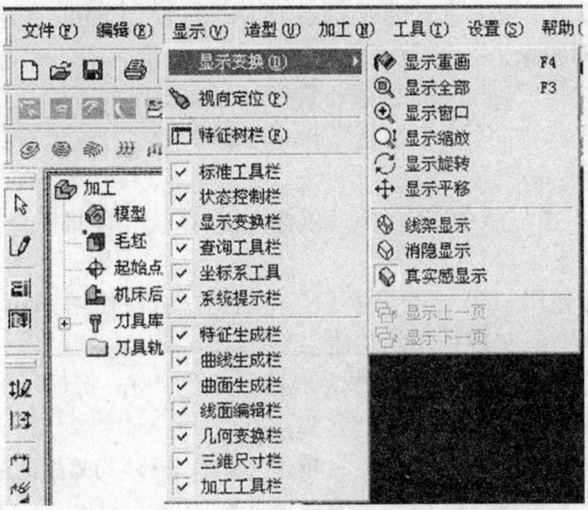

图 1-22 “显示变换”菜单

(1)显示重画。刷新当前屏幕所有图形。经过一段时间的图形绘制和编辑,屏幕绘图区中难免留下一些擦除痕迹,或者使一些有用图形上产生部分残缺,这些由于编辑后而产生的屏幕垃圾,虽然不影响图形的输出结果,但影响屏幕的美观。此时使用重画功能,可对屏幕进行刷新,清除屏幕垃圾,使屏幕变得整洁美观。

具体操作如下:

①单击“显示”,光标指向“显示变换”,单击“显示重画”,或者直接单击按钮。

②屏幕上的图形发生闪烁,原有图形消失,但立即在原位置把图形重画一遍,也即实现了图形的刷新。对应快捷键为 F4 键。

(2)显示全部。将当前的所有图形全部显示在屏幕绘图区内,还可以通过 F3 键使图形显示全部。具体操作如下:

单击“显示”,光标指向“显示全部”,或者直接单击显示工具条中的按钮。

(3)显示窗口。提示用户输入一个窗口的上角点和下角点,系统将两角点所包含的图形充满屏幕绘图区加以显示。具体操作如下:

①单击“显示”,光标指向“显示变换”,单击“显示窗口”,或者直接单击显示工具条中的按钮。

②按提示要求在所需位置输入显示窗口的第一个角点，输入后十字光标立即消失。此时再移动鼠标时，出现一个由方框表示的窗口，窗口大小可随鼠标的移动而改变。

③窗口所确定的区域就是即将被放大的部分。窗口的中心将成为新的屏幕显示中心。在该方式下，不需要给定缩放系数，制造工程师按给定窗口范围尽可能大的原则，将选中区域内的图形按充满屏幕的方式重新显示出来。

(4)显示缩放。按照固定的比例将绘制的图形进行放大或缩小。具体操作如下：

①单击“显示”，光标指向“显示变换”，单击“显示缩放”，或者直接单击显示工具条中的按钮。

②按住鼠标右键向左上方或者右上方拖动鼠标，图形将跟着鼠标的上下拖动而放大或者缩小。

除此之外，还可以通过 Page Up 键或 Page Down 键；使用 Shift 的键配合鼠标右键；使用 Ctrl 键配合方向键来对图形进行扩大或缩小，实现相同的功能。

(5)显示旋转。将拾取到的零部件进行旋转。具体操作如下：

①单击“显示”，光标指向“显示变换”，单击“显示旋转”，或者直接单击显示工具条中的按钮。

②在屏幕上选取一个显示中心点，拖动鼠标左键，系统立即将该点作为新的屏幕显示中心，将图形重新显示出来。

除此之外，还可以使用 Shift 键配合上、下、左、右方向键；使用 Shift 键配合鼠标左键，使屏幕中心进行显示的旋转，实现相同的功能。

(6)显示平移。根据用户输入的点作为屏幕显示的中心，将显示的图形移动到所需位置。具体操作如下：

①单击“显示”，光标指向“显示变换”，单击“显示平移”，或者直接单击显示工具条中的按钮。

②在屏幕上选取一个显示中心点，单击鼠标左键，系统立即将该点作为新的屏幕显示中心将图形重新显示出来。

除此之外，还可以使用上、下、左、右方向键使屏幕中心进行显示的平移。

(7)显示效果。

①线架显示。将零部件采用线架的显示效果进行显示，如图 1-23 所示。具体操作如下：

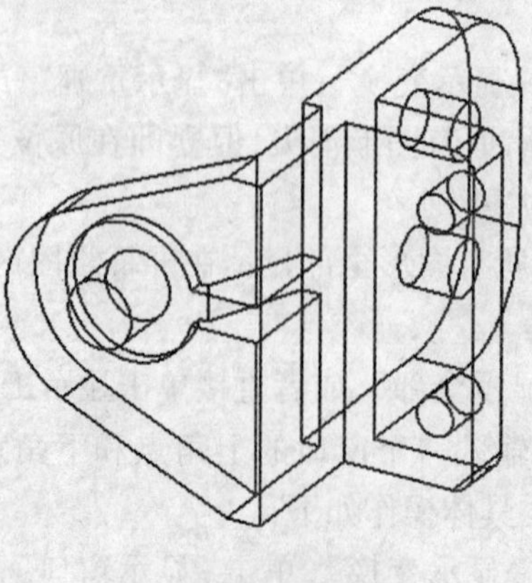

图 1-23　零件线架显示

单击“显示”，光标指向“显示变换”，单击“线架显示”，或者直接单击显示工具条中的按钮。线架显示时，可以直接拾取被曲面挡住的另一个曲面（这里的曲面不包括实体表面）。

②消隐显示。将零部件采用消隐的显示效果进行显示，如图1-24所示。本功能只对实体的消隐显示起作用。对线架造型和曲面造型消隐显示不起作用。具体操作如下：

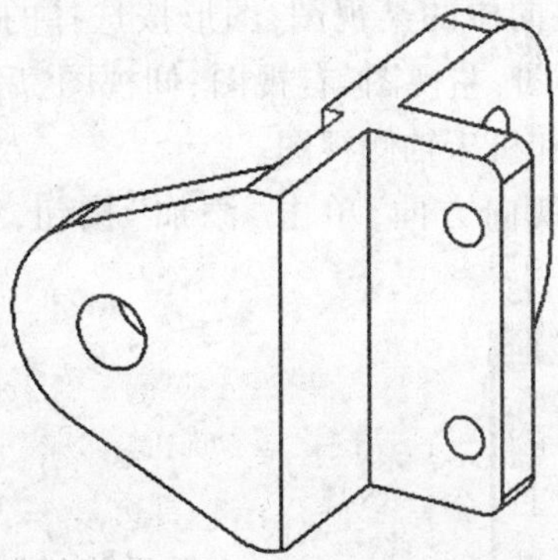

图1-24 零件消隐显示

单击“显示”，光标指向“显示变换”，单击“消隐显示”或者直接单击显示工具条中的按钮。

③真实感显示。零部件采用真实感的显示效果进行显示，如图1-25所示。具体操作如下：

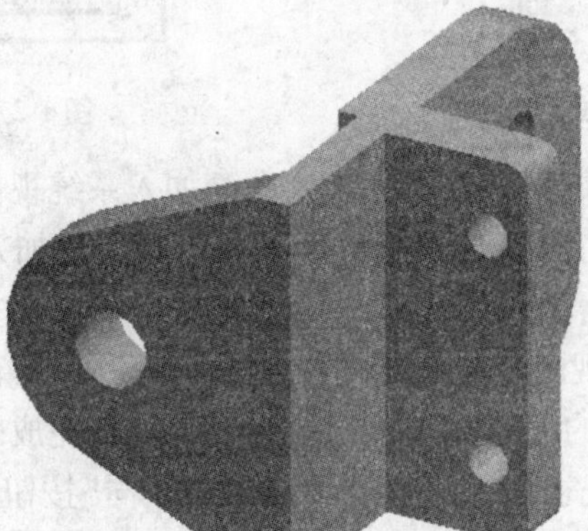

图1-25 零件真实感显示

单击“显示”，光标指向“显示变换”，单击“真实感显示”，或者直接单击显示工具条中的按钮。

(8)显示上一页。取消当前显示，返回显示变换前状态。具体操作如下：

单击“查看”，光标指向“显示变换”，单击“显示上一页”，或者直接单击显示工具条中的按钮。

(9)显示下一页。返回下一显示的状态（同显示上一页配套使用）。具体操作如下：

单击“查看”，光标指向“显示变换”，单击“显示下一页”，或者直接单击显示工具条中的按钮。

1.4.2.2 视向定位

用给定的方向观察零件,并通过输出视图输出给定方向的视图。具体操作如下:

(1)单击“显示”下拉菜单中的“视向定位”,弹出“视向定位”对话框,或者直接单击显示工具条中的按钮,如图 1-26 所示。

(2)系统视向:双击系统视向中的某视图,图形按选择的视图来显示。系统中给定 11 个固定的视向,即主视图、俯视图、左视图、右视图、仰视图、后视图、正等侧视图、正二侧视图、正三侧视图、机床 XY 视图和机床轴侧视图。

(3)选择视向类型,给定视向方向,单击“添加”按钮,弹出“显示命名”对话框,如图 1-27 所示。

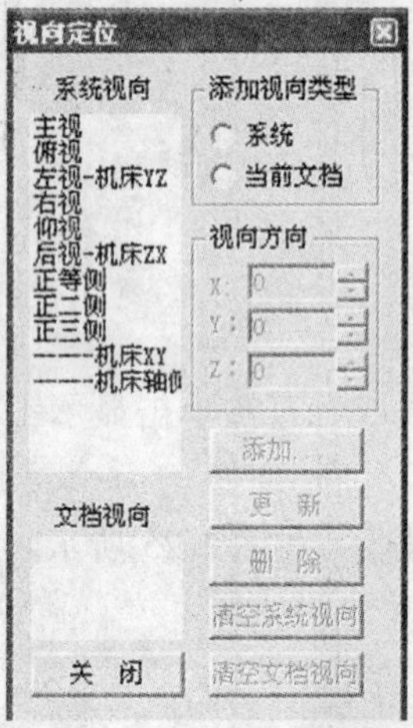

图 1-26 “视向定位”对话框

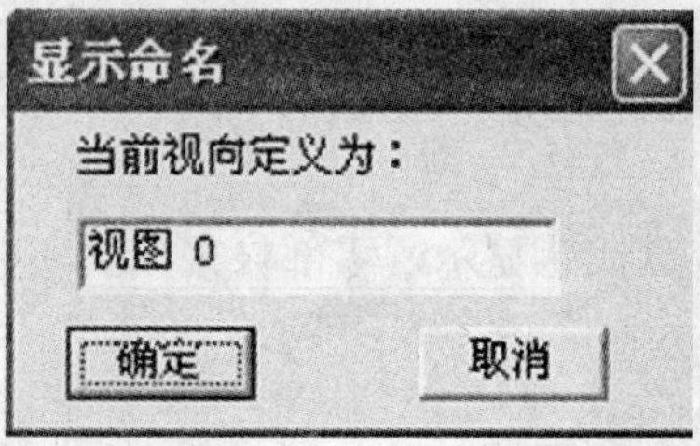

图 1-27 “显示命名”对话框

(4)给定名称,单击“确定”按钮,可见该视向已加入系统视向或文档视向中。如果将视向加入文档视向中,需要保存该文件才能将这一视向永久地加入该文件中。如果将视图加入系统视向中,系统自动保存这一视向。

(5)选择视向类型,给定视向方向,选择用户自己指定的视图,单击“更新”按钮,更新完成。

(6)选择用户自己指定的视图,单击“删除”按钮,删除完成。

(7)直接单击“清空系统视向”按钮或“清空文档视向”按钮,清空完成。

添加视向类型有以下几种:

①“系统”单选按钮:将指定视向存入软件系统中,可供以后继续使用。

②“当前文档”单选按钮:将指定视向存入当前零件文档中调用该文档时,可以继续使用这一视向。

③视向方向:在当前坐标系(可以是自定义坐标系)中,从输入的坐标点向原点看。

④系统视向:主视图、俯视图、左视图、右视图、仰视图、后视图以及用户添加的系统视向。

⑤文档视向:用户添加的文档视向。

⑥“添加”按钮:将指定视向添加进系统视向或文档视向中。

⑦“更新”按钮:更改用户自己指定的视向。

⑧“删除”按钮:删除指定视向。

⑨“清空系统视向”按钮:删除系统视向中所有用户给定的视向。

⑩“清空文档视向”按钮：删除文档视向中所有用户给定的视向。

1.4.3 工具

1.4.3.1 坐标系

为了方便用户作图，坐标系功能有创建坐标系、激活坐标系、删除坐标系、隐藏坐标系和显示所有坐标系。具体操作如下：

单击“工具”，光标指向“坐标系”，在该菜单中的右侧弹出下一级菜单选择项。

系统默认坐标系叫做“世界坐标系”。系统允许用户同时存在多个坐标系，其中正在使用的坐标系叫做“当前坐标系”，其坐标架为红色，其他坐标架为白色（坐标架的颜色可以在“设置”菜单下修改）。在实际使用中，为作图方便，用户可以根据自己的实际需要，创建新的坐标系，在特定的坐标系中操作。

(1) 创建坐标系。

创建坐标系就是建立一个新的坐标系。有5种方式：单点、三点、两相交直线、圆或圆弧以及曲线切法线，如图1-28所示。

①单点法。

输入一个坐标原点确定新的坐标系，坐标系名为给定名称。具体操作如下：

a. 单击“工具”，光标指向“坐标系”，单击“创建坐标系”，打开创建坐标系快捷菜单，如图1-29所示；或者单击坐标系工具条里的按钮，打开创建坐标系快捷菜单，在立即菜单中选择“单点”。

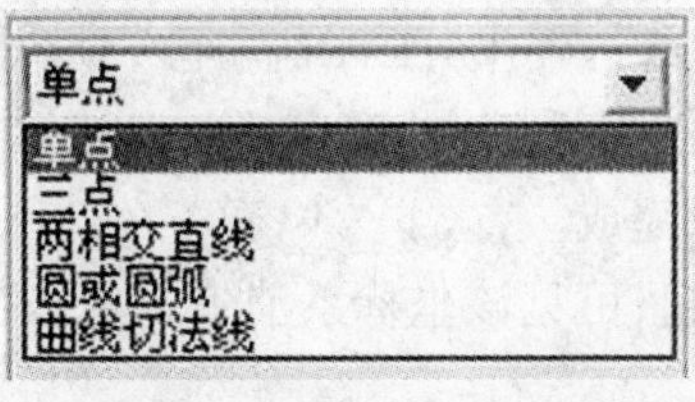

图1-28 创建坐标系快捷菜单

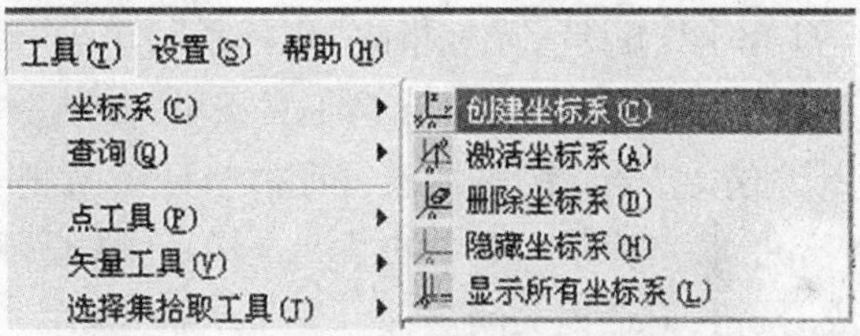

图1-29 创建坐标系

b. 给出坐标原点。

c. 弹出输入条，输入坐标系名称，按回车键确定。

②三点法。

给出新坐标系坐标原点、X轴正方向上一点和Y轴正方向上一点生成新坐标系，坐标系名为给定名称。具体操作如下：

a. 单击“工具”，光标指向“坐标系”，单击“创建坐标系”，在立即菜单中选择“三点”。

b. 给出新坐标系坐标原点、X轴正方向上一点和确定XOY面及Y轴正方向的一点。

c. 弹出输入条，输入坐标系名称，按回车键确定。

③两相交直线法。

拾取直线作为X轴，给出正方向，再拾取直线作为Y轴，给出正方向，生成新坐标系，坐标系名为指定名称。具体操作如下：

a. 单击“工具”，光标指向“坐标系”，单击“创建坐标系”，在立即菜单中选择“两相交直线”。

b. 拾取第一条直线作为X轴，选择方向。

c. 拾取第二条直线作为 Y 轴,选择方向。

d. 弹出输入条,输入坐标系名称,按回车键确定。

④圆或圆弧法。

以指定圆或圆弧的圆心为坐标原点,以圆的端点方向或指定圆弧端点方向为 X 轴正方向,生成新坐标系,坐标系名为给定名称。具体操作如下:

a. 单击“工具”,光标指向“坐标系”,单击“创建坐标系”,在立即菜单中选择“圆或圆弧”。

b. 拾取圆或圆弧,选择 X 轴位置(圆弧起点或终点位置)。

c. 弹出输入条,输入坐标系名称,按回车键确定。

(2)激活坐标系。

有多个坐标系时,激活某一坐标系就是将这一坐标系设为当前坐标系。具体操作如下:

①单击“工具”,光标指向“坐标系”,单击“激活坐标系”,弹出“激活坐标系”对话框,如图 1-30 所示;或者单击坐标系工具条里的按钮,打开“激活坐标系”窗口。

②拾取坐标系列表中的某一坐标系,单击“激活”按钮,可见该坐标系已激活,变为红色。单击“激活结束”按钮,对话框关闭。

③单击“手动激活”按钮,对话框关闭,拾取要激活的坐标系,该坐标系变为红色,表明已激活。

(3)删除坐标系。

删除用户创建的坐标系。具体操作如下:

①单击“工具”,光标指向“坐标系”,单击“删除坐标系”,弹出“坐标系编辑”对话框,如图 1-31 所示;或者单击坐标系工具条里的按钮,打开“坐标系编辑”窗口。

②拾取要删除的坐标系,单击“坐标系”,删除坐标系完成。

③拾取坐标系列表中的某一坐标系,单击“删除”按钮,可见该坐标系消失。单击“删除完成”按钮,对话框关闭。

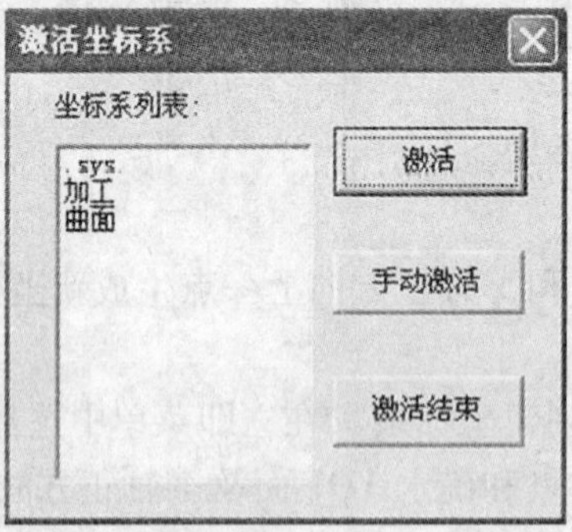

图 1-30 “激活坐标系”对话框

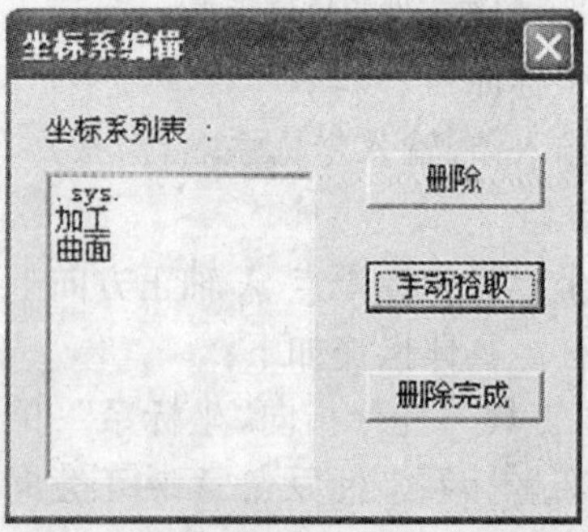

图 1-31 “坐标系编辑”对话框

④单击“手动拾取”按钮,对话框关闭,拾取要删除的坐标系,该坐标系消失。

(4)隐藏坐标系。

隐藏坐标系就是使某一坐标系不可见。具体操作如下:

①单击“工具”,光标指向“坐标系”,单击“隐藏坐标系”;或者单击坐标系工具条里的按钮。

②拾取工作坐标系，单击“坐标系”，隐藏坐标系完成。

(5)显示所有坐标系。

显示所有坐标系就是使所有坐标系都可见。具体操作如下：

单击“工具”，光标指向“坐标系”，单击“显示所有坐标系”，或者单击坐标系工具条里的按钮，所有坐标系都可见。

1.4.3.2 点工具菜单

点工具里提供的点就是操作过程中具有几何特征的点，如圆心点、切点、端点等。点工具菜单就是用来捕捉工具点的菜单。需要通过空格键，产生该工具菜单，上文已经介绍过。进入操作命令，需要输入特征点时，只要按下空格键，即在屏幕上弹出下列点工具菜单，如图1-21(a)所示。

缺省点(S)：屏幕上的任意位置点。

端点(E)：曲线的端点。

中点(M)：曲线的中点。

交点(I)：两曲线的交点。

圆心(C)：圆或圆弧的圆心。

垂足点(P)：曲线的垂足点。

切点(T)：曲线的切点。

最近点(N)：曲线的距离捕捉光标最近的点。

型值点(K)：样条特征点。

刀位点(O)：刀具轨迹上的点。

存在点(G)：用曲线生成的点工具生成的点。

上边括号中的字母对应键盘上的字母。

1.4.4 设置

1.4.4.1 当前颜色

设置系统当前颜色。具体操作如下：

(1)单击“设置”下拉菜单中的“当前颜色”，或者直接单击“标准工具”里的按钮，弹出“颜色管理”对话框，如图1-32所示。

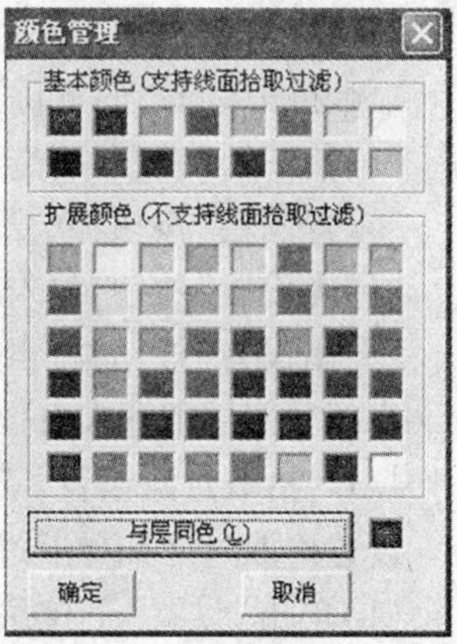

图1-32 “颜色管理”对话框

(2)可以选择“基本颜色”或“扩展颜色”中任意颜色，单击“确定”按钮。

窗口里“与层同色”按钮是指当前图形元素的颜色与图形元素所在层的颜色一致。

1.4.4.2 层设置

修改(或查询)图层名、图层状态、图层颜色、图层可见性以及创建新图层。具体操作如下：

(1)单击“设置”下拉菜单中的“层设置”，或者直接单击“标准工具”里的按钮，弹出“图层管理”对话框，如图1-33所示。

(2)选定某个图层，双击“名称”、“颜色”、“状态”、“可见性”和“描述”中的任一项，可以进行修改。

(3)可以新建图层、删除指定图层或将指定图层设置为当前图层。

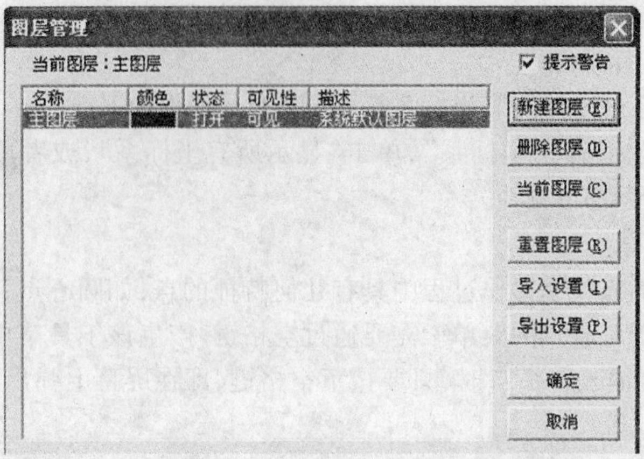

图 1-33 “图层管理”对话框

(4)如果想取消新建的许多图层,可单击“重置图层”按钮,回到图层初始状态。

(5)单击“导出设置”按钮,弹出“图层管理”对话框,输入图层组名称及其详细信息,单击“确定”按钮,可将当前图层状态保存下来,如图 1-33 所示。

(6)单击“导入(或导出)设置”按钮,弹出“导入/导出图层”对话框,选择已存在的图层名称,单击“确定”按钮,可将该图层组成为当前图状态,单击“删除图层”按钮,可将其删除。

“图层管理”对话框中各个按钮的含义如下:

“新建图层”按钮:建立一个新图层。

“删除图层”按钮:删除选定图层。

“当前图层”按钮:将选定图层设置为当前层。

“重置图层”按钮:恢复到系统中层设置初始化状态。

“导入设置”按钮:调入导出的层状态。

“导出设置”按钮:将当前层状态存储下来。

当部分图层上存在有效元素时,无法重置图层和导入图层。

1.4.4.3 拾取过滤设置

设置拾取过滤和导航过滤的图形元素的类型。具体操作如下:

(1)单击“设置”下拉菜单中的“拾取过滤设置”,或者直接单击“标准工具”里的按钮 Y,弹出“拾取过滤器”对话框,如图 1-34 所示。

(2)如果要修改图形元素的类型、拾取时的导航加亮设置和图形元素的颜色,只要直接选中项目对应的复选框即可。对于图形元素的类型和图形元素的颜色,可以单击下方的“选中所有类型”或“选中所有颜色”按钮和“清除所有类型”或“清除所有颜色”按钮即可。

(3)要修改系统拾取盒的大小,只要拖动下方的滚动条就可以了。

图形元素的类型有:体上的顶点、体上的边、体上的面、空间曲面、空间曲线端点、空间点、草图曲线端点、草图点、空间直线、空间圆(弧)、草图样条、刀具轨迹等。

拾取时的导航加亮设置有:加亮草图曲线、加亮空间曲面和加亮空间曲线。

图形元素的颜色有:图形元素的各种颜色。

系统拾取盒大小:拾取元素时,系统提示导航功能。拾取盒的大小与光标拾取范围成正比。当拾取盒较大、光标距离要拾取的元素较远时,也可以拾取该元素。

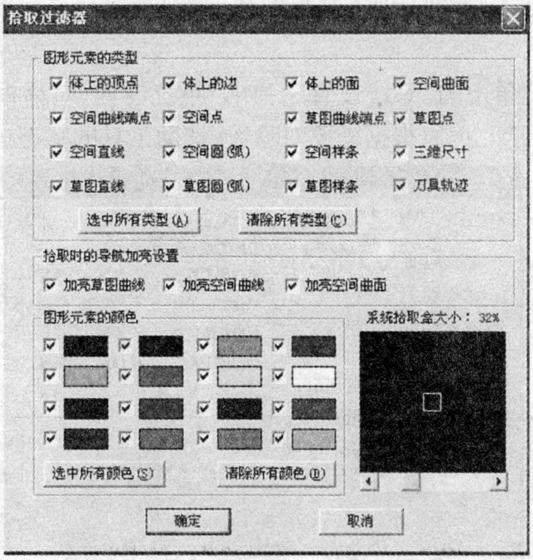

图 1-34 “拾取过滤器”对话框

1.4.4.4 系统设置

用户根据绘图的需要,对系统的一系列参数进行设置。

(1)环境设置。

设置 F5 ~ F8 快捷键定义(国际或机床)、键盘显示旋转角度、鼠标显示旋转角度、曲面 *U* 向网格数、曲面 *V* 向网格数、自动存盘操作次数、自动存盘文件名、系统层数上限和最大取消次数。具体操作如下:

单击“设置”下拉菜单中的“系统设置”,弹出“系统设置”对话框,如图 1-35 所示。

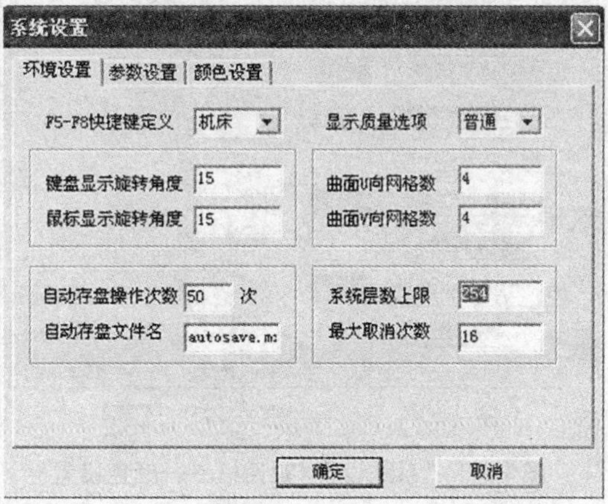

图 1-35 “系统设置”对话框——环境设置

(2)参数设置。

设置样条最大点数、最大长度、圆弧最大半径、系统精度上限、系统精度下限、显示基准面的长度、显示基准面的宽度和工具状态。

工具状态包括:点拾取工具、矢量拾取工具、轮廓拾取工具、岛拾取工具和选择集拾取工具。

工具状态有两种:锁定和恢复单选按钮。

端刀刀具轨迹选项:轨迹允许向下和轨迹禁止向下。

具体操作如下:

单击“设置”下拉菜单中的“系统设置”,弹出“系统设置”对话框,选择“参数设置”选项卡,对话框如图 1-36 所示。可以根据需要对参数、辅助工具的状态进行设定。

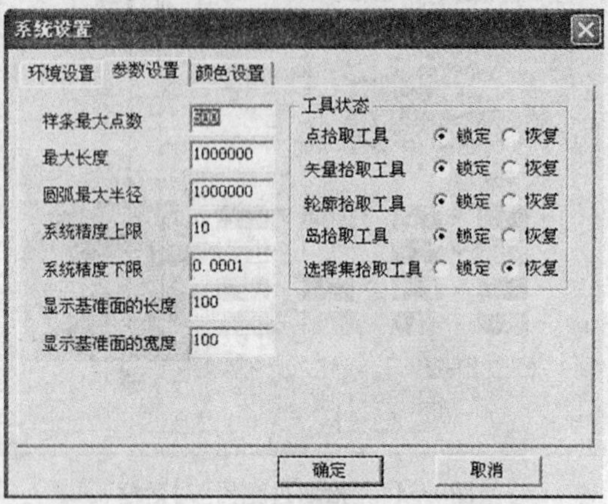

图 1-36 “系统设置”对话框——参数设置

(3)颜色设置。

修改拾取状态颜色、修改无效状态颜色、修改非当前坐标系颜色、修改当前坐标系颜色。具体操作如下:

①单击“设置”下拉菜单中的“系统设置”,弹出“系统设置”对话框,选择“颜色设置”选项卡,如图 1-37 所示。

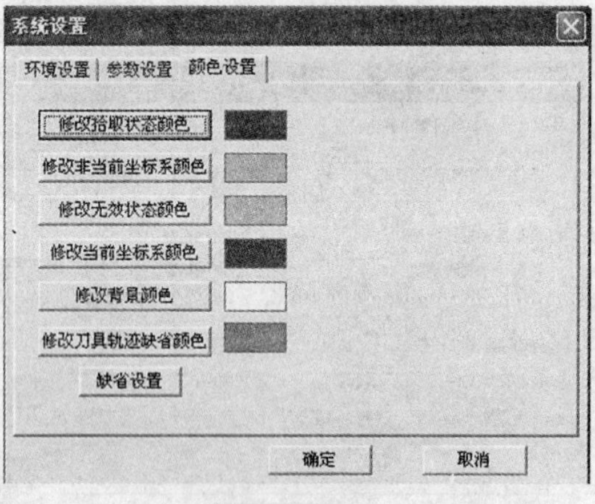

图 1-37 “系统设置”对话框——颜色设置

②要修改哪一项,只要单击那一按钮,弹出“颜色管理”对话框,选择喜欢的颜色,单击“确定”按钮即可。

1.4.4.5 光源设置

对零件的环境和自身的光线强度进行改变。具体操作如下:

(1)单击“设置”下拉菜单中的“光源设置”,弹出“光源设置”对话框,如图 1-38 所示。

(2)可以根据需要对光线的强度进行编辑和修改。

1.4.4.6 **材质设置**

对生成实体的材质进行改变。具体操作如下：

(1)单击“设置”下拉菜单中的“材质属性”，弹出如图1-39所示的对话框。用户可以根据需要对实体的材质进行选择。

(2)当用户需对材质的亮度、密度以及颜色元素等进行修改时，可以选中“自定义”单选按钮，单击“颜色更改”按钮，在弹出的颜色对话框中选择所需的颜色，单击“确定”按钮，回到“材质属性”对话框，单击“确定”按钮，完成自定义。

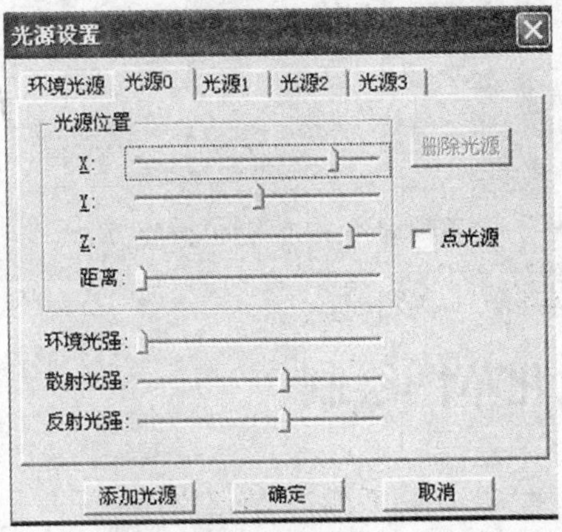

图1-38 “光源设置”对话框

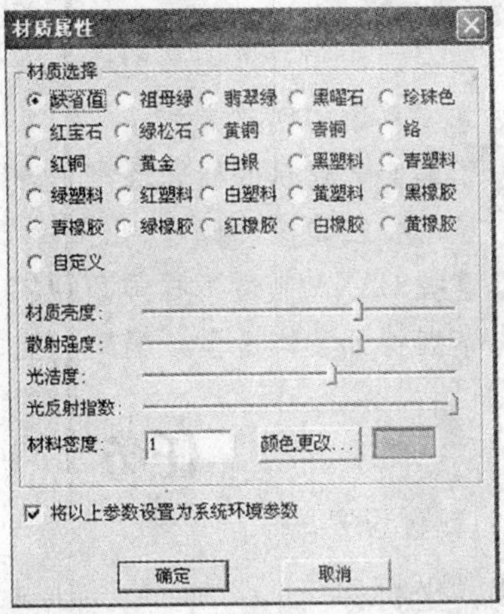

图1-39 “材质属性”对话框

总 结

本情境主要介绍了CAD/CAM的基本概念，CAD/CAM技术的应用，CAD技术与CAM技术相关的一些重要概念和基础知识，让读者理解CAD/CAM系统的基本功能和工作过程。同时概要介绍了CAXA制造工程师软件的主要功能及特点，详细介绍了软件的操作界面及各种菜单、工具条项目的组成，系统相关设置等最基本的操作。

练习题

1-1 简述CAD、CAM、CAPP的基本概念。

1-2 查资料，分别列举国内外CAD/CAM优秀软件，并说明其特点。

1-3 简述CAXA制造工程师2006的用户界面各区域的组成。各主菜单、标准工具条的功能按钮有哪些?

1-4 什么是立即菜单?试分别产生画“直线”和“圆”的立即菜单。

1-5 什么是快捷菜单?如何产生“点工具”菜单?

1-6 试通过“坐标系”工具，建立用户若干坐标系，并对它进行操作。

1-7 试用曲线工具随意画些线条，并将文件保存为.mxe格式。

情景 2　实体特征建模

学习目标

1. 掌握二维和三维图形的绘制及编辑；
2. 掌握草图的创建方法；
3. 了解实体建模的概念及常用表示方法 ；
4. 了解特征建模的概念、几何特征的种类及生成方法 ；
5. 掌握 CAXA 制造工程师 2006“特征生成栏” 中各项命令的功能和操作方法；
6. 掌握特征实体造型与编辑功能的综合应用。

任务 2.1　参数化草图绘制

2.1.1　坐标系

坐标系是建模的基准，在 CAXA 制造工程师软件中允许系统同时存在多个坐标系，如图 2-1 所示为三维坐标系，系统默认的坐标系叫做“世界坐标系”，其中正在使用的坐标系称为“当前工作坐标系”，所有输入都是针对当前工作坐标系而言的，系统以红色表示当前工作坐标系，其他坐标系为白色（坐标系的颜色可以在“设置”→“系统设置”菜单下修改）。在实际应用中，用户可以进行创建、激活、删除、隐藏、显示等操作。在前文任务 1.4 中对坐标系有概要介绍，在此将以实例详细介绍。

2.1.1.1　创建坐标系

创建坐标系有 5 种方式，分别是单点、三点、两相交直线、圆或圆弧和曲线切法线方式。

【操作步骤】

单击主菜单的“工具”→“坐标系”→“创建坐标系”，如图 2-2 所示 。

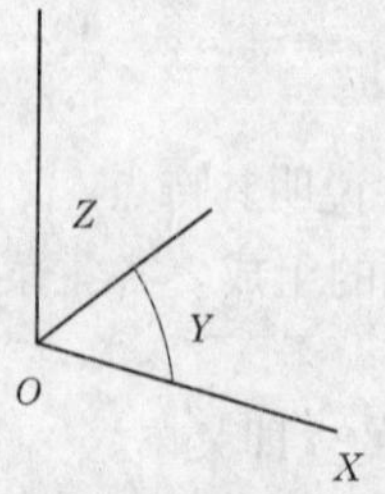

图 2-1　三维坐标系

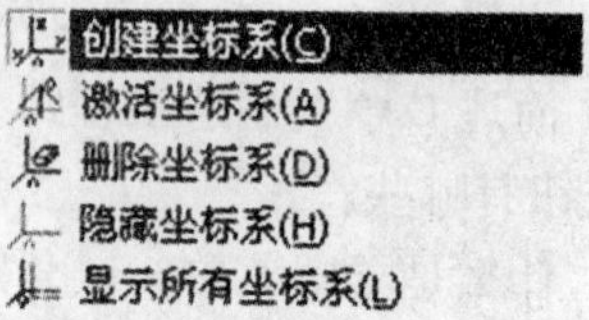

图 2-2　坐标系的创建

（1）单点方式。

单点方式是输入一坐标原点来生成新的坐标系，此时坐标系的 X、Y、Z 方向不发生改变，只是坐标系的原点位置发生变化。

【操作步骤】

①单击主菜单中的“工具”→“坐标系”→“创建坐标系→单点”。

②给出坐标原点。

③在弹出的输入条中输入坐标系名称，按回车键确定，如图 2-3 和图 2-4 所示。

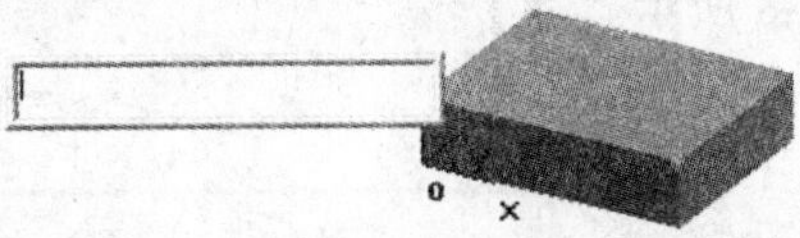

图 2-3　输入坐标系名称

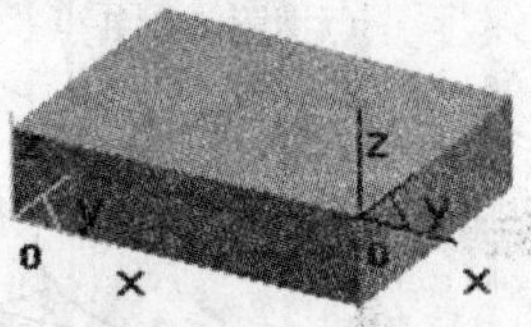

图 2-4　生成后的坐标系

(2)三点方式。

给出坐标原点、X 轴正方向上一点和 Y 轴正方向上一点生成新坐标系。

【操作步骤】

①单击主菜单中的“工具”→“坐标系”→“创建坐标系→“三点”。

②给出坐标原点、X 轴正方向上一点和 Y 轴正方向上一点，确定 XOY 面，如图 2-5 所示。

③在弹出的输入条中输入坐标系名称，按回车键确定。

(3)两相交直线方式。

拾取一条直线作为 X 轴，给出正方向，再拾取另外一条直线作为 Y 轴，给出正方向，生成新的坐标系。

【操作步骤】

①单击主菜单中的“工具”→“坐标系”→“创建坐标系”→“两相交直线”，如图 2-6 所示。

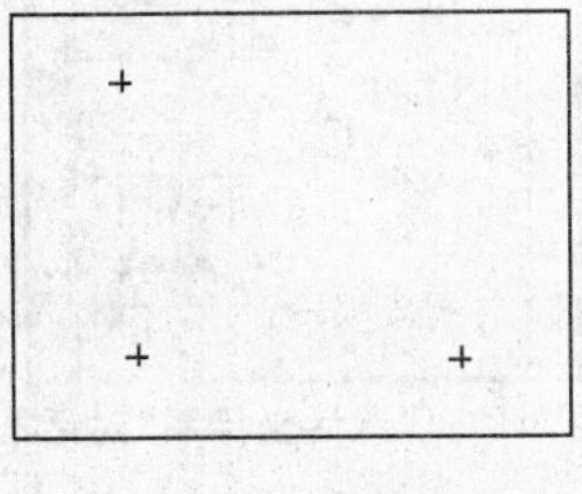

图 2-5　三点方式创建坐标系

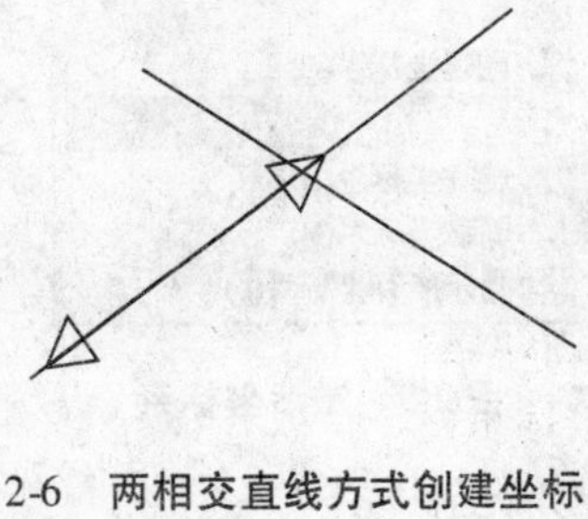

图 2-6　两相交直线方式创建坐标系

②拾取第一条直线作为 X 轴，选择方向。

③拾取第二条直线作为 Y 轴，选择方向。

④在弹出的输入条中输入坐标系名称，按回车键确定。

(4)圆或圆弧方式。

指定圆或圆弧的圆心为坐标原点，以圆的端点方向或指定圆弧端点方向为 X 轴正方向，生成新坐标系。

【操作步骤】

①单击主菜单中的“工具”→“坐标系”→“创建坐标系”→“圆或圆弧”。

②拾取圆或圆弧，选择 X 轴位置（圆弧起点或终点位置），如图 2-7 所示。

③在弹出的输入条中输入坐标系名称，按回车键确定。

(5)曲线切法线方式。

指定曲线上一点为坐标原点，以该点的切线为 X 轴，该点的法线为 Y 轴，生成新的坐标系。

【操作步骤】

①单击主菜单中的“工具”→“坐标系”→“创建坐标系”→“ 曲线切法线”。

②拾取曲线。

③拾取曲线上一点为坐标原点，如图 2-8 所示。

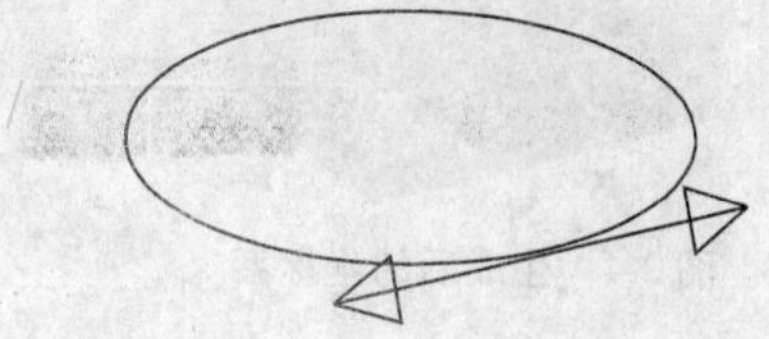

图 2-7　圆或圆弧方式创建坐标系

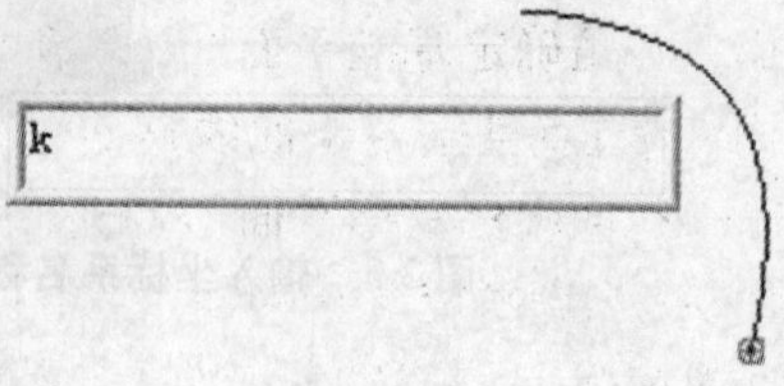

图 2-8　曲线切法线方式创建坐标系

④在弹出的输入条中输入坐标系名称，按回车键确定。

2.1.1.2　激活坐标系

在系统中有多个坐标系，需要激活某一坐标系为当前工作坐标系。

【操作步骤】

单击主菜单的“工具”→“坐标系”→“激活坐标系”，如图 2-9 所示，弹出“激活坐标系”对话框。选择坐标系列表中的某一坐标系，单击“激活”按钮，如图 2-10 所示。该坐标系变为红色，表示已经被激活。或者单击“手动激活” 按钮，然后选择坐标系进行激活，激活结束后，单击“激活结束”按钮，退出该对话框。

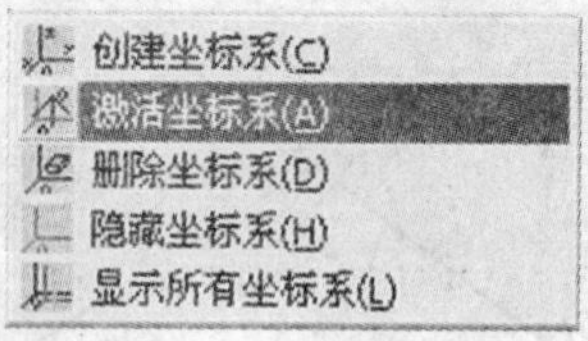

图 2-9　激活坐标系

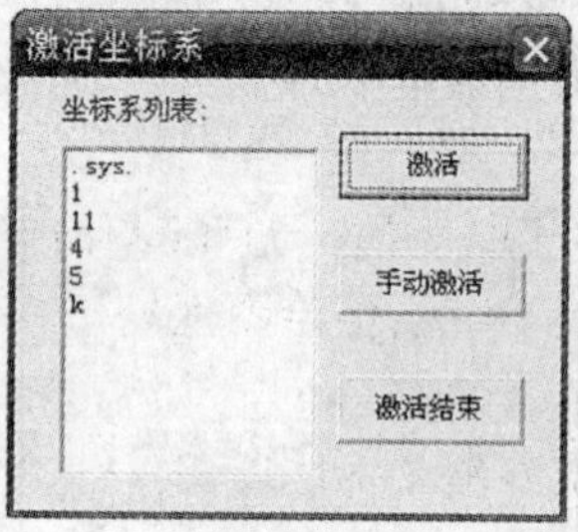

图 2-10　“激活坐标系”对话框

2.1.1.3　删除坐标系

单击主菜单的“工具”→“坐标系”→“删除坐标系”，选择要删除的坐标系，单击“删除”按钮即可。世界坐标系不能被删除，当前工作坐标系也不能被删除。

2.1.1.4　隐藏坐标系

单击主菜单的“工具”→“坐标系”→“隐藏坐标系”，拾取目标坐标系后完成隐藏坐标系操作。可以一次同时隐藏多个坐标系。

2.1.1.5　显示所有坐标系

单击主菜单的“工具”→“坐标系”→“显示所有坐标系”，则所有坐标系都显示出来。坐标系的操作不是独立存在的操作，它的使用通常在建模过程之中，在需要对坐标系进行操作时使用。

2.1.2　基准面

基准面是“草图”赖以生存的平面，绘制草图必须选择一个基准平面。

（1）基准平面可以是特征树上已有的坐标平面，如“平面 *XY*”、“平面 *YZ*”、“平面 *XZ*”。

（2）基准平面可以是现有实体上的任意表面。

（3）另外，可以构造基准面：

CAXA 制造工程师为用户提供了 8 种构造基准面平面的方式，即“等距平面确定基准面”、“过直线与平面成夹角确定基准平面”、“生成曲面上某点的切平面”、“过点且垂直于曲线确定基准平面”、“过点且平行平面确定基准平面”、“过点和直线确定基准平面”、“三点确定基准平面”、“根据当前坐标系构造基准平面”。在“特征工具”工具条中单击“构造基准平面”按钮，弹出如图 2-11 所示的“构造基准面”对话框。在该对话框中选择所需的构造方法，依照提示进行相应操作，单击“确定”按钮，这个基准面就创建好了。在特征树中，可见刚作好的这个基准平面。前两种分别包括下面参数。

图 2-11 “构造基准面”对话框

【相关参数】

“距离”：指生成平面距参照平面的尺寸值，可以直接输入所需数值，也可以点击按钮来调节。

“向相反方向”：指与默认的方向相反的方向。

“角度”：指生成平面与参照平面所夹锐角的尺寸值，可以直接输入所需数值，也可以用按钮来调节。

【例 2-1】 构造一个在 *Z* 轴负方向与 *XOY* 平面相距 50 mm 的基准平面。

（1）按 F8 键，使绘图区处于三坐标显示方式。

（2）单击按钮，出现“构造基准面”对话框，如图 2-11 所示。

（3）选取第一种构造方法：“等距平面确定基准平面”。

先用鼠标点击“构造条件”中的“拾取平面”，然后点击特征树中的 *XY* 平面。这时，构造条件中的“拾取平面”显示“平面准备好”。在绘图区显示虚线框为 *ZY* 平面，实线框表示将要构造的基准面。

（4）在“距离”中输入 50。

（5）取“相反方向”，并单击“确定”按钮，生成如图 2-12 所示图形。

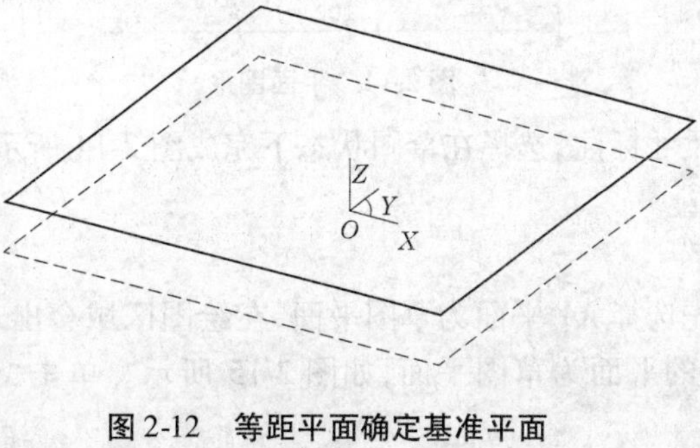

图 2-12 等距平面确定基准平面

2.1.3 草图绘制

草图是特征生成所依赖的曲线组合，它是为特征生成准备的、由各种曲线构成的一个平面图形。

2.1.3.1 线架造型

草图生成的各种曲线都是由线架造型的功能完成的，所谓线架造型就是直接使用空间点、直线、圆、圆弧等来表达二维和三维零件形状的造型方法，CAXA 制造工程师软件为“线架”的绘制提供了十多种方法：直线、圆弧、圆、椭圆、样条、点、文字、公式曲线、多边形、二次曲线、等距线、曲线投影、相关线等。利用这些方法可以方便、快捷地绘制各种复杂的图形。在使用中可以选择绘制工具条中相对应的按钮（见图 2-13）或单击主菜单中的“造型”→“曲线生成”，选取点、线等的功能来绘图。

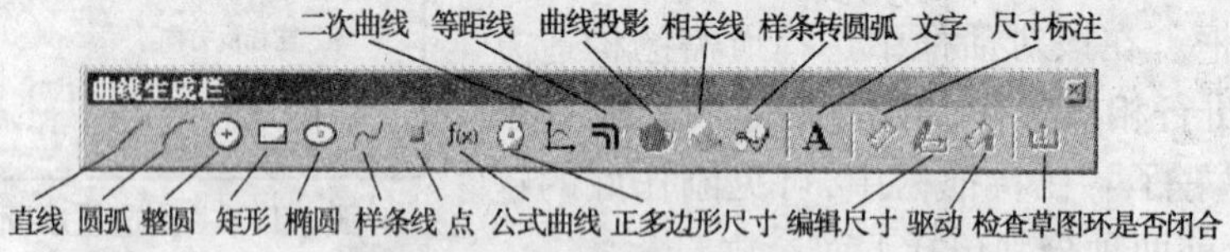

图 2-13 “曲线生成栏”工具条

【例 2-2】 二维线架造型实例。

利用草图绘制的方法作出如图 2-14 所示的平面图形。

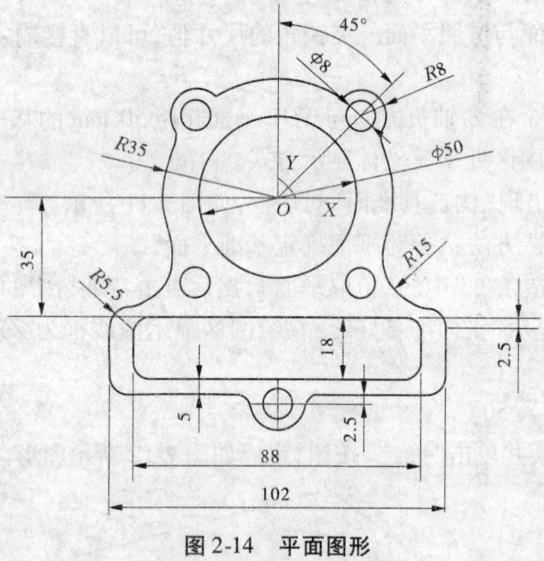

图 2-14 平面图形

为了对图形进行尺寸标注，选择在草图状态下完成图 2-14 所示的平面图形。

【操作步骤】

(1) 选择绘图平面。

在零件特征树内先选择 *XY* 平面为草图平面，在绘图区域会出现一个 100 × 100 的红色方框，表示现在所选择的平面为草图平面，如图 2-15 所示。单击“绘制草图”按钮，进入草图绘制状态。

(2)绘制图形。

①绘制 $\phi50$,$R35$ 的圆。

单击“曲线生成栏”工具条中的“整圆”按钮⊙,此时在屏幕的左下方,系统提示输入圆心,用鼠标左键选择坐标系的原点,由于系统采用的是智能捕捉方式,所以可以捕捉到坐标系的原点。接下来系统提示输入圆的半径,用键盘输入 35 后按回车键,则完成了 $R35$ 圆的绘制,此时整圆命令并没有结束,再用键盘输入 25,按回车键结束,可以完成圆的绘制,完成后的图形如图 2-16 所示。

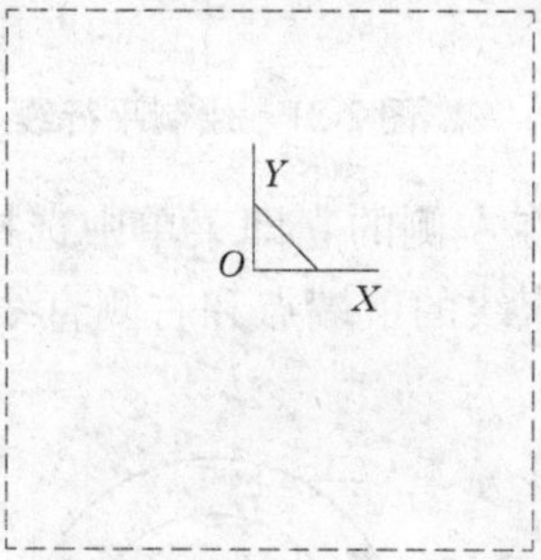

图 2-15　草图平面

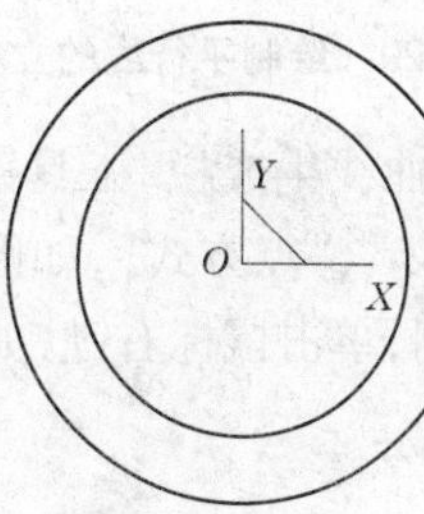

图 2-16　绘制圆

注:在 CAXA 制造工程师 2006 中提供了三种绘制圆的方式,分别是“圆心_半径”、“三点”和“两点_半径”。三种方式的切换可以通过位于屏幕左侧的立即菜单实现,如图 2-17 所示。选择某种方式绘制圆时,请根据状态栏的提示输入相应的参数。其中,点的输入有两种方式:按空格键拾取工具点和按回车键直接输入坐标值。

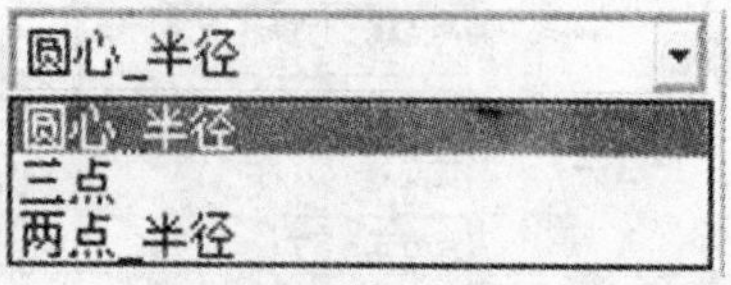

图 2-17　绘制圆的立即菜单

②绘制中心线及直线。

a. 单击“曲线生成栏”工具条中的“直线”按钮⁄,在左侧的立即菜单中选择“两点线”、“单个”、“正交”、“长度方式”,设置“长度”为 58(如图 2-18 所示),此时系统提示,指定直线第一点,用鼠标拾取坐标系的原点作为第一点,将鼠标沿 Y 轴的负方向移动,用鼠标左键任意单击 Y 轴的负方向的一点(如图 2-19 所示),确定生成直线的方向,完成绘制。

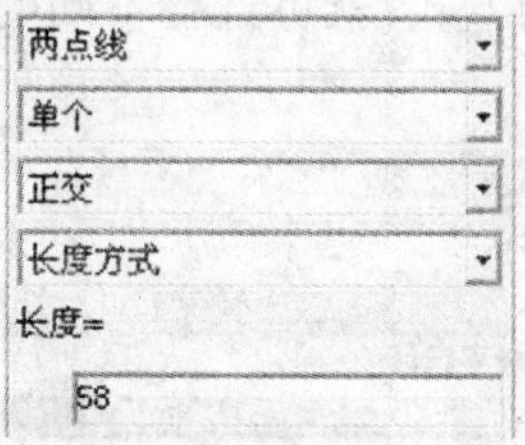

图 2-18　绘制直线的立即菜单

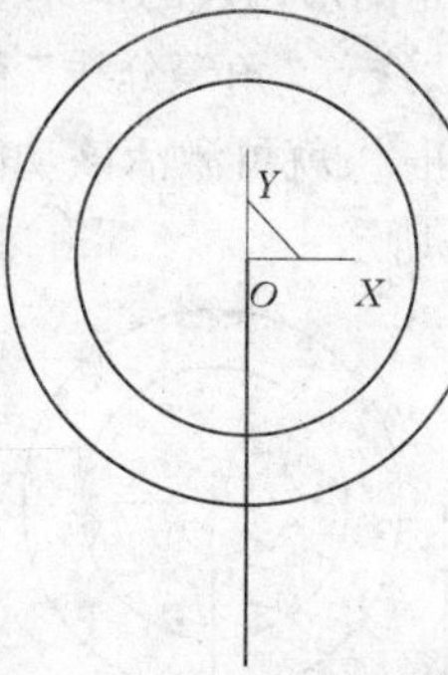

图 2-19　绘制中心线

b. 单击“曲线生成栏”工具条中的“直线”按钮⁄,在左侧的立即菜单中选择“平行线”、“距离”,设置“距离”为 51、“条数”为 1,如图 2-20 所示。用鼠标拾取直线,在 X 轴正方向单击一点,再拾取直线,在 X 轴负方向单击一点,完成与 Y 轴距离为 51 的两条平行直线的绘制，如图 2-21 所示。

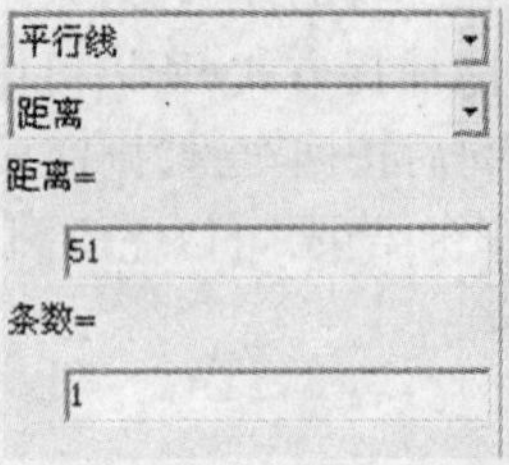

图 2-20　绘制平行线的立即菜单

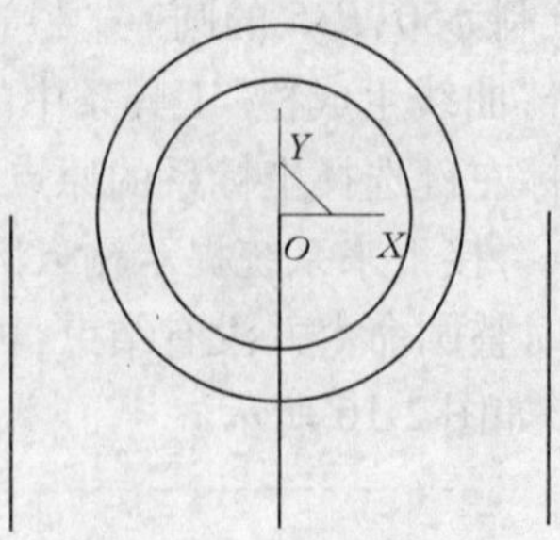

图 2-21　绘制平行线

c. 单击“曲线生成栏”工具条中的“直线”按钮 ⁄，在左侧的立即菜单中选择“两点线”、“单个”、“正交”、“点方式”，如图 2-22 所示，拾取左侧直线的下端点和右侧直线的下端点完成直线的绘制，单击鼠标右键，如图 2-23 所示。

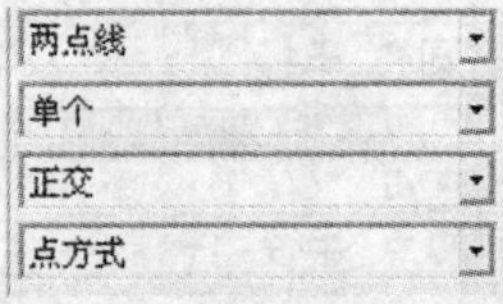

图 2-22　绘制两点线的立即菜单

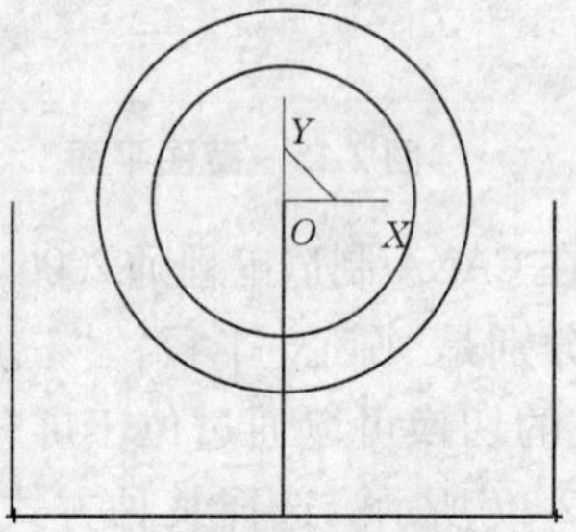

图 2-23　绘制直线

d. 单击“曲线生成栏”工具条中的“直线”按钮 ⁄，在左侧的立即菜单中选择“平行线”、“距离”，设置“距离”为 5、“条数”为 1，拾取水平直线，在 Y 轴的正方向单击一点，作一条与上一步所绘水平线距离为 5 的直线。将距离改为 23，再作一条与步骤 c 所绘水平线距离为 23 的直线。更改“距离”为 44，分别在中心线的左侧和右侧各作一条与中心线平行、距离为 44 的直线，如图 2-24 所示。

注：直线是图形构成的基本要素。直线绘制功能提供了“两点线”、“平行线”、“角度线”、“切线/法线”、“角等分线”和“水平/铅垂线”6 种方式。单击“曲线生成栏”工具条中的“直线”按钮 ⁄，就可激活该功能，通过切换立即菜单的方式，就可选择不同的方式绘制直线，如图 2-25 所示。

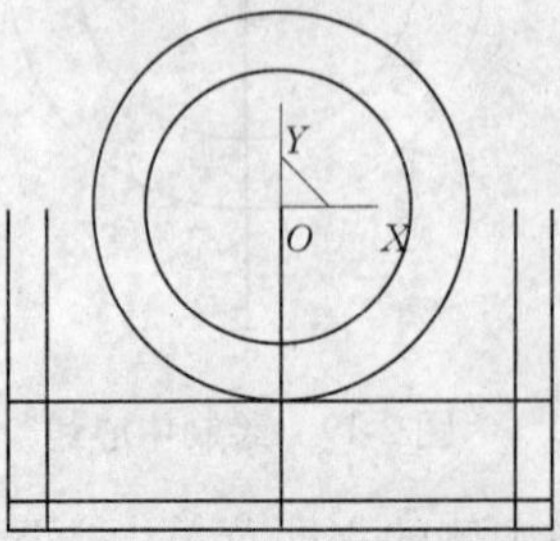

图 2-24　绘制平行线

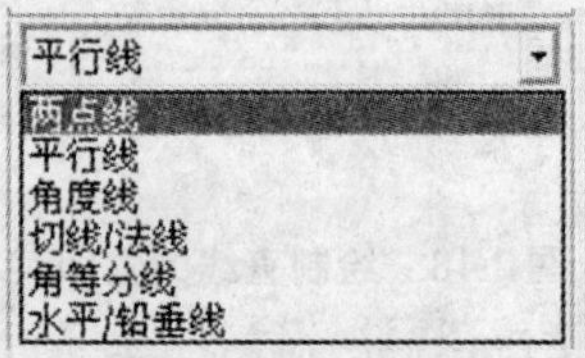

图 2-25　绘制直线的方式

▲“两点线”：在屏幕上按给定两点画一条直线或按给定的连续条件画连续的直线段，

如图 2-26 所示。

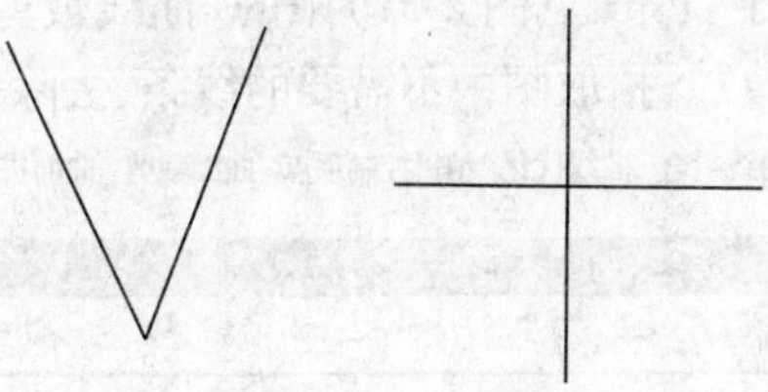

图 2-26　两点线

【相关参数】

“连续”:每段直线段相互连接,前一段直线段的终点为下一段直线段的起点。

“单个”:每次绘制的直线段相互独立,互不相关。

“非正交”:可以画任意方向的直线,包括正交的直线。

“正交”:所画直线与坐标轴平行。

“点方式”:按给定两点画出正交直线。

“长度方式”:按给定长度和点画出正交直线。

▲“平行线”:按给定距离或通过给定点画与一线段平行且长度相等的线段,如图 2-27 所示。

【相关参数】

▲“角度线”:生成与坐标轴或一条直线成一定夹角的直线,如图 2-28 所示。

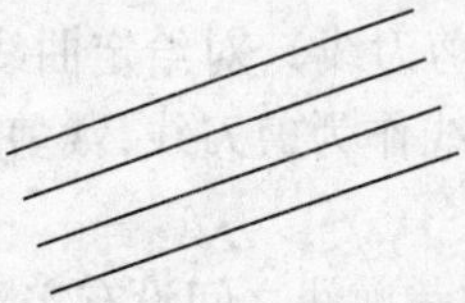

图 2-27　平行线

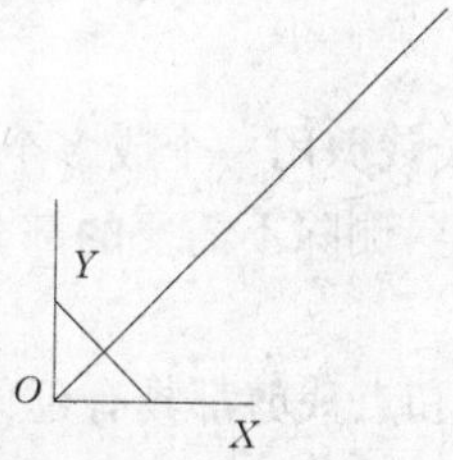

图 2-28　角度线

【相关参数】

“X 轴夹角”:所作直线与 X 轴正方向之间的夹角。

“Y 轴夹角”:所作直线与 Y 轴正方向之间的夹角。

“直线夹角”:所作直线与已知直线之间的夹角。

▲“切线/法线”:过给定点作已知曲线的切线或法线。

▲“角等分线”:根据设定的等分数(如图 2-29 所示)用直线段将一个角等分,如图 2-30 所示。

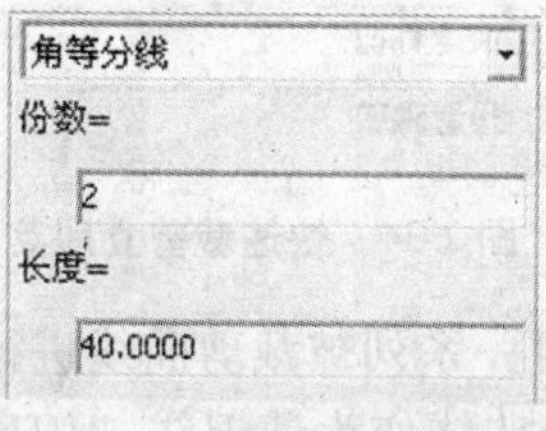

图 2-29　角等分线立即菜单

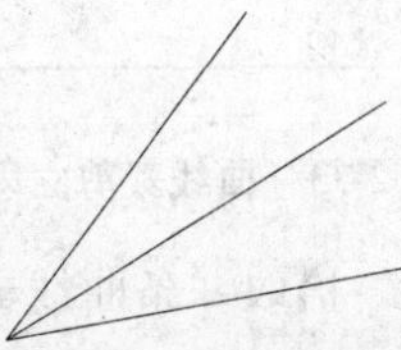

图 2-30　角等分线

▲"水平/铅垂线":生成平行或垂直于当前坐标轴的直线。

e. 单击"线面编辑栏"工具条(见图 2-31)中的"曲线裁剪"按钮,在左侧的立即菜单中选择"快速裁剪"、"正常裁剪"。拾取图中不需要的线条,去除多余的线条,如图 2-32 所示。

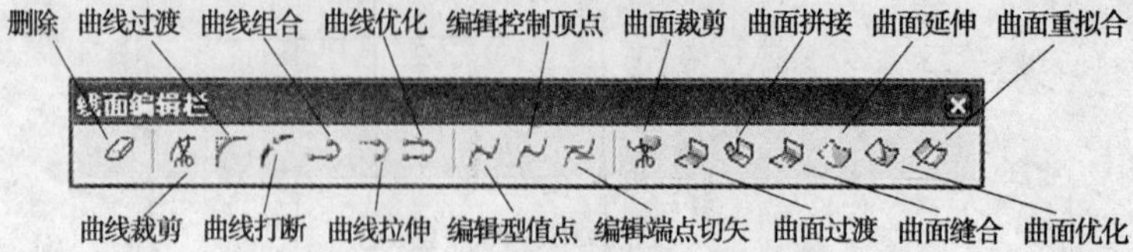

图 2-31 "线面编辑栏"工具条

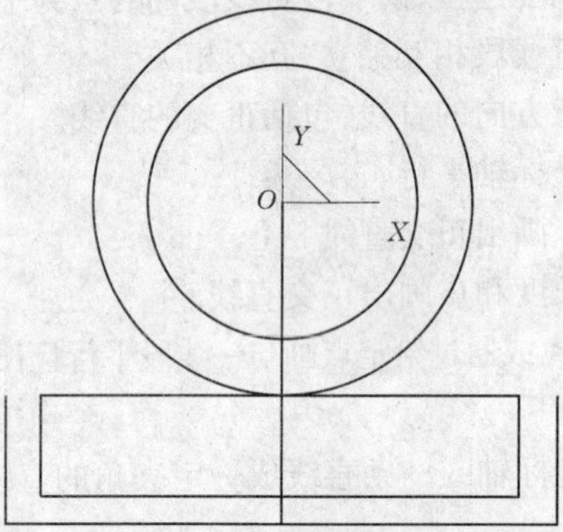

图 2-32 裁剪直线

注:曲线裁剪用一个或多个几何元素(曲线或点称为剪刀线),对给定曲线(称为被裁剪线)进行修整,删除不需要的部分,得到新曲线,即使用曲线作为剪刀线,裁剪掉曲线上不需要的部分。

线裁剪和点裁剪都具有延伸特性,即如果剪刀线和被裁剪线之间没有实际的交点,系统则在依次延长被裁剪线和剪刀线后进行求交,在得到的交点处进行裁剪。

曲线裁剪的方式有快速裁剪、修剪、线裁剪和点裁剪四种。快速裁剪、修剪和线裁剪中的投影裁剪适用于空间曲线之间的裁剪。

单击"曲线裁剪"按钮,即可激活该功能,其立即菜单如图 2-33 所示。

▲"快速裁剪":有"正常裁剪"和"投影裁剪"两种方式。单击相交线(或投影相交线)的哪一段,哪一段就被裁剪掉,其立即菜单如图 2-34 所示。

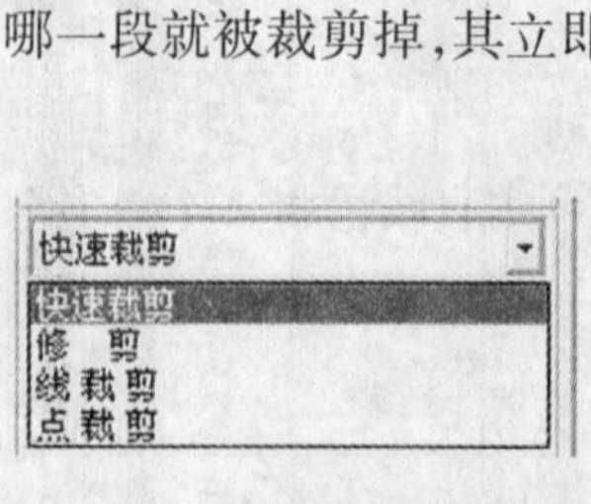

图 2-33 曲线裁剪立即菜单

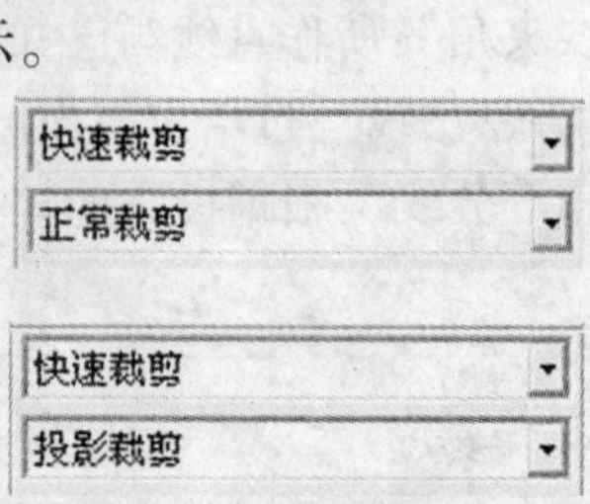

图 2-34 快速裁剪立即菜单

▲"修剪":拾取一条曲线或多条曲线作为剪刀线,对一系列被裁剪曲线进行裁剪,其立即菜单如图 2-35 所示,在使用修剪命令时可以拾取多条曲线作为剪刀线,剪刀线同时可以作为被裁剪线。修剪功能中不能采用延伸的做法,只能在实际交点处进行裁剪,投影裁剪适

用于空间曲线之间的裁剪。

▲"线裁剪":以一条曲线作为剪刀线,对其他曲线进行裁剪,其立即菜单如图 2-36 所示。

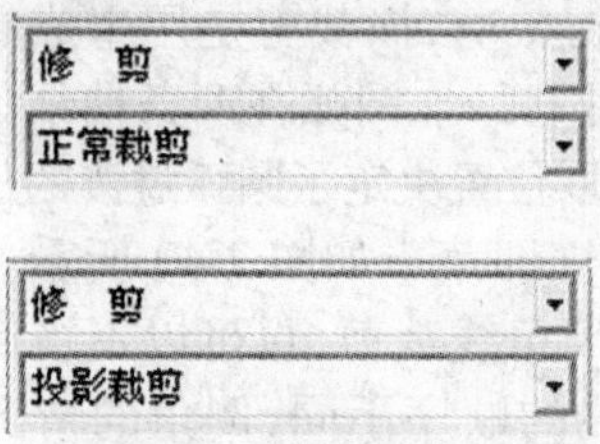

图 2-35 修剪立即菜单

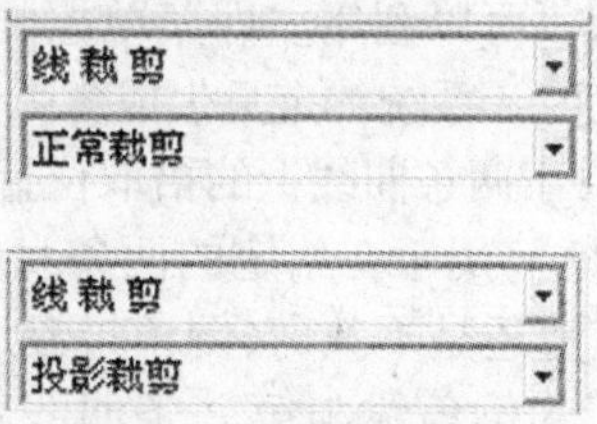

图 2-36 线裁剪立即菜单

▲"点裁剪":利用点作为剪刀线,对曲线进行裁剪,先拾取被裁剪线的保留段→拾取剪刀点(按空格键选取特征点)→拾取被裁剪线→单击鼠标右键结束。

③作过渡圆角。

a. 单击"曲线生成栏"工具条中的"直线"按钮 ⁄,在左侧的立即菜单中选择"平行线"、"距离",设置"距离"为 2、"条数"为 1,选取最上方的水平直线沿 *Y* 轴正方向作平行直线,如图 2-37 所示。

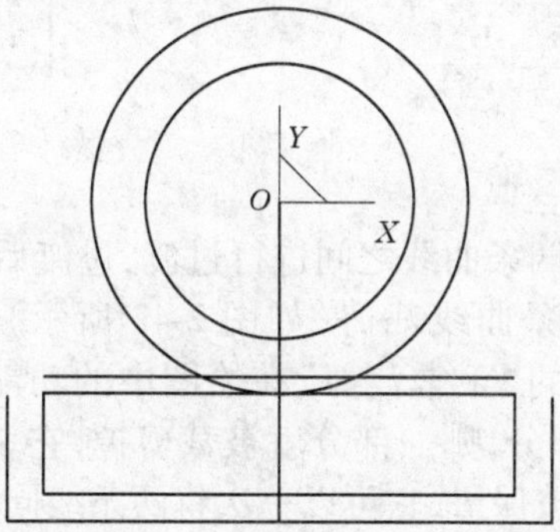

图 2-37 绘制平行线

b. 单击"线面编辑栏"工具条中的"曲线过渡"按钮 ⌜,在左侧的立即菜单中选择"圆弧过渡",设置"半径"为 5. 5000、"精度"为 0. 0100,选择"裁剪曲线 1"、" 裁剪曲线 2",如图 2-38 所示。分别拾取需要作过渡圆角位置的相邻两条直线,完成 *R*5. 5 圆角的绘制,如图 2-39 所示。

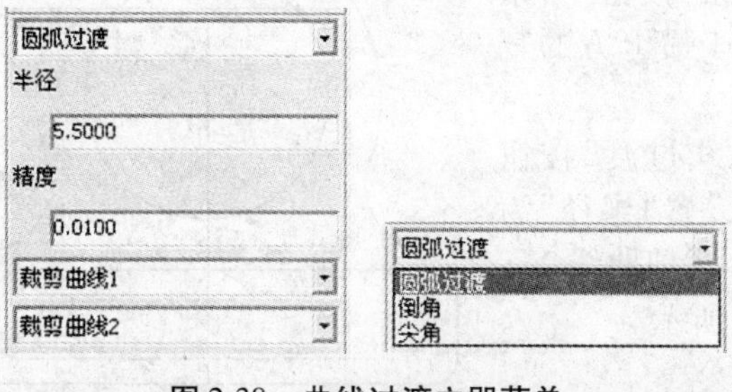

图 2-38 曲线过渡立即菜单

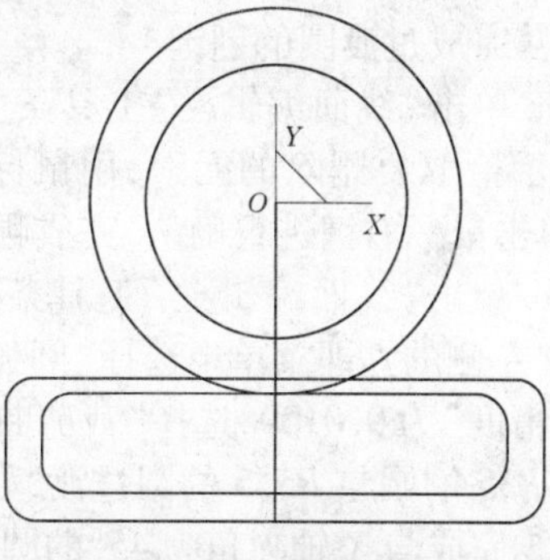

图 2-39 圆弧过渡

注:曲线过渡是指对指定的两条曲线进行圆弧过渡、尖角过渡或对两条直线进行倒角过渡。单击"曲线过渡"按钮 ⌜,即可激活该功能。当圆弧过渡、倒角及尖角需要裁剪时,拾取

的段均是需要保留的段。

▲“圆弧过渡”：用于在两条曲线之间进行给定半径的圆弧光滑过渡，其立即菜单如图 2-38所示。可以利用立即菜单控制是否对两条曲线进行裁剪，该裁剪是用生成的圆弧对曲线进行裁剪。系统约定只生成劣弧（圆心角小于 180°的圆弧）。圆弧在两条曲线的哪个侧面生成，取决于两条曲线上的拾取位置，即两条曲线上的拾取位置决定了圆弧过渡的位置。

▲“倒角”：用于在给定的两条直线之间进行过渡，其立即菜单如图 2-40 所示。依据所选择的是裁剪还是不裁剪，倒角过渡后，两条直线可以被倒角线裁剪，也可以不被倒角线裁剪。“角度”为倒角线与第一条曲线之间的夹角。拾取线的顺序不同，倒角的情况也不一样。“距离”是倒角点间垂线的长度，若输入的倒角距离为 5，则倒角的长度为 5，如图 2-41 所示。

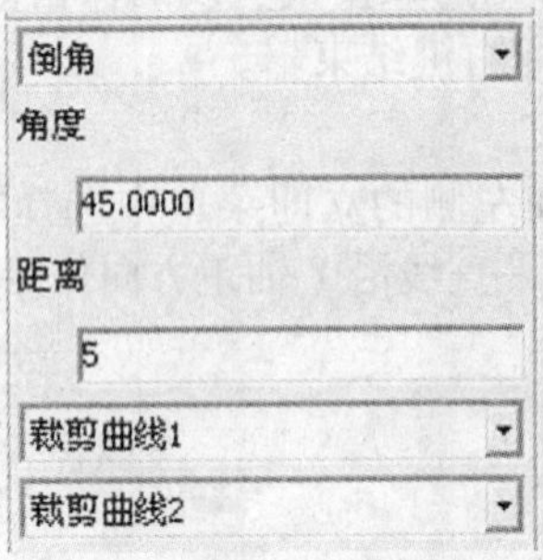

图 2-40　倒角立即菜单

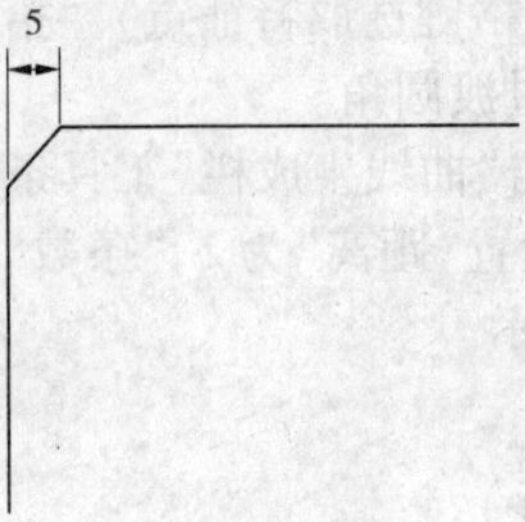

图 2-41　倒角

▲“尖角”：用于在给定的两条曲线之间进行过渡，过渡后在两条曲线的交点处呈尖角。尖角过渡后，一条曲线被另一条曲线裁剪（如图 2-42 所示），其立即菜单如图 2-43 所示。“尖角”过渡与“快速裁剪”中的“正常裁剪”在绘图中的功能相似，只是裁剪方法有区别。“快速裁剪”是鼠标拾取哪一部分，哪一部分就被裁剪掉，它一次裁剪一条线。“尖角”是鼠标拾取哪一部分，哪一部分就被保留，它可以一次将两条线同时裁剪掉。

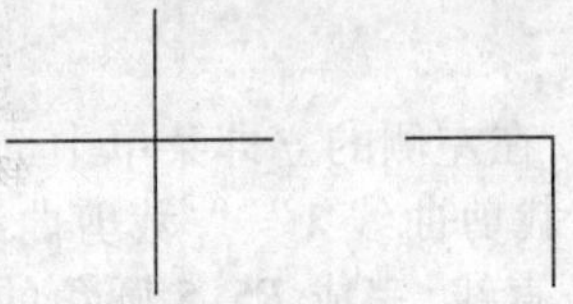
图 2-42　尖角

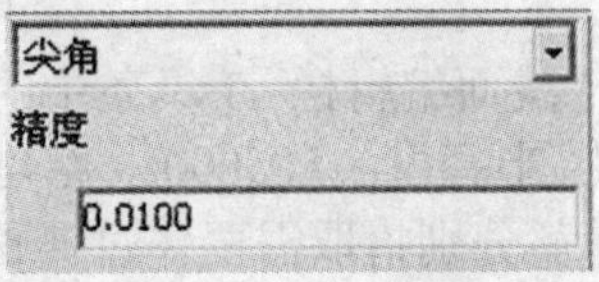

图 2-43　尖角立即菜单

④完成过渡圆的创键。

a. 单击“线面编辑栏”工具条中的“删除”按钮，系统提示拾取要删除的元素，用鼠标拾取位于最上方的直线，单击鼠标右键进行确认，完成删除。

b. 单击“线面编辑栏”工具条中的“曲线过渡”按钮，在左侧的立即菜单中选择“圆弧过渡”，设置“半径”为 15、“精度”为 0.0100，选择“裁剪曲线 1”、“裁剪曲线 2”，选择 $R35$ 的圆与 $R5.5$ 的圆过渡，如图 2-44 所示。

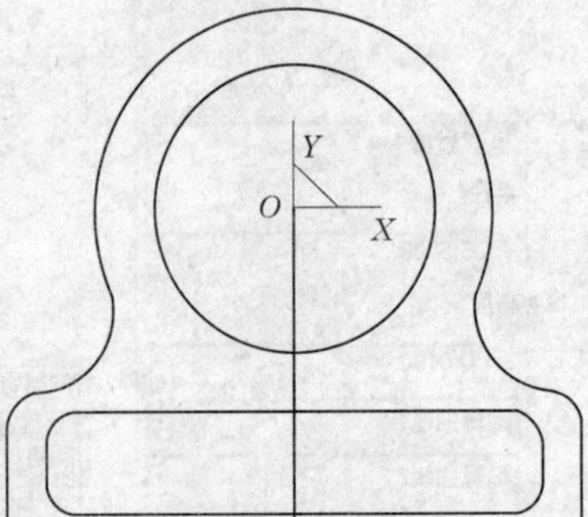

图 2-44　圆弧过渡

⑤完成与 X 轴夹角为 45°的圆的绘制。

a. 单击“曲线生成栏”工具条中的“直线”按钮，在左侧的立即菜单中选择“角度线”、“X 轴夹角”，设置“角度”为45.0000,如图2-45所示。选择坐标系的原点作为直线的第一点,作一条与$R35$圆相交的直线,如图2-46所示。

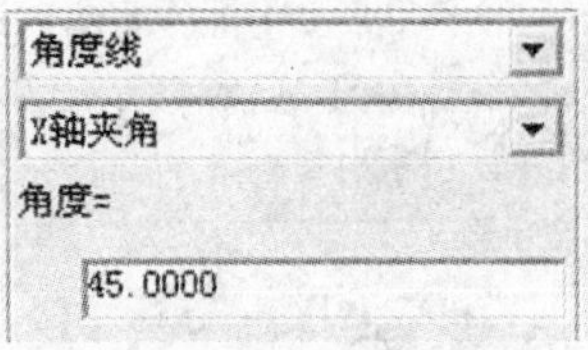

图2-45　角度线立即菜单

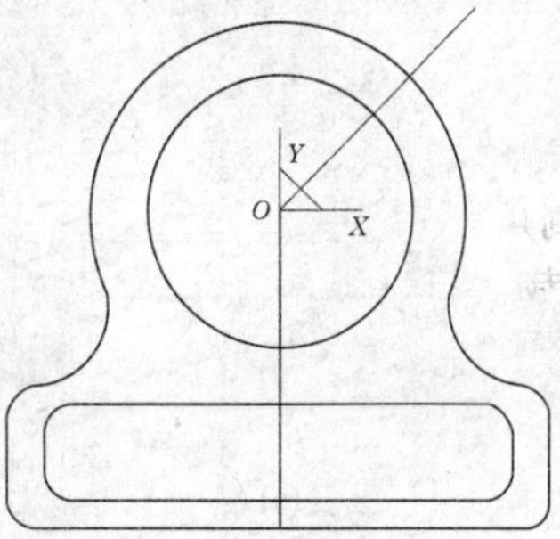

图2-46　生成角度线

b. 单击“曲线生成栏”工具条中的“整圆”按钮⊙,在左侧的立即菜单中选择“圆心_半径”,拾取与X轴成45°的直线与$R35$圆的交点为圆心绘制圆,用键盘输入半径值8,按回车键完成。再输入半径值4,按回车键完成,单击右键,完成两个圆的绘制,如图2-47所示。

c. 单击“几何变换栏”工具条中的“阵列”按钮▫▫,如图2-48所示,在左侧的立即菜单中选择“圆形”、“均布”,设置“份数”为4,如图2-49所示,系统提示拾取元素,用鼠标左键拾取半径为4的圆作为要阵列的对象,拾取结束单击鼠标右键,系统提示选择阵列中心,用鼠标拾取坐标系的原点,完成阵列如图2-50所示。

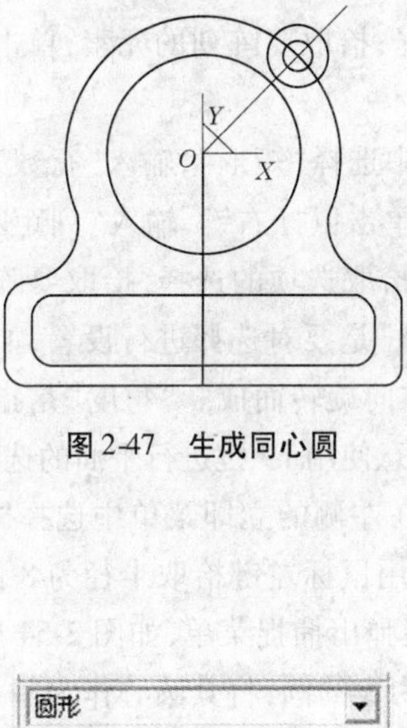

图2-47　生成同心圆

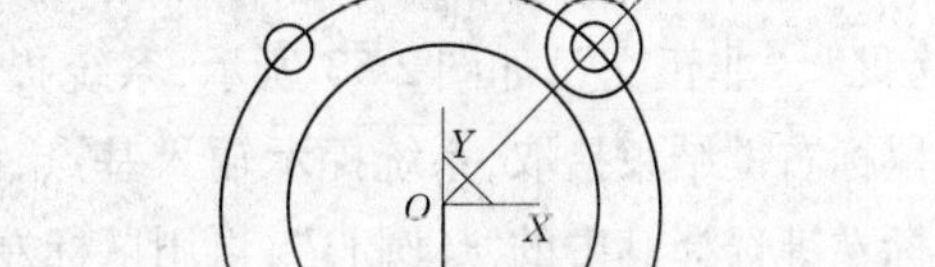

图2-48　“几何变换栏”工具条

图2-49　圆形阵列立即菜单

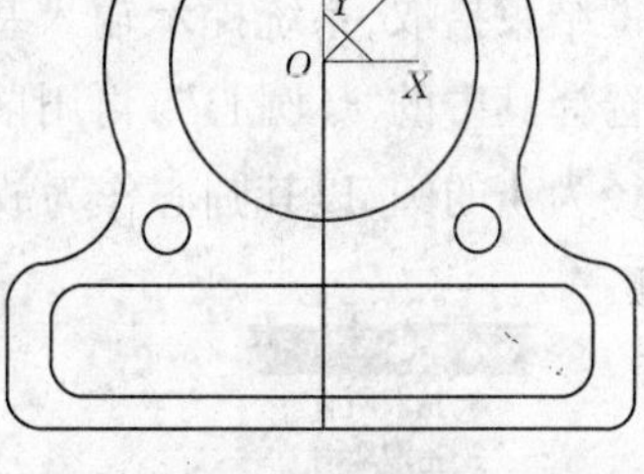

图2-50　圆形阵列

注:阵列通过一次操作可同时生成若干相同的图形,可以提高作图速度。阵列有圆形阵列和矩形阵列两种。单击“阵列”按钮▫▫,其立即菜单如图2-51所示。

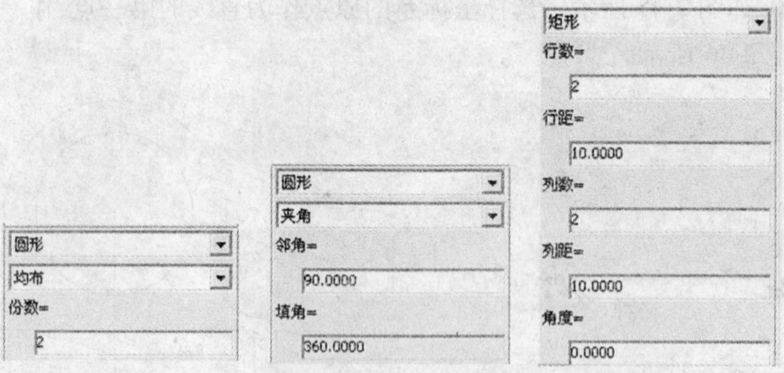

(a) (b) (c)

图 2-51　阵列立即菜单

【相关参数】

▲"圆形":圆形阵列有"夹角"方式和"均布"方式。

"夹角"方式:单击"阵列"按钮,在左侧的立即菜单中选择"圆形"、"夹角",输入相邻图案之间的夹角,设置完成后单击鼠标右键,输入第一个图案与最后一个图案之间形成的夹角,完成设置后单击鼠标右键;按空格键进行拾取;拾取要阵列的元素,单击鼠标右键,拾取图案的中心点。

"均布"方式:单击"阵列"按钮,在左侧的立即菜单中选择"圆形"、"均布",输入图案的"份数",单击鼠标右键;按空格键进行拾取选项的选择;拾取要阵列的元素,单击鼠标右键,拾取图案的中心点。

▲"矩形":单击"阵列"按钮,在左侧的立即菜单中选择"矩形",输入"行数"并单击鼠标右键,输入"行距"并单击鼠标右键,输入"列数"并单击鼠标右键,输入"列距"并单击鼠标右键,输入"角度"并单击鼠标右键,按空格键进行拾取选项的选择,拾取要阵列的元素,单击鼠标右键。其中"按空格键进行拾取选项的选择"是要对选择进行设置,如图 2-52 所示。圆形阵列时,图案以原始图案为起点,按逆时针方向旋转而成。"角度"是指与轴的夹角。作图平面不同,图案的排列方式也不同。此外,注意使用 F9 键进行平面的选择。

d. 单击"几何变换栏"工具条中的"平移"按钮,在左侧的立即菜单中选择"两点"、"拷贝"、"非正交",如图 2-53 所示,系统提示拾取元素,用鼠标左键拾取半径为 8 的圆,单击鼠标右键结束拾取,系统提示输入基点,此时按空格键弹出捕捉菜单,如图 2-54 所示,用鼠标左键选择其中的"C 圆心",再用鼠标左键拾取半径为 8 的圆,将其圆心作为基点,再拾取左侧半径为 4 的圆,以其圆心作为放置的目标点,如图 2-55 所示。

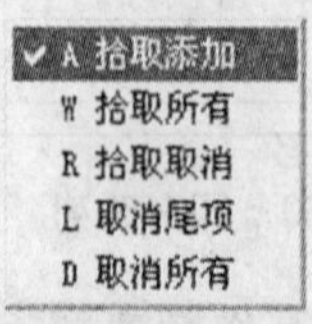

图 2-52　拾取设置

图 2-53　平移立即菜单

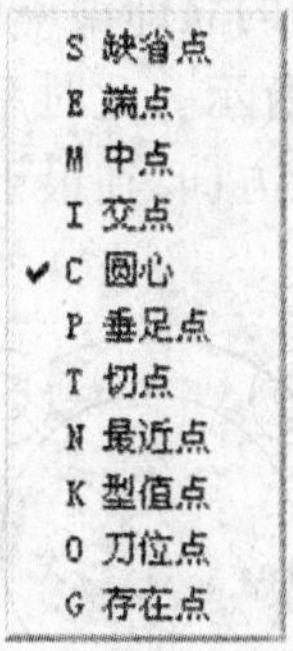

图 2-54 特征捕捉立即菜单

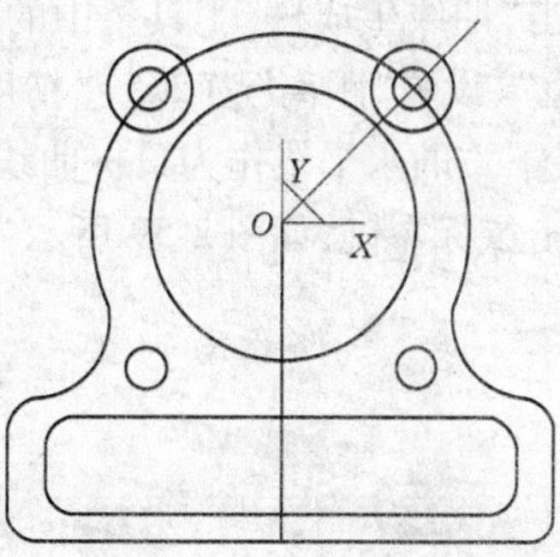

图 2-55 平移 $R8$ 圆

注：平移是对拾取到的曲线相对于原址进行移动或拷贝。单击"平移"按钮，即可激活"平移"功能，其立即菜单如图 2-53 所示。

"两点"：单击"平移"按钮，在左侧的立即菜单中选择"两点"、"拷贝"（或"移动"）、"正交"（或"非正交"）；拾取元素，单击鼠标右键（或回车键）；拾取或输入目标点，按回车键。

"偏移量"：单击"平移"按钮，在左侧的立即菜单中选择"偏移量"、"拷贝"（或"移动"），输入 X 轴方向移动的距离并单击鼠标右键，输入 Y 轴方向移动的距离并单击鼠标右键，输入 Z 轴方向的移动距离并单击鼠标右键；拾取被移动的元素（或按空格键进行拾取选项的选择），单击鼠标右键。

⑥完成下方位置圆的绘制。

a. 单击"曲线生成栏"工具条中的"曲线拉伸"按钮，在左侧的立即菜单中选择"伸缩"，此时系统提示拾取曲线，拾取中心线的下端位置，按空格键用鼠标左键选择"S 缺省点"，拉动中心线沿 Y 轴方向移动一段距离，单击鼠标左键，如图 2-56所示。

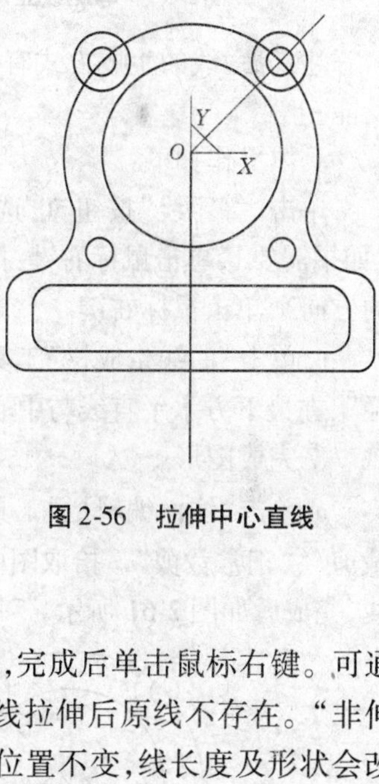

图 2-56 拉伸中心直线

具体操作如下：

单击"曲线拉伸"按钮，拾取伸缩曲线，指定目的点位置，完成后单击鼠标右键。可通过按空格键选择特征捕捉点的类型，进行目标点的拾取。曲线拉伸后原线不存在。"非伸缩"是将直线（或曲线）端点"拉"并移动到指定点，另一端点位置不变，线长度及形状会改变。拾取线时，拾取点靠近哪个端点即"拉"哪个端点。"伸缩"是将直线（或曲线）在该线上拉伸或缩短到指定点，线的长度改变，形状不改变。拾取点靠近哪个端点即"拉"哪个端点，另一个端点位置不变，如图 2-57 所示。

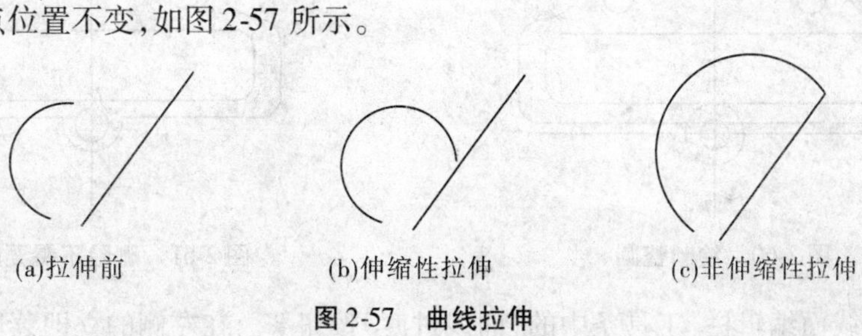

(a)拉伸前　(b)伸缩性拉伸　(c)非伸缩性拉伸

图 2-57 曲线拉伸

b. 单击“曲线生成栏”工具条中的“等距线”按钮 ，在左侧的立即菜单中选择“单根曲线”、“等距”，设置“距离”为 2.5、“精度”为 0.1000，如图 2-58 所示。此时系统提示拾取曲线，选择最下方的水平线作为目标曲线，此时系统提示选择等距方向，在最下方的水平直线的下方单击鼠标左键，如图 2-59 所示。

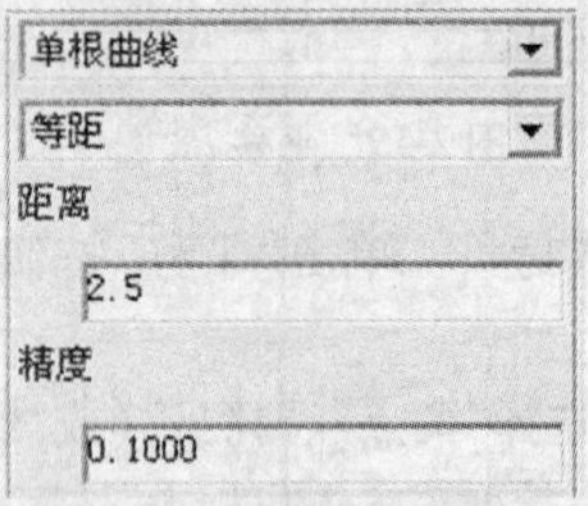

图 2-58　等距线立即菜单

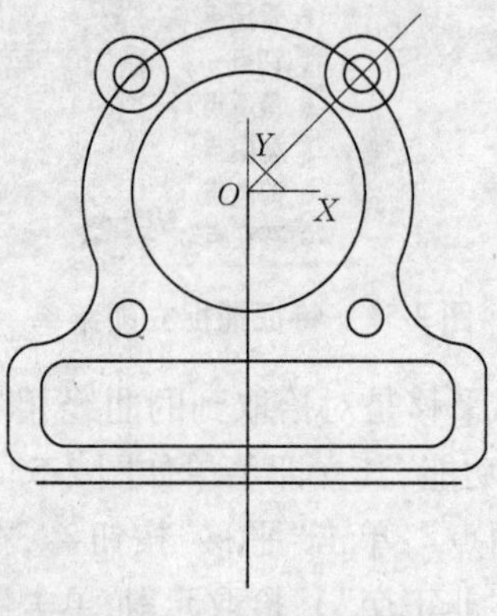

图 2-59　生成等距线

注：等距线的生成方式有“等距”和“变等距”两种。单击“等距线”按钮 ，就可激活该功能。

具体操作如下：

单击“等距线”按钮 ，选择“等距”（或“变等距”），输入等距的“距离”、输入“精度”（如果需要），单击鼠标右键；拾取曲线，选择等距的方向（在使用“变等距”时要再选择起点的方向），单击鼠标右键。

c. 单击“曲线生成栏”工具条中的“整圆”按钮 ，在左侧的立即菜单中选择“圆心_半径”，在最下方水平直线与中心线的交点处作 *R*4、*R*8 两个圆，完成后如图 2-60 所示。

⑦完成图形。

a. 单击“线面编辑栏”工具条中的“曲线裁剪”按钮 ，在左侧的立即菜单中选择“快速裁剪”、“正常裁剪”。拾取图中不需要的线条，去除多余的部分线条，删除最下方的水平直线，完成后如图 2-61 所示。

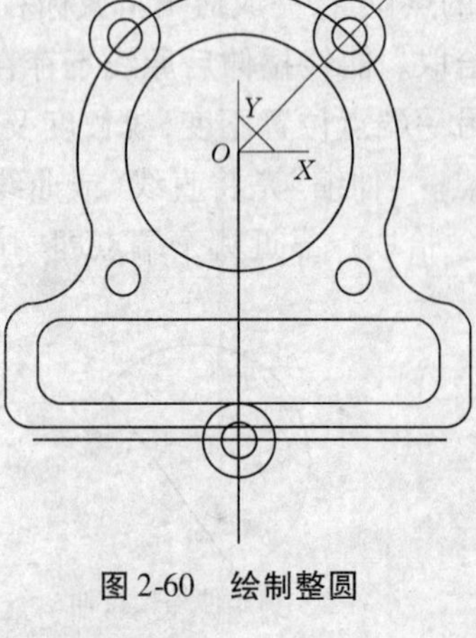

图 2-60　绘制整圆

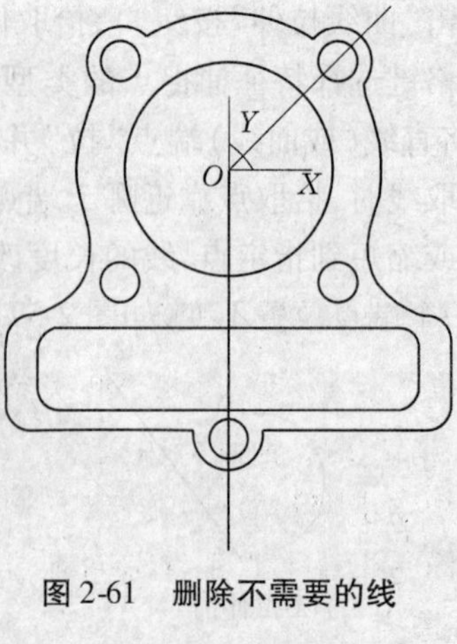

图 2-61　删除不需要的线

b. 单击“线面编辑栏”工具条中的“曲线过渡”按钮 ，在左侧的立即菜单中选择“圆弧过渡”,设置“半径”为5、“精度”为0.01,选择“裁剪曲线1”、“裁剪曲线2”,对半径为5的圆角进行绘制,完成后如图2-62所示。

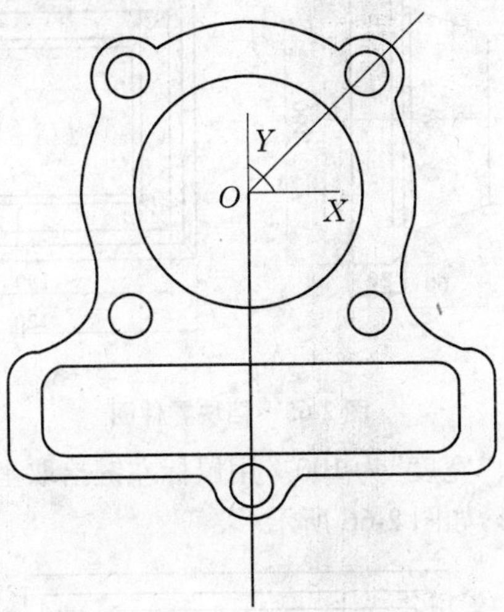

图2-62　完成后的图形

(3)完成尺寸标注。

草图是可以参数化的,尺寸标注后的草图可以驱动,在草图绘制状态下,单击“曲线生成栏”工具条中如图2-63所示的按钮就可以激活相应的尺寸工具。单击“尺寸标注”按钮,选择要标注的尺寸内容,将尺寸位置放置在合适的位置。完成后的图形如图2-64所示。

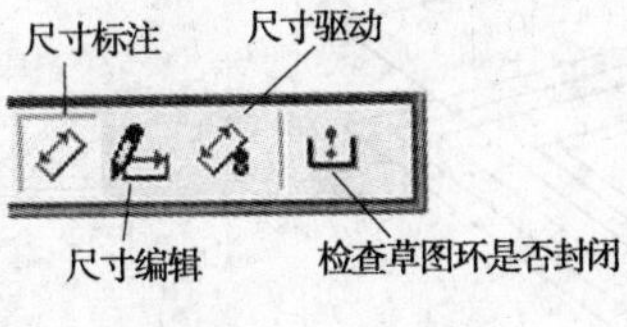

图2-63　尺寸工具

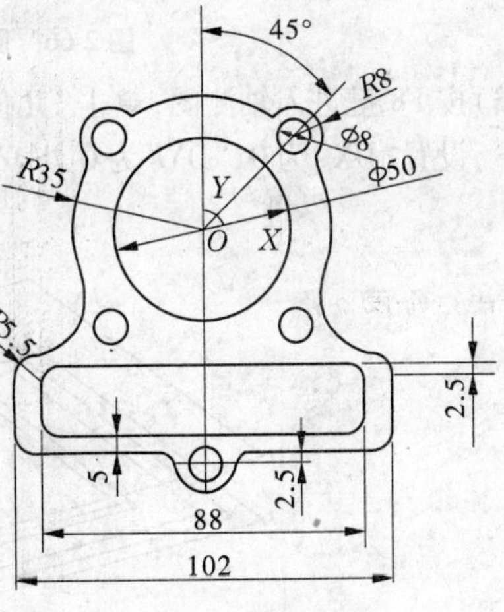

图2-64　标注图形

【例2-3】　三维线架造型实例。

根据图2-65所示尺寸,进行三维线框造型。

【操作步骤】

(1)按F5键,选取XOY平面为作图平面。把挡块零件底面绘制在XOY平面上,底面中心设在原点。

(2)单击“曲线生成栏”工具条中的“矩形”按钮,在左侧的立即菜单中选择“中心_

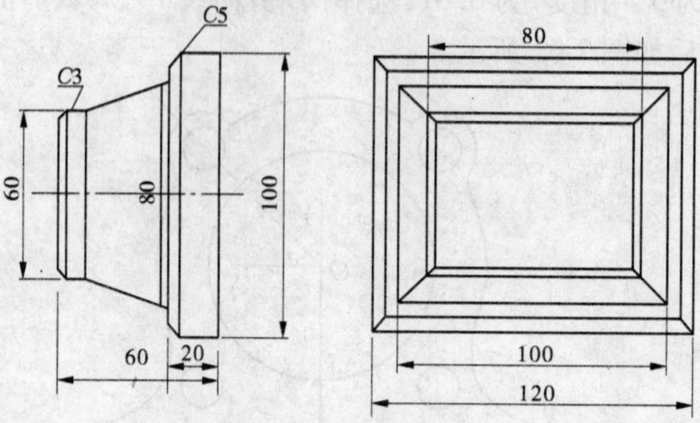

图 2-65　挡块零件图

长_宽”，设置“长度”为 120、“宽度”为 100。用鼠标左键拾取坐标原点，画出底面矩形；采用同样方法画出其他轮廓矩形，如图 2-66 所示。

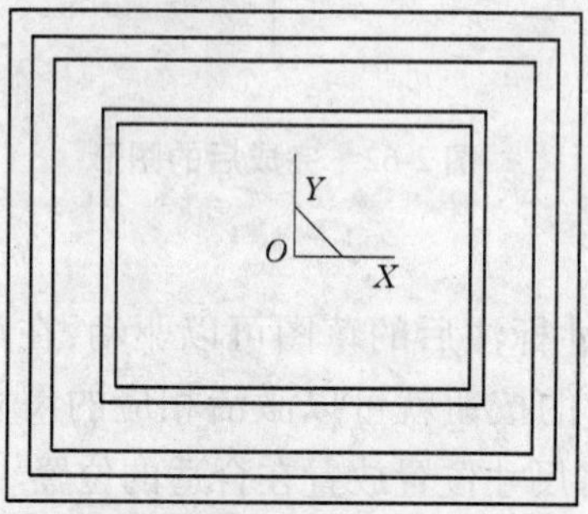

图 2-66　画出底面与其他轮廓矩形

（3）按 F8 键进入轴测图，单击“几何变换”中的“平移”，在立即菜单中选择“偏移量”，“拷贝”，设置“DX”为 0，“DY”为 0，“DZ”为 15，拾取最外面的四条线，右击完成，如图 2-67 所示。

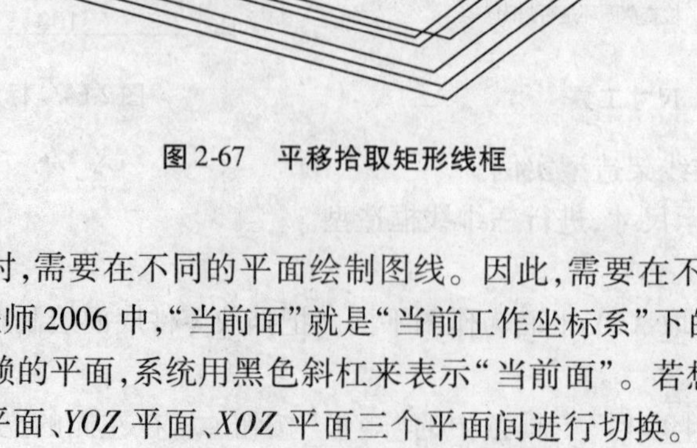

图 2-67　平移拾取矩形线框

注：视图转换。

在绘制三维图形时，需要在不同的平面绘制图线。因此，需要在不同的平面间进行转换，在 CAXA 制造工程师 2006 中，“当前面”就是“当前工作坐标系”下的“作图平面”，用来作为当前操作中所依赖的平面，系统用黑色斜杠来表示“当前面”。若想改变“当前面”，可通过按 F9 键在 *XOY* 平面、*YOZ* 平面、*XOZ* 平面三个平面间进行切换。如图 2-68 所示。若只改变观察方向,可通过按 F5 键(显示 *XOY* 平面)、F6 键(显示 *YOZ* 平面)、F7 键(显示 *XOZ* 平面)、F8 键(轴测图)控制。

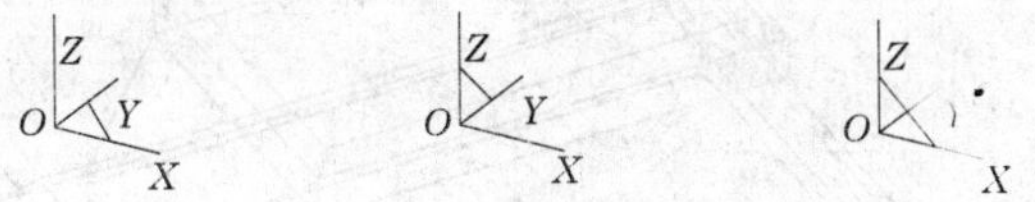

图 2-68　视图转换

(4)单击"几何变换"中的"平移",在立即菜单中选择"拷贝","DZ"为 20,其他不变。拾取第二圈四根线后右击,得到图 2-69。

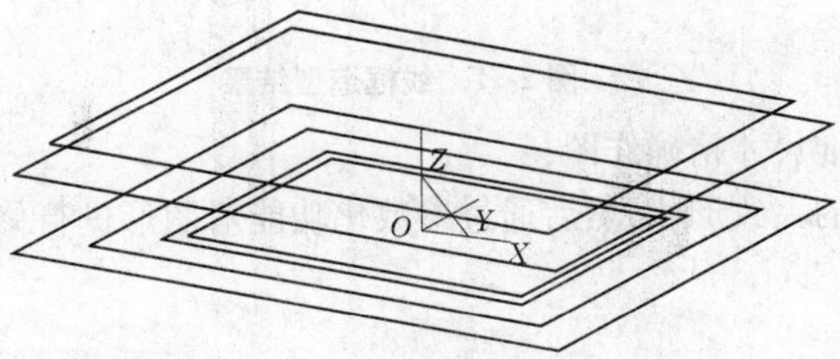

图 2-69　平移第二圈矩形线框

(5)根据图 2-65 中的尺寸数据,按上述方法将各个线框平移到对应的高度,如图 2-70 所示。

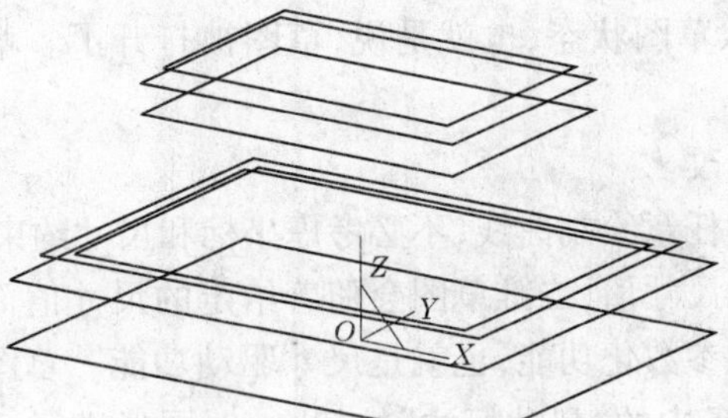

图 2-70　各个线框平移到对应高度

(6)单击"曲线生成栏"工具条中的"直线",在立即菜单中选择"两点线"、"连续"、"非正交",连接相应顶点,结果如图 2-71 所示。操作中可以使用显示工具中的"旋转"命令,转动图形,使各个顶峰处于可拾取位置。

2.1.3.2　选择草图状态

选择一个基准面后,单击"状态栏"工具条中的"绘制草图"按钮或按 F2 键,表示已处于草图状态,开始了一个新草图。

操作注意:生成草图后,特征树上将出现"草图 ×"的标识。

2.1.3.3　草图绘制

草图是指在"草图状态"下,用曲线生成、编辑功能绘制的二维图形。草图绘制是特征生成的关键步骤。

草图绘制的方法有两种:

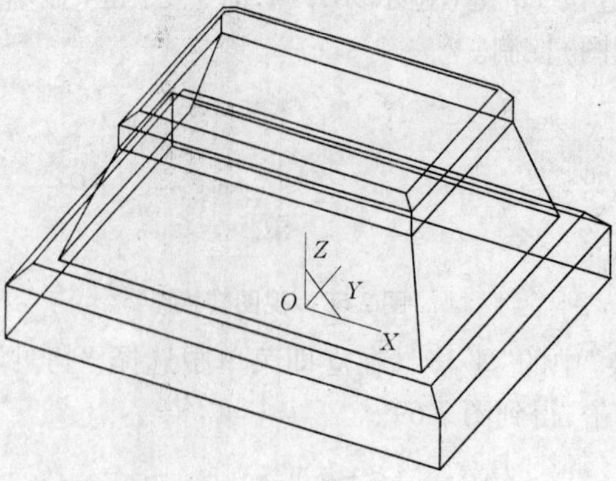

图 2-71　线框造型结果

（1）直接按照标准尺寸精确作图；

（2）先绘制图形的大致形状，然后通过参数化功能对图形进行修改，最终获得所期望的图形。

2.1.3.4　**编辑草图**

在草图状态下绘制的草图一般要进行编辑和修改。在草图状态下进行的编辑操作只与该草图相关，不能编辑其他相关草图曲线或空间曲线。

退出草图状态后，如果你还想修改某基准平面上已有的草图，则只有在特征树中选取此草图，按下绘制草图按钮或将光标移到特征树的草图上，按鼠标右键在弹出的立即菜单中选择“编辑草图”，进入草图状态，也就是说，草图被打开了。草图只有处于打开状态时，才可以被编辑和修改。

2.1.3.5　**草图参数化修改**

在草图状态下，可以任意绘制曲线，不必考虑坐标和尺寸约束。然后对绘制的草图标注尺寸，并可根据需要更改尺寸值，二维草图会随着给定的尺寸值而变化，达到希望的精确图形，此种方式就是草图的参数化功能，也就是尺寸驱动功能。草图参数化修改的过程为：先单击“曲线生成栏”工具条中的“尺寸标注”按钮，对图形进行标注；再单击“尺寸驱动”按钮，进行尺寸驱动，如图 2-72 所示。

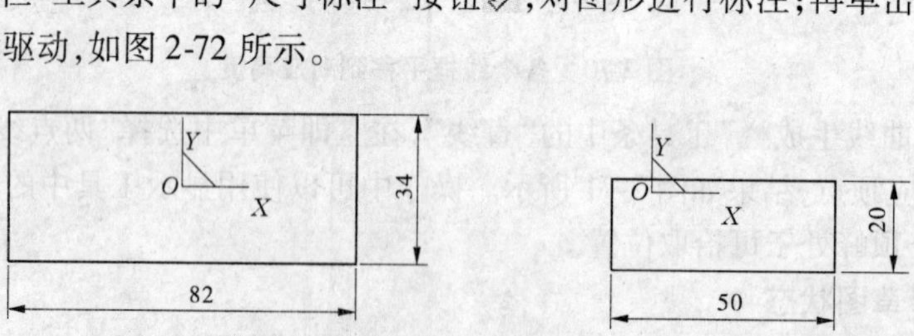

(a)标注后的图形　　(b)尺寸驱动后的图形

图 2-72　尺寸驱动草图

2.1.3.6　**草图环检查**

草图环检查功能用来检查草图环是否封闭。当草图环封闭时，系统提示“草图不存在开口环”。当草图环不封闭时，系统提示“草图在标记处开口或重合！”，如图 2-73 所示。

在完成草图绘制之后，单击“曲线生成栏”工具条中的“检查草图环是否闭合”按钮，

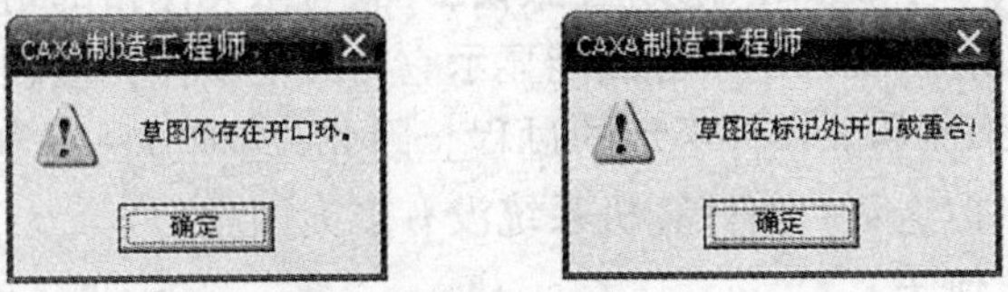

图 2-73　草图环检查

此时系统自动检测草图是否存在开口或重合,并在开口或重合之处出现红色标记。

2.1.3.7　退出草图绘制状态

在草图编辑完成后,按 F2 键或单击“绘制草图”按钮,退出草图绘制状态。只有退出草图绘制状态后才可以生成特征。

任务 2.2　草绘实体特征建模

2.2.1　实体建模表示方法

实体建模是利用一些体素,如长方体、圆柱体、球体、锥体、圆环体以及扫描体等,通过集合运算(如交、并、差)生成复杂形体的建模技术。它具有完整性、清晰性和准确性。它不仅定义了形体的表面,而且还定义了形体的内部形状,使形体的实体物质特性得到了正确的描述。实体建模主要包括两部分内容,即体素的定义与描述、体素之间的布尔运算。体素可分为两大类:一类是基本体素,它们可以通过少量参数进行描述,例如长方体可以通过长、宽、高定义其形状;另一类是平面轮廓体素,它通过一个封闭的二维轮廓在空间平移、旋转或沿着与轮廓平面相垂直的一条平面曲线运动而扫描出一个实体,常用于生成棱柱体或回转体。

在实体建模技术中,目前所采用的建模方法有基本元素例图法、空间分割表示法、八叉树表示法、边界表示法、构造立体几何法、扫描表示法、混合法等,它们各有特色,但后几种方法使用较广。

2.2.1.1　边界表示法

边界表示法(Boundary Representation,简称 B-Rep)是以物体边界为基础,定义和描述几何形体的方法。这种方法能给出物体完整显示的边界描述,其基本思想是:每个物体都是由有限个面构成,每个面又通过边,边通过点,点通过三个坐标来定义。实体边界是实体与周围环境的分界,完整地定义了实体边界,也就唯一地定义了实体本身,如图 2-74 所示。

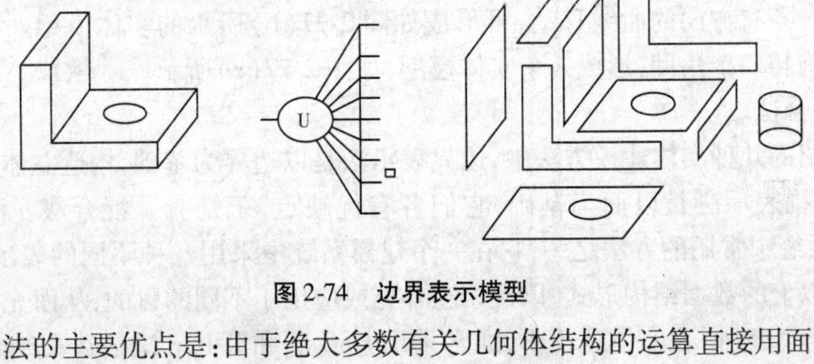

图 2-74　边界表示模型

边界表示法的主要优点是:由于绝大多数有关几何体结构的运算直接用面、边和点等定义的数据实现，这有利于生成和绘制线框图、投影图、有限元网格的划分和几何特性的计算，容易与二维绘图软件衔接；实体的边界面能显示它与其他实体相接触的地方，如制造加工过程就是刀具轨迹的包络面切除零件毛坯的过程。因此，这种方法得到了广泛的应用。其主要缺点是数据量较大，但这对目前计算机系统没有多大困难。

2.2.1.2 构造立体几何法

构造立体几何法(Construction Solid Gemetry，简称 CSG)是指通过布尔运算将简单的基本体素拼合成复杂实体的描述方法，即复杂的实体可以由某些简单的体素加以组合来表示，通过基本体素(锥、柱、球、环等)和它们的集合运算(交、并、补)构造实体。图 2-75 所示为实体建模中常用的基本体素，图 2-76 为由基本体素构成的几何实体。

图 2-75 实体建模中常用的基本体素

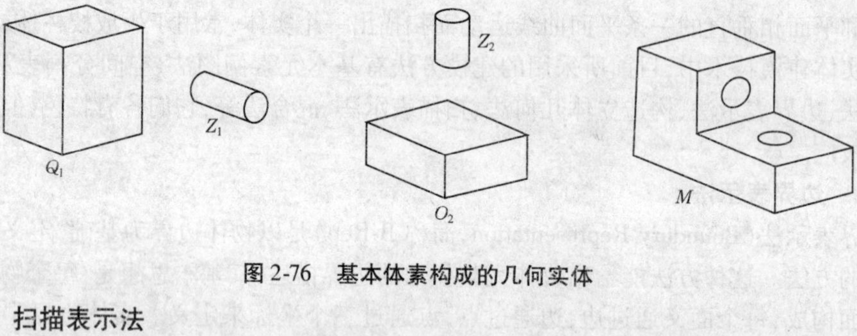

图 2-76 基本体素构成的几何实体

2.2.1.3 扫描表示法

扫描表示法(Sweep Representation)是将二维封闭截面沿给定的轨迹平移或绕给定轴线旋转而成。一个封闭截面在空间移动或旋转就“扫”成个实体。如图 2-77(a)所示的二维封闭图形沿着一条有方向的曲线移动，可形成如图 2-77(b)所示的实体模型。该封闭图形也可绕某轴线旋转一个角度，形成一个实体模型，如图 2-77(c)所示。

2.2.1.4 混合法

前面介绍的几种实体建模方法中，边界表示法是以边界为基础，构造立体几何法是以体素为基础，扫描表示法是以面为基础，它们各有优缺点，于是有了混合法。混合法是目前 CAD/CAM 系统中常用的方法之一，它在一个建模系统中采用几种不同的表示方法，即采用两种或两种以上的数据结构形式，以便相互补充或应用于不同的目的，从而充分发挥各种表示方法的优势。例如，在实体建模中，通常采用 CSG 法和 B-Rep 法描述相结合的混合建模

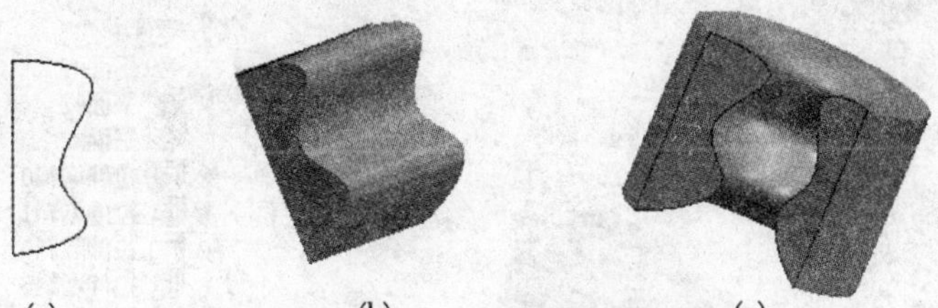

(a) (b) (c)

图 2-77 扫描表示法形成的实体模型

方法。在用户界面上采用 CSG 法,直观、方便;而在计算机内部,则采用 B-Rep 法记录三维形体的完整几何信息和拓扑信息。

2.2.2 特征建模技术

2.2.2.1 特征的概念及分类

特征是指描述产品的信息集合。零件的特征描述是其设计和制造等方面的信息。用特征描述的产品信息模型具有形态、材料、功能、规则和约束等内容的描述。产品特征可分为管理特征、技术特征、材料特征、精度特征、形状特征、装配特征等。为使读者从概念上理解特征建模,在此主要讨论与实体造型有密切关系的形状特征。

形状特征指的是反映产品零件几何形状特点的、可按一定原则加以分类的产品描述信息。从严格意义上讲,目前对形状特征还没有统一的定义,各种定义之间仍存在一定的差异。在 STEP 标准中,形状特征是指符合一定原型,并与特定应用有关的几何形状,即形状特征同时包括参数化标准的几何形状信息和相应应用领域的信息。特征可用于设计、工艺规程、NC 数据生成、检测等领域。

根据形状特征在构造零件中所起的作用不同,可分为基本特征和附加特征两类。

(1)基本特征。是构造零件的基本几何特征,是最先构造的特征,也是后续特征的基础。它反映了零件的主要形状、体积(或质量)。根据其特征形状的复杂程度,又分为简单特征和宏特征两类,简单特征主要指圆柱体、圆锥体、长方体、圆球、球缺等简单的基本几何体;宏特征指具有相对固定的结构形状和加工方法的形状特征,其几何形状比较复杂而又不便于细分为其他形状特征的组合,如盘类零件、轮类零件的轮辐和轮毂等。

(2)附加特征。是依附于基本特征之上的几何特征,是对基本特征的修饰,反映了零件几何形状的细微结构。如螺纹、花键、V 形槽、T 形槽、U 形槽等。

2.2.2.2 特征建模过程

特征建模是一个过程,是将构成零件的特征依次加到形体上,后续特征依附于前面的特征,前面特征的变化将影响后续特征的变化。为了正确记录特征建模的历程,采用了“特征树”的方法(又称为历程树方法),将特征建模的历程一一记录下来。开始特征为基本特征,又称为树的根特征。从基本特征开始,逐步增加零件的附加特征(树的枝特征),在附加特征上又可以附加其他特征(树的细枝特征),依次类推,随着零件的复杂程度不同,特征树的复杂程度也不同。一个复杂的零件是由许许多多的附加特征构成的,这样,特征树就由许多枝特征、细枝特征,甚至更细的枝特征构成,最后形成了一棵枝繁叶茂的大树。如图 2-78 所示轴承座及其特征树。

通过特征树,可以非常清楚地了解已建零件的建模过程,也为后续模型修改编辑带来了

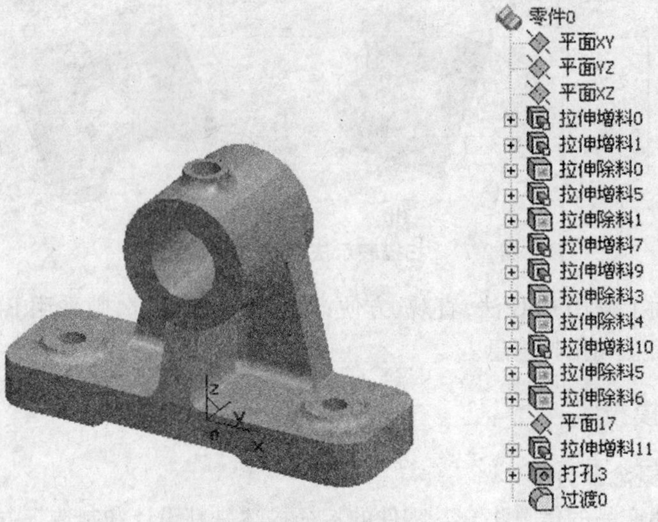

(a) 轴承座　　　　(b) 特征树

图 2-78　轴承座及其特征树

方便,即可以通过特征树对零件模型进行方便的管理。CAD 系统一般都提供专门窗口,称为特征树浏览器,在特征树浏览器中允许用户进行如下操作:

(1)选择特征。

利用特征树浏览器来帮助选择特征,这在复杂模型中更为有用,因为复杂模型的特征较多,在图形窗口中较难分辨和拾取。可以用鼠标在特征树浏览器中选择特征。为了选择多个特征,可按住 Ctrl 键选择多个特征,或将鼠标移至空白区域并单击鼠标左键,释放所选择的特征。

(2)删除特征。

选择要删除的特征,然后删除该特征。在删除特征时,从属于该特征的其他特征同时被删除,因此在进行特征删除操作时要倍加小心。

(3)重新命名特征。

在构造特征时系统会自动对特征进行命名,也可以修改该特征名,比如给特征取一些有特点的名称,以便于阅读。

(4)移动特征。

可以直接在特征树中移动某特征,改变特征在特征树中的位置,从而改变特征的先后顺序。

注:①改变特征的先后顺序有时会改变零件的结构;②子特征不能拖放到父特征之前的位置,例如,倒角特征必须在被倒角特征的后面。

(5)抑制特征和非抑制特征。

当零件的特征非常多而且非常复杂时,可以采用抑制特征功能暂时冻结所不关心的特征,抑制特征及其从属特征暂时不参与显示、运算等,这样可简化图形的显示。当需要该特征或其从属特征时,执行非抑制特征操作,解除已抑制特征,此时,原被抑制特征可以重新参与显示和运算。

(6)复制特征。

在零件特征树上,可以选定一个特征,并把它复制到特征树的另一个位置上,也可以把另一个零件上的特征复制到当前零件的合适位置上。

(7)编辑特征和尺寸修改。

所有特征都可以随时改变其形状及大小,但在改变其形状及大小时,相应的后续特征可能也需要改变。

(8)特征回放。

特征回放是指按照构造特征的先后顺序,逐一地把特征的造型过程连续地显示出来,这样可以形象地观察到零件模型的整个造型过程。

可见,特征造型技术是一种非常灵活直观的零件建模技术,许多CAD/CAM软件采用了该技术。

2.2.2.3　几何特征的生成方法

几何特征可根据其几何形状与其他形状特征的关系,以及用户应用的通用观点来分类。由于特征的数量极其庞大,任何系统都不可能支持所有应用领域的所有特征,因此不同的CAD/CAM系统提供了不同的特征种类,下面介绍几种典型的几何特征。

(1)基本特征的生成方法。

基本形状特征是表达一个零件总体形状的特征。可根据二维轮廓生成三维特征,该类特征主要包括:

①拉伸特征。拉伸工具是与设计环境中的一个或多个已有的二维图素一起使用的。拉伸工具可用于通过定义各种参数把选定的二维图素拉伸成三维造型。拉伸的方式多种多样,有单向拉伸、双向拉伸、从一个面拉伸到另一个面等。有的系统还提供了在拉伸的过程中加入一个拉伸角度,以形成带锥度的拉伸特征。拉伸特征是一种常用的特征。

②旋转特征。将二维轮廓绕某一旋转轴旋转,形成旋转特征。旋转时可绕旋转轴旋转360°,也可小于360°,也可以旋转到某一个指定的平面或曲面,也可以沿双向对称旋转,或从一个面旋转到另一个面。旋转特征也是一种最常用的特征。

③扫描特征。将二维轮廓沿某一运动轨迹移动一定距离后,生成扫描特征。当应用扫描设计时,用户除需生成截面外,还需指定一条导向曲线。导向曲线可以被定义为一条直线、一系列直线、一条B样条曲线或一条弧线。

旋转设计而成的图素有的一端表面较窄,而扫描设计的结果与此不同,两端表面完全一样。根据扫描截面在扫描过程中截面是否变化,扫描方式可分为等截面扫描和变截面扫描。所谓等截面扫描,是指在扫描过程中截面大小是不变的;而变截面扫描是指扫描截面在扫描过程中逐渐变化。这种方法可以生成形状复杂的实体。

(2)附加形状特征的生成方法。

①孔特征。孔的截面是圆,因此只需要给出孔的相关尺寸,如孔的直径和深度,并指定孔所在的位置即可构造孔特征。孔的形状多种多样,有通孔、盲孔、阶梯孔、直孔、斜孔、光孔、螺纹孔等,这些特征都可以在相关的对话框中输入,生成孔特征。

②轴特征。轴的截面可以是圆,也可以是矩形或其他形状。若是圆,则可通过拉伸的方法生成轴;若是矩形,则可将矩形的某一边设为旋转轴,旋转一周也可生成轴特征。轴有光轴、螺纹轴以及阶梯轴等。

③倒角特征。当需要在零件的棱上倒角时,无须绘制倒角的截面轮廓,只需要指定倒角的棱及倒角的有关数据,如倒角长度及倒角角度;倒圆角时需输入圆角半径。

④倒圆特征。在零件棱上进行圆角过渡,也只需要指定倒圆的边及倒圆的半径。大多数系统还支持变半径倒圆的功能。所谓变半径,即同一条边上的圆角半径不是固定的,而是可以变化的,这种特征大大增强了造型能力。

⑤阵列特征。把已知特征按照一定的分布方式进行复制,例如周向均匀分布排列,或矩阵方式均匀排列。阵列特征方法是一种简便的特征构造方法,这种方法在构造一些重复的、均匀分布的特征时非常方便,例如在构造周向均布的螺纹孔时就可以采用阵列特征方法。

⑥槽特征。是在已有的形体上切掉某一部分材料后形成的。槽的造型有多种,可通过拉伸、旋转、扫描以及混合等方法生成。槽有矩形槽、燕尾槽等。

⑦壳体特征。是在已有的形体上通过抽壳的方法形成的。抽壳可以形成等壁厚的壳,也可以形成不等壁厚的壳;通常情况下,抽壳的同时删除某一块壳壁,有时也可根据零件造型的需要,同时删除多块壳壁。

附加形状特征除以上所列出的较常用的特征外,还有切边特征、内腔特征、凸起特征、耳片特征、管特征、斜角特征以及圆顶特征等。

2.2.3 实体特征

在制造工程师中,提供了以下几种基本实体特征工具,分别是拉伸增料和拉伸除料、旋转增料和旋转除料、放样增料和放样除料、导动增料和导动除料、曲面加厚增料和曲面加厚减料、曲面裁剪。

2.2.3.1 拉伸增料

拉伸增料是指将一个轮廓曲线根据指定的距离作拉伸操作,用以生成一个增加材料的特征。当草图完成后,单击“特征生成栏”工具条中的“拉伸增料”按钮,弹出“拉伸增料”对话框,如图 2-79 所示。在拉伸“类型”中有三种拉伸方式,分别是“固定深度”、“双向拉伸”和“拉伸到面”,如图 2-80 所示。

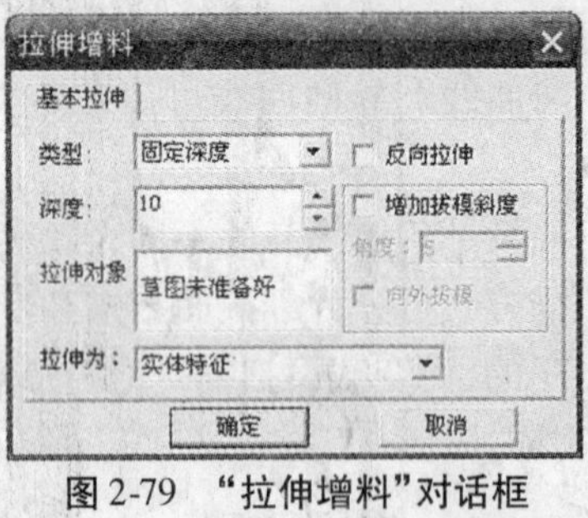

图 2-79 “拉伸增料”对话框

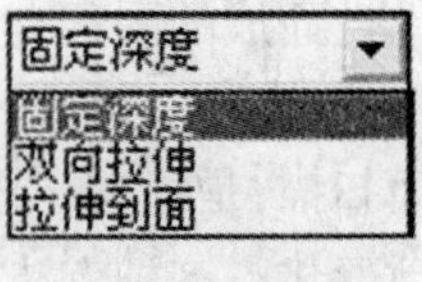

图 2-80 拉伸方式

【相关参数】

“深度”:指拉伸的尺寸,可以直接输入所需要的数值,也可以单击它右侧的按钮来调节。

“拉伸对象”:指对需要拉伸的草图的选择,草图为封闭轮廓线。

“反向拉伸”:指与默认方向相反的方向拉伸。

“增加拔模斜度”:指使拉伸的实体带有锥度,如图 2-81 所示。

“角度”:指拔模时母线与中心线的夹角。

“向外拔模”:指与默认方向相反的方向拔模。

(a)内向拔模(默认方式)　　　　(b)外向拔模

图 2-81　拔模斜度

“双向拉伸”：指以草图为中心，向相反的两个方向进行拉伸，深度值以草图为中心平分。

“拉伸到面”：指拉伸位置以曲面为结束点进行拉伸，需要选择要拉伸的草图和拉伸到的曲面。

“薄壁特征”：指可以如图 2-82 所示设置拉伸的“薄壁类型”和“壁厚”等参数，以生成如图 2-83 所示的薄壁特征。

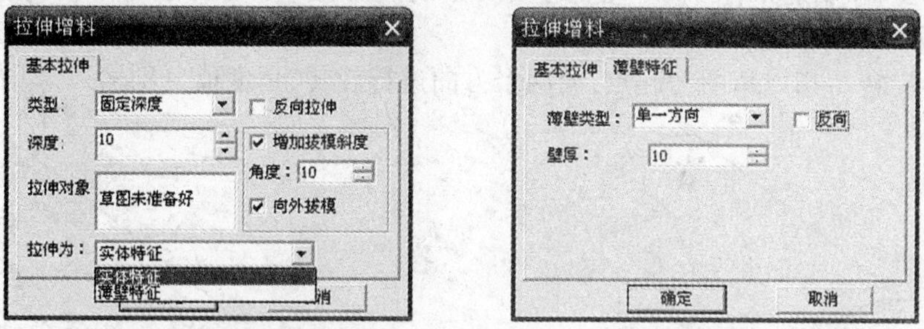

(a) 薄壁特征与实体特征的切换　　　　(b) 薄壁特征的方向选择

图 2-82　薄壁特征

2.2.3.2　拉伸除料

拉伸除料是指将一个轮廓曲线根据指定的距离进行拉伸操作，用以生成一个去除材料的特征。拉伸除料的功能与拉伸增料相似，区别就在于增料是作一个增实体，而除料是在已在的实体上去除材料。其使用方法参照拉伸增料或后面的例题。

2.2.3.3　旋转增料

旋转增料是指通过围绕一条空间直线旋转一个或多个封闭轮廓，增加生成一个特征。当草图完成后，单击“特征生成栏”工具条中的“旋转增料”按钮，弹出“旋转”对话框，如图 2-84 所示。

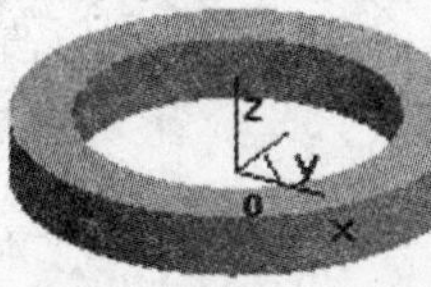

图 2-83　生成的薄壁特征

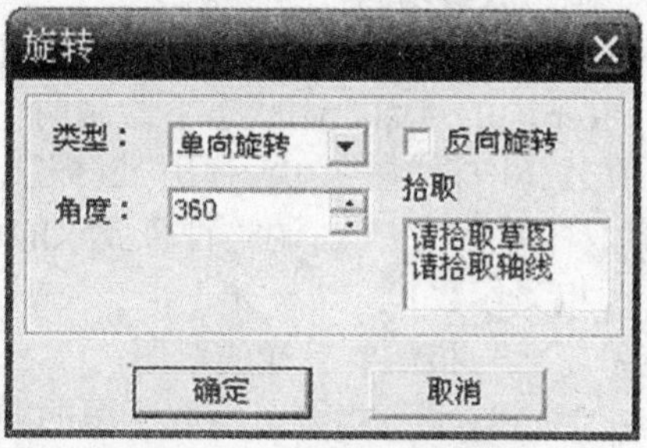

图 2-84　“旋转”对话框

在旋转“类型”中包括“单向旋转”、“对称旋转”和“双向旋转”，如图 2-85 所示。

【相关参数】

“单向旋转”：指按照给定的角度值进行单向旋转，如图 2-86 所示。

图 2-85　旋转方式的选择

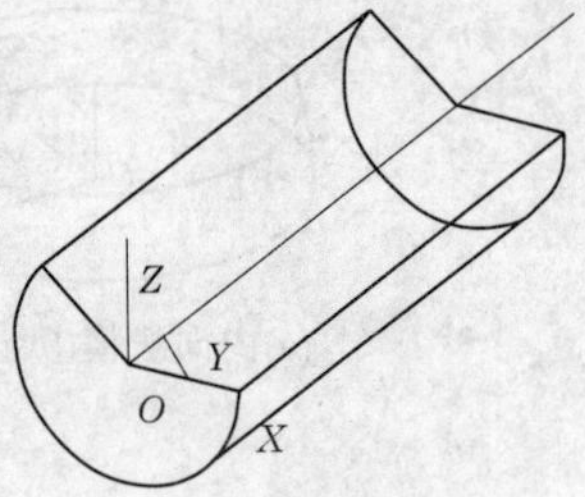

图 2-86　单向旋转

"角度":指旋转的尺寸值,可以直接输入所需数值,也可以单击它右侧的按钮来调节。

"反向旋转":指按与默认方向相反的方向进行旋转。

"拾取":指对需要旋转的草图和轴线进行选取。

"对称旋转":指以草图为中心,向相反方向进行旋转,角度值以草图为中心平分,如图 2-87 所示。

"双向旋转":指以草图为起点,向两个方向进行旋转,角度值分别输入,如图 2-88 所示。

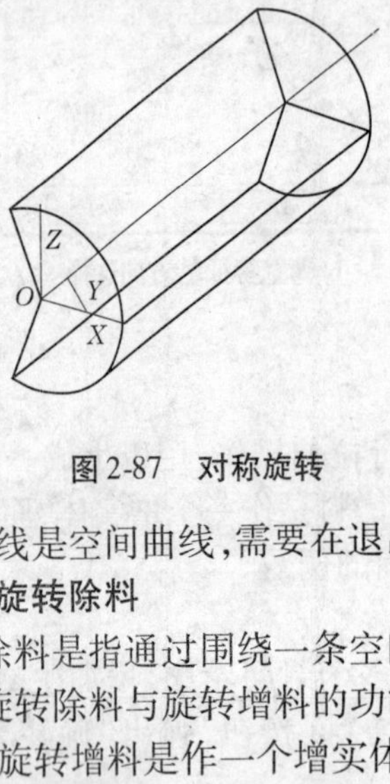

图 2-87　对称旋转

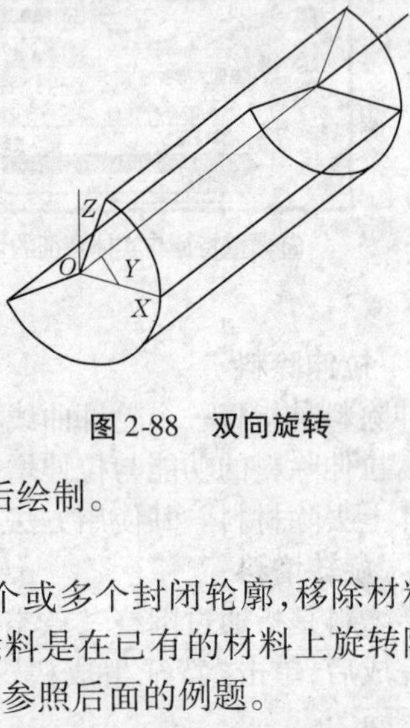

图 2-88　双向旋转

注:轴线是空间曲线,需要在退出草图绘制状态之后绘制。

2.2.3.4　旋转除料

旋转除料是指通过围绕一条空间直线旋转形成一个或多个封闭轮廓,移除材料生成一个特征。旋转除料与旋转增料的功能类似,只是旋转除料是在已有的材料上旋转除去需要的形状,而旋转增料是作一个增实体。其使用方法可以参照后面的例题。

2.2.3.5　放样增料

放样增料是指根据多个截面线轮廓生成一个实体,如图 2-89 所示,其截面线应为草图轮廓。

在不同的草图绘制状态下绘制两个或两个以上的截面线后,单击"特征生成栏"工具条中的"放样增料"按钮,弹出"放样"对话框,如图 2-90 所示,选择绘制好的草图作为截面,观察放样的生成方式,调整符合要求的放样顺序,单击"确定"按钮,完成放样增料操作。

【相关参数】

"轮廓":指需要放样的草图。

"上"和"下":指调节拾取草图的顺序。

轮廓按照操作中的拾取顺序排列,拾取轮廓时,要注意状态栏的提示,拾取不同的边及不同的位置,会产生不同的放样结果,如图 2-89 所示。

2.2.3.6　放样除料

放样除料是指根据多个截面线轮廓去除一个实体,其截面线应为草图轮廓。放样除料

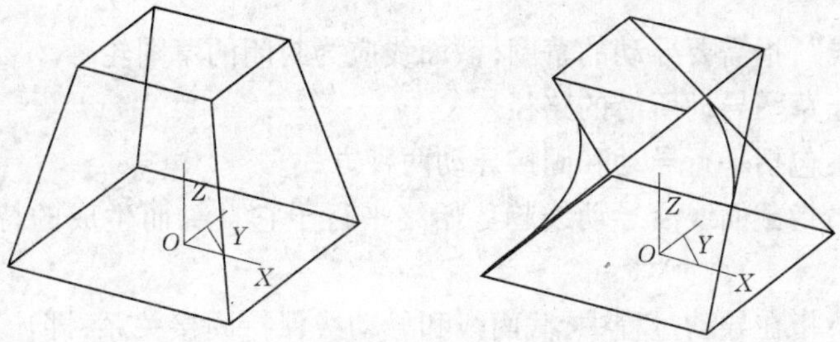

(a)　　　　　　　　　　(b)

图 2-89　放样增料

与放样增料的功能类似，只是放样除料是在已有的材料上放样除去需要的形状，而增料是作一个增实体。

2.2.3.7　导动增料

导动增料是将某一截面曲线或轮廓线沿着另外一条轨迹线运动生成一个特征实体。截面线应为封闭的草图轮廓，截面线沿着轨迹曲线的运动形成了导动特征；绘制完截面草图和导动曲线后，在“特征生成栏”工具条中单击“导动增料”按钮，弹出“导动”对话框，如图 2-91 所示。

图 2-90　“放样”对话框

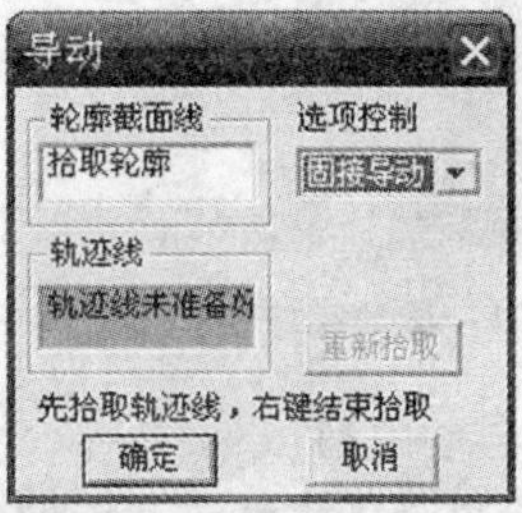

图 2-91　“导动”对话框

按照“导动”对话框中的提示“先拾取轨迹线，右键结束拾取”，先单击鼠标左键选择导动线的起始线段，根据状态栏提示确定链搜索方向，单击鼠标左键确认拾取完成，如图 2-92 所示，单击鼠标右键结束轨迹线的拾取。

此时该对话框显示轨迹线已经拾取完成拾取截面相应的草图，在“选项控制”中选择适当的导动方式，如图 2-93 所示。单击“确定”按钮，完成实体造型，如图 2-94 所示。

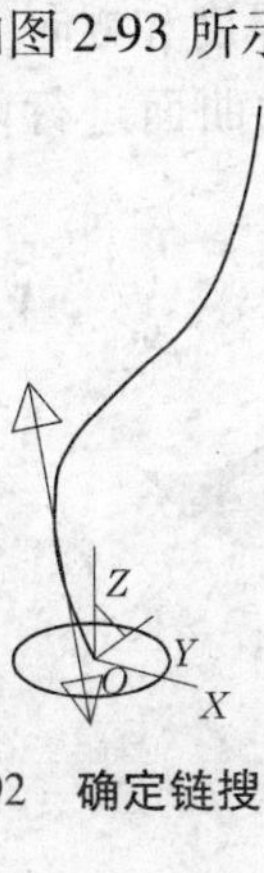

图 2-92　确定链搜索方向

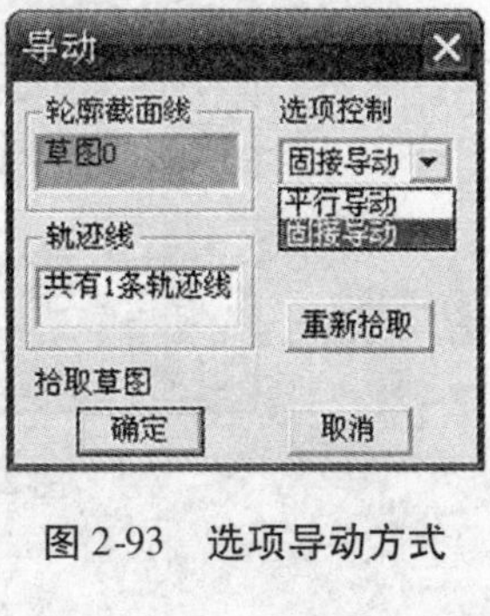

图 2-93　选项导动方式

【相关参数】

“轮廓截面线”:指需要导动的草图,截面线应为封闭的草图轮廓。

“轨迹线”:指草图导动所沿的路径。

“选项控制”:包括平行导动和固接导动两种方式。

“平行导动”:指截面线沿导动线趋势始终平行于它自身而生成的特征实体,如图 2-95 所示。

“固接导动”:指在导动过程中,截面线和导动线保持固接关系,即让截面线平面与导动线的切矢方向保持相对的角度不变,而且截面线在自身相对坐标系中的位置关系保持不变,截面线沿导动线变化的趋势导动生成特征实体,如图 2-96 所示。

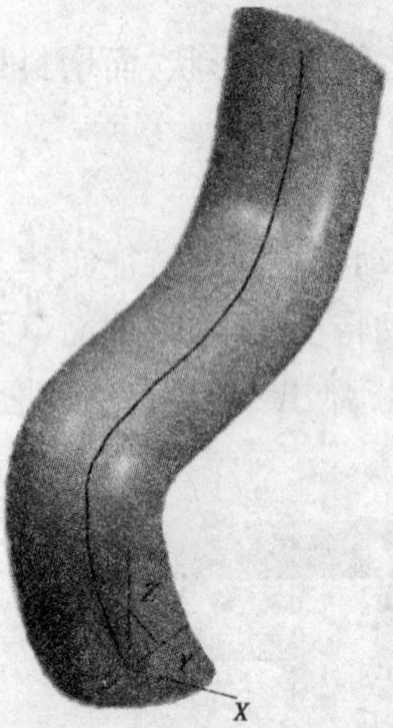

图 2-94　导动完成

图 2-95　平行导动

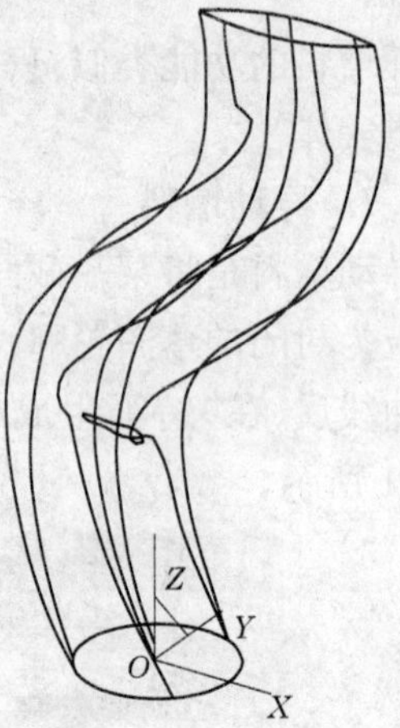

图 2-96　固接导动

2.2.3.8　导动除料

导动除料是指将某一截面曲线或轮廓线沿着另外一条轨迹线运动除去一个特征实体。截面线应为封闭的草图轮廓,截面线沿着轨迹曲线的运动形成了导动特征。

导动除料的功能和导动增料的功能相似,只是导动除料是在已有材料上导动除去需要的形状,而导动增料是作一个增实体。

2.2.3.9　曲面加厚增料

曲面加厚增料中提到的曲面,如何创建,后文情境 3 中会作介绍,并会对曲面加厚增料进行详细介绍。曲面加厚增料是指对指定的曲面按照给定的厚度和方向生成实体。可对单独曲面进行加厚操作,如图 2-97、图 2-98 所示,也可对封闭的曲面进行内部生成实体,如

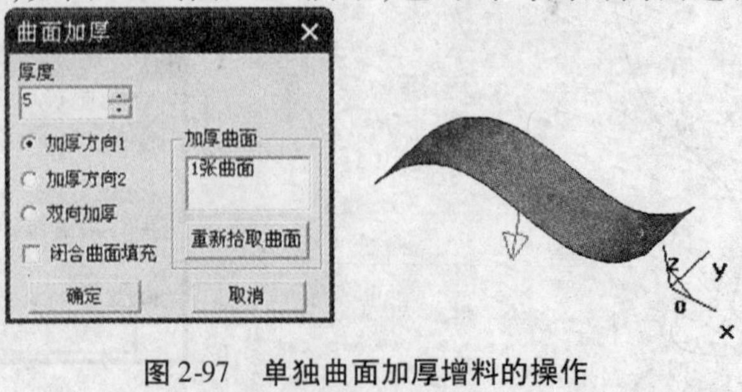

图 2-97　单独曲面加厚增料的操作

图 2-99、图 2-100 所示。

图 2-98 单独曲面加厚结果

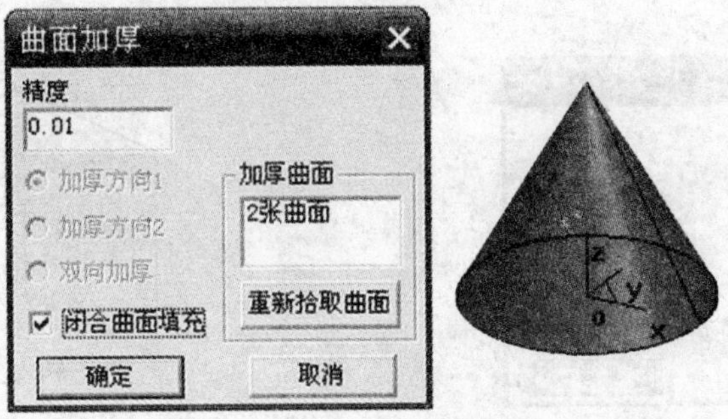

图 2-99 闭合曲面填充操作

图 2-100 闭合曲面填充为实体(将曲面移出)

2.2.3.10 **曲面加厚减料**

曲面加厚减料中提到的曲面,如何创建,后文情境 3 中会作介绍,并会对曲面加厚减料进行详细介绍。曲面加厚减料是指对指定的曲面按照给定的厚度和方向进行去除的特征修改。可对单独曲面进行去除操作,如图 2-101、图 2-102 所示,也可对封闭的曲面进行内部去除的特征修改,如图 2-103、图 2-104 所示。

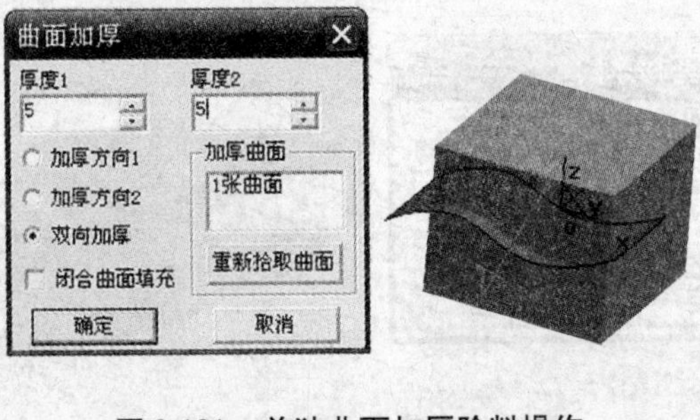

图 2-101 单独曲面加厚除料操作

图 2-102　单独曲面加厚除料操作结果

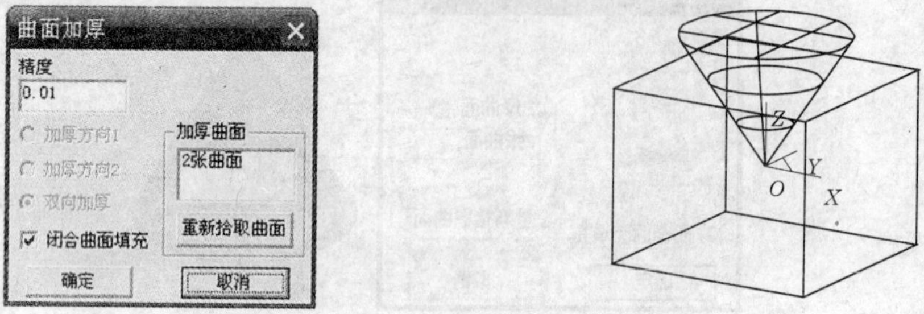

图 2-103　闭合曲面加厚除料操作

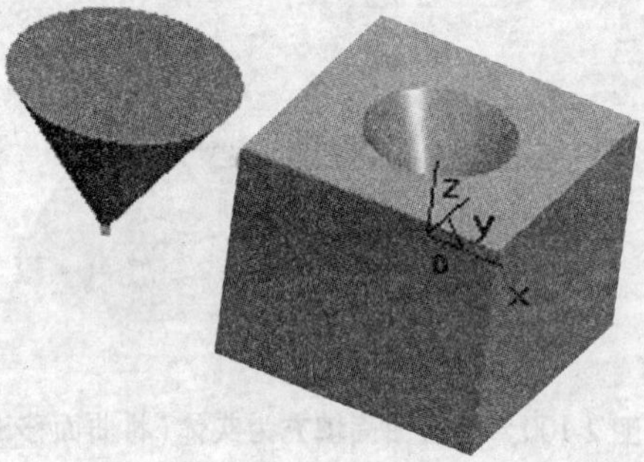

图 2-104　闭合曲面加厚除料操作结果(将曲面移出)

2.2.3.11　曲面裁剪

曲面裁剪中提到的曲面,如何创建,后文情境 3 中会作介绍,并会对曲面裁剪进行详细介绍。曲面裁剪是指用生成的曲面对实体进行修剪,去掉不需要的部分,如图 2-105、图 2-106 所示。

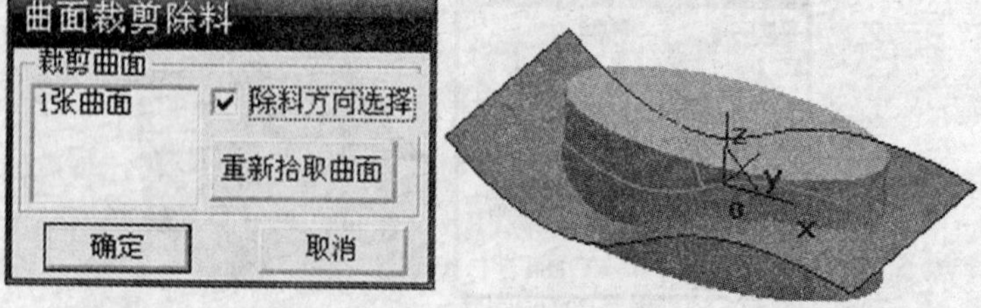

图 2-105　裁剪曲面及待裁剪实体

2.2.4　实体造型的步骤

(1)选择“基准面”。

(2)进入“草图状态”(单击“绘制草图”按钮 或按 F2 键)。

(3)绘制“草图”。

(4)退出“草图状态”(单击“绘制草图”按钮 或按 F2 键)。

(5)拾取“特征树”上的“草图”,或拾取绘图区中的 “草图”。

(6)激活实体造型功能(如拉伸、旋转、放样、导动、曲面加厚)。

2.2.5　实体造型实例

【例 2-4】　在如图 2-107 所示的实体表面上写凸字。

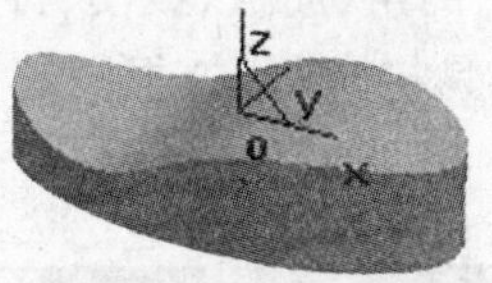

图 2-106　**曲面裁剪实体操作**

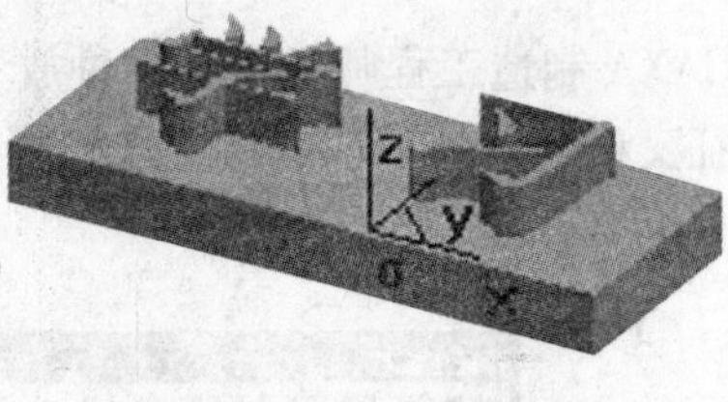

图 2-107　**凸字实体**

【操作步骤】

(1)拾取特征树上的“平面 XY”。

(2)按 F2 键进入草图状态,绘制中心坐标为(0,0)、长 100、宽 40 的矩形,再按 F2 键退出草图。

(3)单击 “特征生成栏”工具条中的“拉伸增料”按钮 ,在弹出的“拉伸增料”对话框中设置“类型”为“固定深度”,设置深度为 10,在“拉伸对象”中拾取刚刚绘制的草图,选择“拉伸为”中的“实体特征”,单击“确定”按钮。

(4)拾取长方体的上表面为“基准面”。

(5)按 F2 键进入草图状态。

(6)选择“造型”主菜单“曲线生成栏”中“文字”,输入文字插入点坐标(-40,0),单击“设置”按钮,“字形”设为“规则”、中文宽度系数设为 1、字符间距系数设为 0.5、字高设为 28、行距系数设为 0.5,单击“确定”按钮,如图 2-108 所示。

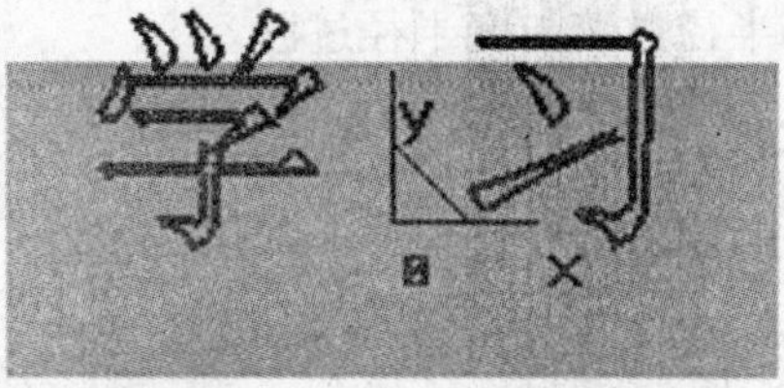

图 2-108　**输入文字**

(7)单击“平移”按钮 ,选择“两点”、“移动”、“非正交”。

(8)框选“学习”两字,击右键,按图 2-109 所示,拾取“学”上一点并按住左键移动,直至“学习”二字到实体中间位置时单击。

图 2-109　平移文字

(9)按 F2 键退出草图。

(10)单击"拉伸增料",类型选择"固定深度",深度栏中输入"8"。

(11)拾取刚刚绘制的草图,单击"确定"按钮,按 F8 键,如图 2-108 所示。

任务 2.3　放置特征实体建模

CAXA 制造工程师提供了多种放置特征功能即过渡、倒角、筋板、拔模、打孔、抽壳等,放置特征又称为附加特征。这些功能图标集中放在特征工具栏中(用方框围起来的图标),如图 2-110 所示。

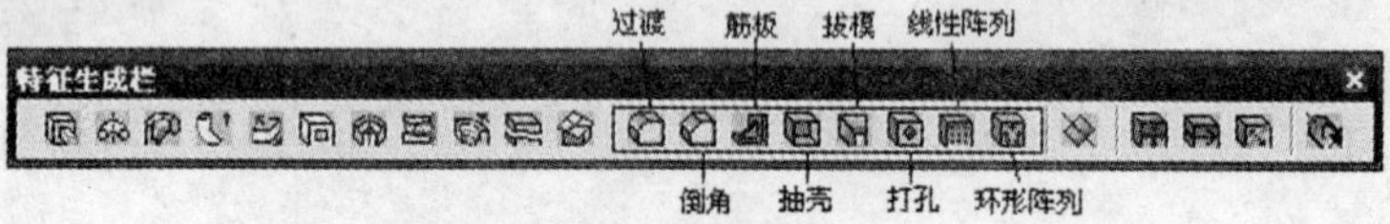

图 2-110　特征工具栏

2.3.1　过渡

过渡指用给定的半径或半径变化规律在实体表面间作光滑过渡,有等半径和变半径两种方式。

单击"过渡"按钮,或单击主菜单中"造型(U)"→"特征生成(F)"→"过渡",弹出"过渡"对话框。

【相关参数】

"半径":指过渡圆角的尺寸值,可以直接输入所需数值,也可以点击按钮来调节。

"等半径":指整条线或面以固定的尺寸值进行过渡。

"变半径":指在边或面以渐变的尺寸值进行过渡,需要分别指定各点的半径。图 2-111、图 2-112 分别为等半径过渡与变半径过渡。

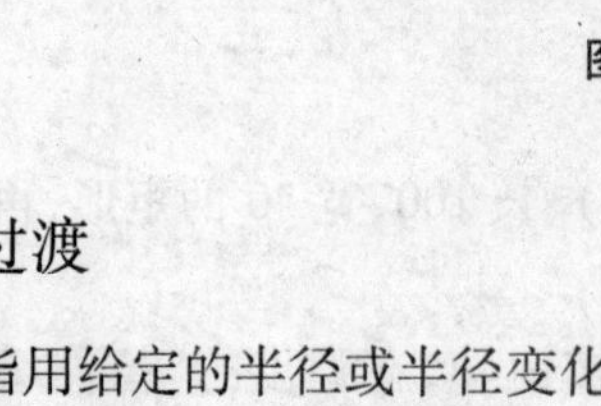

图 2-111　等半径过渡

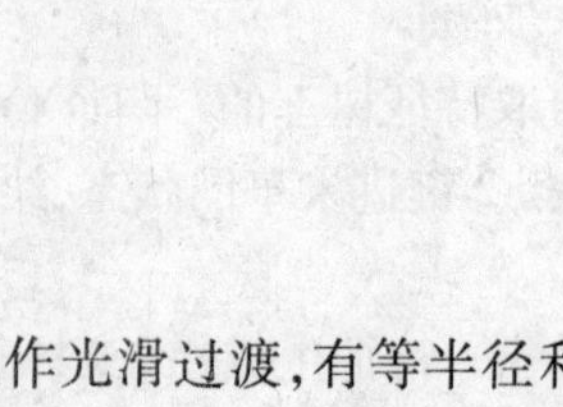

图 2-112　变半径过渡

"缺省方式":指以系统默认的保边或保面方式进行过渡。

“保边方式”:指线面过渡,如图 2-113、图 2-114 所示。

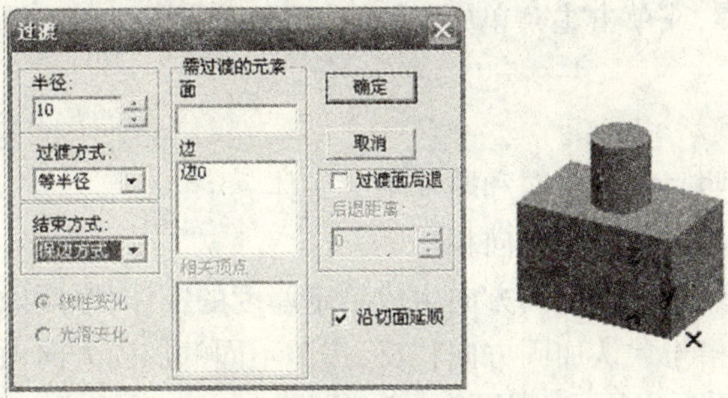

图 2-113　保边方式过渡操作

“保面方式”:是指面面过渡,如图 2-115 所示。

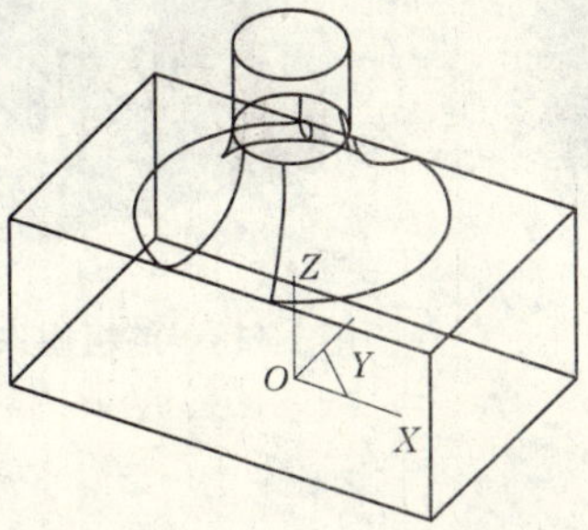

图 2-114　保边方式过渡结果

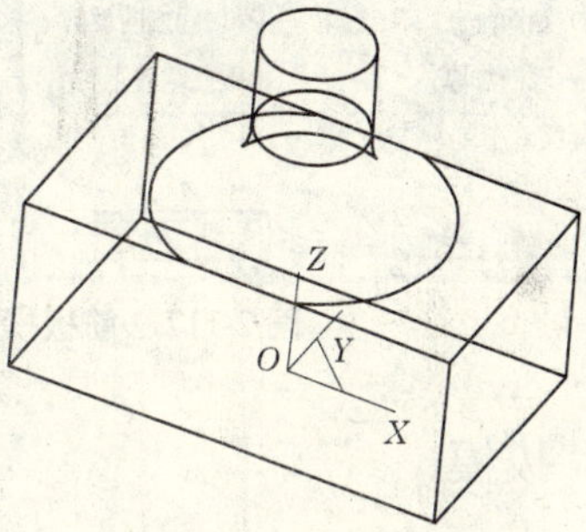

图 2-115　保面方式过渡结果

“线性变化”:指在变半径过渡时,过渡边界为直线。

“光滑变化”:指在变半径过渡时,过渡边界为光滑的曲线。

“沿切面顺延”:指在相切的几个表面的边界上,拾取一条边时,可以将边界全部过渡,先将竖的边过渡后,再用此功能选取一条横边,结果如图 2-116 所示。

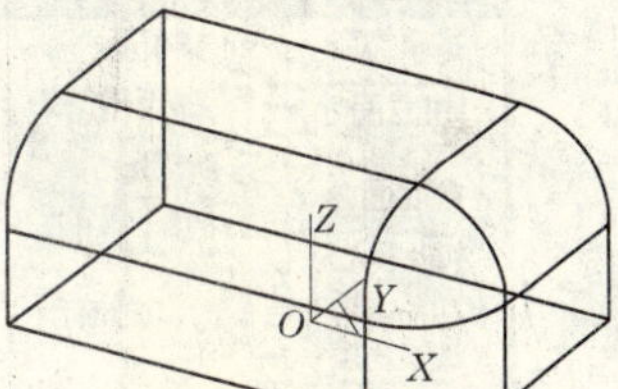

图 2-116　沿切面顺延

2.3.2　倒角

倒角是指对实体的棱边进行光滑过渡。

单击“倒角”按钮,或单击主菜单中“造型(U)”→“特征生成(F)”→“倒角”,弹出“倒角”对话框。

【相关参数】

“距离”:指倒角的边的尺寸值。

“角度”:指所倒角度的数值。

2.3.3　筋板

筋板是指在实体的指定位置增加加强筋。

注意:筋板是唯一一个草图可以不封闭的生成实体功能,且草图轮廓线的两个端点也不必在实体中,延长线与实体相交即可。

单击“筋板”按钮,或单击主菜单中“造型(U)”→“特征生成(F)”→“筋板”,弹出“筋板”对话框。

【相关参数】

“单向厚度”:指按照固定的方向和厚度生成实体。

“反向”:指与默认给定的加厚方向相反。

“双向加厚”:指按照两个相反的方向生成给定厚度的实体,厚度以草图线平分。

“加固方向相反”:指与默认加固方向相反,按照不同的加固方向做成筋板。

注意:加固方向应指向实体,否则操作失败,如图 2-117、图 2-118 所示操作。

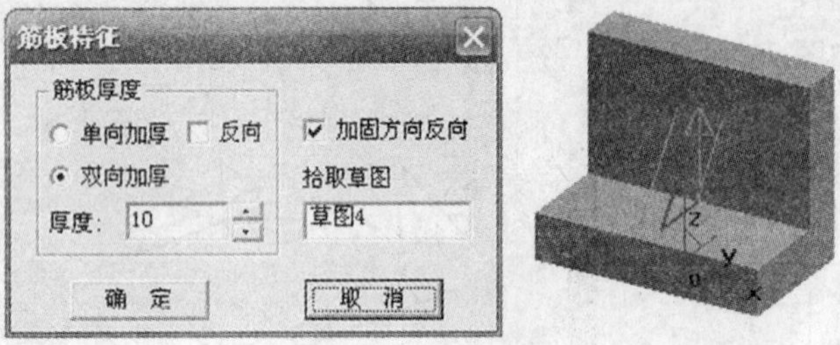

图 2-117　筋板操作

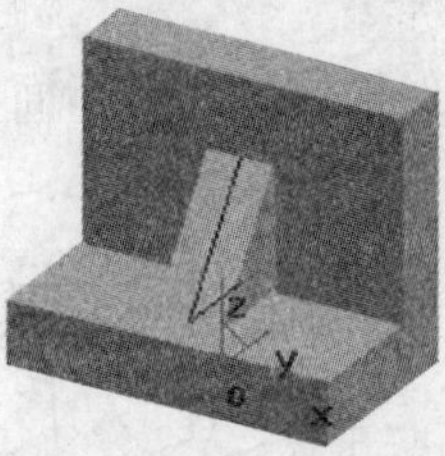

图 2-118　筋板操作结果

2.3.4　拔模

拔模是指保持中立面与拔模面的交线位置不变,实体形状随拔模面的位置变化而变化,有中立面和分型线两种。此功能用来对几何面的倾斜角进行修改,如图 2-119、图 2-120 所示。

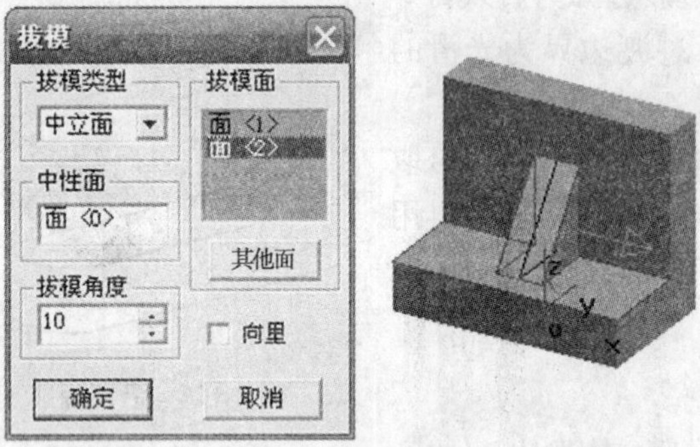

图 2-119　拔模操作

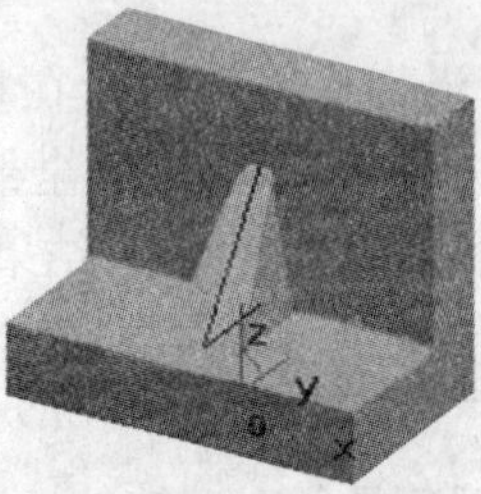

图 2-120　拔模结果

单击“拔模”按钮,或单击主菜单中“造型(U)”→“特征生成(F)”→“拔模”,弹出“拔模”对话框。

【相关参数】

“拔模角度”:指拔模面法线与中立面所夹的锐角。

“中立面”:指拔模起始的位置。

“拔模面”:指需要进行拔模的实体表面。

“向里”:指与默认方向相反,分别按照两个方向生成实体。

注意:“中立面”必须是平的。

2.3.5 打孔

打孔是指在实体表面上用设定参数的方法生成各种类型的孔。

注意:只能在平的实体面上打孔。

单击“打孔”按钮,或单击主菜单中“造型(U)”→“特征生成(F)”→“打孔”,弹出“打孔”对话框。

【相关参数】

孔的参数是指孔的直径、深度、沉孔和钻头的参数等。

注意:指定孔的定位点时,点击平面后按空格键弹出“工具点”选取,或者可以输入打孔的坐标值。

2.3.6 抽壳

抽壳是指用给定的厚度将实体抽成均匀内空的薄壳体。

单击“抽壳”按钮,或单击主菜单中“造型(U)”→“特征生成(F)”→“抽壳”,弹出“抽壳”对话框。

【相关参数】

“厚度”:指抽壳后实体的壁厚。

“需抽去的面”:指要拾取去除材料的实体表面。

“向外抽壳”:指与默认抽壳方向相反,在同一个实体上分别按照两个方向生成实体,如图2-121、图2-122所示。

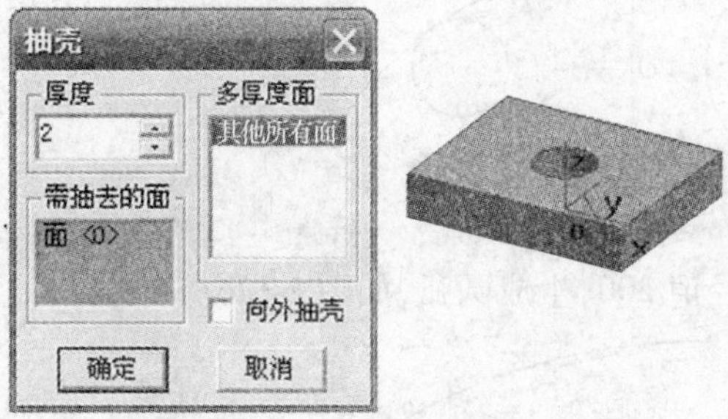

图2-121　抽壳操作

图2-122　抽壳结果

【例2-5】　完成如图2-123所示的实体。

【操作步骤】

(1)生成基本造型。

①通过零件特征选取“平面XY”,按F2键,进入草图绘制状态。

②绘制圆,半径为20,中心点坐标为(70,0,0),如图2-124所示。

③绘制圆,半径为40,中心点坐标为(-70,0,0),如图2-124所示。

④绘制上方圆弧。

▲单击“曲线生成栏”工具条中的“圆弧”按钮,在左侧的立即菜单中选择“两点_半径”方式。

▲按空格键弹出捕捉点菜单,选择“切点”方式。

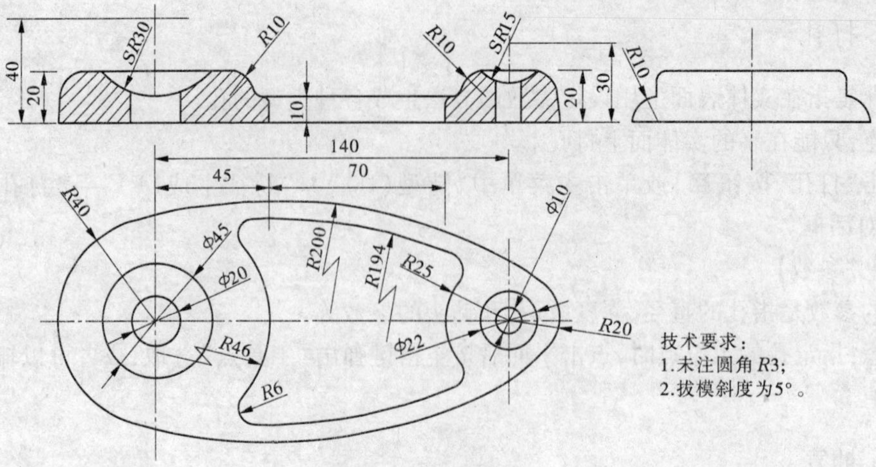

图 2-123　零件造型

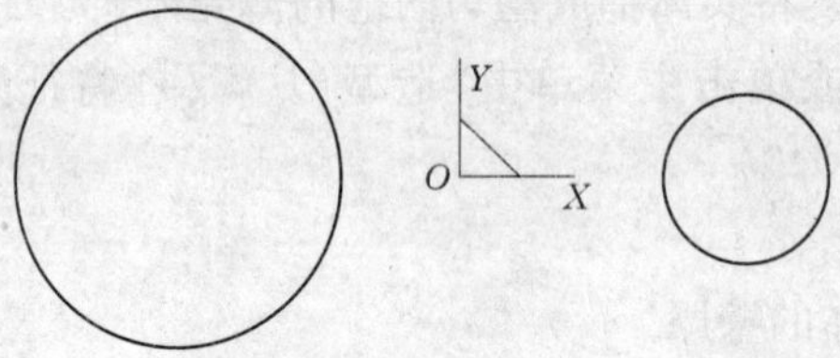

图 2-124　绘制两个圆

▲按顺序选择半径为 40 的圆、半径为 20 的圆，移动鼠标，直至形成如图 2-125 所示线条。

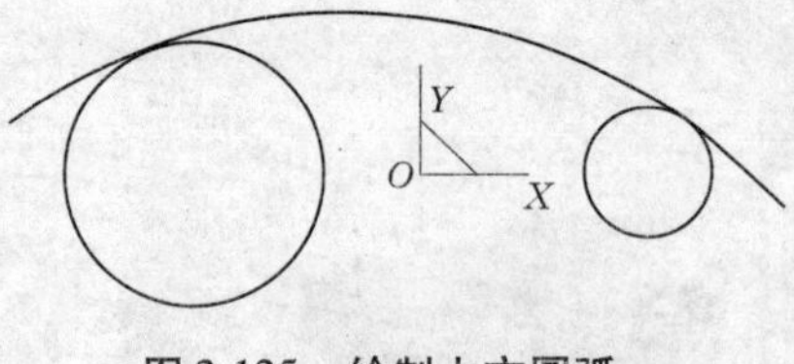

图 2-125　绘制上方圆弧

▲按回车键，在对话框中输入圆弧半径值 200，生成圆弧，如图 2-126 所示。

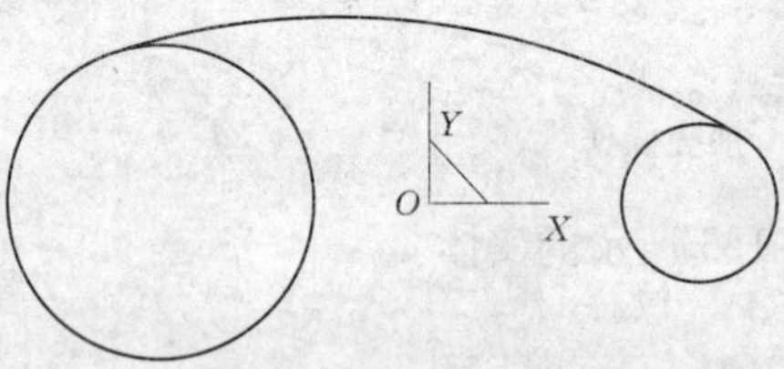

图 2-126　绘制完成的圆弧

⑤绘制下方圆弧。

▲单击“几何变换栏”工具条中的“平面镜像”，在左侧的立即菜单中选择“拷贝”。

▲按空格键弹出捕捉点菜单，选择“圆心”方式。

▲依次拾取两个圆，完成镜像轴线的设置，然后选择圆弧，单击鼠标右键完成镜像，生成下方圆弧，结果如图 2-127 所示。

注：平面镜像是指曲线以平面上一条直线为对称轴，并关于该对称轴进行复制。单击“几何变换栏”工具条中的“平面镜像”按钮⚠，在左侧的立即菜单中选择“拷贝”或“移动”，

选择镜像轴线的始点和终点，然后拾取镜像元素，单击鼠标右键完成平面镜像。

⑥修剪多余曲线。

▲单击“线面编辑栏”工具条中的“曲线裁剪”按钮，在左侧的立即菜单中选择“快速裁剪”及“正常裁剪”。

▲选择图形中不需要的部分进行裁剪，去除多余的曲线，完成后如图 2-128 所示。

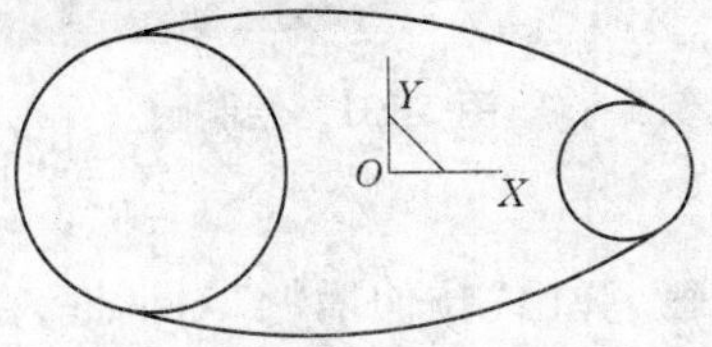

图 2-127　绘制下方圆弧

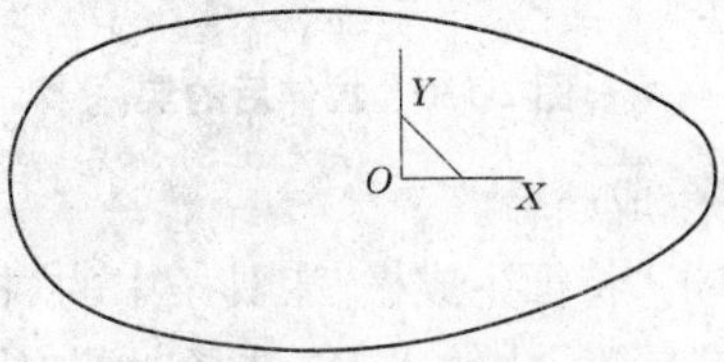

图 2-128　修剪草图

⑦单击“状态控制栏”工具条中的“绘制草图”按钮，退出草图绘制状态，完成草图绘制。

⑧单击“特征生成栏”工具条中的“拉伸增料”按钮，弹出“拉伸增料”对话框，在该对话框中的“深度”中输入 10，选择“增加拔模斜度”，输入“角度”5，如图 2-129 所示。

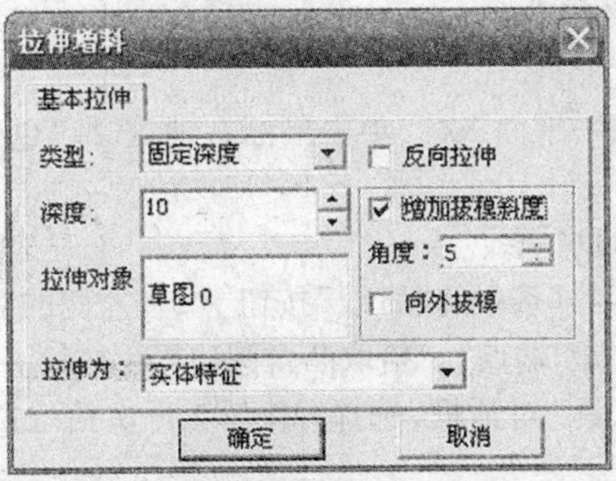

图 2-129　“拉伸增料”对话框

⑨选择刚绘制的草图，单击“确定”按钮完成拉伸操作，按 F8 键轴测显示，其结果如图 2-130 所示。

(2)生成凸台造型。

①单击基本造型的上表面，单击 F2 键，进入草图绘制状态。

②绘制凸台草图。

▲单击“曲线生成栏”工具条中的“相关线”按钮，在左侧的立即菜单中选取“实体边界”，拾取上表面左右两侧的圆弧。

▲单击“曲线生成栏”工具条中的“整圆”按钮，在左侧的立即菜单中选择“圆心_半径”方式。

▲按空格键弹出捕捉菜单，选择“圆心”。

▲拾取上表面左侧圆弧的边界，拾取圆弧后，系统自动确定圆心点。

▲按空格键弹出“工具点”对话框，选择“型值点”，捕捉左侧圆弧的型值点。生成结果如图 2-131 所示。

▲重复上述操作，在另一端也生成过型值点的圆，生成结果如图 2-132 所示。按下 F2

键，退出草图绘制状态。

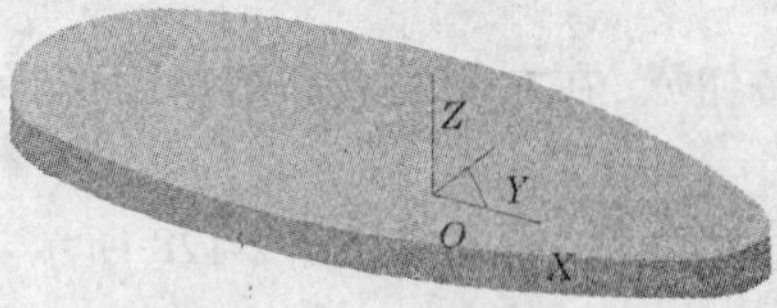

图 2-130　拉伸后的实体

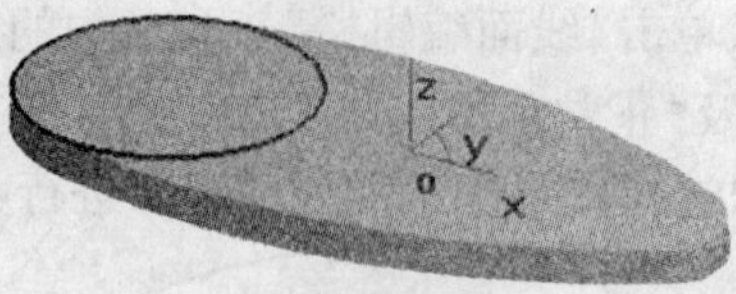

图 2-131　绘制圆

③生成凸台。

单击“特征生成栏”工具条中的“拉伸增料”按钮，弹出“拉伸增料”对话框，在该对话框中的“深度”中输入 10，选择“增加拔模斜度”，输入“角度”为 5，拾取凸台草图。单击“确定”按钮，生成凸台造型实体，如图 2-133 所示。

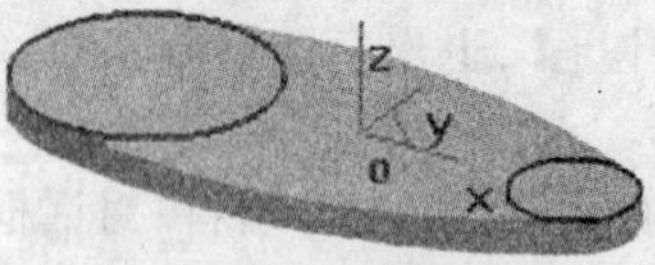

图 2-132　完成草图

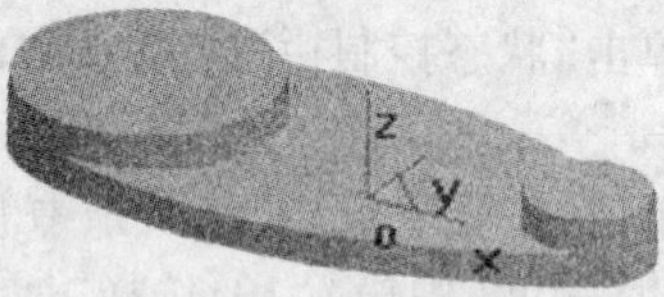

图 2-133　生成凸台

(3)生成凸台凹坑。

①通过零件特征树选择“平面 XZ”，单击鼠标右键，选择“创建草图”或按 F2，进入草图绘制状态。

②绘制通过大圆圆心的水平线。

▲单击“曲线生成栏”工具条中的“直线”按钮，在左侧的立即菜单中选择“两点线”。按空格键弹出捕捉菜单，选择“端点”。拾取凸台圆边界生成第一点，如图 2-134 所示。

▲按空格键弹出“点工具”对话框，选择“中点”，再次拾取凸台另一端边界生成直线。完成后如图 2-135 所示。

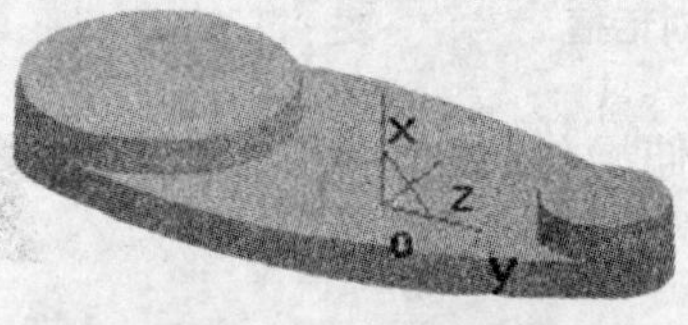

图 2-134　绘制直线

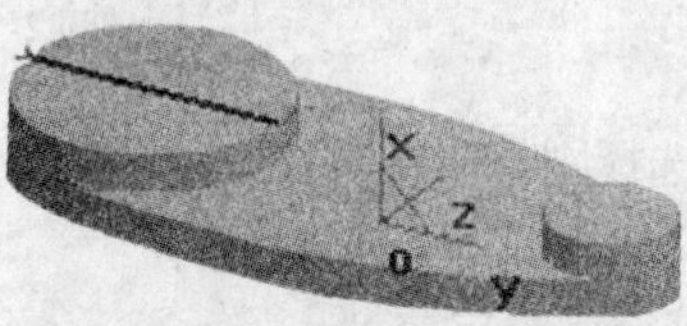

图 2-135　绘制直线完成

③绘制等距线。

▲单击“曲线生成栏”工具条中的“等距线”按钮，在左侧的立即菜单中选择“单根曲线”，在“距离”中输入 20。

▲拾取直线，单击箭头确认方向，如图 2-136 所示。绘制完成后的图形如图 2-137 所示。

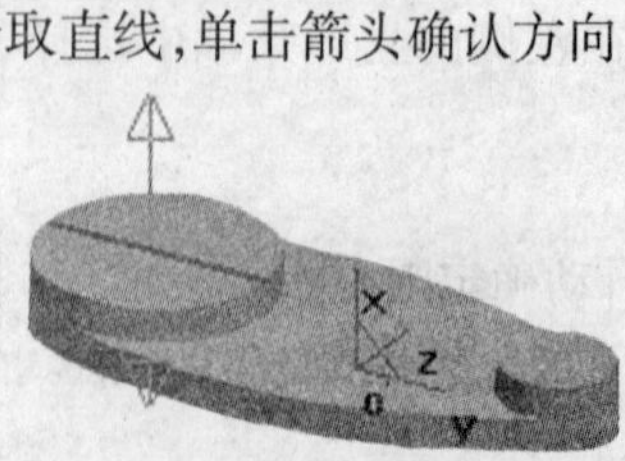

图 2-136　绘制等距线

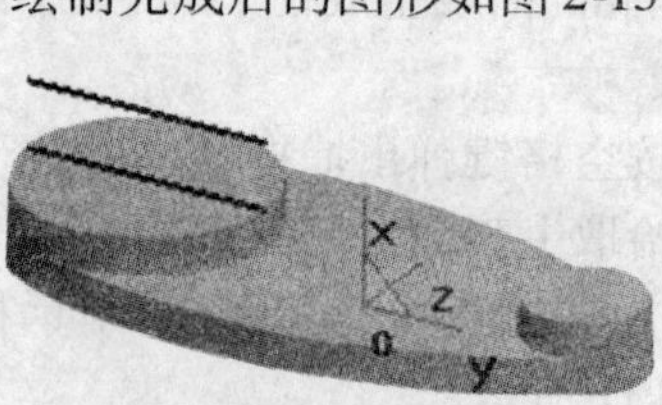

图 2-137　完成等距线

④绘制半圆。

▲单击“曲线生成栏”工具条中的“整圆”按钮⊙,在左侧的立即菜单中选择“圆心_半径”,按空格键弹出捕捉菜单,选择“中点”。

▲拾取左侧上方直线,此时系统自动将圆形的中心定位于直线的中点。

▲输入数值 30 作为半径,生成圆,其结果如图 2-138 所示。

▲单击“线面编辑栏”工具条中的“曲线裁剪”按钮,将上面绘制的圆修剪为图 2-139 所示的形状。

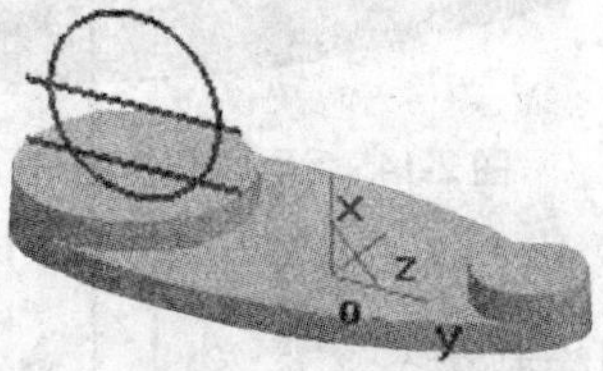

图 2-138　绘制圆

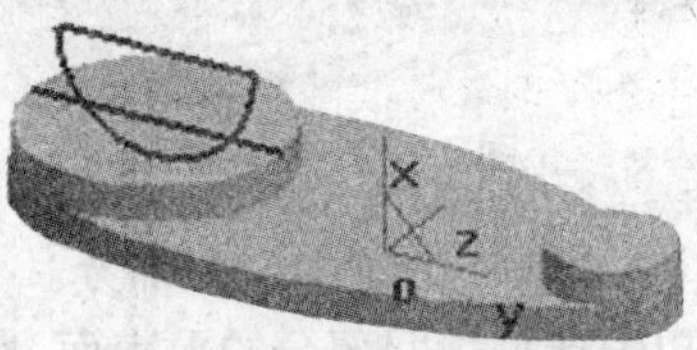

图 2-139　修剪圆

▲单击“线面编辑栏”工具条中的“删除”按钮,拾取左侧下方直线,最终生成半圆,如图 2-140 所示。

⑤按 F2 键退出草图绘制状态。

⑥重新进行步骤①~⑤的操作,绘制半径为 15 的半圆,如图 2-141 所示,其中心位于顶平面上方距离为 10 的位置。

⑦绘制用于做旋转轴线的空间曲线。

▲单击“曲线生成栏”工具条中的“直线”按钮／,在左侧的立即菜单中选择“两点线”、“单个”、“非正交”。

▲按空格键弹出“点工具”对话框,选择“缺省点”。

▲拾取左侧半圆上直线的两个端点,生成空间直线,如图 2-142 所示。

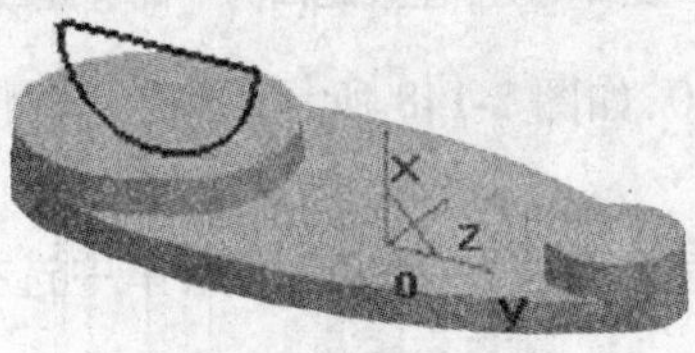

图 2-140　删除多余线条

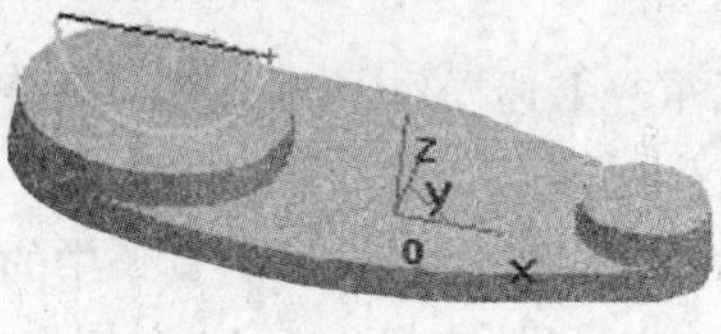

图 2-141　绘制空间直线

▲重复以上操作,在右侧半圆上生成空间直线。

⑧单击“特征生成栏”工具条中的“旋转除料”按钮,弹出“旋转除料”对话框,如图 2-143 所示。

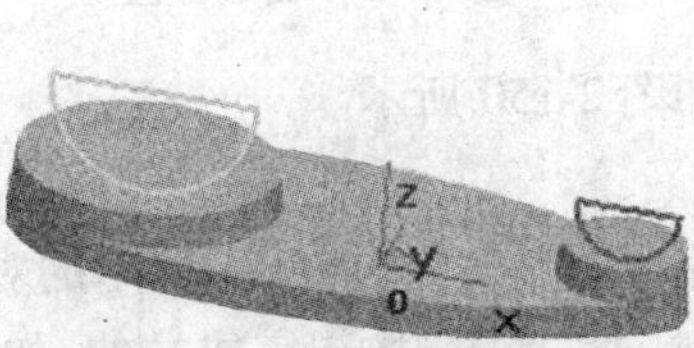

图 2-142　绘制右侧半圆

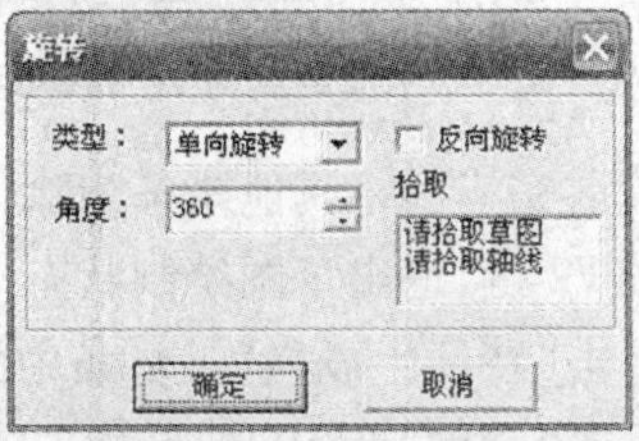

图 2-143　“旋转除料”对话框

⑨分别拾取空间左侧的直线作为旋转轴线,左侧的半圆作为草图。

⑩单击"旋转"对话框中"拾取"栏,提示拾取到轴线和草图后,单击"确定"按钮,完成旋转除料,如图 2-144 所示。

重复步骤⑧ ~ ⑩生成右侧的旋转除料,删除作为旋转中心的两条直线,完成后如图 2-145所示。

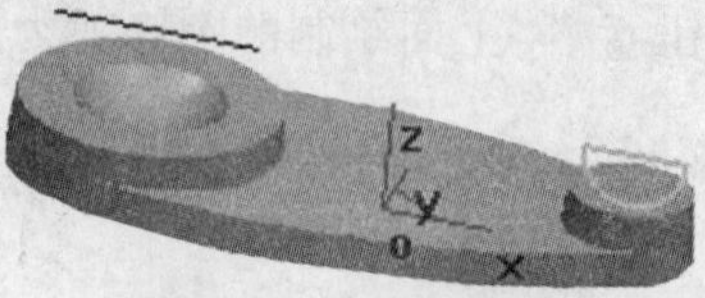

图 2-144　旋转除料

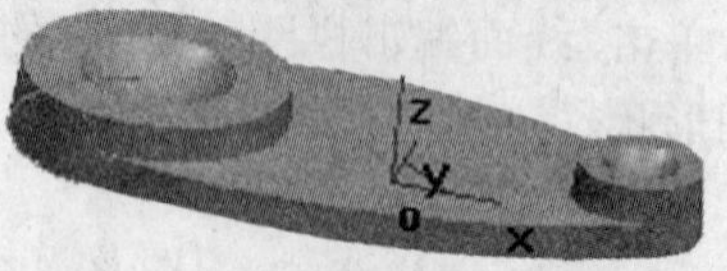

图 2-145　生成凸台凹坑

(4)生成基本造型的中空部分。

①单击造型中间部分的上表面,按 F2 键,进入草图绘制状态。

②单击"曲线生成栏"工具条中的"相关线"按钮,在左侧的立即菜单中选取"实体边界"。

③分别拾取上表面内侧的曲线得到各边界线,完成后如图 2-146 所示。

④生成等距线。

▲单击"曲线生成栏"工具条中的"等距线"按钮,在左侧的立即菜单中选择"单根曲线"。

▲在"距离"中输入 6,然后拾取上、下边界线生成等距线,如图 2-147 所示。

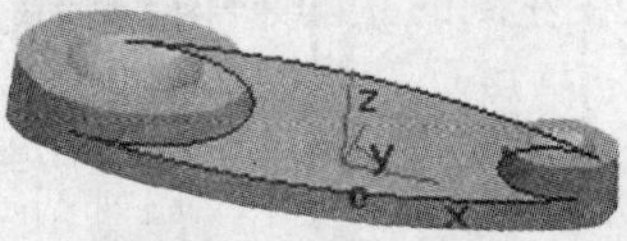

图 2-146　生成相关线

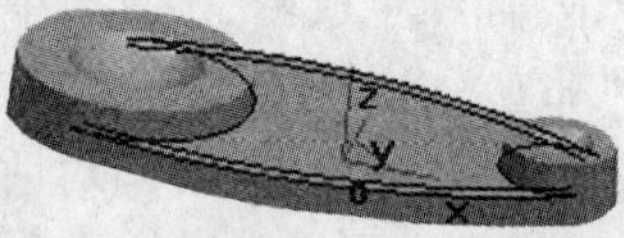

图 2-147　生成距离为 6 的等距线

▲重复上述操作,生成另外两条等距线,距离为 10,如图 2-148 所示。

⑤生成中部草图。

▲单击"线面编辑栏"工具条中的"曲线过渡"按钮,在左侧的立即菜单中选择"圆弧过渡",在"半径"中输入 6。

▲分别拾取前面生成的各条等距线,生成草图形状,如图 2-149 所示。

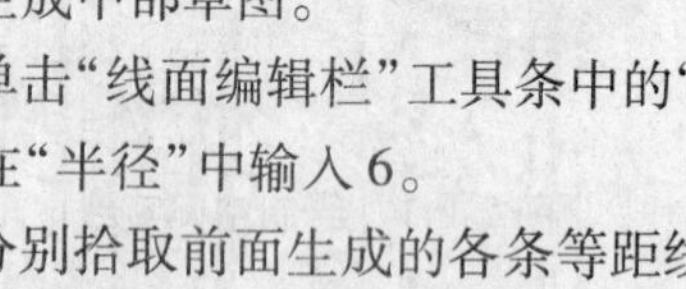

图 2-148　生成距离为 10 的等距线

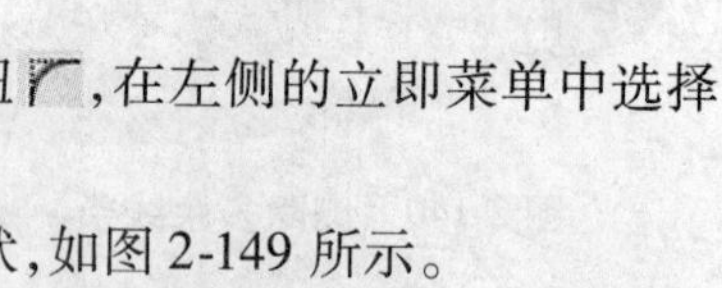

图 2-149　曲线过渡

▲拾取完毕后将其他线条删除,得到中部草图,如图 2-150 所示。

⑥按 F2 键,退出草图绘制状态。

⑦单击"特征生成栏"工具条中的"拉伸除料"按钮,弹出如图 2-151 所示的对话框。

⑧设置"深度"为 10,然后拾取前面生成的草图,单击"确定"按钮完成拉伸,如图 2-152 所示。

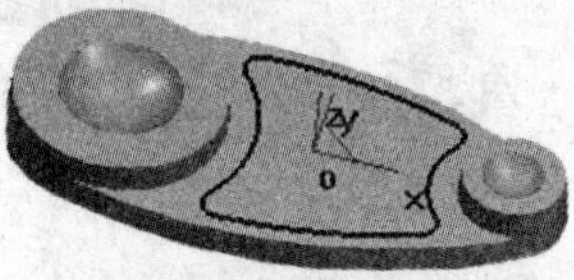

图 2-150　完成草图

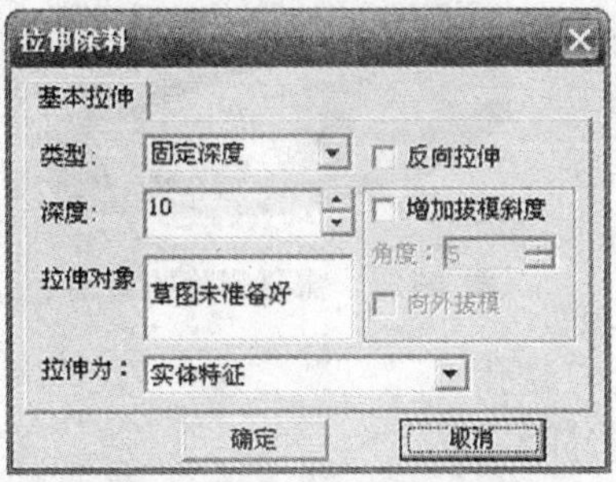

图 2-151　“拉伸除料”对话框

(5)生成过渡圆角。

①单击“特征生成栏”工具条中的“过渡”按钮,弹出如图 2-153 所示的对话框。

②在“半径”中输入 10,拾取两圆台上表面外边界和底座上表面外边界。

③单击“确定”按钮生成过渡造型,完成后如图 2-154 所示。

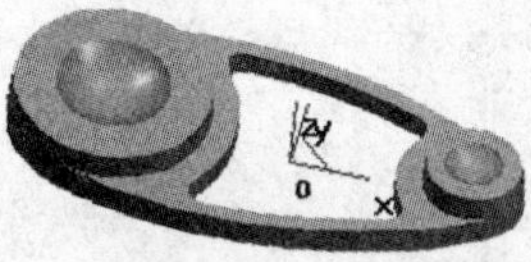

图 2-152　完成拉伸除料

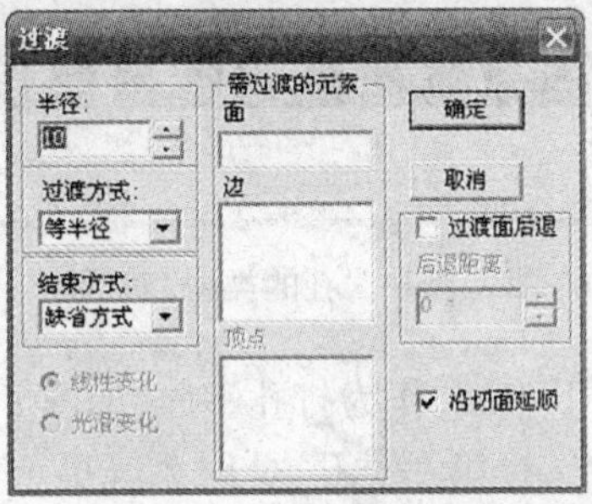

图 2-153　“过渡”对话框

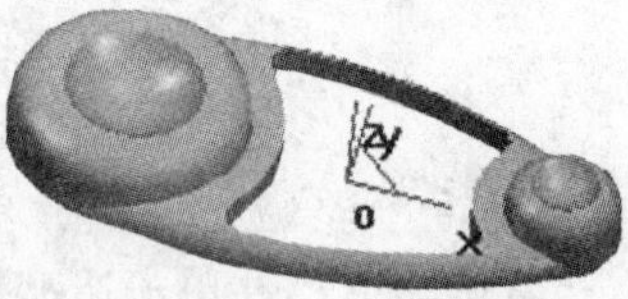

图 2-154　过渡完成

④重复步骤①~③,选择底座上表面,设置“半径”为 3,单击“确定”按钮,完成后如图 2-155 所示。

⑤在特征树中单击“拉伸除料”前面的“+”号,在下面选择草图,单击鼠标右键,选择“编辑草图”,进入草图绘制状态,如图 2-156 所示。

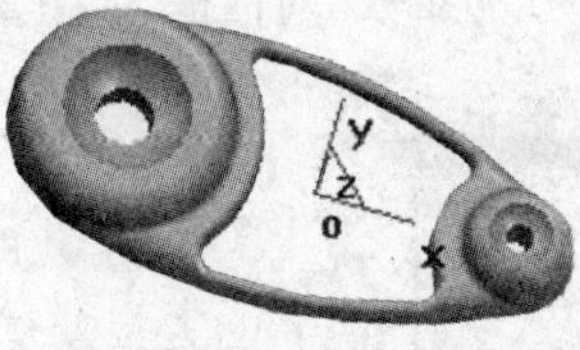

图 2-155　完成半径为 3 的过渡

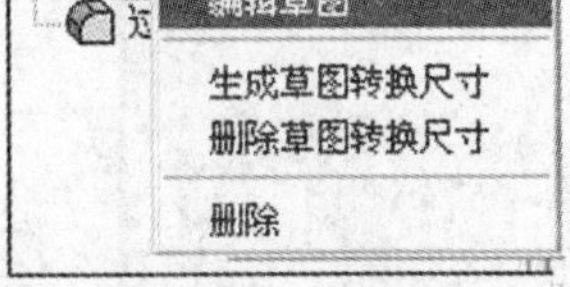

图 2-156　特征树

⑥单击“线面编辑栏”工具条中的“删除”按钮,删除所有草图曲线,如图 2-157 所示。

⑦单击“草图”按钮或按 F2 键,退出草图绘制状态。系统重新生成造型,如图 2-158 所示。

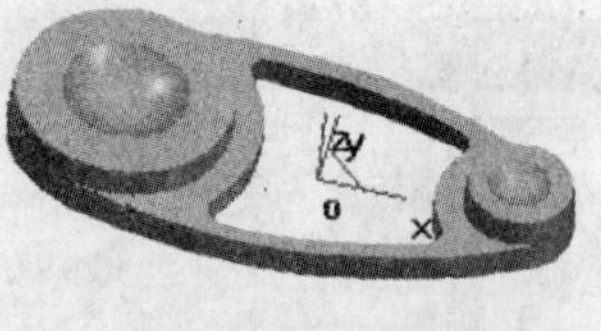

图 2-157　需要删除的草图

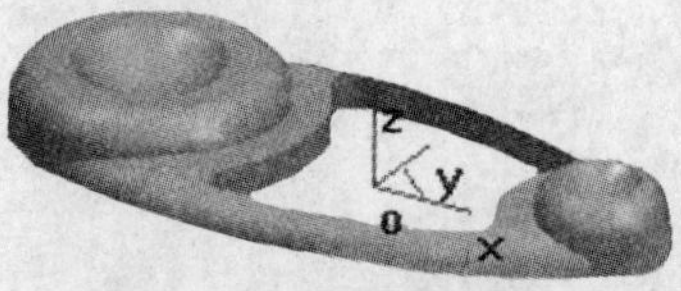

图 2-158　重新生成的图形

(6)打孔。

①打大孔。

▲单击“特征生成栏”工具条中的“孔的类型”按钮,弹出“孔的类型”对话框,如图 2-159 所示。

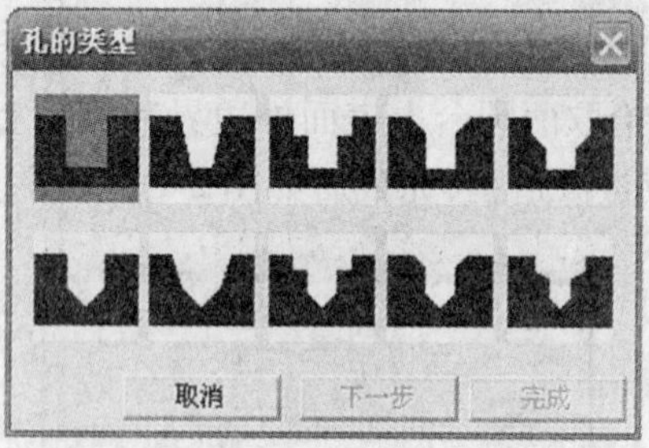

图 2-159　“孔的类型”对话框

▲旋转造型并单击造型体下表面,作为打孔平面,如图 2-160 所示。

▲在“孔的类型”对话框中选择第一类孔,此时系统提示选择打孔点。

在绘图区单击鼠标左键后,按空格键弹出“工具点”对话框,选择“圆心”,然后拾取底面的外轮廓,系统自动将圆心作为打孔点,如图 2-161 所示。

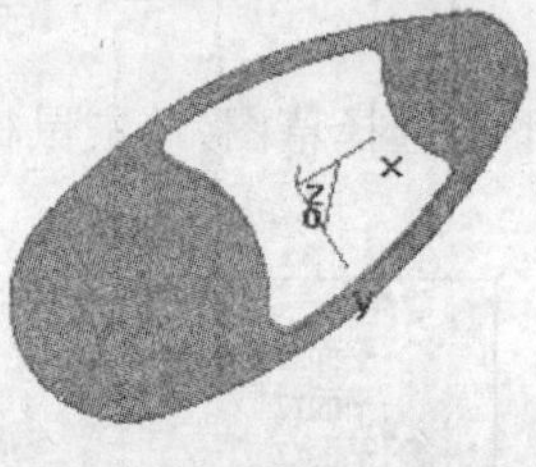

图 2-160　选择打孔平面

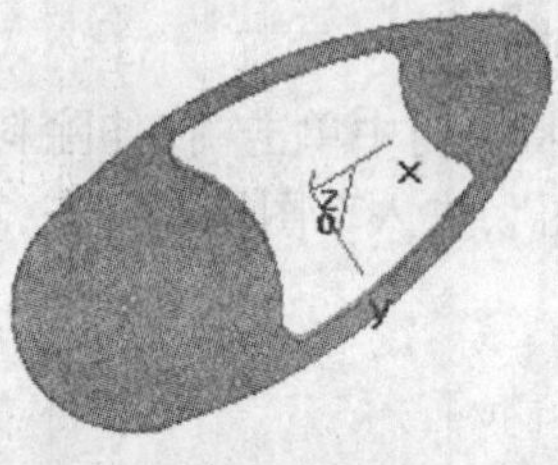

图 2-161　确定打孔中心

▲单击“孔的类型”对话框中的“下一步”按钮,进入“孔的参数”对话框,如图 2-162 所示。

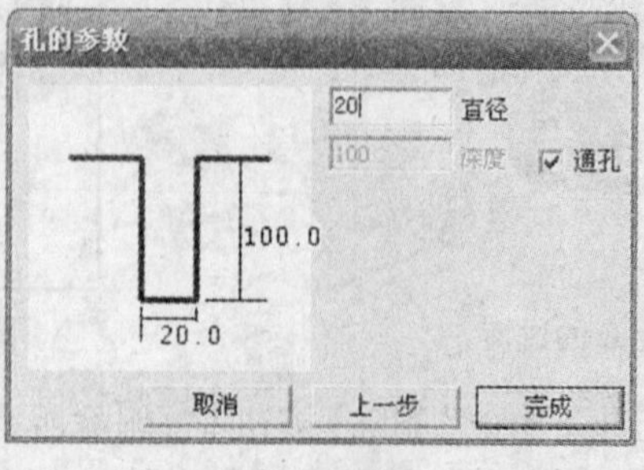

图 2-162　“孔的参数”对话框

▲选择“通孔”复选框,并输入“直径”为20,单击“完成”按钮即可生成孔,如图2-163所示。

②打小孔。

参照打大孔的操作方法进行打小孔的操作,其中“孔的参数”对话框中将“半径”设置为10,仍然选择“通孔”,完成后结果如图2-164所示。

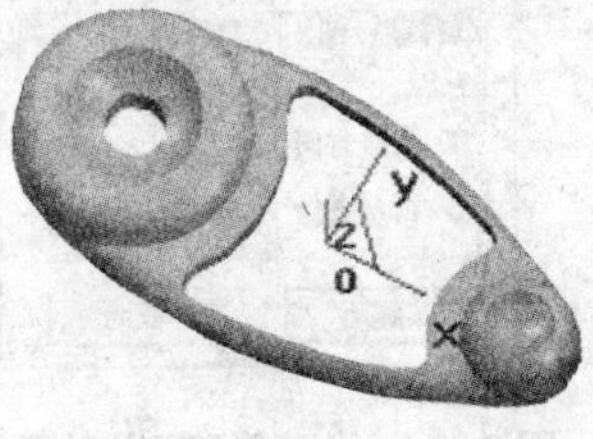

图2-163　打完孔后的图形

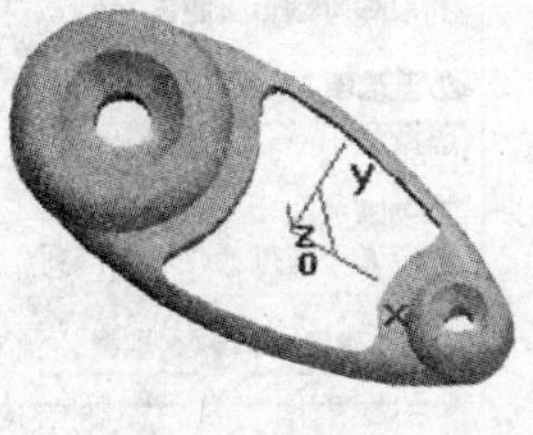

图2-164　完成后的图形

任务2.4　实体特征的编辑操作

2.4.1　阵列特征

2.4.1.1　线性阵列

线性阵列是指对指定的实体沿两个方向作拷贝。

单击“线性阵列”按钮,或单击主菜单中“造型(U)”→“特征生成(F)”→“线性阵列”,弹出“线性阵列”对话框,如图2-165所示。

【相关参数】

“方向”:指阵列的第一方向和第二方向。

“阵列对象”:指要进行阵列的特征。

“边/基准轴”:指阵列所沿的指示方向的边或者基准轴。

“距离”:指阵列对象的个数,可以直接输入所需数值,也可以单击按钮来调节。

“数目”:指阵列对象相距的尺寸值。

“反转方向”:指与默认方向相反的方向进行阵列。

注意:两个阵列方向都要选取。

2.4.1.2　环形阵列

环形阵列是指对指定的实体围绕轴线作圆形阵列拷贝。

轴线应是“非草图状态”下绘制的直线,且与阵列实体的回转面垂直。

单击“环形阵列”按钮,或单击主菜单中“造型(U)”→“特征生成(F)”→“环形阵列”,可激活该功能对话框,如图2-166所示。

【相关参数】

“阵列对象”:指要进行阵列的特征。

“边/基准轴”:指阵列所沿的指示方向的边或者基准轴。

“角度”:指阵列对象所夹的角度值,可以直接输入所需数值,也可以点击按钮来调节。

“数目”:指阵列对象的个数。

"反转方向":指与默认方向相反的方向进行阵列。

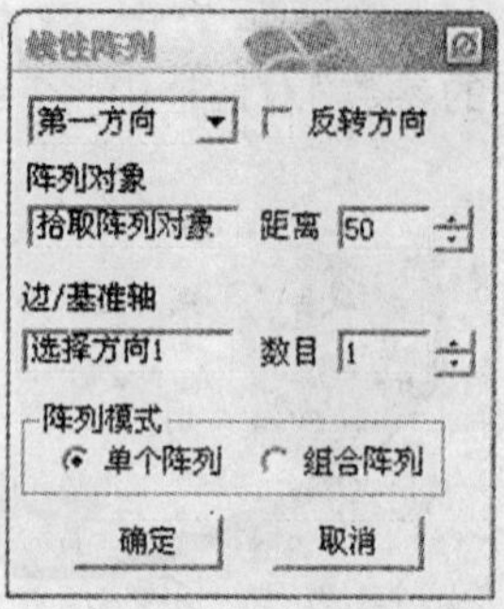

图 2-165 "线性阵列"对话框

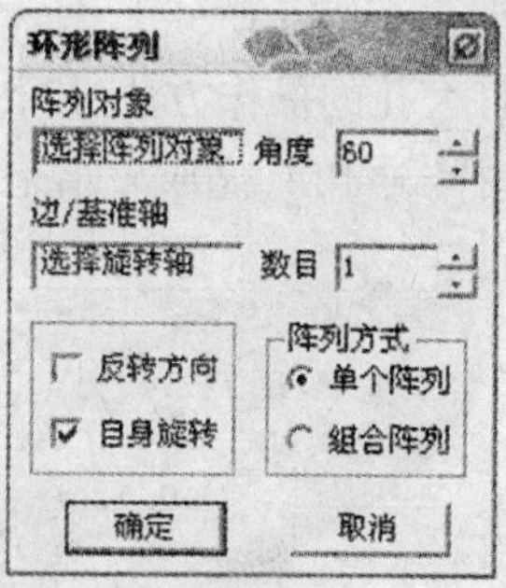

图 2-166 "环形阵列"对话框

"自身旋转":指在阵列过程中,阵列对象在绕阵列中心旋转的过程中,绕自身的中心旋转,否则,将互相平行。

"组合阵列":指图中需要阵列的特征由两个以上特征组合而成。

注意:如果特征 A 附着于特征 B,当阵列 B 时,特征 A 不会被阵列。

2.4.2 模具工具

2.4.2.1 缩放

缩放指给定基准点对零件进行放大或缩小。

单击"缩放" 按钮,或单击主菜单中"造型(U)"→"特征生成(F)"→"缩放",可激活该功能对话框,如图 2-167 所示。

【相关参数】

"基点":包括三种,即零件质心、拾取基准点和给定数据点。

"零件质心":指以零件的质心为基点进行缩放。

"拾取基准点":指根据拾取的工具点为基点进行缩放。

"给定数据点":指以输入的具体数值为基点进行缩放。

"收缩率":指放大或缩小的比率。此时零件的缩放基点为零件模型的质心。

2.4.2.2 型腔

型腔指以零件为型腔生成包围此零件的模具。

单击"型腔" 按钮,或单击主菜单中"造型(U)"→"特征生成(F)"→"型腔",可激活该功能对话框,如图 2-168 所示。

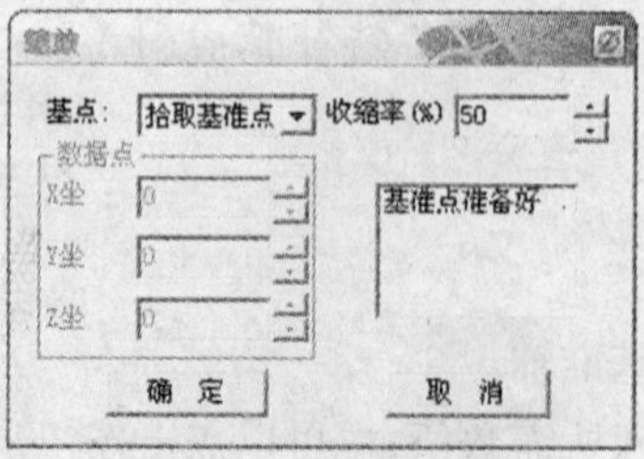

图 2-167 "缩放"对话框

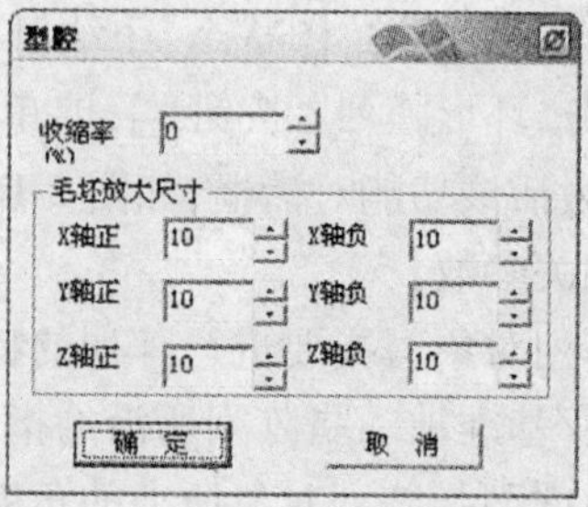

图 2-168 "型腔"对话框

【相关参数】

“收缩率”：指放大或缩小的比率。

“毛坯放大尺寸”：指放大或缩小的尺寸，可以直接输入所需数值。

注意：收缩率介于 -20% ~20%。

2.4.2.3　分模

型腔生成后，通过分模使模具按照给定的方式分成几个部分。

单击“分模”按钮，或单击主菜单中“造型(U)”→“特征生成(F)”→“分模”，可激活该功能对话框，如图 2-169所示。

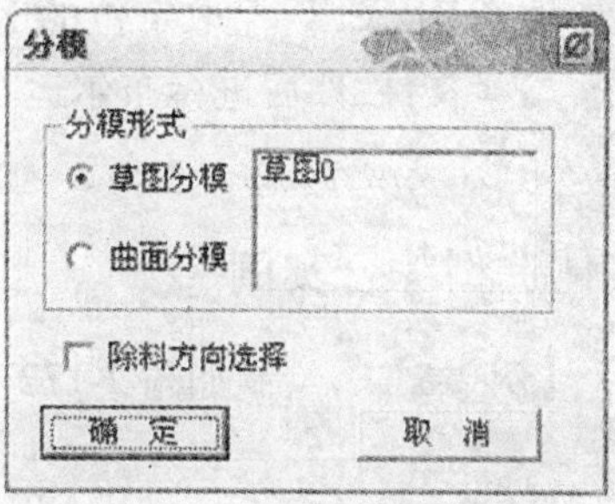

图 2-169　“分模”对话框

【相关参数】

“分模形式”：包括两种，即草图分模和曲面分模。

“草图分模”：指通过所绘制的草图进行分模。

“曲面分模”：指通过曲面进行分模，参与分模的曲面可以是多张边界相连的曲面，如图 2-170、图 2-171 所示。

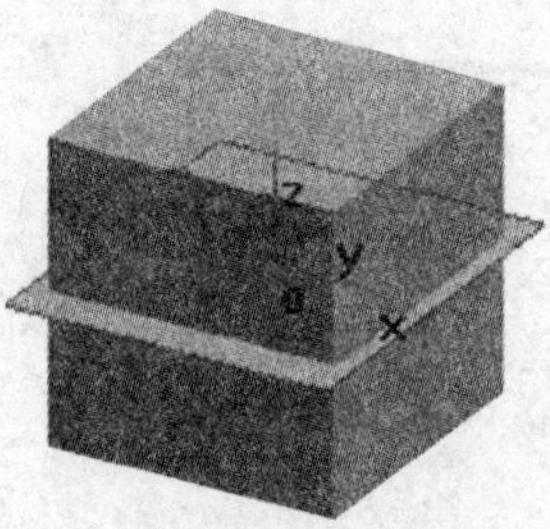

图 2-170　曲面型腔分模操作

图 2-171　分模结果

“除料方向选择”：指除去哪一部分实体的选择，分别按照不同方向生成实体。

2.4.3　实体布尔运算

实体布尔运算指将另一个实体与当前实体通过交、并、差的运算，生成新实体。

单击“实体布尔运算”按钮，或单击主菜单中“造型(U)”→“特征生成(F)”→“实体布尔运算”，可激活该功能。

【相关参数】

“文件类型”：指输入的文件种类。

“布尔运算方式”：指当前零件与输入零件的交、并、差，包括如下三种：

“当前零件∪输入零件”：指当前零件与输入零件的并集。

“当前零件∩输入零件”：指当前零件与输入零件的交集。

“当前零件 - 输入零件”：指当前零件与输入零件的差。

“定位方式”：用来确定输入零件的具体位置，包括以下两种方式：

“拾取定位的 X 轴”：指以空间直线作为输入零件自身坐标架的 X 轴（坐标原点为拾取的定位点），旋转角度用来对 X 轴进行旋转，以确定 X 轴的具体位置。

“给定旋转角度”：指以拾取的定位点为坐标原点，用给定的两角来确定输入零件的自

身坐标架的 X 轴，包括角度一和角度二：

角度一：其值为 X 轴与当前世界坐标系的 X 轴的夹角。

角度二：其值为 X 轴与当前世界坐标系的 Z 轴的夹角。

“反相”：指将输入零件自身坐标架的 X 轴的方向反向，然后重新构造坐标架进行布尔运算。

注意：①采用“拾取定位的 X 轴”方式时，轴线为空间直线；②选择文件时，先将零件存成 *. x_t 文件，然后进行布尔运算。

实体造型综合实例

【例 2-6】　绘制如图 2-172 所示例题。

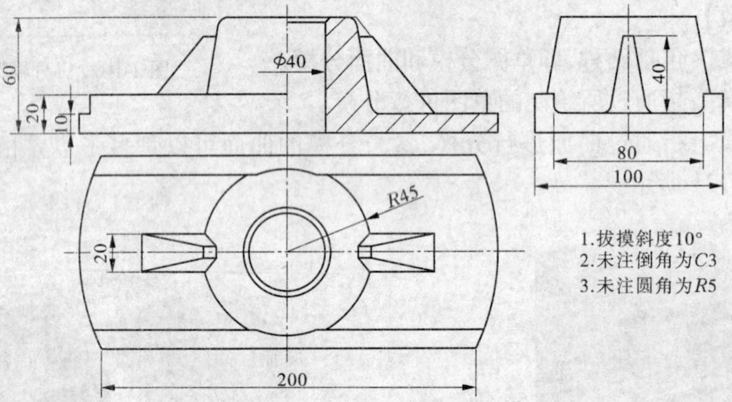

(a)

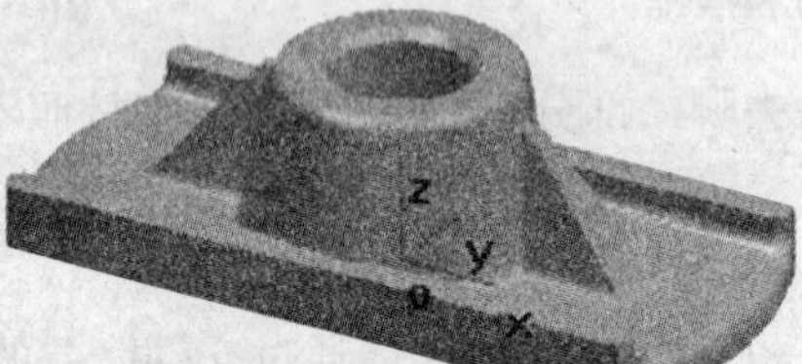

(b)

图 2-172　支撑座

【操作步骤】

(1)绘制底座草图。

①在零件特征树上选取 XOY 面为草图基准面。

②按 F2 键，进入草图绘制状态。

③单击“曲线生成栏”工具条中的“矩形”按钮 □，在左侧的立即菜单中选取“中心_长_宽”方式，输入“长度”为 200，输入“宽度”为 100，拾取坐标原点作为矩形的中心点，单击鼠标右键，完成后如图 2-173 所示。

④单击“曲线生成栏”工具条中的“整圆”按钮 ⊙，在左侧的立即菜单中选取“圆心_半径”方式。拾取圆心点，再拾取矩形的一个角点作为圆的圆周上一点，单击鼠标右键，完成后如图 2-174 所示。

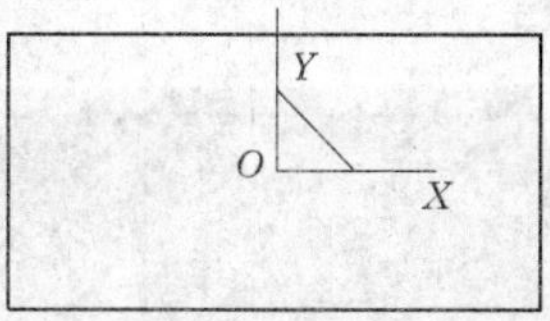

图 2-173　绘制矩形

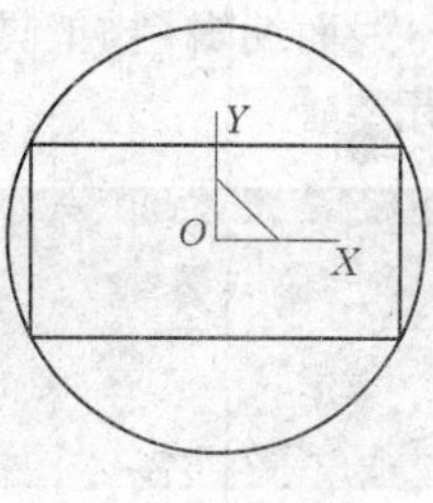

图 2-174　绘制整圆

⑤单击“线面编辑栏”工具条中的“曲线裁剪”按钮，在左侧的立即菜单中选取“快速裁剪”和“正常裁剪”，拾取需要裁剪的区域，裁剪完成后如图 2-175 所示。

⑥单击“线面编辑栏”工具条中的“删除”按钮，删除两边的直线，完成后如图 2-176 所示。

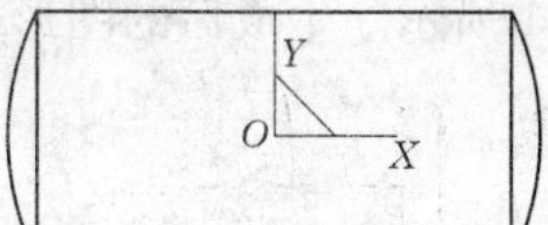

图 2-175　修剪图形

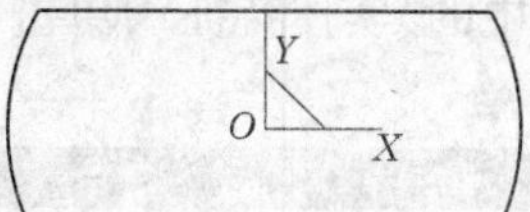

图 2-176　删除多余线条

⑦按 F2 键，退出草图绘制状态。

(2)生成底座。

单击“特征生成栏”工具条中的“拉伸增料”按钮，在弹出的“拉伸增料”对话框中设置“类型”为“固定深度”，设置“深度”为 20，在“拉伸对象”中拾取刚绘制的草图，选择“拉伸为”中的“实体特征”，单击“确定”按钮，如图 2-177 所示。生成后的图形如图 2-178 所示。

图 2-177　“拉伸增料”对话框

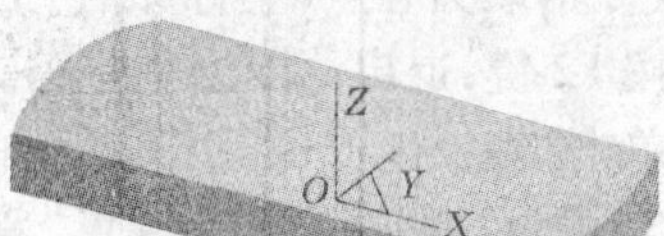

图 2-178　生成底座

(3)生成通槽。

①选择实体上表面作为绘图表面，按 F2 键，进入草图绘制状态。

②单击“曲线生成栏”工具条中的“相关线”按钮，在左侧的立即菜单中选取“实体边界”，拾取上表面边界，生成实体边界。

③单击“曲线生成栏”工具条中的“等距线”按钮，在左侧的立即菜单中输入等距的“距离”10，拾取上表面的直线，此时系统提示选择方向，在所选图形的内部单击鼠标左键，完成两条直线的生成，如图 2-179 所示。

④单击“线面编辑栏”工具条中的“曲线过渡”按钮，在左侧的立即菜单中选取“尖角”。拾取圆弧和直线，完成尖角过渡。

⑤单击“线面编辑栏”工具条中的“删除”按钮，删除位于外侧的两条直线，完成后如图 2-180 所示。

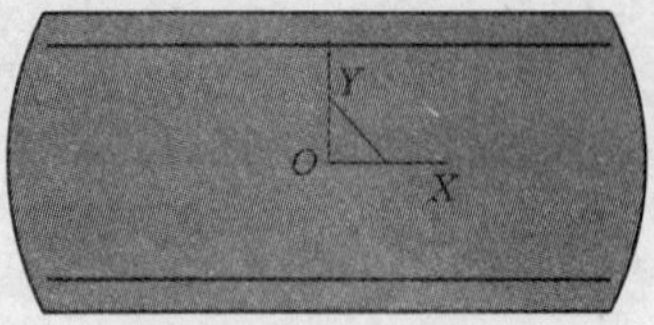

图 2-179　等距直线

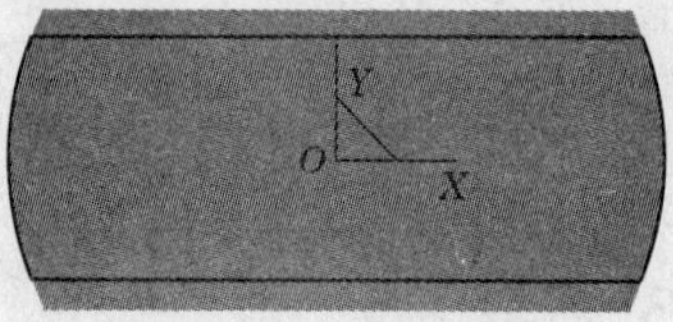

图 2-180　编辑草图

⑥按 F2 键，退出草图绘制状态。

⑦单击“特征生成栏”工具条中的“拉伸除料”按钮，在弹出的“拉伸除料”对话框中设置“类型”为“固定深度”，设置“深度”为 10，在“拉伸对象”中拾取刚绘制的草图，选择“拉伸为”中的“实体特征”，单击“确定”按钮，如图 2-181 所示。生成后的图形如图 2-182所示。

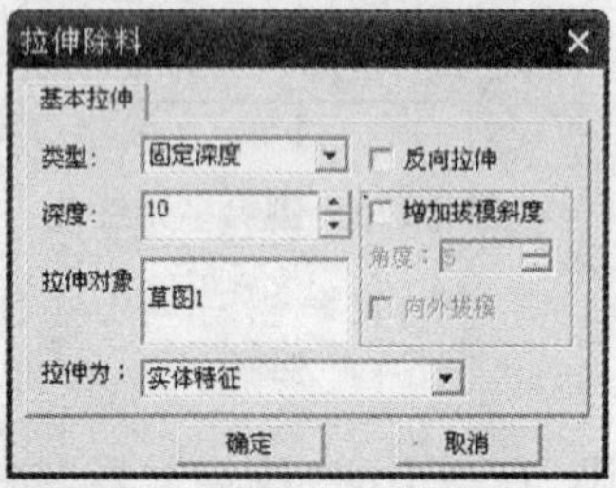

图 2-181　“拉伸除料”对话框

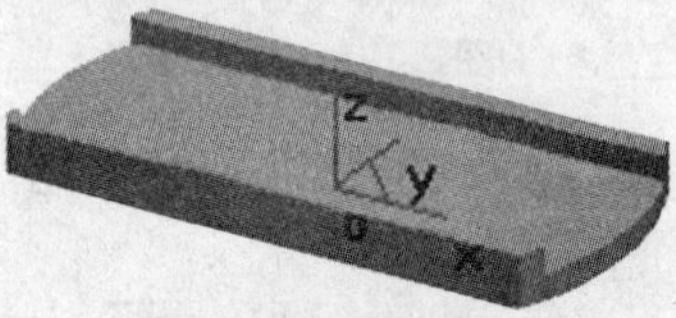

图 2-182　拉伸除料完成后的图形

(4)生成圆台。

①选择实体槽底平面为绘图平面；按 F2 键，进入草图绘制状态。

②单击“曲线生成栏”工具条中的“整圆”按钮，在左侧的立即菜单中选取“圆心_半径”方式。拾取圆心点(坐标原点)后输入半径 45，完成后如图 2-183 所示。

③按 F2 键，退出草图绘制状态。

④单击“特征生成栏”工具条中的“拉伸增料”按钮，在弹出的“拉伸增料”对话框中设置“类型”为“固定深度”，设置“深度”为 50，在“拉伸对象”中拾取刚绘制的草图，选择“拉伸为”中的“实体特征”，选择“增加拔模斜度”、输入“角度”为 10，单击“确定”按钮，如图 2-184 所示。

图 2-183　绘制圆台草图

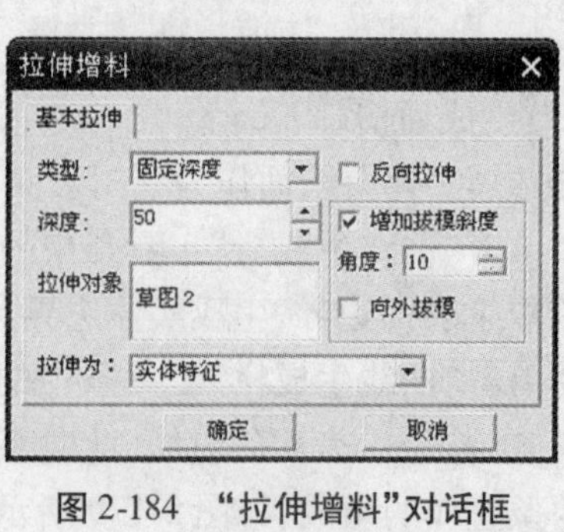

图 2-184　“拉伸增料”对话框

⑤选择圆台上表面，单击鼠标右键，选择“创建草图”。单击“曲线生成栏”工具条中的“整圆”按钮，在左侧的立即菜单中选取“圆心_半径”方式。拾取圆心点(坐标原点)后输

入半径 20，单击鼠标右键结束指令。单击“特征生成栏”工具条中的“拉伸除料”按钮，在弹出的“拉伸除料”对话框中设置“类型”为“贯穿”，生成后的实体如图 2-185 所示。

(5)绘制筋板。

①按 F9 键，选择 *XOZ* 面为视图平面和作图平面。

②单击“曲线生成栏”工具条中的“相关线”按钮，在左侧的立即菜单中选取“实体边界”，拾取实体的圆弧边界，生成实体边界，如图 2-186 所示。

图 2-185　生成圆台

图 2-186　生成实体边界

③单击“曲线生成栏”工具条中的“直线”按钮，在左侧的立即菜单中选择“两点线”、“单个”、“非正交”。此时系统提示输入第一点，按空格键弹出“工具点”菜单，选择其中的“缺省点”，拾取两个水平圆弧作一条直线，再拾取圆台上的两个圆弧作一条直线，最后拾取水平线的中点作直线，完成后的图形如图 2-187 所示。

④单击“曲线生成栏”工具条中的“直线”按钮，在左侧的立即菜单中选择“平行线”、“距离”，输入“距离”为 40，拾取水平线，向上作一条平行线，如图 2-188 所示。

图 2-187　绘制直线

图 2-188　绘制平行线

⑤单击“线面编辑栏”工具条中的“曲线过渡”按钮，在左侧的立即菜单中选取“尖角”。拾取刚作的平行线，拾取圆台上的直线完成尖角过渡；单击“线面编辑栏”工具条中的“曲线裁剪”按钮，在左侧的立即菜单中选取“快速裁剪”和“正常裁剪”，裁剪直线；单击“线面编辑栏”工具条中的“删除”按钮，删除不需要的线，完成后如图 2-189 所示。

⑥按 F2 键，进入草图绘制状态；单击“曲线生成栏”工具条中的“投影”按钮，按顺序拾取刚绘制的空间曲线，将其转换为草图，按 F2 键，退出草图绘制状态。

⑦单击“特征生成栏”工具条中的“筋板”按钮，弹出“筋板特征”对话框，选择“双向加厚”、输入“厚度”20，单击“确定”按钮，如图 2-190 所示。筋板生成后如图 2-191 所示。

图 2-189　绘制筋板草图

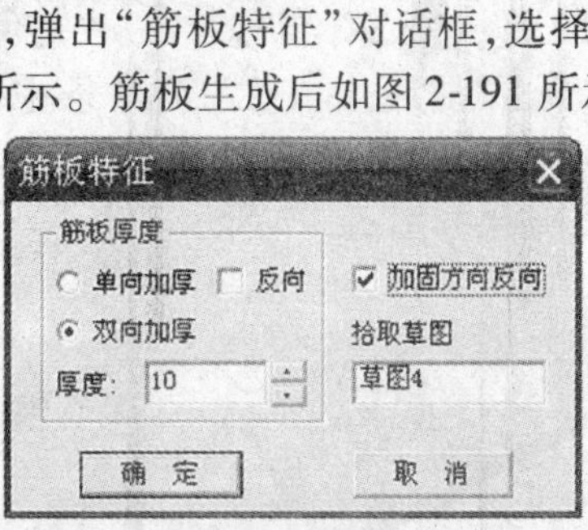

图 2-190　“筋板特征”对话框

⑧单击“曲线生成栏”工具条中的“直线”按钮，在左侧的立即菜单中选择“两点线”、

“单个”、“正交”。此时系统提示输入第一点，选择坐标原点，向上任意拾取一个点，作一条垂直于 *XOY* 平面的直线，完成后如图 2-192 所示。

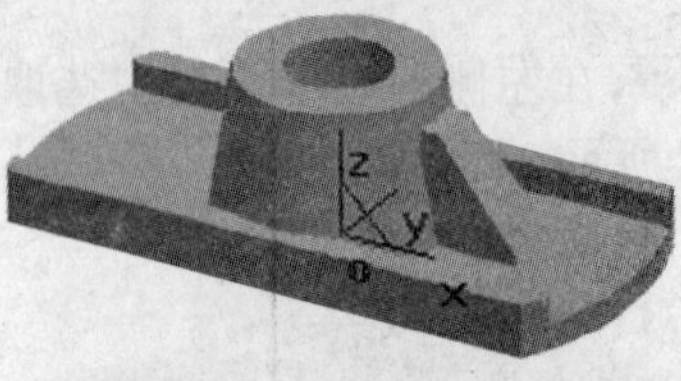

图 2-191　生成筋板

图 2-192　生成筋板旋转轴线

⑨单击“特征生成栏”工具条中的“环形阵列”按钮，弹出“环形阵列”对话框，拾取筋板特征作为阵列的对象，拾取曲线作为基准轴，输入“角度”180，输入“数目”2，选择“自身旋转”，单击“确定”按钮。如图 2-193 所示。

⑩图形生成后，单击“线面编辑栏”工具条中的“删除”按钮，删除不需要的线，单击鼠标右键，如图 2-194 所示。

(6)绘制底孔。

①单击“显示变换栏”工具条中的“显示旋转”按钮，使图形翻转，拾取实体下表面，按 F2 键，进入草图绘制状态。

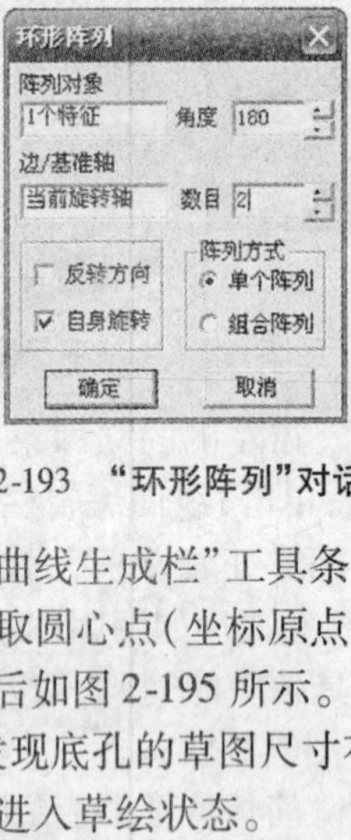

图 2-193　“环形阵列”对话框

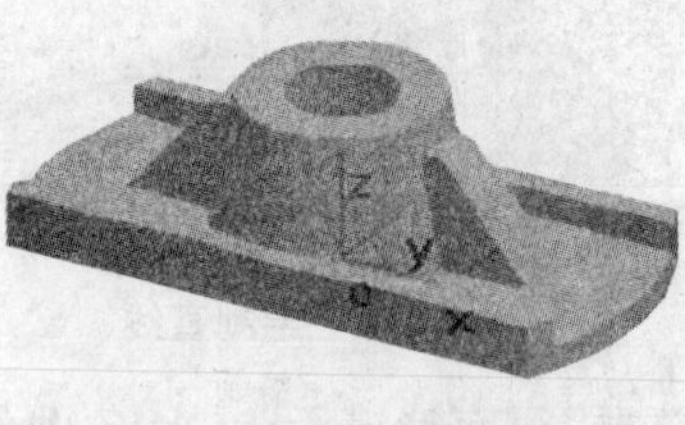

图 2-194　筋板环形阵列的实体

②单击“曲线生成栏”工具条中的“整圆”按钮，在左侧的立即菜单中选取“圆心_半径”方式。拾取圆心点(坐标原点)后输入半径 21，单击鼠标右键结束指令；按 F2 键，退出草绘状态，完成后如图 2-195 所示。

③此时发现底孔的草图尺寸有问题，利用“驱动”功能进行修改。在特征树中单击该草图，按 F2 键，进入草绘状态。

④单击“曲线生成栏”工具条中的“尺寸标注”按钮，拾取草图圆，完成标注，如图 2-196所示；单击“曲线生成栏”工具条中的“尺寸驱动”按钮，拾取尺寸线，输入 50，按回车键，结果如图 2-197 所示。

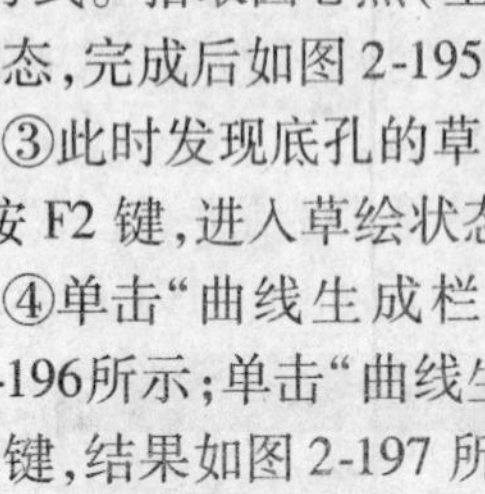

图 2-195　在底面绘制圆

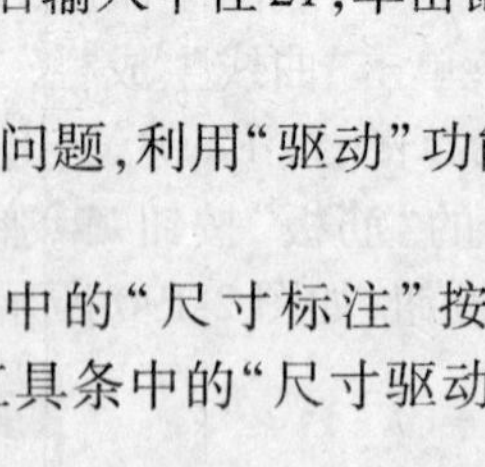

图 2-196　标注草图

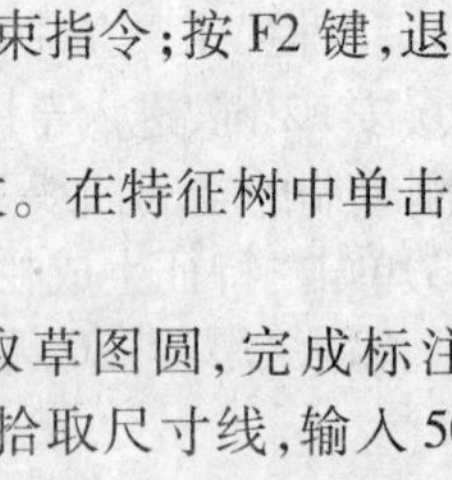

图 2-197　草图驱动

⑤按 F2 键,退出草图绘制状态。

⑥单击“特征生成栏”工具条中的“拉伸除料”按钮,在弹出的“拉伸除料”对话框中设置“类型”为“固定深度”,设置“深度”为 20,在“拉伸对象”中拾取刚绘制的草图,选择“拉伸为”中的“实体特征”,单击“确定”按钮,如图 2-198 所示。生成后的图形如图 2-199 所示。

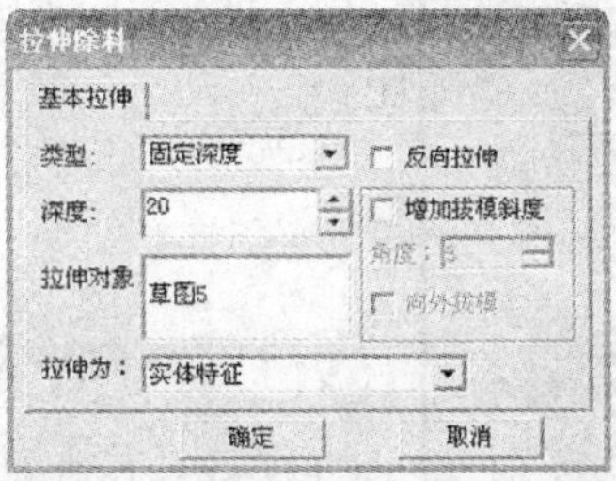

图 2-198 “拉伸除料”对话框

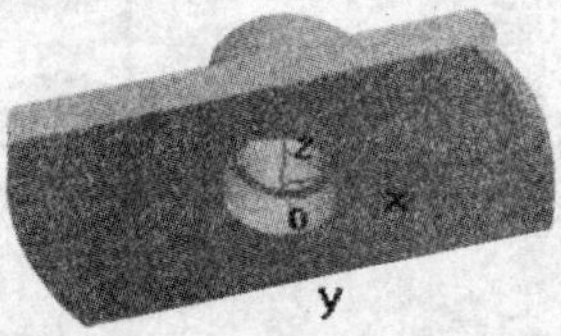

图 2-199 做完孔的图形

(7)设置筋板的斜度。

单击“特征生成栏”工具条中的“拔模”按钮,弹出“拔模”对话框,如图 2-200 所示,输入“拔模角度”10,拾取槽底平面为中立面,拾取筋板的两个侧面为拔模面,如图 2-201 所示,同样的方法做另一侧,完成后的图形如图 2-202 所示。

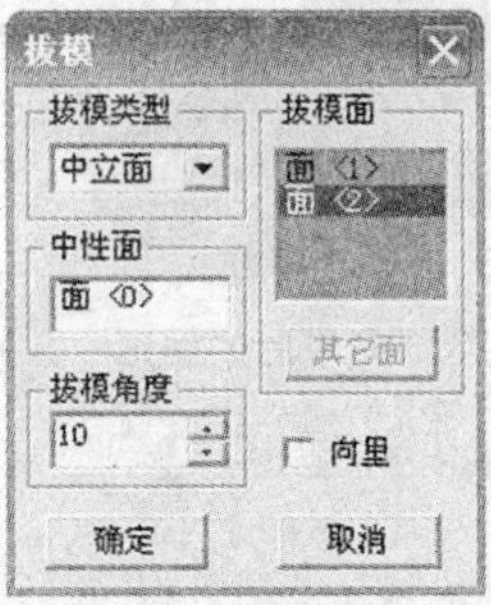

图 2-200 “拔模”对话框

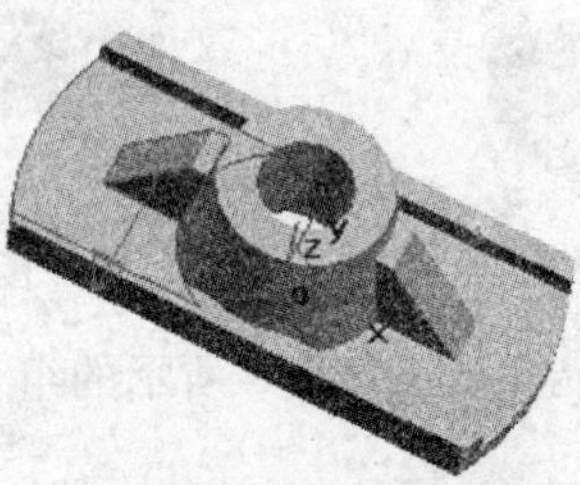

图 2-201 拾取中立面和拔模面

图 2-202 拔模完成后的图形

(8)制作倒角特征。

单击“特征生成栏”工具条中的“倒角”按钮,在弹出的对话框中输入“距离”3、“角度”45,拾取孔的上表面的内边,单击“确定”按钮,如图 2-203 所示,完成后的图形如图 2-204 所示。

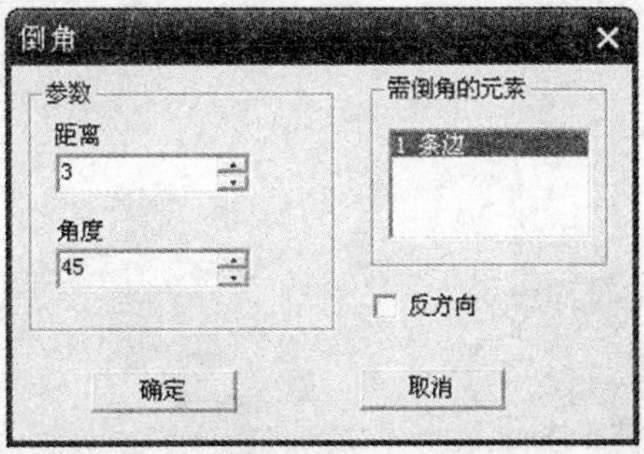

图 2-203 “倒角”对话框

图 2-204 完成倒角后的图形

(9)做等半径过渡。

①单击“特征生成栏”工具条中的“过渡”按钮，弹出“过渡”对话框，如图 2-205 所示。输入“半径”5，选择“等半径”过渡、“缺省方式”、“沿切面延顺”，拾取圆台上表面外边界、筋板与圆台的交线，单击“确定”按钮，如图 2-206 所示。

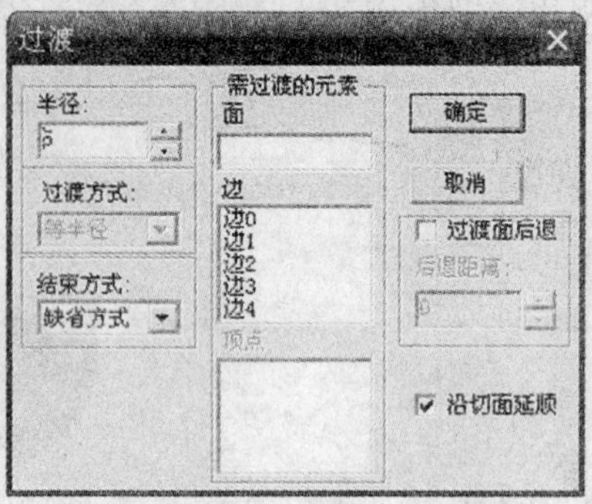

图 2-205　“过渡”对话框

②单击“特征生成栏”工具条中的“过渡”按钮，输入“半径”5，选择“等半径”过渡、“缺省方式”、“沿切面延顺”，拾取槽的上表面，单击“确定”按钮，过渡面生成。按 F8 键，作显示轴测图，如图 2-207 所示。

图 2-206　完成过渡后的图形

图 2-207　全部完成后的图形

【例 2-7】　试用布尔运算功能完成图 2-208 所示的组合体特征实体造型。

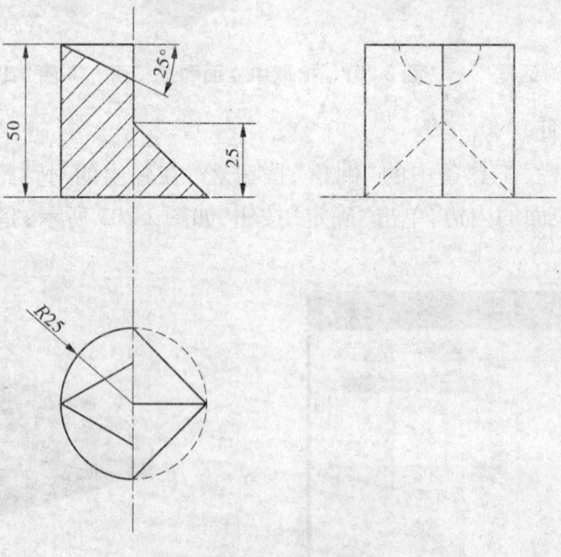

图 2-208　组合体零件

分析：此组合体零件可以看成是由一个 *R*25 的半圆柱体，加一个三棱锥体，再减去一个

25°半圆锥体而形成。

【操作步骤】

(1)生成圆锥体。

①单击“曲线生成栏”工具条中的“直线”按钮，在左侧的立即菜单中选择“两点线”、“单个”、“正交”、“长度方式”，设置“长度”为 50，根据左下角提示，输入第一点坐标(-25，0，50)，然后拖动光标至 *X* 轴正方向，单击鼠标右键确定，如图 2-209 所示。

②按 F9 键，切换作图平面为 *XOZ*，在左侧的立即菜单中选择“角度线”、“X 轴夹角”，设置“角度”为 25，按左下角提示，拾取中心线左端为第一点，拖至适当位置按鼠标右键确定；选择“两点线”、“连续”、“正交”、“点方式”，拾取中心线中点为第一点，拖至适当位置，使两线相交；用“线裁剪”剪去多余部分，结果如图 2-210 所示。

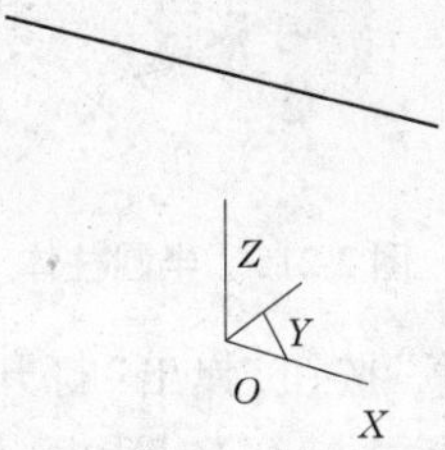

图 2-209　中心线

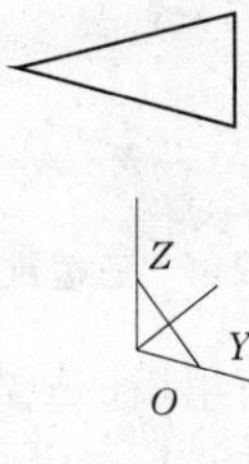

图 2-210　圆锥体截面线

③草图绘制：以平面 *XOZ* 为草图平面，按下 F2 键，单击“曲线生成栏”工具条中的“曲线投影”按钮，依次拾取三条边，用“线裁剪”除去多余部分，退出草图。

④单击“旋转增料”，填写对话框，点击“确定”按钮，如图 2-211 所示。

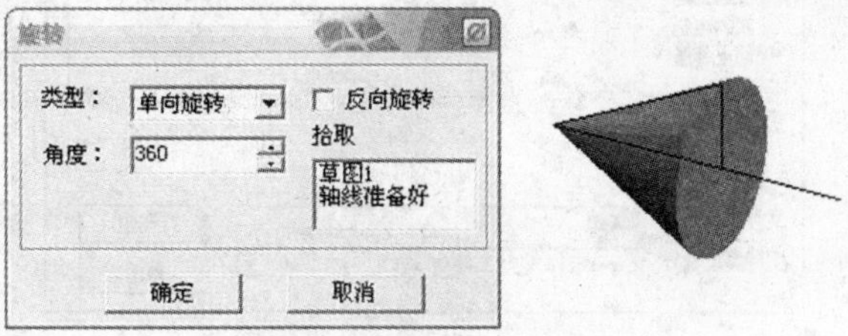

图 2-211　旋转增料操作

⑤保存为 *. x_t 文件类型，文件名为 1。

(2)作三棱锥。

①按前图示尺寸作三棱锥线框图，作法略，如图 2-212 所示。

②单击“造型”主菜单下的“曲面生成”、“边界面”中的“三边面”生成三棱锥封闭表面，如图 2-213 所示。

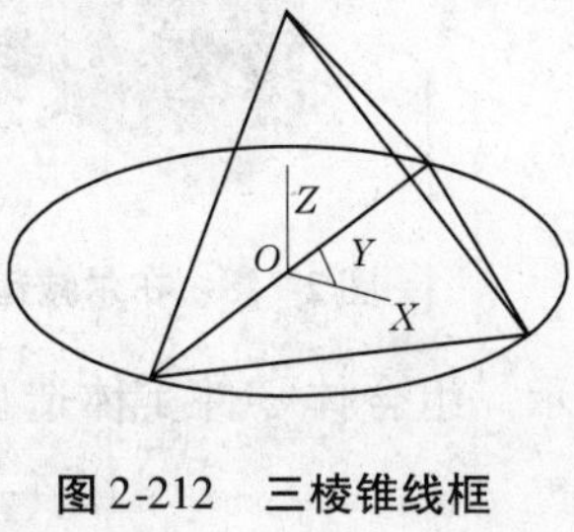

图 2-212　三棱锥线框

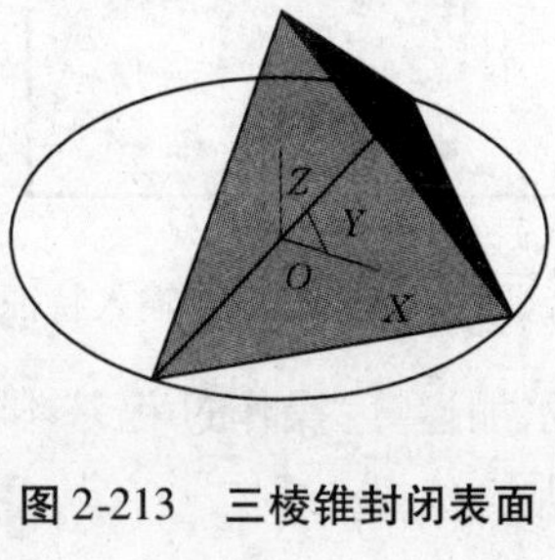

图 2-213　三棱锥封闭表面

③闭合曲面填充生成实体：单击“曲面加厚增料”，弹出“曲面加厚”对话框，勾选“闭合曲面填充”，依次拾取各个表面，点击“确定”按钮，将各曲面删除，如图 2-214 所示。

④保存为 *.x_t 文件类型，文件名为 2。

(3)实体布尔运算。

①作出半圆柱体：作法略，如图 2-215 所示。

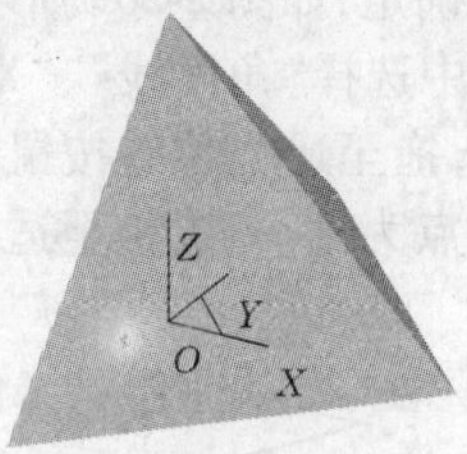

图 2-214　三棱锥体

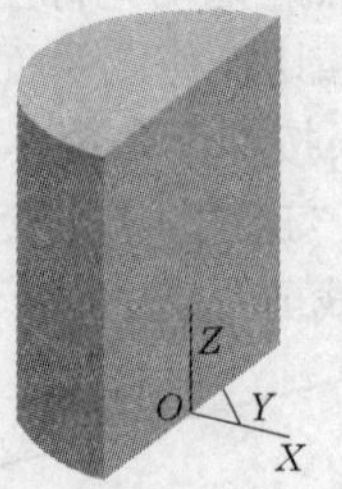

图 2-215　半圆柱体

②布尔减运算：单击“造型”主菜单下的“实体布尔运算”按钮，弹出“打开”对话框，如图 2-216 所示。选择“1.x_t”文件，单击“打开”按钮，弹出“输入特征”对话框，如图 2-217 所示。选择“当前零件 - 输入零件”按左下角提示，然后选择定位方式，拾取 X 轴线，单击“确定”按钮完成，如图 2-218 所示。

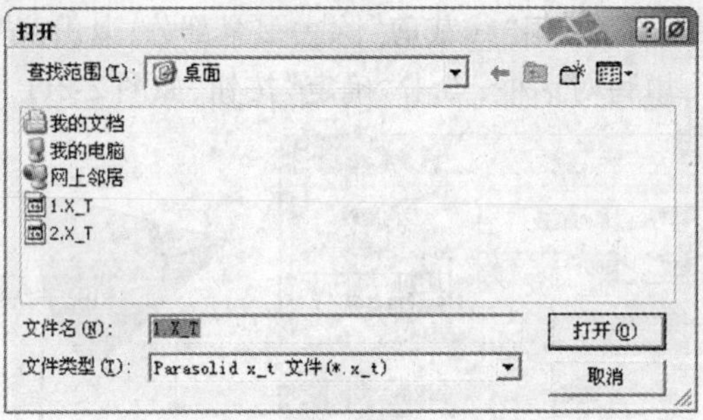

图 2-216　“打开”对话框

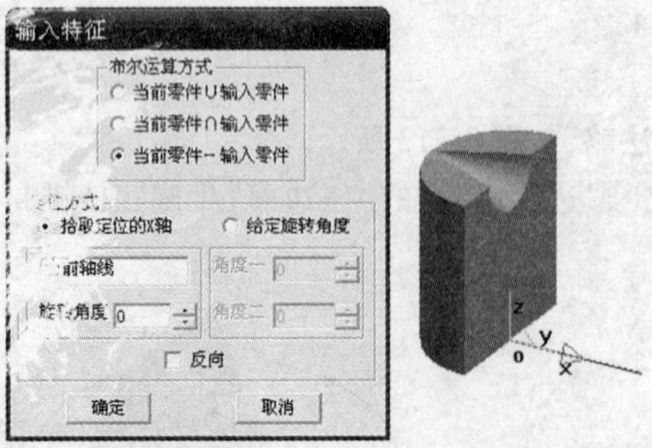

图 2-217　“输入特征”对话框

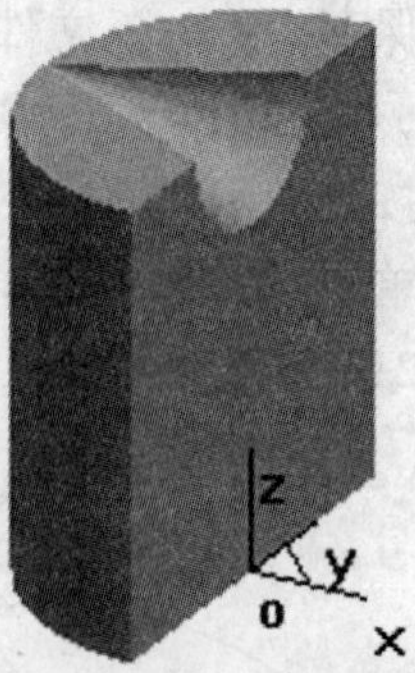

图 2-218　布尔减运算结果

③布尔加运算：操作过程基本相似，如图 2-219 所示。组合体零件实体造型完成后如 2-220 所示。

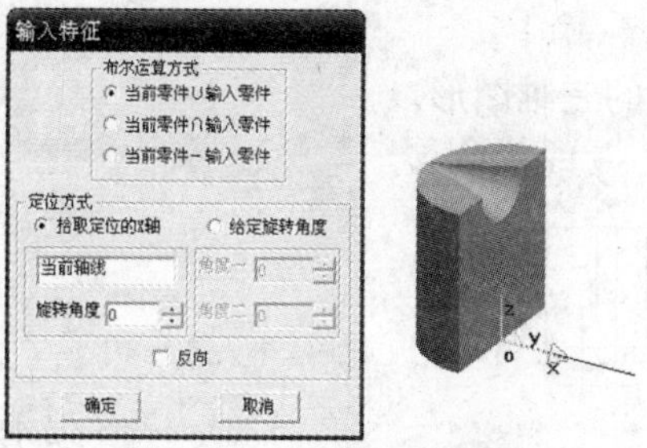

图 2-219　布尔加运算

图 2-220　组合体零件

总　结

本情境介绍了线框造型和实体特征造型两种造型方法。

线框造型是直接使用空间点、直线和曲线，通过定义实体棱边构成的平面和立体线框图来描述物体；空间点、曲线的生成、编辑和几何变换使学习者掌握曲线作图工具，明晰概念，熟练应用，建立良好的空间概念；力求做到一题多解，真正掌握曲线工具、曲线编辑工具、几何变换工具、状态工具等的应用技巧，为后继学习打下坚实基础。

实体特征造型是 CAXA 制造工程师软件的重要组成部分，CAXA 制造工程师软件采用精确的特征实体造型技术，将设计信息用特征术语来描述，使整个设计过程直观、简单、准确。草图的概念以及草图的绘制、编辑方式，特征实体的生成、编辑和几何变换是重点内容，学习者要掌握实体造型的相关工具和操作方法，同时通过练习学会分析解决实际问题的手段和技巧；CAXA 制造工程师软件提供了丰富的实体造型工具，根据已知条件的不同，可以选择不同的实体生成方式，同样的实体也会有不同的造型方式，学习者应当熟练并且灵活掌握。

采用讲练结合、精讲多练的教学方法在实践中体会各种菜单和工具的应用技巧。

练习题

2-1　在 CAXA 制造工程师 2006 中完成图 2-221 所示的二维线框造型(附尺寸标注)，

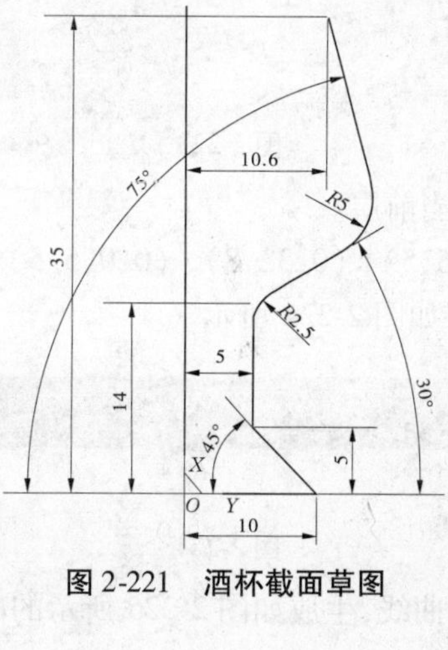

图 2-221　酒杯截面草图

并存盘。

2-2　利用线架造型构造出图 2-222 所示的三维图形。

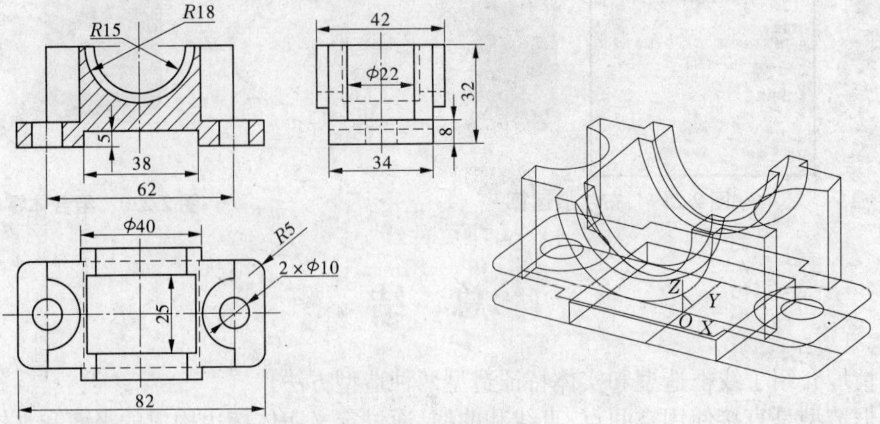

图 2-222　轴承座

2-3　按步骤绘制如下草图,并生成实体。

(1)绘制如图 2-223(a)所示的草图。

(2)生成图 2-223(b)所示特征,厚度为 15。

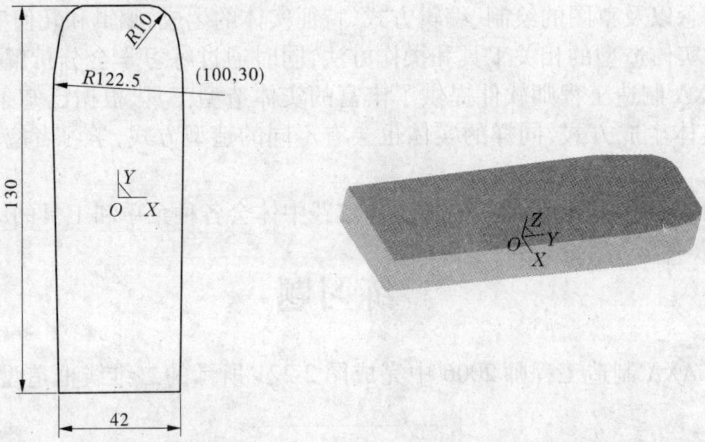

(a)　　　(b)

图 2-223

(3)创建新图层,并设置为当前层。

(4)在新建层上,过点(0,65,5)、(0,32,8)、(0,0,5.5)、(0,-32,4.0)、(0,-65,5)绘制样条曲线并适当拉伸,结果如图 2-224 所示。

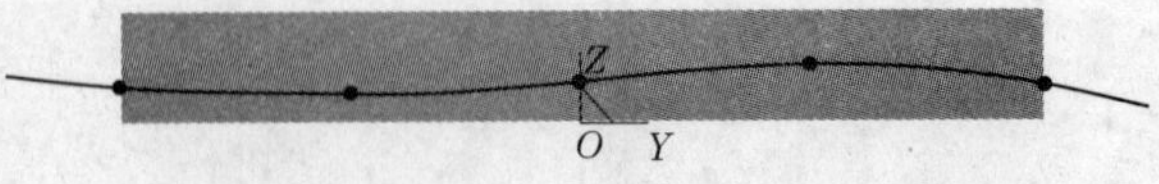

图 2-224

(5)基于步骤(4)所绘制的曲线,生成如图 2-225 所示的曲面。

图 2-225

(6)运用曲面进行实体剪裁,隐藏曲面所在层,结果如图 2-226 所示。

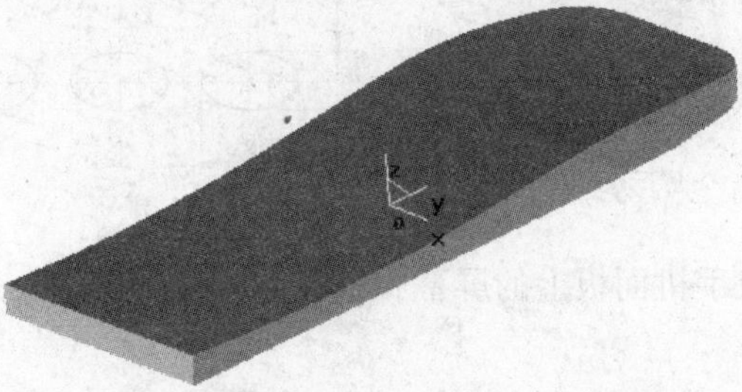

图 2-226

(7)进行棱边圆角过渡,半径为 3,结果如图 2-227 所示。

图 2-227

(8)抽壳,壁厚为 2 mm。

(9)拉伸除料生成内壳的台阶面,拔模斜度为 5°,边缘壁厚为 1.5,台阶深度为 1.55,结果如图 2-228 所示。

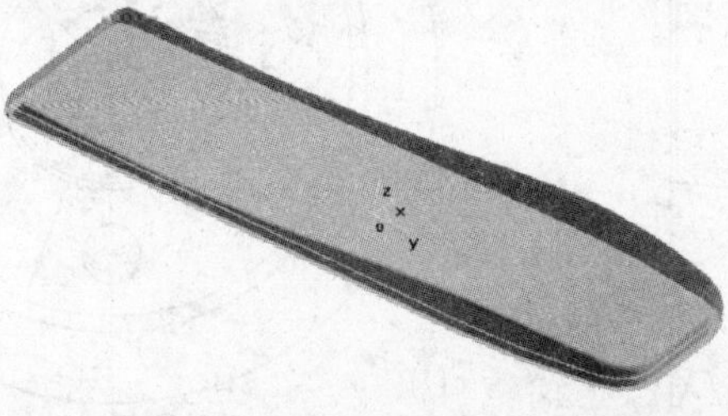

图 2-228

(10)绘制屏幕及键孔草图,如图 2-229 所示。

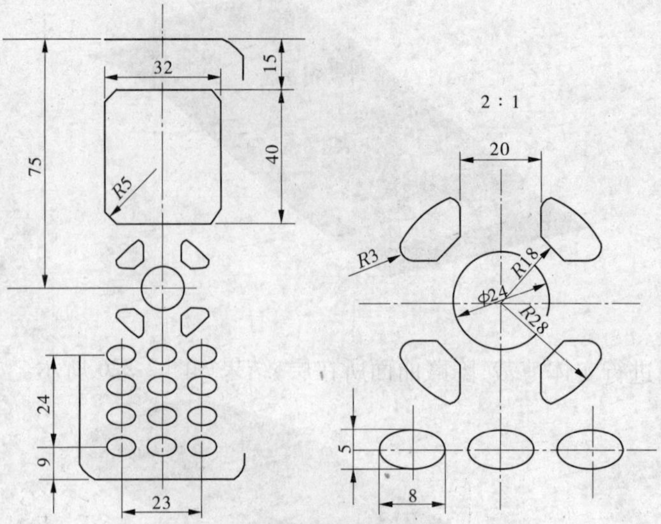

图 2-229

(11)拉伸除料,生成手机面板上的屏幕和键孔,并进行面过渡,过渡半径为 0.5,结果如图 2-230 所示。

图 2-230

2-4　完成图 2-231 ~ 图 2-234 所示零件的实体特征造型。

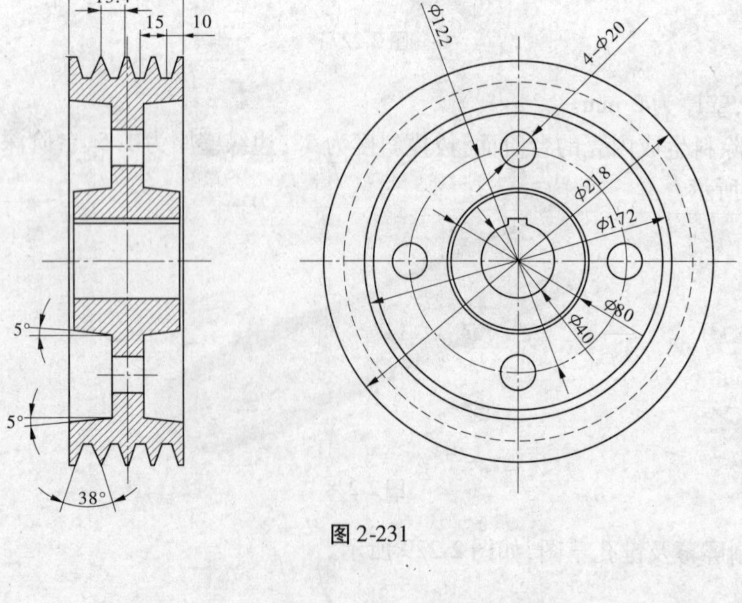

图 2-231

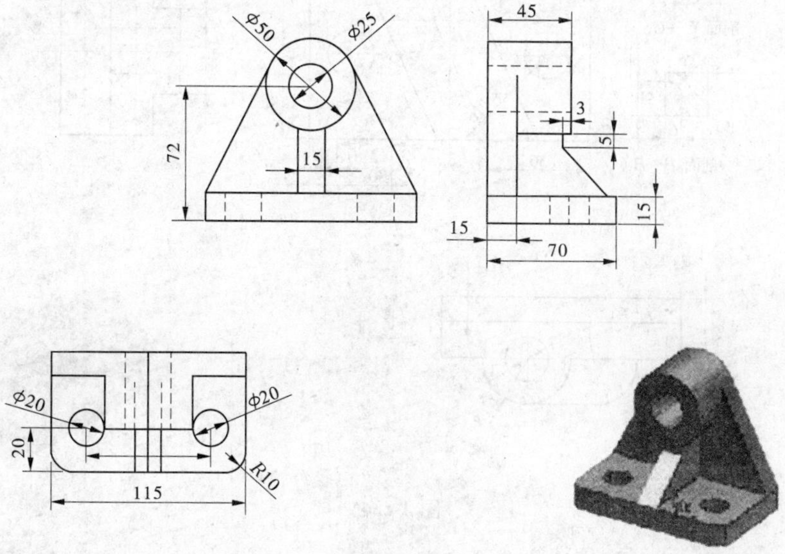
Φ50
Φ25
72
15
45
3
5
15
15
70
Φ20
Φ20
20
R10
115

图 2-232

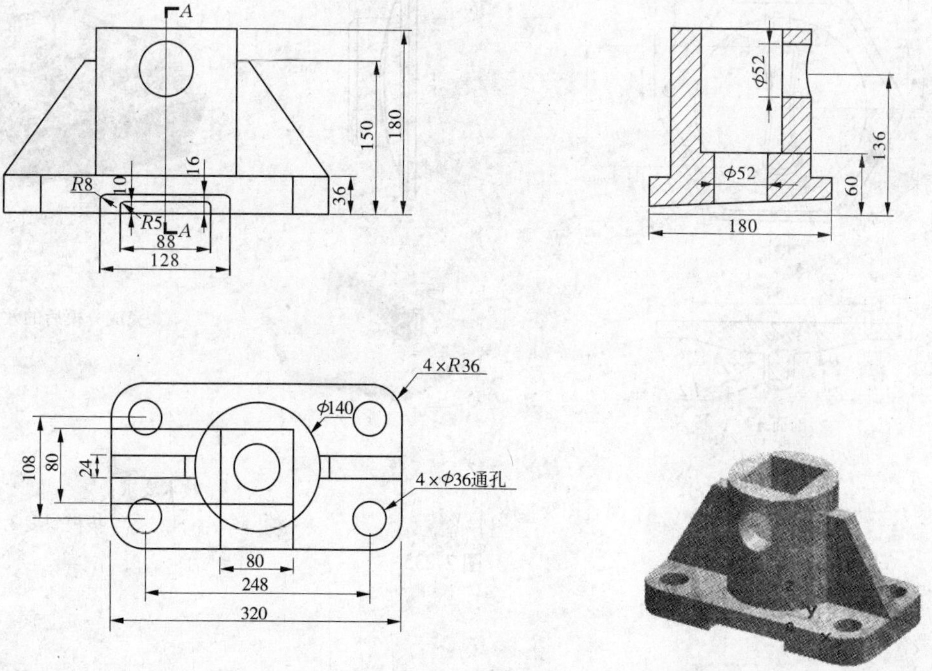
A
150
180
16
R8
10
R5
A
36
88
128
Φ52
Φ52
136
60
180
4×R36
Φ140
108
80
24
4×Φ36通孔
80
248
320

图 2-233

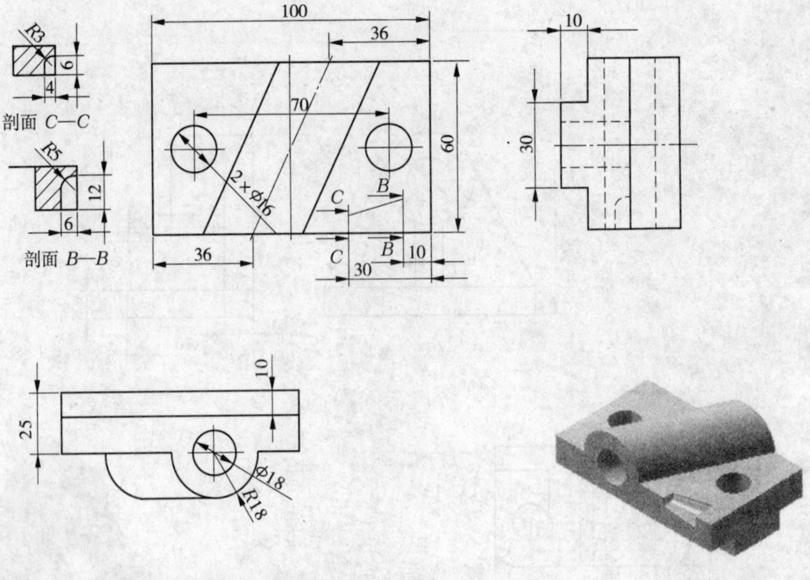

图 2-234

2-5　完成图 2-235 所示零件图的分模。

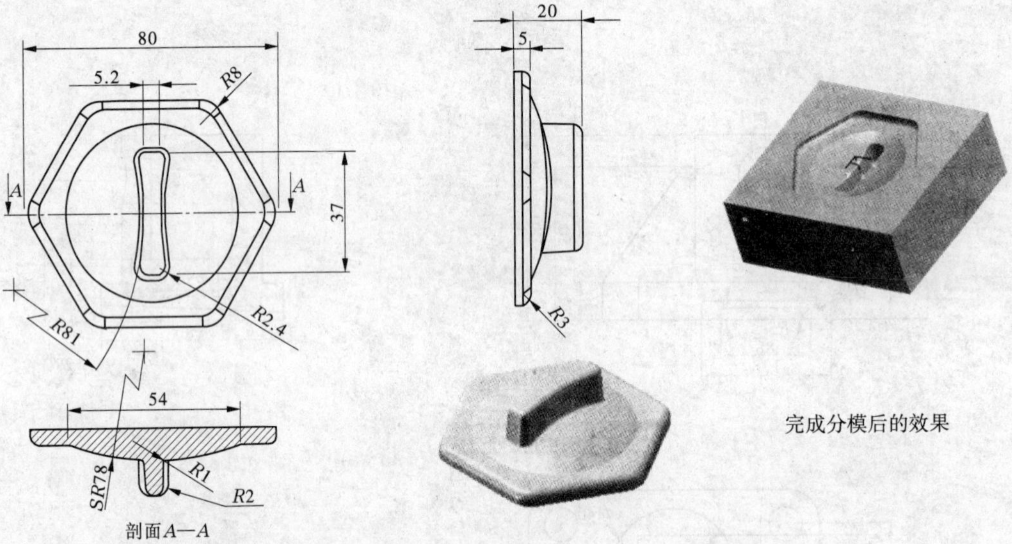

零件图及实体

技术要求：

拔模斜度 3.8°。

图 2-235

情景3　曲面特征建模

学习目标

1. 掌握10种曲面的含义。
2. 能熟练创建10种曲面。
3. 熟练掌握曲面裁剪、曲面过渡、曲面缝合、曲面拼接和曲面延伸的操作方法。
4. 了解曲面优化和曲面重拟合的操作方法。
5. 掌握利用"曲面加厚增料"、"曲面加厚除料"以及"曲面裁剪除料"三种方式生成实体的方法。

任务3.1　曲面特征的创建

制造工程师软件提供了丰富的曲面造型手段，构造完决定曲面形状的关键线框后，就可以在线框基础上，选用各种曲面的生成和编辑方法，在线框上构造所需定义的曲面来描述零件的外表面。

根据曲面特征线的不同组合方式，可以组织不同的曲面生成方式。曲面生成方式共有10种：直纹面、旋转面、扫描面、导动面、等距面、平面、边界面、放样面、网格面和实体表面。曲面生成的菜单如图3-1所示，曲面生成工具条如图3-2所示。

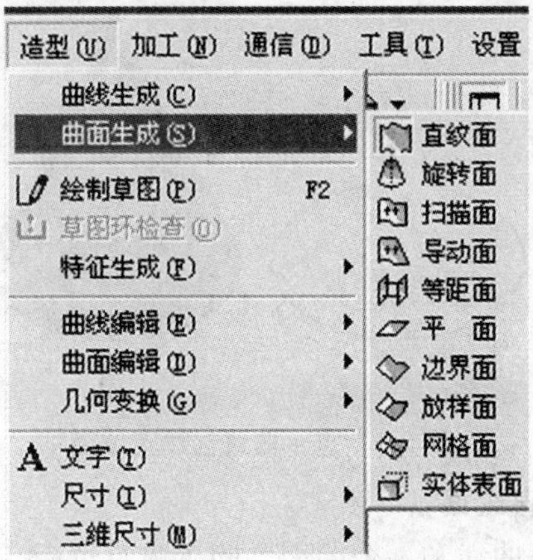

图3-1　曲面生成菜单

3.1.1　直纹面

直纹面是由一根直线两端点分别在两曲线上匀速运动而形成的轨迹曲面。直纹面生成有三种方式：曲线+曲线、点+曲线和曲线+曲面。直纹面的立即菜单如图3-3所示。

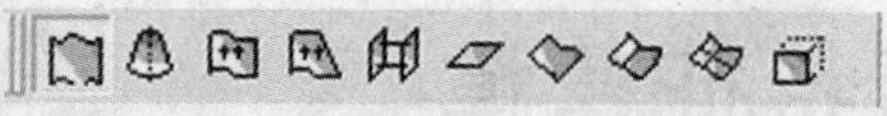

图 3-2　曲面生成工具条

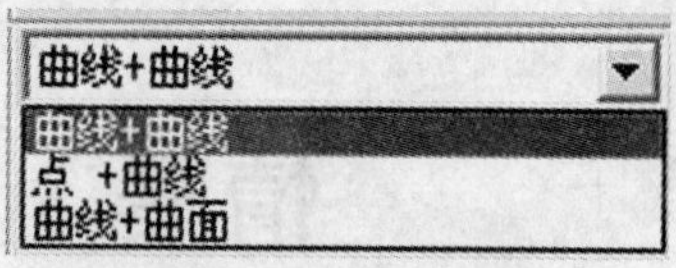

图 3-3　直纹面的立即菜单

3.1.1.1　曲线＋曲线创建直纹面

曲线＋曲线是指在两条自由曲线之间生成直纹面。

(1)在坐标系中创建两条多义线,如图 3-4(a)所示。

(2)单击“造型”,光标指向“曲面生成”,单击“直纹面”,或者单击按钮。

(3)在立即菜单中选择“曲线＋曲线”生成方式。

(4)按状态栏的提示,依次选择两条曲线,生成直纹面,如图 3-4(b)所示。

(a)　(b)

图 3-4　曲线＋曲线创建直纹面

3.1.1.2　点＋曲线创建直纹面

点＋曲线是指在一个点与一条曲线之间生成直纹面。

(1)在坐标系中分别创建点和椭圆,如图 3-5(a)所示。

(2)单击“造型”,光标指向“曲面生成”,单击“直纹面”,或者单击按钮。

(3)在立即菜单中选择“点＋曲线”生成方式。

(4)按状态栏的提示,依次选择点和椭圆,生成直纹面,如图 3-5(b)所示。

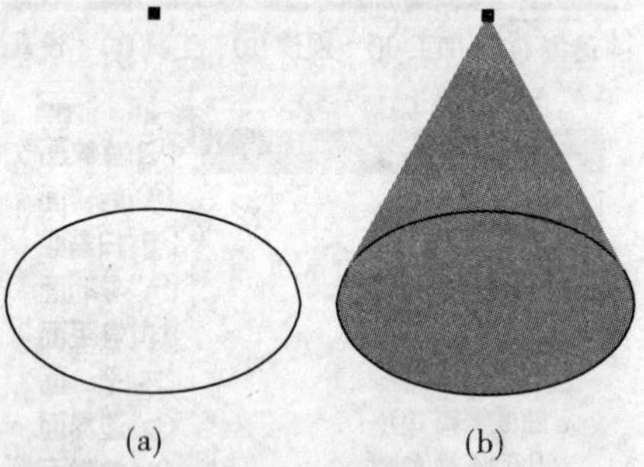

(a)　(b)

图 3-5　点＋曲线创建直纹面

3.1.1.3　曲线＋曲面创建直纹面

曲线＋曲面是指在一条曲线和一个曲面之间生成直纹面。曲线＋曲面方式生成直纹面时,曲线沿着一个方向向曲面投影,同时曲线在与这个方向垂直的平面内以一定的锥度扩张或收缩,生成另外一条曲线,在这两条曲线之间生成直纹面。

(1)在 *XOY* 平面内用曲线＋曲面方式做直纹面。

(2)创建圆形曲线,输入圆心坐标(0,0,50),半径 20。

(3)按下 F8 键,显示轴测图,如图 3-6(a)所示。

(4)单击“造型”,指向“曲面生成”,单击“直纹面”,或者单击按钮。

(5)在立即菜单中选择"曲线 + 曲面"生成方式。

(6)按状态栏的提示,依次选择曲面和曲线,生成直纹面,图 3-6(b)是角度为 0°时的结果,图 3-6(c)是角度为 5°时的结果。

注意:

(1)角度是指锥体母线与中心线的夹角。

(2)输入方向时,按空格键或鼠标键即可弹出工具菜单。

(3)当曲线沿指定方向以一定的锥度向曲面投影作直纹面时,如曲线的投影不能全部落在曲面内,直纹面将无法作出。

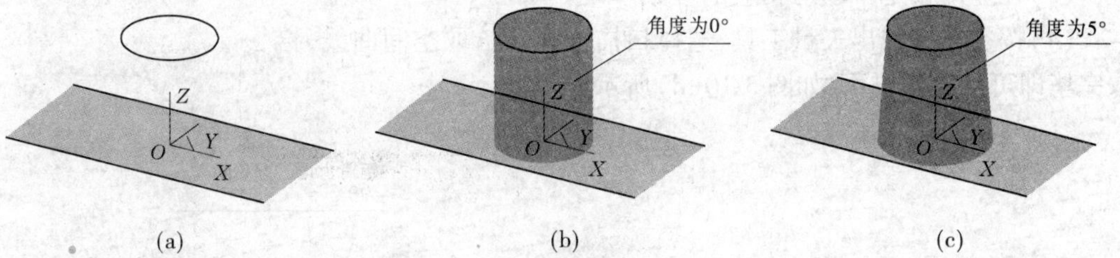

图 3-6　曲线 + 曲面创建直纹面

3.1.2　旋转面

旋转面是按给定的起始角度、终止角度将曲线绕一旋转轴旋转而生成的轨迹曲面。起始角是指生成曲面的起始位置与母线和旋转轴构成平面的夹角。终止角是指生成曲面的终止位置与母线和旋转轴构成平面的夹角。图 3-7 为旋转面的立即菜单。

(1)单击"造型",光标指向"曲面生成",单击"旋转面",或者单击按钮。

(2)输入起始角和终止角角度值。

(3)拾取空间直线为旋转轴,并选择方向。选择方向时的箭头方向与曲面旋转方向两者遵循右手螺旋法则。

(4)拾取空间曲线为母线,拾取完毕即可生成旋转面,如图 3-8 所示。

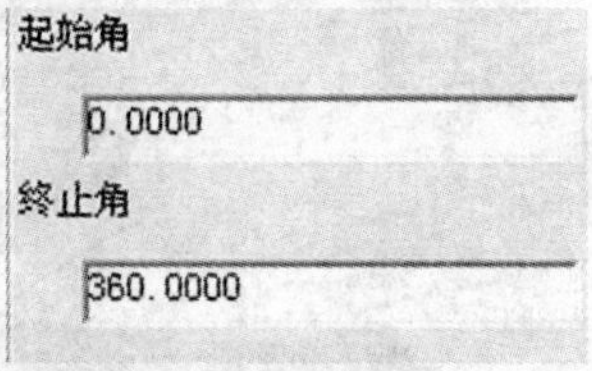

图 3-7　旋转面的立即菜单

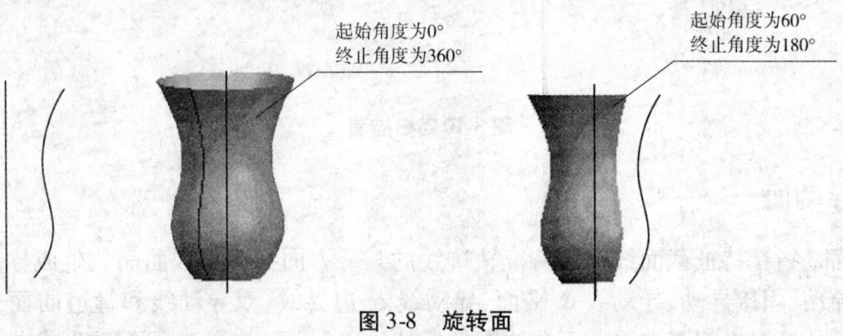

图 3-8　旋转面

3.1.3　扫描面

扫描面是指按照给定的起始位置和扫描距离将曲线沿指定方向以一定的锥度扫描生成

曲面。扫描面的立即菜单如图 3-9 所示。起始距离是指生成曲面的起始位置与曲线平面沿扫描方向上的间距；扫描距离是指生成曲面的起始位置与终止位置沿扫描方向上的间距；扫描角度是指生成的曲面母线与扫描方向的夹角。

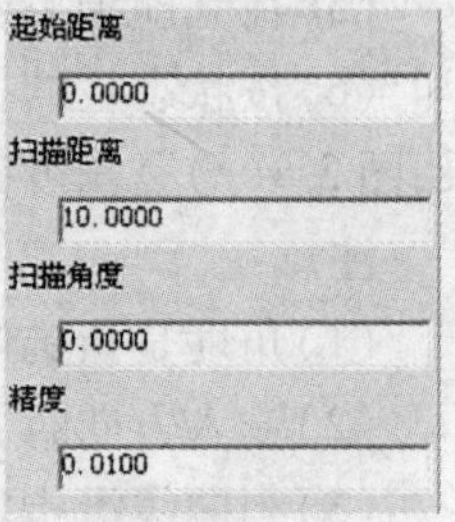

图 3-9　扫描面的立即菜单

(1)以点(－50,0,0)、(0,50,0)、(0,0,50)构造样条线，如图 3-10 所示。

(2)单击“造型”，光标指向“曲面生成”，单击“扫描面”，或者单击按钮。

(3)在立即菜单中填写相应的参数。

(4)按空格键弹出矢量工具，选择扫描方向。拾取空间曲线，拾取完毕即可生成扫描面，如图 3-10(d)所示。

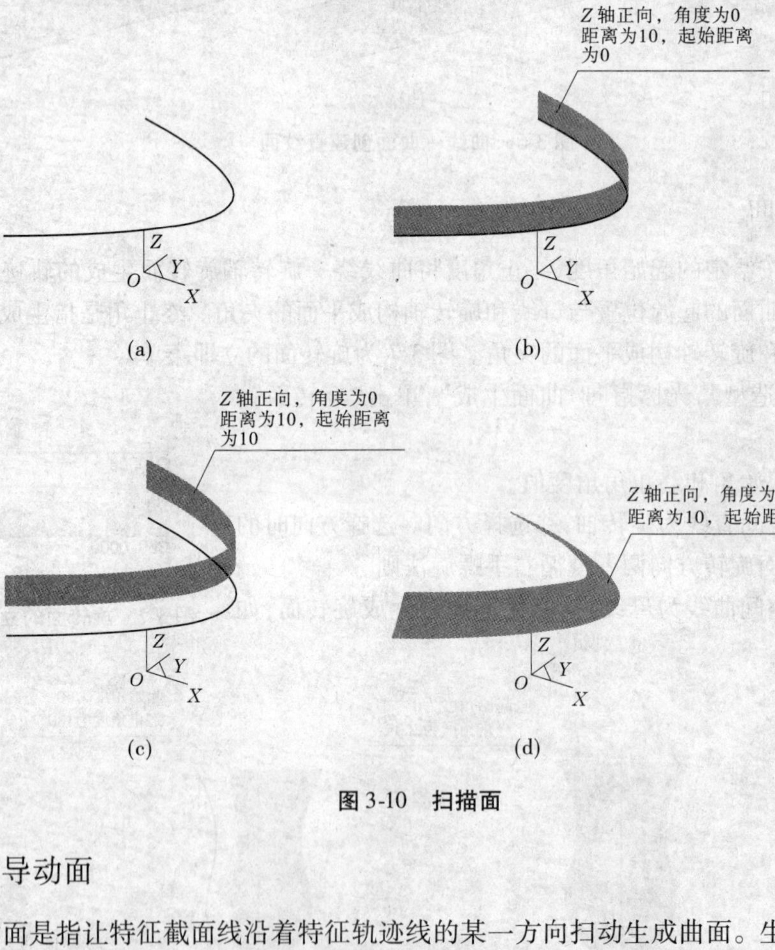

图 3-10　扫描面

3.1.4　导动面

导动面是指让特征截面线沿着特征轨迹线的某一方向扫动生成曲面。生成导动面的方式有平行导动、固接导动、导动线 & 平面、导动线 & 边界线、双导动线和管道曲面 6 种。生成导动曲面的基本思想是选取截面曲线或轮廓线沿着另外一条轨迹线扫动生成曲面。为了满足不同形状的要求，可以在扫动过程中，对截面线和轨迹线施加不同的几何约束，让截面线和轨迹线之间保持不同的位置关系，就可以生成形状变化多样的导动曲面。如截面线沿轨迹线运动过程中，我们可以让截面线绕自身旋转，也可以绕轨迹线扭转，还可以进行变形处理，这样就产生各种方式的导动曲面。

3.1.4.1 平行导动

平行导动是指截面线沿导动线趋势始终平行于它自身移动而扫成曲面，截面线在运动过程中没有任何旋转。

(1)以点(10,0,0)、(0,10,0)、(0,0,10)构造样条线。

(2)以点(－10,10,0)为圆心，3为半径生成空间圆，如图3-11(a)所示。

(3)单击“造型”，指向“曲面生成”，单击“导动面”，或者单击按钮。

(4)在导动面对话框中，选择“平行导动”方式。

(5)拾取导动线，并选择方向。

(6)拾取截面曲线，即可生成导动面，如图3-11(b)所示。

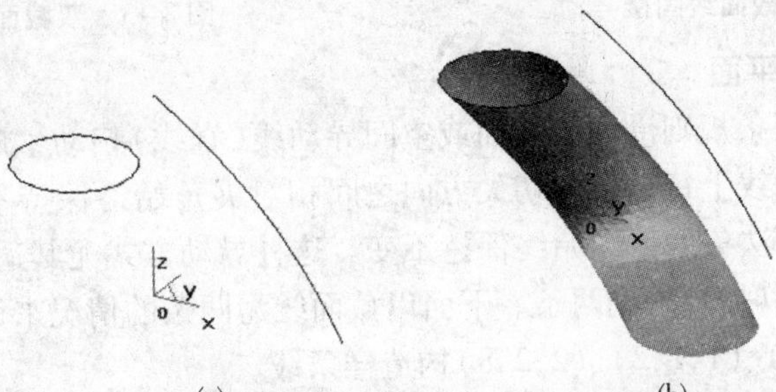

(a)　　(b)

图3-11　平行导动

3.1.4.2 固接导动

固接导动是指在导动过程中，截面线和导动线保持固接关系，即让截面线平面与导动线的切矢方向保持相对角度不变，而且截面线在自身相对坐标架中的位置关系保持不变，截面线沿导动线变化的趋势导动生成曲面。固接导动有单截面线和双截面线两种，也就是说，截面线可以是一条或两条。

单截面线固接导动：

(1)以点(0,0,0)、(1,1,2)、(2,2,8)构造样条线。

(2)以点(0,0,0)为圆心，2为半径生成空间圆，如图3-12(a)所示。

(3)单击“造型”，指向“曲面生成”，单击“导动面”，或者单击按钮。

(4)在导动面对话框中，选择“固接导动”方式，且选择“单截面线”。

(5)拾取导动线，并选择方向。

(6)拾取截面曲线，即可生成导动面，如图3-12(b)所示。

双截面线固接导动：

(1)以点(0,0,0)、(1,1,2)、(2,2,8)构造样条线。

(2)以点(0,0,0)，2为半径生成空间圆；以点(2,2,8)为圆心，3为半径生成空间圆，如图3-13(a)所示。

(3)单击“造型”，光标指向“曲面生成”，单击“导动面”，或者单击按钮。

(4)在导动面功能对话框中，选择“固接导动”方式，且选择“双截面线”。

(5)拾取导动线，并选择方向。

(6)拾取截面曲线,即可生成导动面,如图 3-13(b)所示。

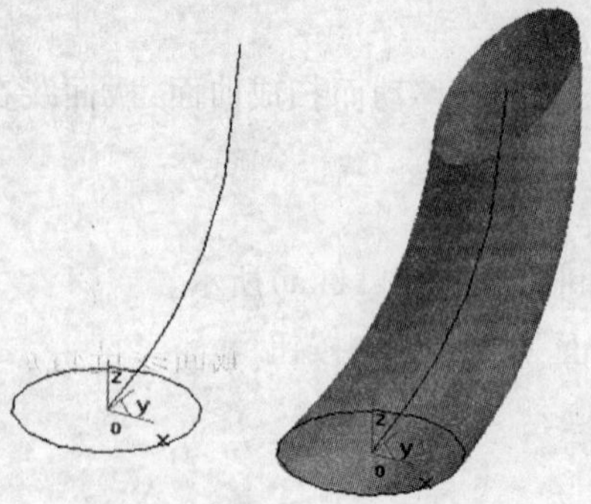

(a) (b)

图 3-12 单截面线固接导动

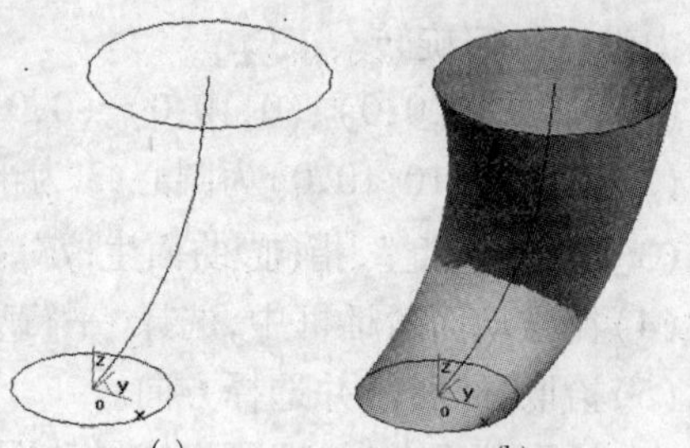

(a) (b)

图 3-13 双截面线固接导动

3.1.4.3 导动线 & 平面

截面线按以下两条规则沿一条平面或空间导动线(脊线)扫动生成曲面。规则:①截面线平面的方向与导动线上每一点的切矢方向之间相对夹角始终保持不变;②截面线的平面方向与所定义的平面法矢的方向始终保持不变。这种导动方式尤其适用于导动线是空间曲线的情形,截面线可以是一条或两条。下面以截面线为两条的情况来说明:

(1)以点(0,0,0)、(1,1,2)、(2,2,8)构造样条线。

(2)以点(0,0,0)为圆心,2 为半径生成空间圆;以点(2,2,8)为圆心,3 为半径生成空间圆,如图 3-14(a)所示。

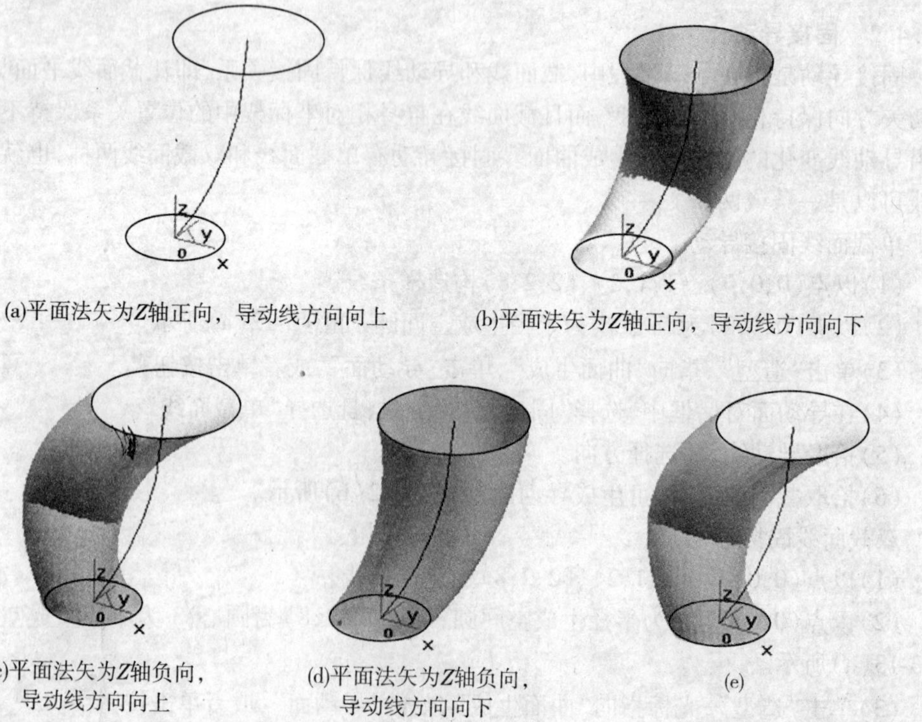

(a)平面法矢为Z轴正向,导动线方向向上 (b)平面法矢为Z轴正向,导动线方向向下

(c)平面法矢为Z轴负向,导动线方向向上 (d)平面法矢为Z轴负向,导动线方向向下 (e)

图 3-14 导动线 & 平面

(3)单击“造型”,光标指向“曲面生成”,单击“导动面”,或者单击按钮。

(4)在导动面对话框中,选择“导动线 & 平面”方式,且选择“双截面线”。

(5)拾取导动线,并选择方向。

(6)拾取截面曲线,即可生成导动面,如图 3-14(b)、(c)、(d)、(e)所示。

3.1.4.4 导动线 & 边界线

截面线按以下规则沿一条导动线扫动生成曲面:①运动过程中截面线平面始终与导动线垂直。②运动过程中截面线平面与两边界线需要有两个交点。③对截面线进行放缩,将截面线横跨于两个交点上。截面线沿导动线如此运动时,就与两条边界线一起扫动生成曲面。

(1)以点(-10,0,0)、(0,0,10)、(10,0,0)构造半圆。

(2)分别以(-10,0,0)和(10,0,0)构造多义线,过(0,0,10)做平行于 Y 轴的直线,如图 3-15(a)所示。

(3)单击“造型”,光标指向“曲面生成”,单击“导动面”,或者单击按钮。

(4)在导动面功能对话框中,选择“导动线 & 边界线”方式,并设置相应的参数。

(5)拾取导动线,并选择方向。

(6)依次拾取两条边界线及截面曲线,即可生成导动面,如图 3-15(b)、(c)所示。

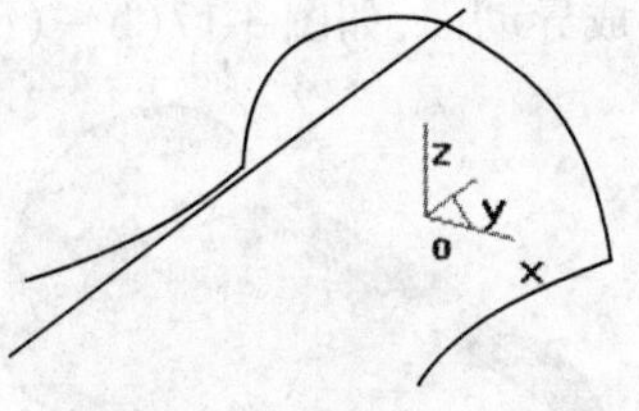

(a)“单截面线”、“等高”

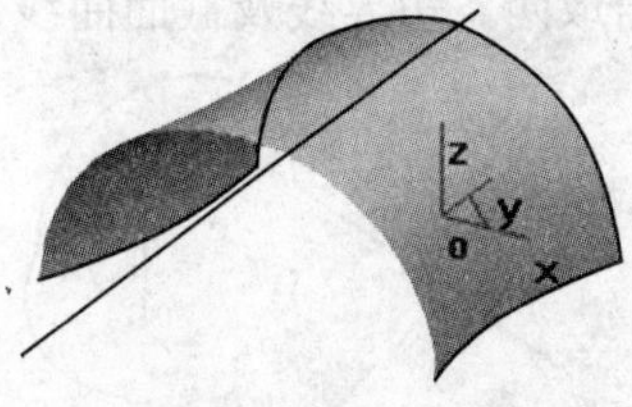

(b)“单截面线”、“变高”

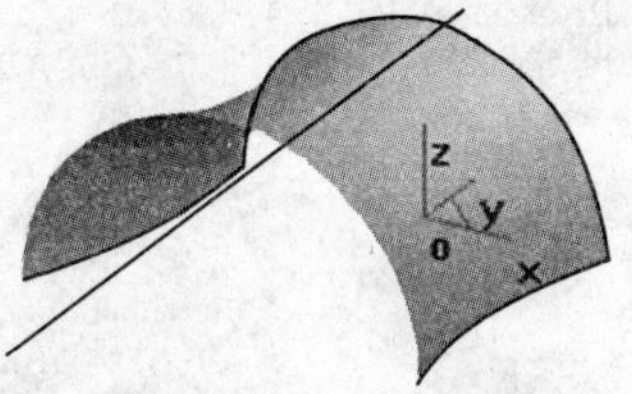

(c)

图 3-15 导动线 & 边界线的单截面线实例

在图 3-15 的基础上以两条边界线的端点及点(0,-15,15)构造截面圆。在导动面对话框中,选择“导动线 & 边界线”,并设置为“双截面线”,按照提示生成导动面,如图 3-16 所示。

3.1.4.5 双导动线

将一条或两条截面线沿着两条导动线匀速地扫动生成曲面。双导动线导动支持等高导动和变高导动两种。

(1)以点(-10,0,0)、(0,0,10)、(10,0,0)构造半圆。

(2)分别以(-10,0,0)和(10,0,0)构造多义线,作为两条导动线,如图 3-17(a)所示。

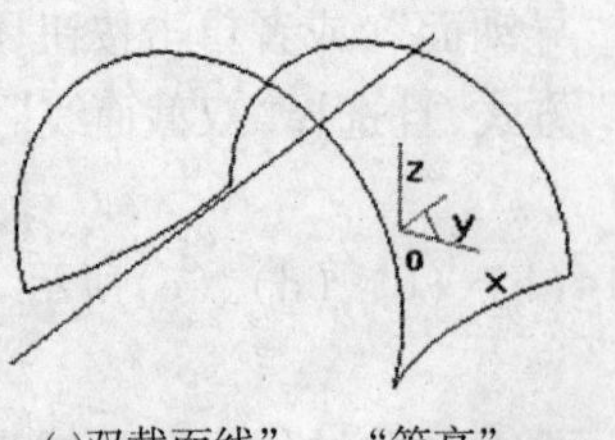

(a)双截面线”、“等高”

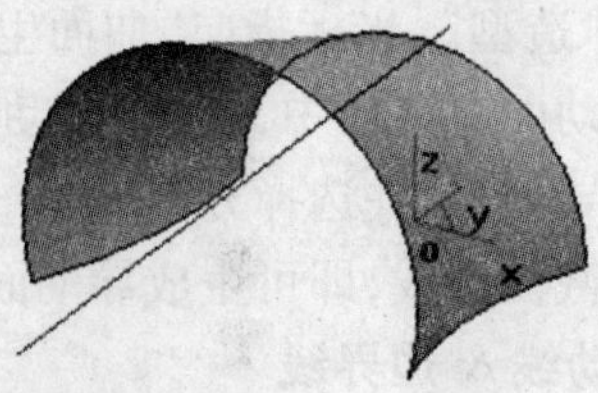

(b)“双截面线”、“变高”

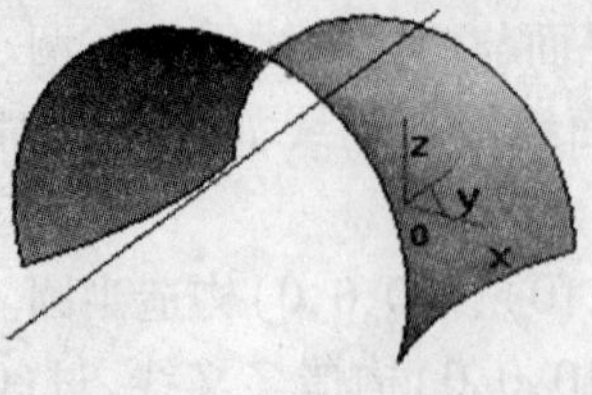

(c)

图 3-16　导动线 & 边界线的双截面线实例

(3)单击“造型”,指向“曲面生成”,单击“导动面”,或者单击按钮。

(4)在导动面对话框中,选择“双导动线”方式,并设置相应的参数。

(5)拾取导动线,并选择方向。

(6)依次拾取两条边界线及截面曲线,即可生成导动面,如图 3-17(b)、(c)所示。

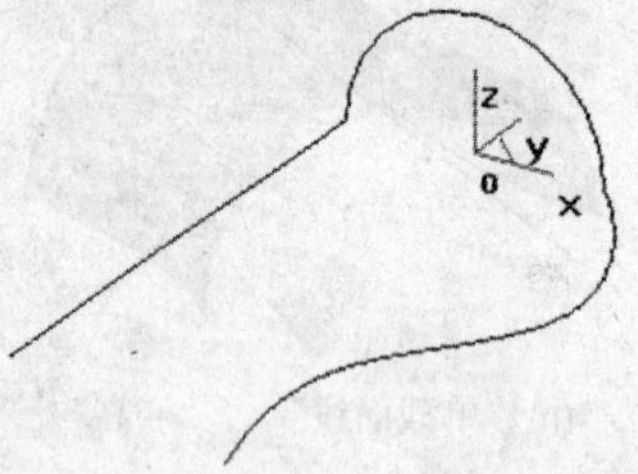

(a)“单截面线”、“等高”

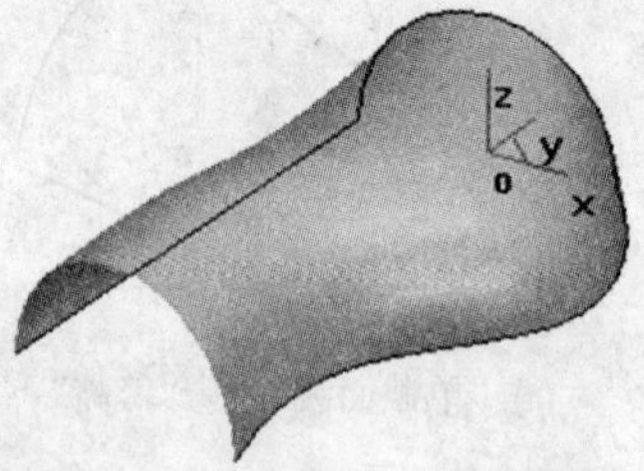

(b)“单截面线”、“变高”

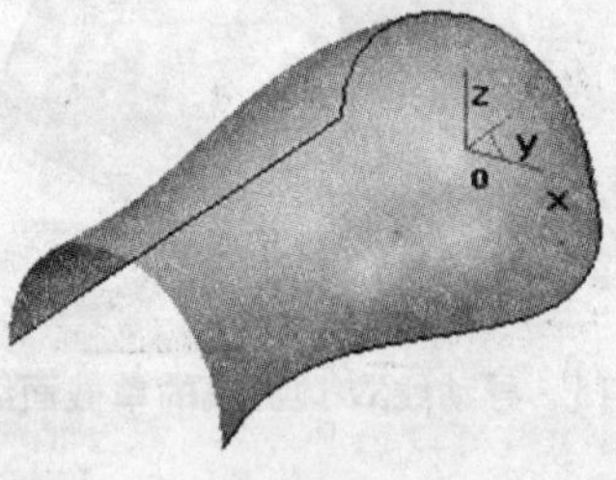

(c)

图 3-17　双导动线单截面线实例

在图 3-17 的基础上以两条边界线的端点及点(0, -50,15)构造截面圆。在导动面对话框中,选择“导动线 & 边界线”,并设置为“双截面线”,按照提示生成导动面,如图 3-18 所示。

3.1.4.6　管道曲面

给定起始半径和终止半径的圆形截面沿指定的中心线扫动生成曲面。起始半径指的是

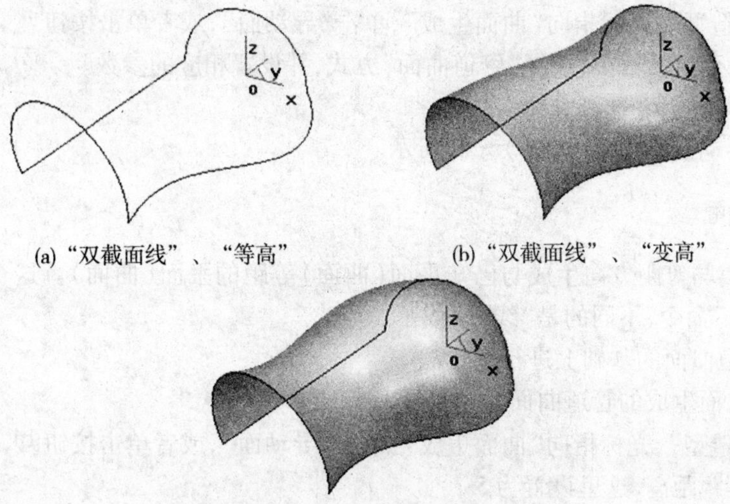

(a)“双截面线”、“等高” (b)“双截面线”、“变高”

(c)

图 3-18 双导动线双截面线实例

管道曲面导动开始的圆的半径。终止半径指的是管道曲面导动终止时的半径。若截面线为一整圆,截面线在导动过程中其圆心总是位于导动线上,且圆所在平面总是与导动线垂直。若圆形截面是两个,由起始半径和终止半径分别决定,生成变半径的管道面。

(1)在空间构造多义线,如图 3-19(a)所示。

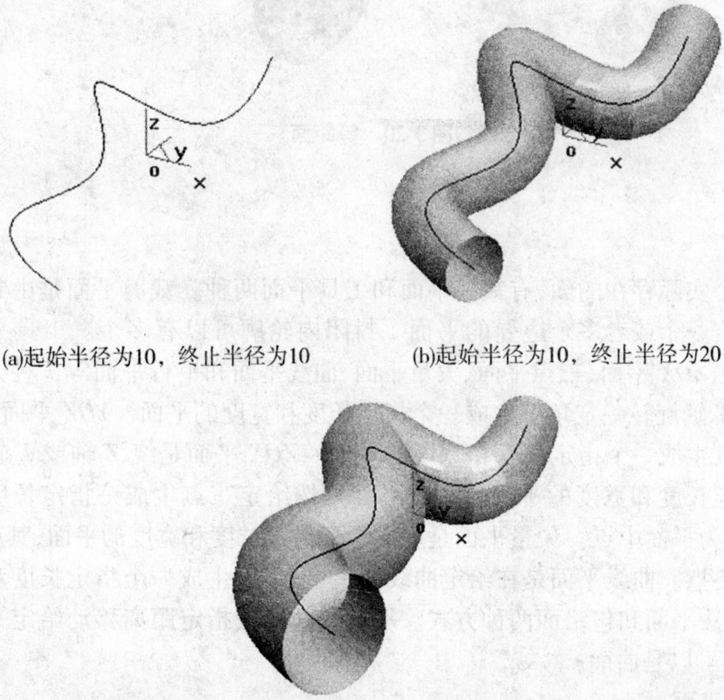

(a)起始半径为10,终止半径为10 (b)起始半径为10,终止半径为20

(c)

图 3-19 管道曲面

(2)单击“造型”,光标指向“曲面生成”,单击“导动面”,或者单击按钮。

(3)在导动面对话框中,选择“管道曲面”方式,并设置相应的参数。

(4)拾取导动线,并选择方向。

(5)生成导动面,如图 3-19(b)、(c)所示。

3.1.5 等距面

按给定距离与等距方向生成与已知平面(曲面)等距的平面(曲面)。这个命令类似曲线中的“等距线”命令,不同的是“线”改成了“面”。

在上面管道曲面的基础上进行操作。

(1)选择上面生成的管道曲面,如图 3-20(a)所示。

(2)单击“造型”,光标指向“曲面生成”,单击“导动面”,或者单击按钮。

(3)填入等距距离,这里设置为 5。

(4)拾取平面,并选择等距方向。

(5)生成等距面,如图 3-20(b)所示。

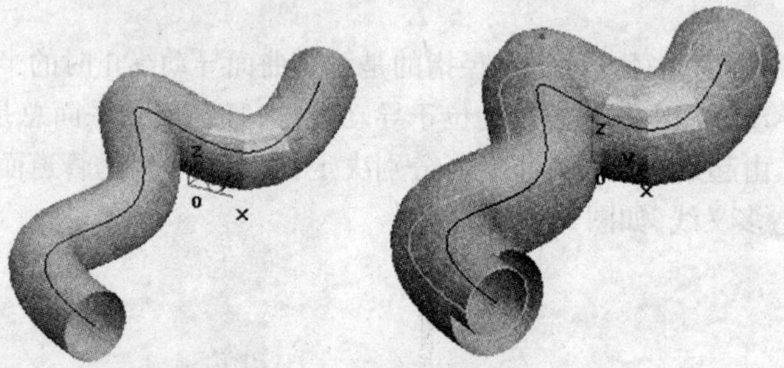

(a) (b)

图 3-20 等距面

3.1.6 平面

平面为一个实际存在的面,有裁剪平面和工具平面两种。裁剪平面是由封闭内轮廓进行裁剪形成的有一个或者多个边界的平面。封闭内轮廓可以有多个。工具平面包括 *XOY* 平面、*YOZ* 平面、*ZOX* 平面、三点平面、矢量平面、曲线平面和平行平面等 7 种方式。*XOY* 平面是绕 *X* 轴或 *Y* 轴旋转一定角度生成一个指定长度和宽度的平面。*YOZ* 平面是绕 *Y* 轴或 *Z* 轴旋转一定角度生成一个指定长度和宽度的平面。*ZOX* 平面是绕 *Z* 轴或 *X* 轴旋转一定角度生成一个指定长度和宽度的平面。三点平面是按给定三点生成一指定长度和宽度的平面,其中第一点为平面中点。矢量平面是生成一个指定长度和宽度的平面,其法线的端点为给定的起点和终点。曲线平面是在给定曲线的指定点上,生成一个指定长度和宽度的法平面或切平面,有法平面和包络面两种方式。平行平面是按指定距离移动给定平面或生成一个拷贝平面(也可以是曲面)。

3.1.6.1 裁剪平面

(1)在 *XOY* 面内作如图 3-21(a)所示的曲线。

(2)单击“造型”,光标指向“曲面生成”,单击“平面”,或者单击按钮。

(3)选择“裁剪平面”方式。

(4)按状态栏提示拾取平面外轮廓线,并确定链搜索方向,如图3-21(b)所示。

(5)拾取内轮廓线,并确定链搜索方向,每拾取一个内轮廓线确定一次链搜索方向,如图3-21(c)所示。

(6)拾取完毕,单击鼠标右键,完成操作,如图3-21(d)所示。如有需要可删除已裁剪的内轮廓面。

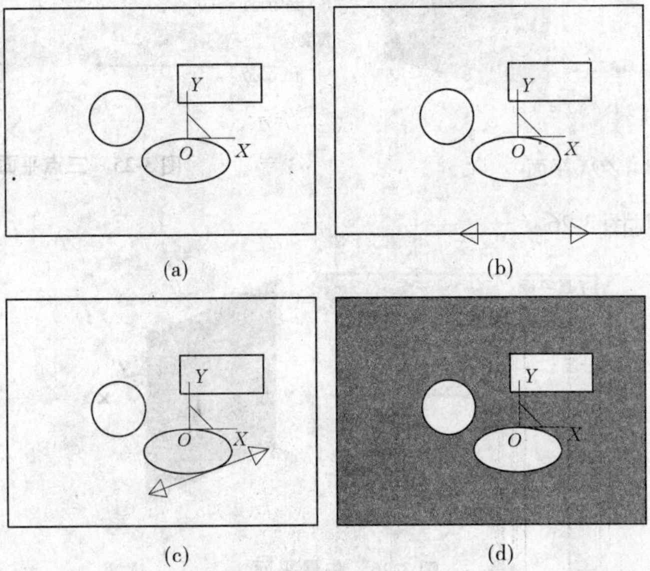

图3-21　裁剪平面

3.1.6.2　工具平面

(1)*XOY*平面,见图3-22。

(2)*YOZ*平面,见图3-23。

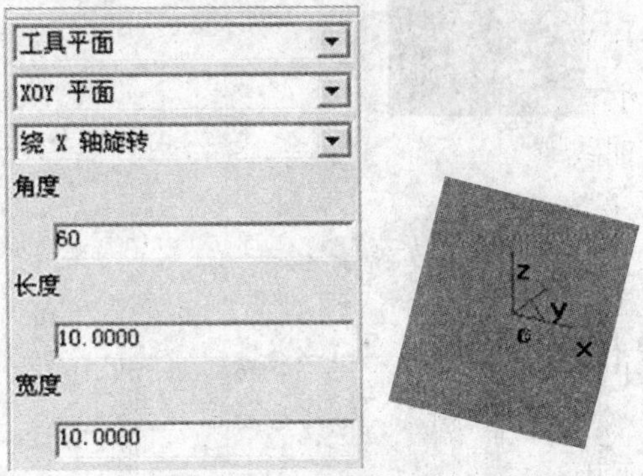

图3-22　*XOY*平面

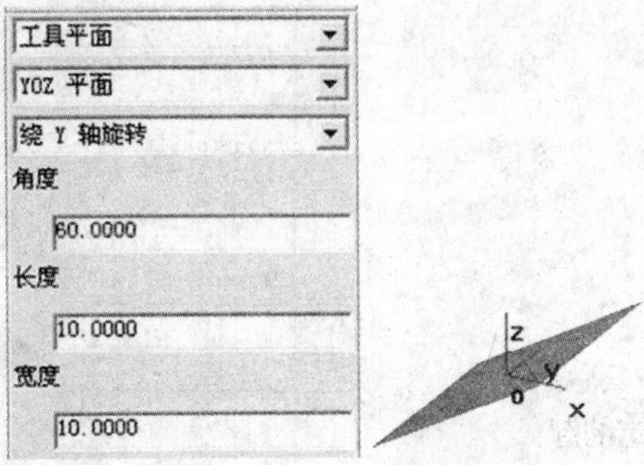

图3-23　*YOZ*平面

(3)*ZOX*平面,见图3-24。

(4)三点平面,见图3-25。

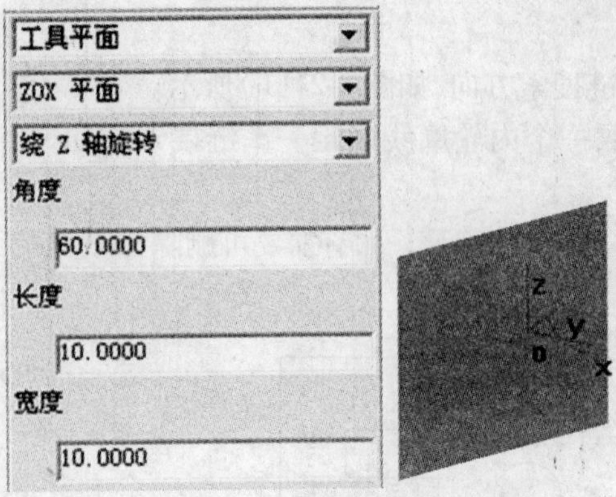

图 3-24　*ZOX* 平面

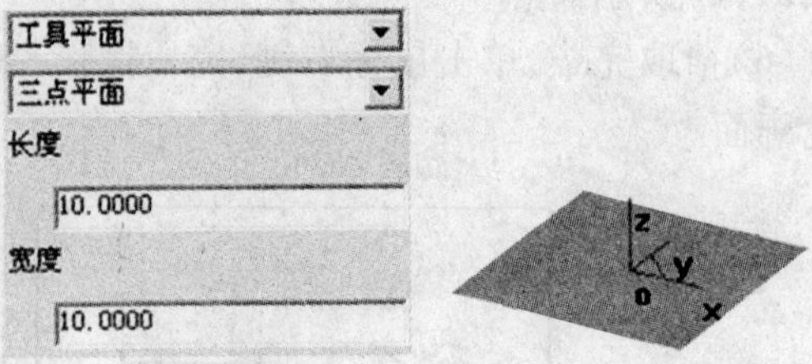

图 3-25　三点平面

(5)矢量平面,见图 3-26。

图 3-26　矢量平面

(6)曲线平面,见图 3-27。

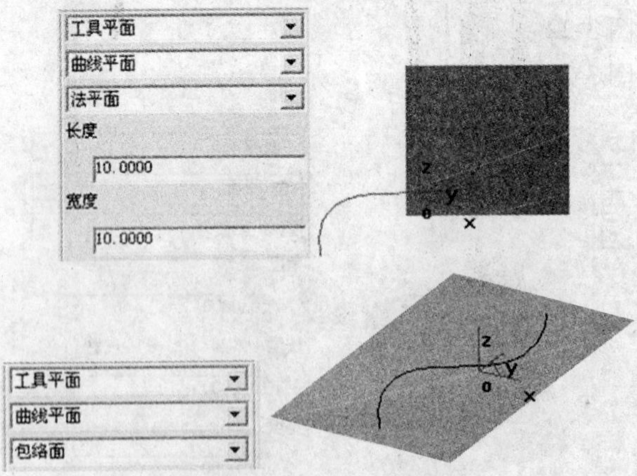

图 3-27　曲线平面

(7)平行平面。将曲线平面生成的平面向下移动 10.0000,见图 3-28。

将曲线平面生成的平面向下拷贝移动 10.0000,见图 3-29。

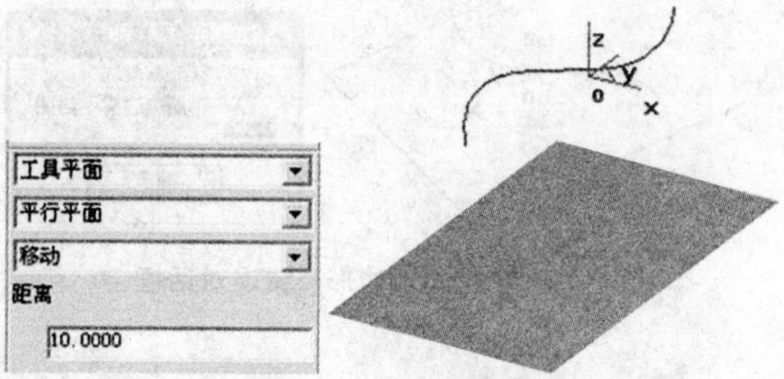

图 3-28　平行平面移动方式

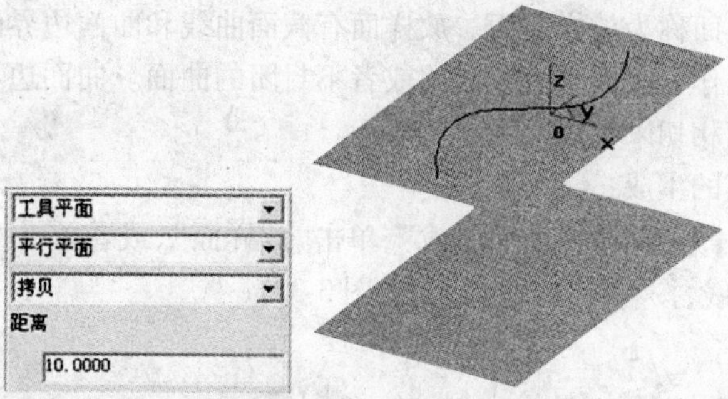

图 3-29　平行平面拷贝方式

3.1.7　边界面

边界面是指在由已知曲线围成的边界区域上生成曲面。边界面分为四边面和三边面。四边面是指通过四条空间曲线生成平面，三边面是指通过三条空间曲线生成平面。

（1）单击“造型”，光标指向“曲面生成”，单击“边界面”，或者单击按钮◇。

（2）选择四边面或三边面。

（3）拾取空间曲线，完成操作，如图 3-30 所示。

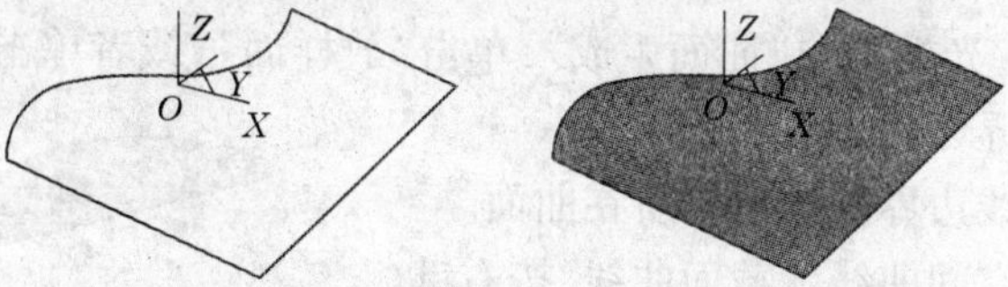

(a)四边面

(b)三边面

图 3-30　边界面

注意：拾取的四条曲线必须首尾相连成封闭环，才能作出四边面；否则会弹出所选边界不封闭的提示对话框，如图 3-31 所示。

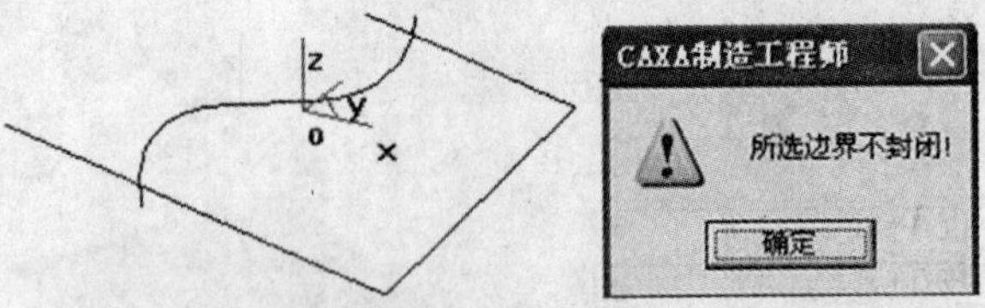

图 3-31　不封闭四边形及错误对话框

3.1.8　放样面

以一组互不相交、方向相同、形状相似的特征线(或截面线)为骨架进行形状控制,过这些曲线蒙面生成的曲面称为放样曲面。放样面有截面曲线和曲面边界两种类型。截面曲线是通过一组空间曲线作为截面来生成封闭或者不封闭的曲面。曲面边界是以曲面的边界线和截面曲线并与曲面相切来生成曲面。

截面曲线放样面的生成:

(1)单击“造型”,光标指向“曲面生成”,单击“放样面”,或者单击按钮。

(2)拾取截面曲线,按右键,完成操作,见图 3-32。

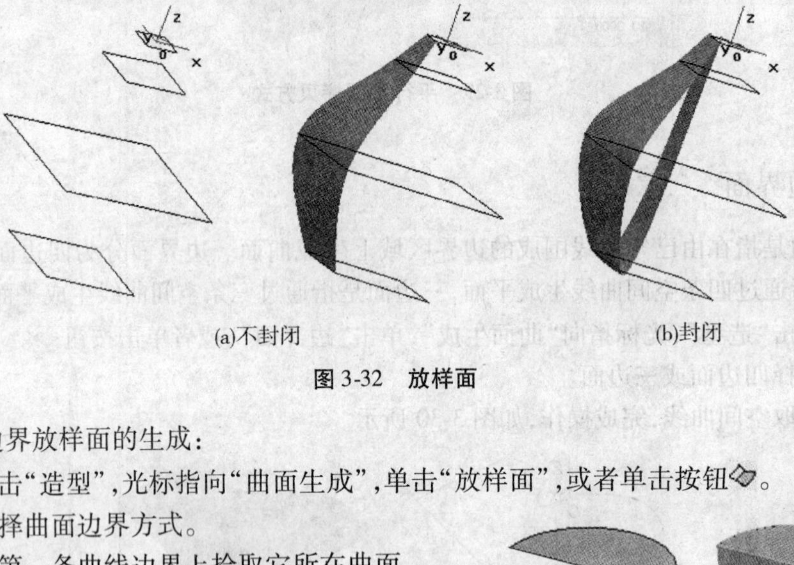

(a)不封闭　(b)封闭

图 3-32　放样面

曲面边界放样面的生成:

(1)单击“造型”,光标指向“曲面生成”,单击“放样面”,或者单击按钮。

(2)选择曲面边界方式。

(3)在第一条曲线边界上拾取它所在曲面。

(4)按提示拾取空间曲线为截面曲线,按右键。

(5)在第二条曲面边界线上拾取它所在曲面,按右键,完成操作,生成曲面边界方式的放样面,如图 3-33 所示。

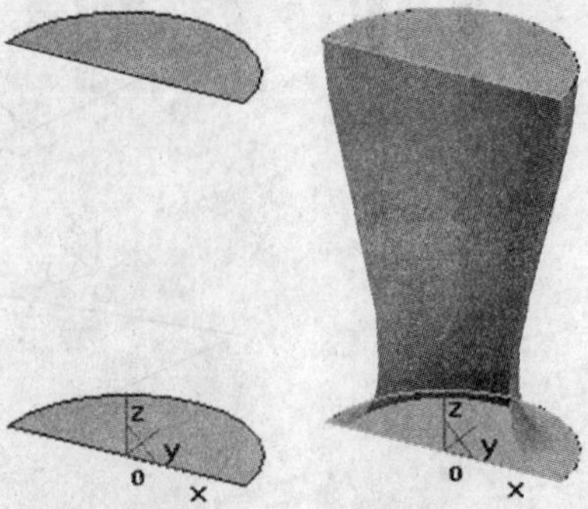

图 3-33　放样面实例

3.1.9　网格面

以网格曲线为骨架,蒙上自由曲面生成的曲面称为网格曲面。网格曲线是由特征线组成的横竖相交线。

(1)单击“造型”,光标指向“曲面生成”,单击“网格面”,或者单击按钮。

(2)拾取空间曲线为 U 向截面线,单击鼠标右键结束。

(3)拾取空间曲线为 V 向截面线,单击鼠标右键结束,完成操作,如图 3-34 所示。

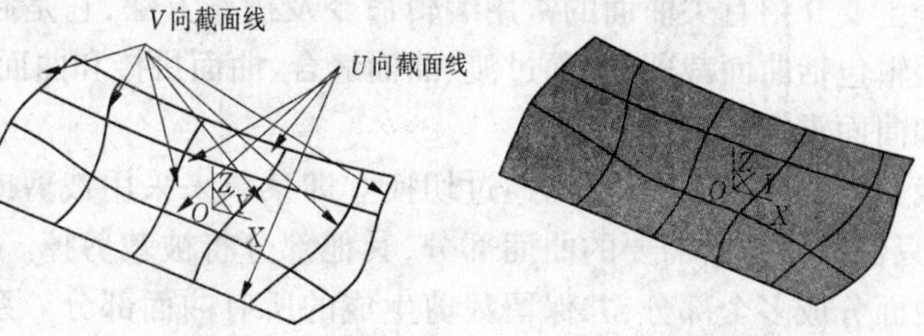

图 3-34　网格面

注意:

(1)每一组曲线都必须按其方位顺序拾取,而且曲线的方向必须保持一致。曲线的方向与放样面功能中一样,由拾取点的位置来确定曲线的起点。

(2)拾取的每条 U 向曲线与所有 V 向曲线都必须有交点。

(3)拾取的曲线应当是光滑曲线。

(4)对特征网格线有以下要求:网格曲线组成网状四边形网格,规则四边网格与不规则四边网格均可。插值区域是四条边界曲线围成的,如图 3-35(a)、(b)所示,不允许有三边域、五边域和多边域,如图 3-35(c)所示。

(a)规则四边网格　(b)不规则四边网格　(c)不规则网格

图 3-35　网格特征要求

3.1.10　实体表面

把通过特征生成的实体表面剥离出来而形成一个独立的面。

(1)单击“造型”,指向“曲面生成”,单击“实体表面”,或者单击按钮。

(2)按提示拾取实体表面。

如图 3-36(b)所示,即是拾取圆柱体的上表面。

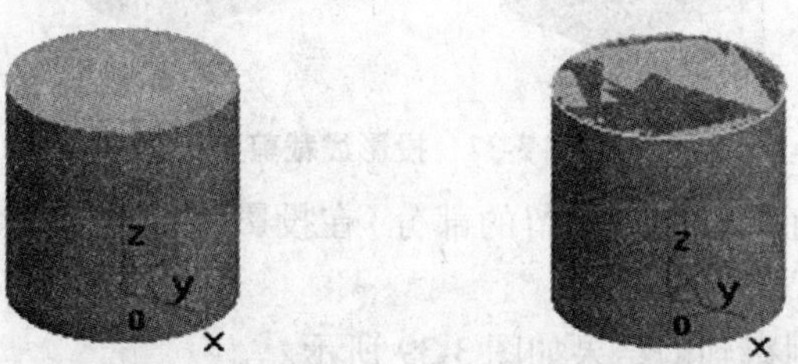

(a)　(b)

图 3-36　实体表面

任务3.2　曲面特征的编辑

曲面编辑部分主要介绍有关曲面的常用编辑命令及操作方法,它是制造工程师软件的重要功能。曲面编辑包括曲面裁剪、曲面过渡、曲面缝合、曲面拼接和曲面延伸5种功能,另外还有曲面优化和曲面重拟合功能。

在各种曲面裁剪方式中,用户都可以通过切换立即菜单来采用裁剪或分裂的方式。在裁剪方式中,系统只保留用户所需要的曲面部分,其他部分将被裁剪掉。在分裂的方式中,系统用剪刀线将曲面分成多个部分,并保留裁剪生成的所有曲面部分。系统根据拾取曲面时光标的位置来确定用户所需要的部分,即剪刀线将曲面分成多个部分,用户在拾取曲面时光标单击在哪一个曲面部分上,就保留哪一部分。

3.2.1　曲面裁剪

曲面裁剪是对生成的曲面进行修剪,去掉不需要的部分。在曲面裁剪功能中,用户可以选用各种元素(包括各种曲线和曲面)来修理和剪裁曲面,获得用户所需要的曲面形态,也可以将被裁剪了的曲面恢复到原来的样子。曲面裁剪有投影线裁剪、等参数线裁剪、线裁剪、面裁剪和裁剪恢复5种方式。

3.2.1.1　投影线裁剪

(1)单击主菜单“造型”,光标指向“曲面编辑”,单击“曲面裁剪”,或者直接单击按钮 ,出现立即菜单,选择“投影线裁剪”和“裁剪”方式。

(2)拾取被裁剪的曲面(选取需保留的部分),如图3-37(b)所示。

(3)输入投影方向。按空格键,弹出矢量工具菜单,如图3-37(c)所示。

(4)拾取剪刀线。拾取曲线,曲线变红,裁剪完成,如图3-37(d)所示。

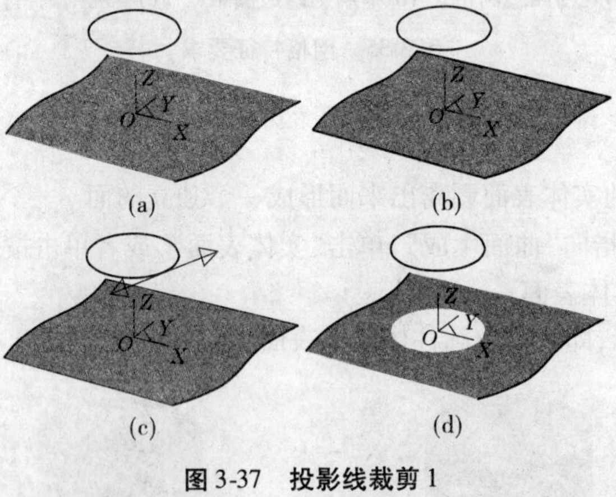

图3-37　投影线裁剪1

若拾取被裁剪的曲面(选取需保留的部分)在投影线内,则其余部分被删除,如图3-38所示。

若选择分裂方式,则得到的结果如图3-39所示。

3.2.1.2　等参数线裁剪

以曲面上给定的等参数线为剪刀线来裁剪曲面,有裁剪和分裂两种方式。参数线的给

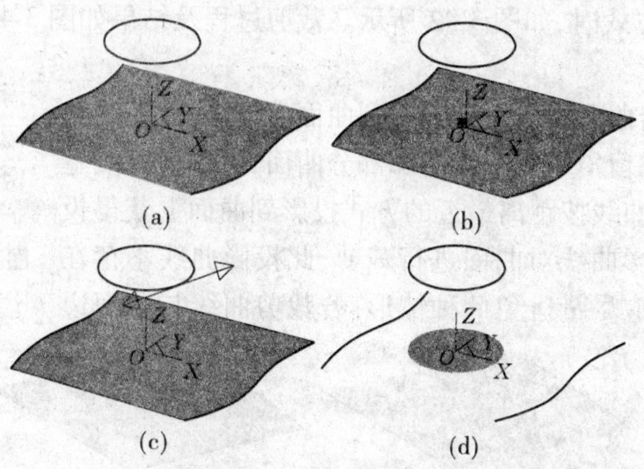

图 3-38　投影线裁剪 2

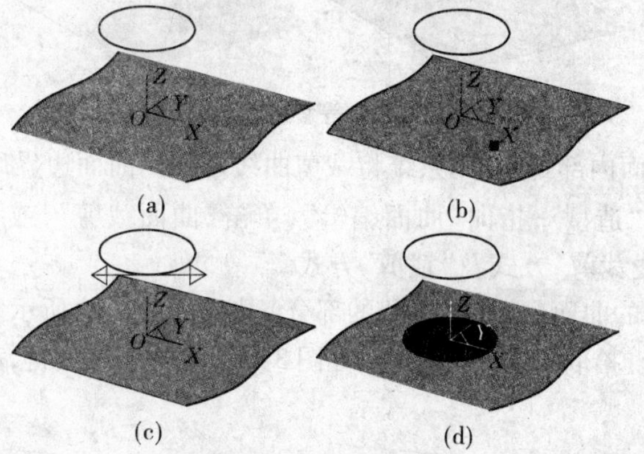

图 3-39　投影线裁剪 3

定可以通过立即菜单选择过点或者指定参数来确定，如图 3-40 所示。

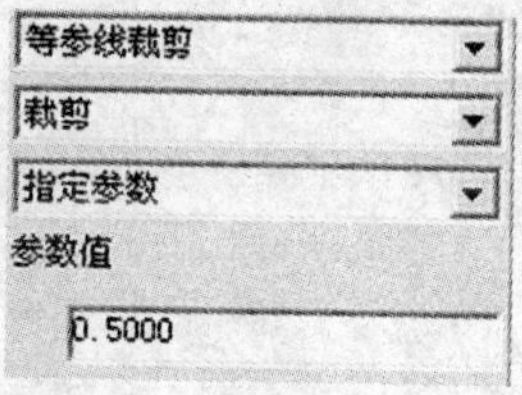

图 3-40　等参线裁剪立即菜单

（1）单击主菜单“造型”，光标指向“曲面编辑”，单击“曲面裁剪”，或者直接单击按钮，出现立即菜单，选择“等参线裁剪”方式。

（2）选择“裁剪”或“分裂”、“过点”或“指定参数”，如图 3-41（b）所示。

（3）拾取曲面，选择方向，如图 3-41（c）所示，裁剪完成，如图 3-41（d）所示。

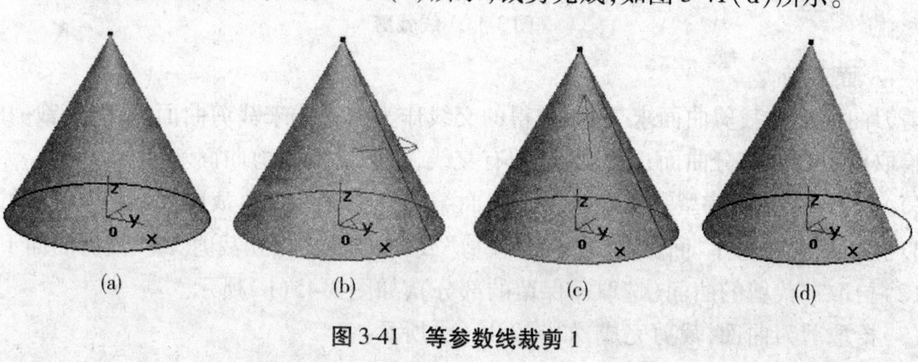

图 3-41　等参数线裁剪 1

当选择“过点”方式时，如图 3-42 所示。裁剪过程及结果如图 3-43 所示。

3.2.1.3 线裁剪

图 3-42 选择“过点”方式

曲面上的曲线沿曲面法矢方向投影到曲面上，形成剪刀线来裁剪曲面。裁剪时保留拾取点所在的那部分曲面；若裁剪曲线不在曲面上，则系统将曲线按距离最近的方式投影到曲面上获得投影曲线，然后利用投影曲线对曲面进行裁剪，此投影曲线不存在时，裁剪失败。一般应尽量避免此种情形；若裁剪曲线与曲面边界无交点，且不在曲面内部封闭，则系统将裁剪曲线延长到曲面边界后实行裁剪。

图 3-43 等参数线裁剪 2

(1)单击主菜单“造型”，指向“曲面编辑”，单击“曲面裁剪”，或者直接单击按钮，出现立即菜单，选择“线裁剪”方式及“裁剪”方式。

(2)拾取被裁剪的曲面(选取需保留的部分)，如图 3-44(b)所示。

(3)拾取剪刀线。拾取曲线，曲线变红，如图 3-44(c)所示，按右键，裁剪完成，如图 3-44(d)所示。

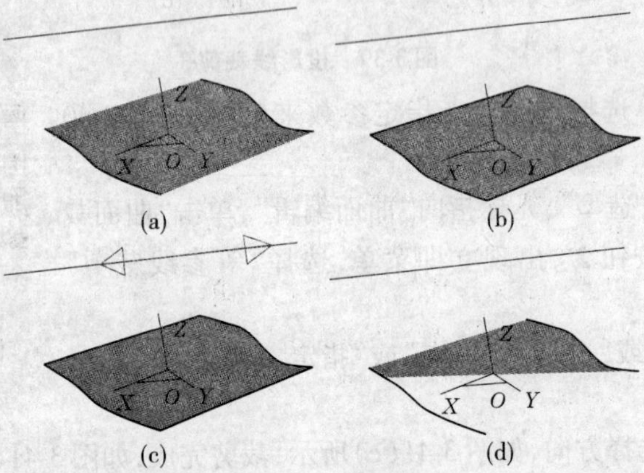

图 3-44 线裁剪

3.2.1.4 面裁剪

剪刀曲面和被裁剪曲面求交，用求得的交线作为剪刀线来裁剪曲面。注意：裁剪时保留的是拾取点所在那部分曲面；两曲面必须有交线，否则无法裁剪曲面。

(1)单击主菜单“造型”，光标指向“曲面编辑”，单击“曲面裁剪”，或者直接单击按钮，出现立即菜单，选择“面裁剪”方式、“裁剪”或“分裂”、“相互裁剪”或“裁剪曲面 1”。

(2)拾取被裁剪的曲面(选取需保留的部分)，如图 3-45(b)所示。

(3)拾取剪刀曲面，裁剪完成，如图 3-45(c)所示。

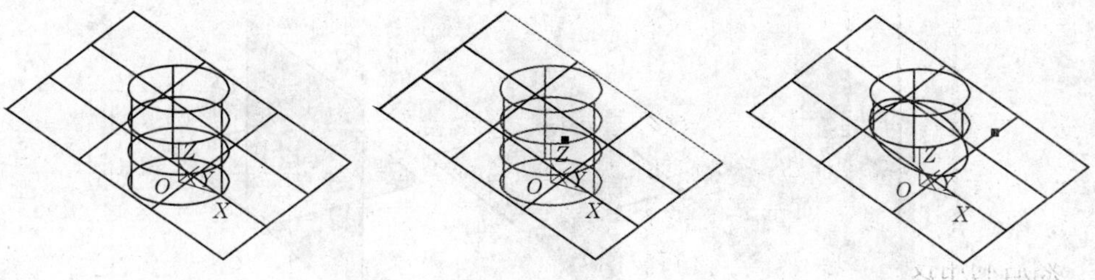

(a) (b) (c)

图 3-45 面裁剪

3.2.1.5 裁剪恢复

将拾取到的曲面裁剪部分恢复到没有裁剪的状态。如拾取的裁剪边界是内边界,系统将取消对该边界施加的裁剪;如拾取的是外边界,系统将把外边界恢复到原始边界状态。

3.2.2 曲面过渡

在给定的曲面之间以一定的方式作给定半径或半径规律的圆弧过渡面,以实现曲面之间的光滑过渡。曲面过渡就是用截面是圆弧的曲面将两张曲面光滑连接起来,过渡面不一定过原曲面的边界。

曲面过渡共有 7 种方式:两面过渡、三面过渡、系列面过渡、曲线曲面过渡、参考线过渡、曲面上线过渡和两线过渡。

曲面过渡支持等半径过渡和变半径过渡。变半径过渡指沿着过渡面半径是变化的过渡方式。不管是线性变化半径还是非线性变化半径,系统都能提供有力的支持。用户可以通过给定导引边界线或给定半径变化规律的方式来实现变半径过渡。

3.2.2.1 两面过渡

在两个曲面之间进行给定半径或给定半径变化规律的过渡,生成的过渡面的截面将沿两曲面的法矢方向摆放。两面过渡有两种方式,即等半径过渡、变半径过渡。等半径两面过渡有裁剪曲面、不裁剪曲面和裁剪指定曲面 3 种方式。

等半径过渡操作过程如下:

(1)单击主菜单“造型”,光标指向“曲面编辑”,单击“曲面过渡”,或者直接单击按钮 ,出现立即菜单,如图 3-46 所示。选择“两面过渡”方式、“等半径”及裁剪平面方式。

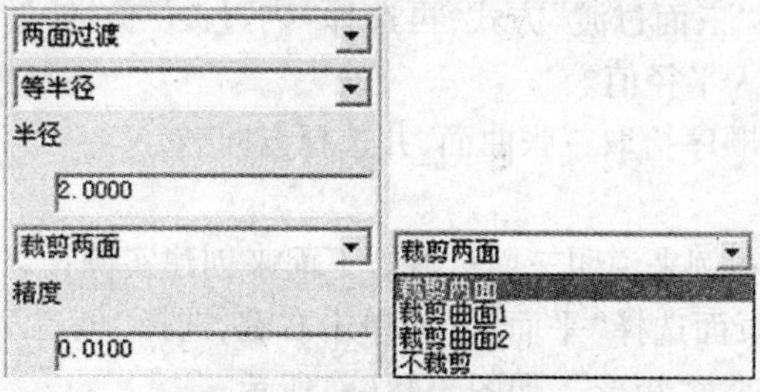

图 3-46 两面过渡立即菜单

(2)拾取第一张平面并选择方向,如图 3-47(b)所示。

(3)拾取第二张平面并选择方向,如图 3-47(c)所示。

(4)过渡完成。

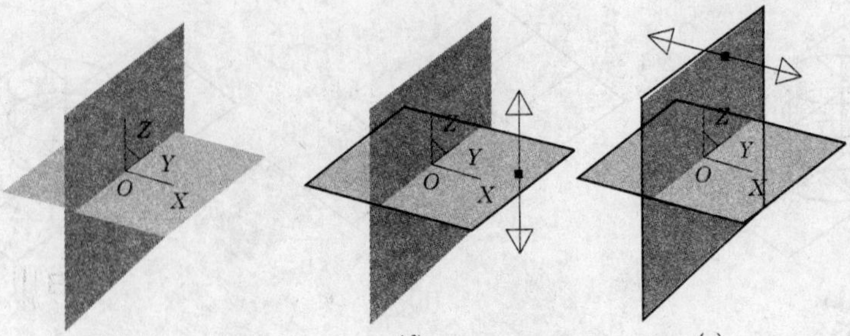

(c)　　(d)　　(c)

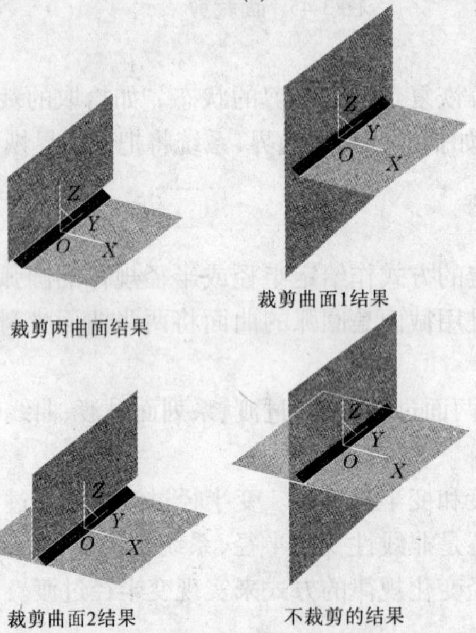

图 3-47　两面裁剪

3.2.2.2　三面过渡

在三张曲面之间对两两曲面进行过渡处理，并用一张角面将所得的三张过渡面连接起来。若两两曲面之间的三个过渡半径相等，称为三面等半径过渡；若两两曲面之间的三个过渡半径不相等，称为三面变半径过渡。

(1)单击主菜单“造型”，光标指向“曲面编辑”，单击“曲面过渡”，或者直接单击按钮，出现立即菜单，选择“三面过渡”方式，再选择“内过渡”或“外过渡”、“等半径”或“变半径”和是否裁剪曲面，输入半径值。

(2)按状态栏提示，顺序拾取三张曲面，并选择方向。

(3)三面过渡完成。

这里以一个简单的实例来说明三面过渡。下面来创建实例：

(1)在“零件特征”页面选择“平面 XY”，单击右键，选择“创建草图”。

(2)单击按钮，创建“矩形”，如图 3-48(a)所示。

(3)单击按钮，弹出“拉伸增料”对话框，如图 3-48(b)所示。

(4)输入深度 20，按“确定”按钮。

(5)按 F8 键，切换到轴测图视图，如图 3-48(c)所示。

(6)通过“实体表面”命令，完成三个曲面的构造。即单击按钮，依照提示，分别选择上表面、前表面、右表面构造三个曲面，如图 3-48(c)所示。

(7)单击按钮，弹出立即菜单，如图 3-48(d)所示，选择“三面过渡”，设置相应参数。

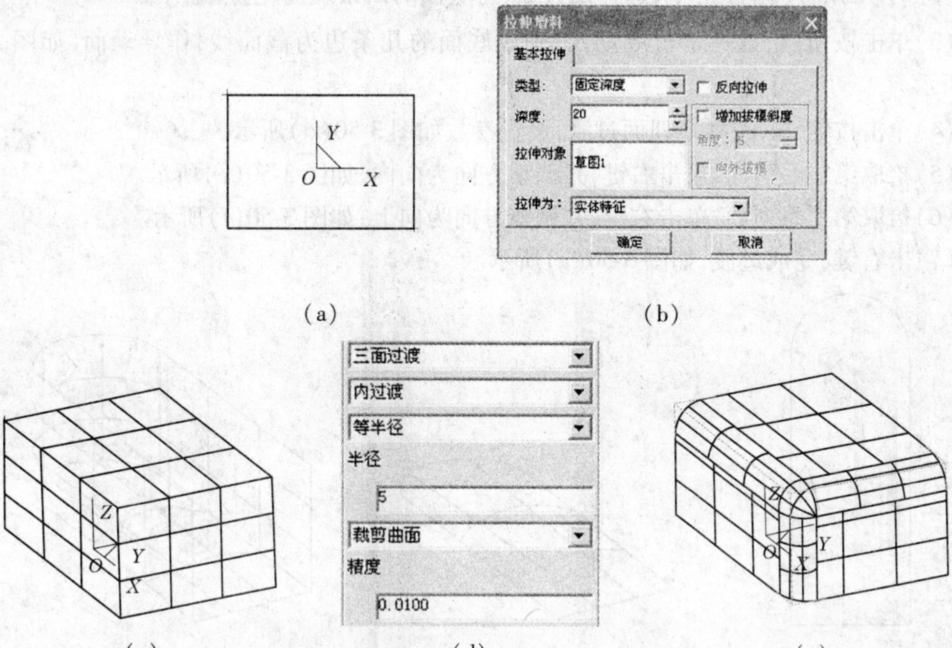

(a)　(b)

(c)　(d)　(e)

图 3-48　三面过渡实例

(8)依次选择上表面、前表面及右表面，且选择方向都向内，完成过渡，如图 3-48(e)所示。若按图 3-49(a)进行参数设置，则得到的结果如图 3-49(b)所示。

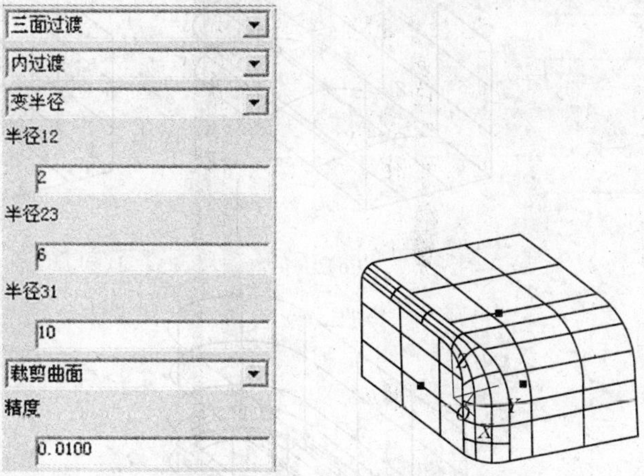

(a)　(b)

图 3-49　三面过渡变半径实例

3.2.2.3　系列面过渡

系列面是指首尾相接、边界重合，并在重合边界处保持光滑连接的多张曲面的集合。系列面过渡就是在两个系列面之间进行过渡处理。下面通过构建一个实例来说明系列面过渡。

(1)在 *XOY* 面内创建如图 3-50(a)所示的图形。

(2)按 F8 键切换到轴测图模式。以(0,0,0)和(0,0,30)作一条直线,用做导动线,如图 3-50(b)所示。单击按钮,选择四边面,将底面的四条线构建为一个面。

(3)单击按钮,选择平行导动,分别以底面的几条边为截面线,作导动面,如图 3-50(c)所示。

(4)单击按钮,选择系列面过渡,设置参数如图 3-50(d)所示。

(5)拾取第一系列面,单击右键,并调整方向为向内,如图 3-50(e)所示。

(6)拾取第二系列面,单击右键,并调整方向为向上,如图 3-50(f)所示。

(7)击右键,完成过渡,如图 3-50(g)所示。

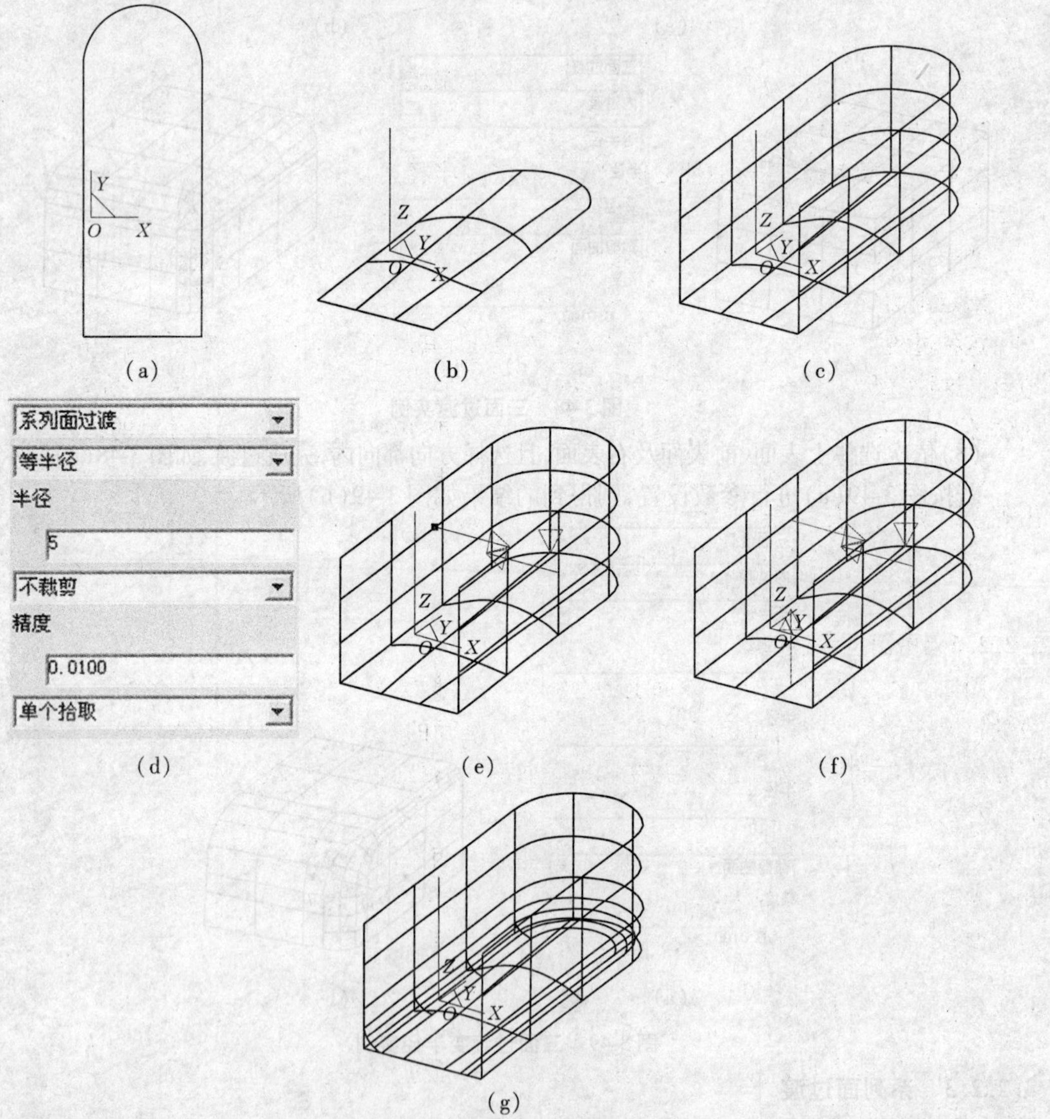

图 3-50　系列面过渡实例

3.2.2.4　曲线曲面过渡

过曲面外一条曲线,作曲线和曲面之间的等半径或变半径过渡面。

(1)单击主菜单“造型”,光标指向“曲面编辑”,单击“曲面过渡”,或者直接单击按钮,出现立即菜单,选择“曲线曲面过渡”方式,“等半径”或“变半径”和是否裁剪曲面,输入半径值。

(2)拾取曲面,且单击所选方向。

(3)拾取曲线,曲线曲面过渡完成,如图 3-51 所示。

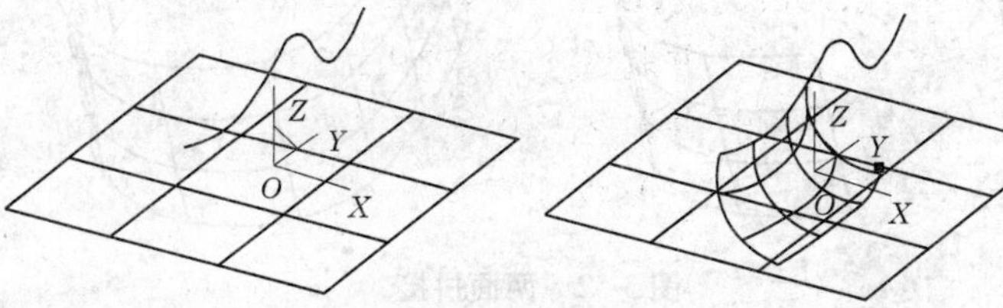

图 3-51 曲线曲面过渡

3.2.2.5 参考线过渡

给定一条参考线,在两曲面之间作等半径或变半径过渡,生成的相切过渡面的截面将位于垂直于参考线的平面内。

变半径过渡时,用户可以在参考线上选定一些位置点定义所需要的过渡半径,用户将获得在给定截面位置上所需精确半径的过渡曲面。

这种过渡方式尤其适用于各种复杂多拐的曲面,其曲率半径较小而需要作大半径过渡的情形。这种情况下,一般的两面过渡生成的过渡曲面将发生自交,生成不出满意、完整的过渡曲面,但在参考线过渡方式中,只要用户选用合适简单的参考曲线,就能获得满意的结果。

(1)单击主菜单“造型”,光标指向“曲面编辑”,单击“曲面过渡”,或者直接单击按钮,出现立即菜单,选择“参数线过渡”方式,“等半径”或“变半径”和是否裁剪曲面,输入半径值。

(2)拾取第一张曲面,且单击所选方向。

(3)拾取第二张曲面,拾取参考线,过渡完成。

3.2.2.6 曲面上线过渡

两曲面作过渡,指定第一曲面上的一条线为过渡面的导引边界线的过渡方式。系统生成的过渡面将和两张曲面相切,并以导引线为过渡面的一个边界,即过渡面过此导引线和第一曲面相切。导引线必须光滑,并在第一张曲面上,否则系统不予处理。

3.2.2.7 两线过渡

两曲线间作过渡,生成给定半径的以两曲面的两条边界线或者一个曲面的一条边界线和一条空间脊线为边生成过渡面。

两线过渡有两种方式:脊线 + 边界线和两边界线。

3.2.3 曲面拼接

曲面拼接是曲面光滑连接的一种方式,它可以通过多个曲面的对应边界,生成一张曲面与这些曲面光滑相接。

曲面拼接共有三种方式:两面拼接、三面拼接和四面拼接。

3.2.3.1 两面拼接

作一曲面,使它连接两给定曲面的指定对应边界,并在连接处保证光滑,见图 3-52。拾取时需在要拼接的边界附近单击曲面，且需要保证两曲面的拼接边界方向一致。

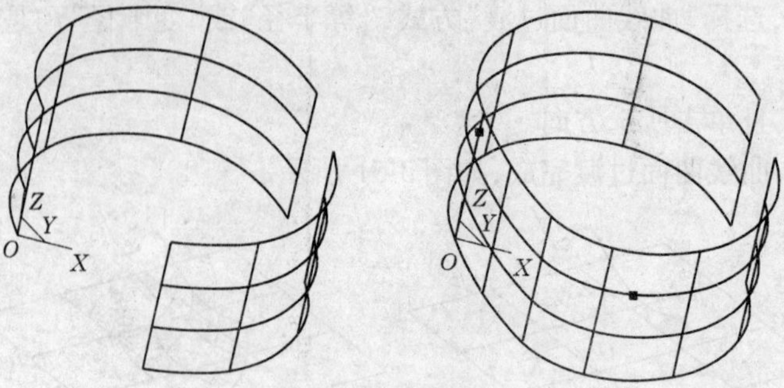

图 3-52 两面拼接

3.2.3.2 三面拼接

作一曲面，使它连接三个给定曲面的指定对应边界，并在连接处保证光滑，见图 3-53。在三面拼接中，使用的元素不仅局限于曲面，还可以是曲线，即可以拼接曲面和曲线围成的区域，拼接面和曲面保持光滑相接，并以曲线为边界。在三面拼接时，三个曲面围成的区域可以是非封闭区域。

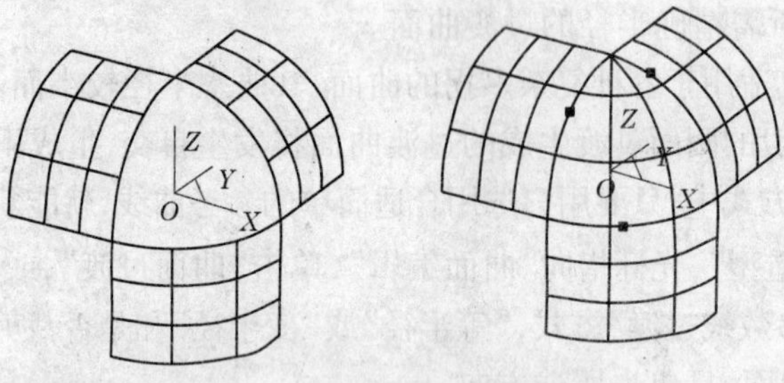

图 3-53 三面拼接

3.2.3.3 四面拼接

作一曲面，使它连接四个给定曲面的指定对应边界，并在连接处保证光滑，见图 3-54。在四面拼接中，使用的元素不仅局限于曲面，还可以是曲线，即可以拼接曲面和曲线围成的区域，拼接面和曲面保持光滑相接，并以曲线为边界。四面拼接可以对三个曲面和一条曲线围成的区域、两个曲面和两条曲线围成的区域、一个曲面和三条曲线围成的区域进行四面拼接。

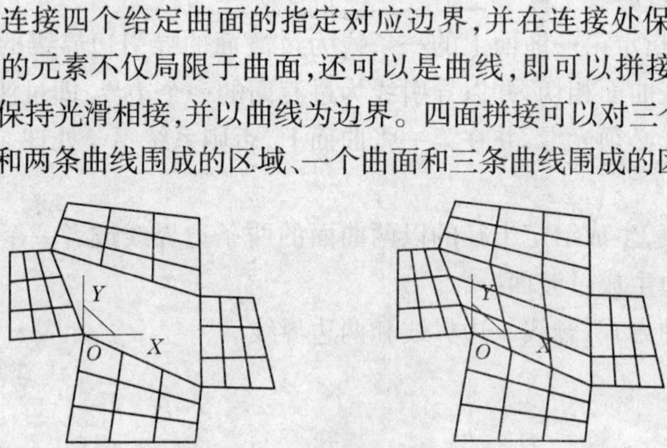

图 3-54 四面拼接

3.2.4 曲面缝合

曲面缝合是指将两个曲面光滑连接为一个曲面。曲面缝合有两种方式：通过曲面 1 的切矢进行光滑过渡连接，通过两曲面的平均切矢进行光滑过渡连接。

曲面切矢 1 方式曲面缝合,即在第一个曲面的连接边界处按曲面 1 的切方向和第二个曲面进行连接,这样,最后生成的曲面仍保持有曲面 1 形状的部分,如图 3-55(b)所示。

平均切矢方式曲面缝合,在第一个曲面的连接边界处按两曲面的平均切方向进行光滑连接。最后生成的曲面在曲面 1 和曲面 2 处都改变了形状,如图 3-55(c)所示。

其操作步骤如下:

(1)单击主菜单“造型”,光标指向“曲面编辑”,单击“曲面缝合”,或者直接单击按钮。

(2)选择曲面缝合的方式。

(3)根据状态栏提示完成操作。

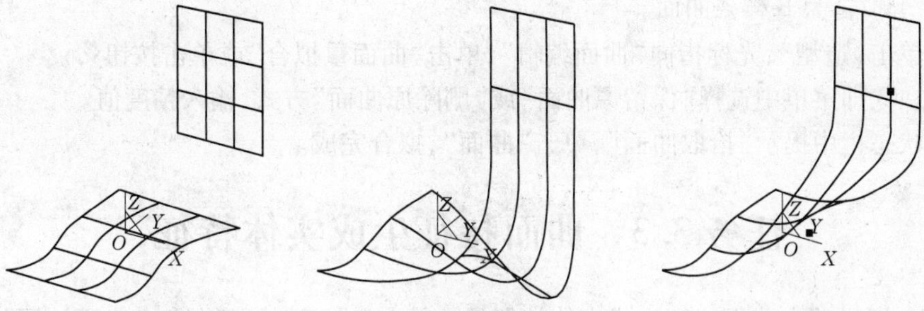

(a)未缝合　　(b)曲面切矢1方式　　(c)平均切矢

图 3-55　曲面缝合

3.2.5　曲面延伸

曲面延伸是把原曲面按所给长度沿相切的方向延伸出去,扩大曲面,以帮助用户进行下一步操作。延伸曲面有两种方式:长度延伸和比例延伸。

(1)单击“造型”,光标指向“曲面编辑”,单击“曲面延伸”。

(2)在立即菜单中选择“长度延伸”或“比例延伸”方式,输入长度或比例值。

(3)状态栏中提示“拾取曲面”,单击“曲面”,延伸完成。

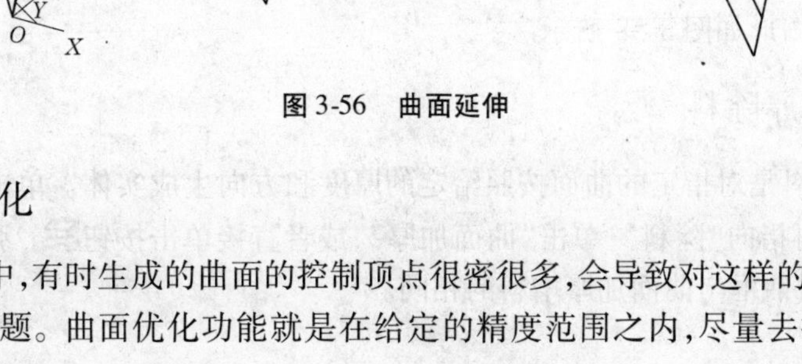

图 3-56　曲面延伸

3.2.6　曲面优化

在实际应用中,有时生成的曲面的控制顶点很密很多,会导致对这样的曲面处理起来很慢,甚至会出现问题。曲面优化功能就是在给定的精度范围之内,尽量去掉多余的控制顶点，使曲面的运算效率大大提高。

(1)单击“造型”，光标指向“曲面编辑”，单击“曲面优化”或单击按钮。

(2)在立即菜单中选择“保留原曲面”或“删除原曲面”方式，输入精度值。

(3)状态栏中提示“拾取曲面”，单击“曲面”，优化完成。

3.2.7 曲面重拟合

在很多情况下，生成的曲面是 NURBS 表达的(即控制顶点的权因子不全为1)，或者有重节点，这样的曲面在某些情况下不能完成运算。这时，需要把曲面修改为 B 样条表达形式(没有重节点，控制顶点权因子全部为1)。曲面重拟合功能就是把 NURBS 曲面在给定的精度条件下拟合为 B 样条曲面。

(1)单击“造型”，光标指向“曲面编辑”，单击“曲面重拟合”或单击按钮。

(2)在立即菜单中选择“保留原曲面”或“删除原曲面”方式，输入精度值。

(3)状态栏中提示“拾取曲面”，单击“曲面”，拟合完成。

任务3.3 曲面特征生成实体特征

CAXA 提供的由曲面特征生成实体特征的功能有“曲面加厚增料”、“曲面加厚除料”以及“曲面裁剪除料”三种方式。

3.3.1 曲面加厚增料

曲面加厚增料是对指定的曲面按照给定的厚度和方向生成实体。单击“造型”，光标指向“特征生成”，再指向“增料”，单击“曲面加厚”，或者直接单击按钮。弹出“曲面加厚”对话框，如图3-57所示。

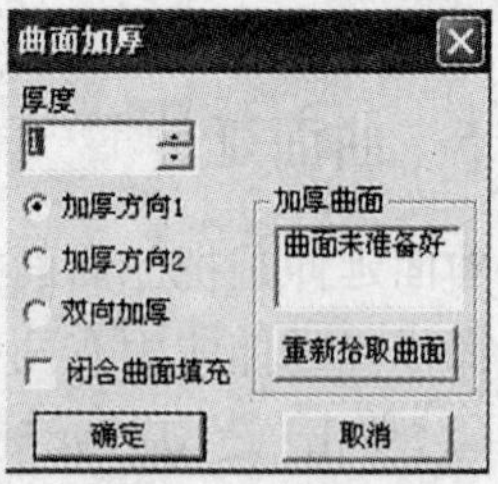

图3-57 “曲面加厚”对话框

厚度：指对曲面加厚的尺寸，可以直接输入所需数值，也可以点击按钮来调节。

加厚方向1：指曲面的法线方向，生成实体。

加厚方向2：指与曲面法线相反的方向，生成实体。

双向加厚：指从两个方向对曲面进行加厚，生成实体。

闭合曲面填充：指在原来实体零件的基础上，根据闭合曲面，增加一个实体，和原来的实体构成一个新的实体零件。

加厚曲面：指需要加厚的曲面。

曲面加厚的图形如图3-58所示。

3.3.2 曲面加厚除料

曲面加厚除料是对指定的曲面按照给定的厚度和方向生成实体。单击“造型”，光标指向“特征生成”，再指向“除料”，单击“曲面加厚”，或者直接单击按钮。弹出“曲面加厚除料”对话框。其对话框与曲面加厚增料的相同。

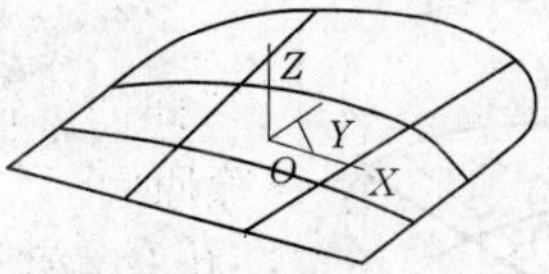

(a)未加厚前曲面

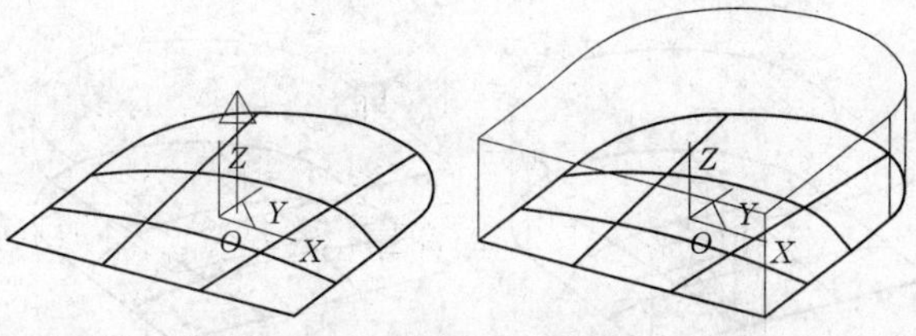

(b)加厚方向1，厚度为15

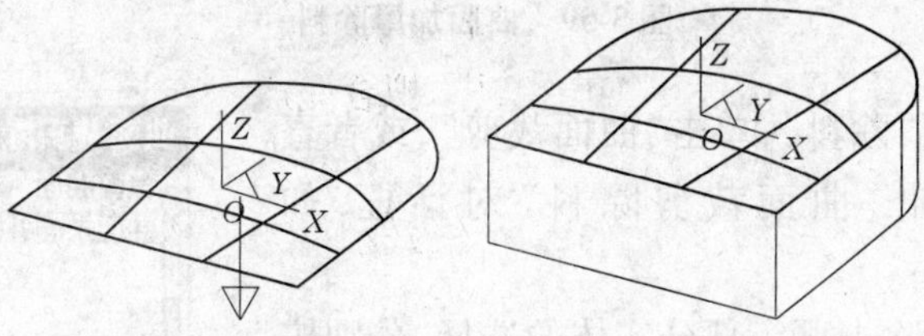

(c)加厚方向2，厚度为15

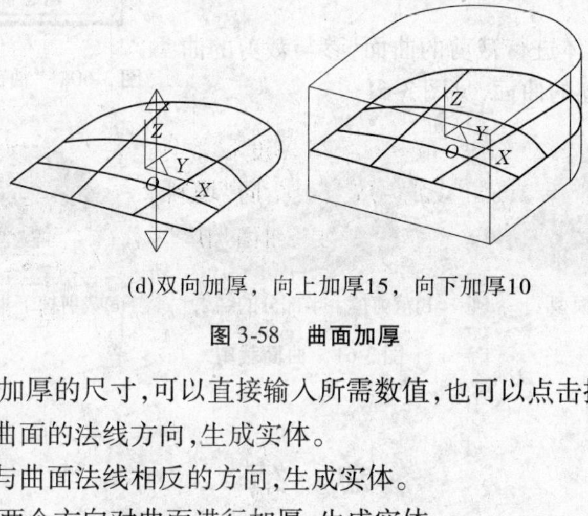

(d)双向加厚，向上加厚15，向下加厚10

图 3-58　曲面加厚

厚度:指对曲面加厚的尺寸,可以直接输入所需数值,也可以点击按钮来调节。

加厚方向 1:指曲面的法线方向,生成实体。

加厚方向 2:指与曲面法线相反的方向,生成实体。

双向加厚:指从两个方向对曲面进行加厚,生成实体。

闭合曲面填充:指用闭合曲面围成的区域裁剪当前实体(布尔减运算)。

加厚曲面:指需要加厚的曲面。

加厚方向 1,厚度为 10。

若选择加厚方向 2,厚度为 10,则不能得到正确的结果。因此,在加厚除料的时候一定要注意方向的选择。另外,若厚度设为大于实体的厚度,则会提示失败。

曲面加厚除料后图形如图 3-59 所示。

3. 3. 3　曲面裁剪除料

曲面裁剪是用生成的曲面对实体进行修剪,去掉不需要的部分。单击“造型”,光标指

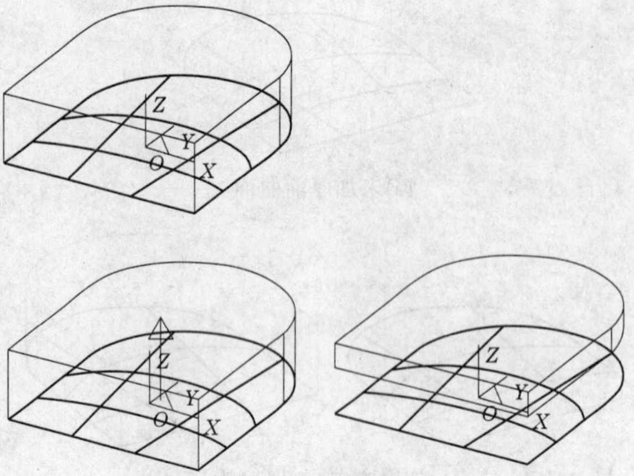

图 3-59　曲面加厚除料

向“特征生成”,再指向“除料”,单击“曲面裁剪”,或者直接单击按钮。弹出“曲面裁剪除料”对话框,如图 3-60 所示。

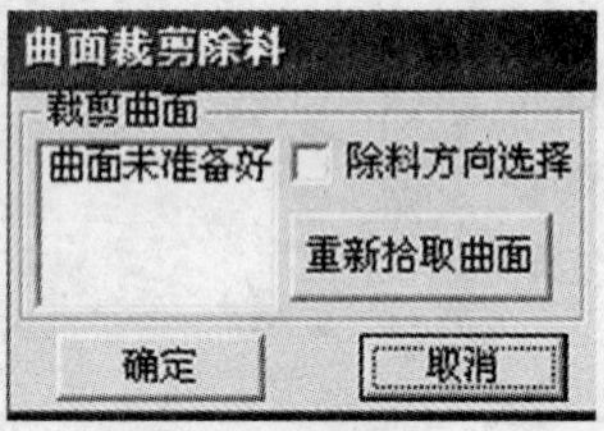

图 3-60　“曲面裁剪除料”对话框

除料方向选择:指除去哪一部分实体的选择,分别按照不同方向生成实体。

裁剪曲面:指对实体进行裁剪的曲面,参与裁剪的曲面可以是多个边界相连的曲面,见图 3-61。

(a)裁剪前模型　(b)裁剪掉上半部分的结果　(c)裁剪掉下半部分的结果

图 3-61　曲面裁剪

总　结

曲面造型师软件通过各种数学曲面方式表达几何体的轮廓形状的造型方法。本情境主要通过学习曲面的生成和曲面的编辑方法,使学习者掌握曲面造型的相关工具和操作方法。CAXA 制造工程师软件提供了丰富的曲面造型工具,根据初始条件的不同,可以选择 10 种不同的曲面生成方式,学习者应当熟练并且灵活掌握。同时,通过实例讲解和练习,学会分析解决实际问题的手段和技巧。

练习题

3-1　完成图 3-62 所示的曲面造型。

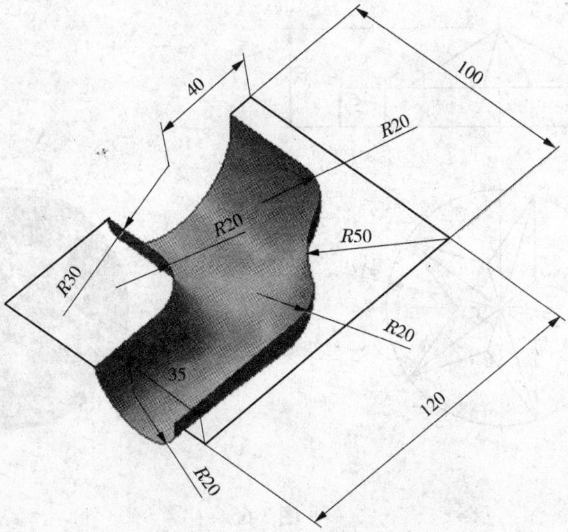

图 3-62

3-2　完成图 3-63 所示的曲面造型。

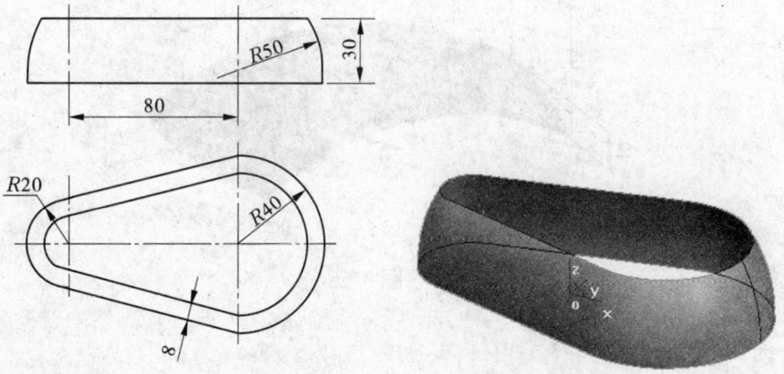

图 3-63

3-3　完成图 3-64 所示的曲面造型。

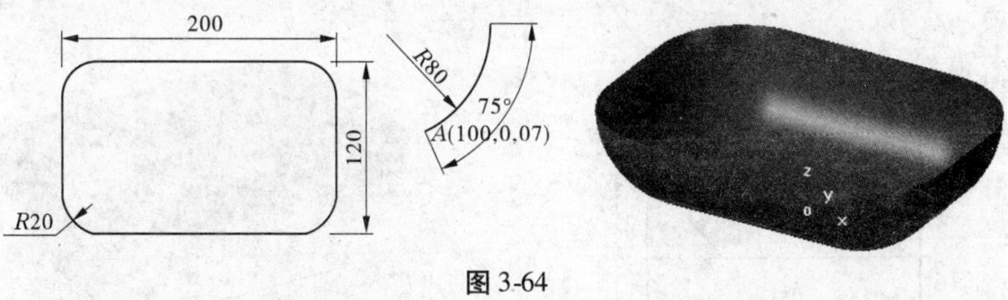

图 3-64

3-4　完成图 3-65 所示的曲面造型。

3-5　完成图 3-66 所示的曲面造型。

3-6　完成图 3-67 所示的曲面造型。

3-7　完成图 3-68 所示的曲面造型。

3-8　完成图 3-69 所示的曲面造型。

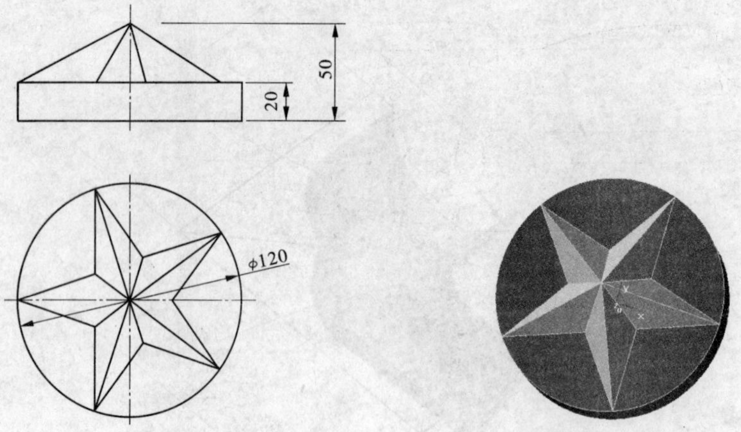

图 3-65

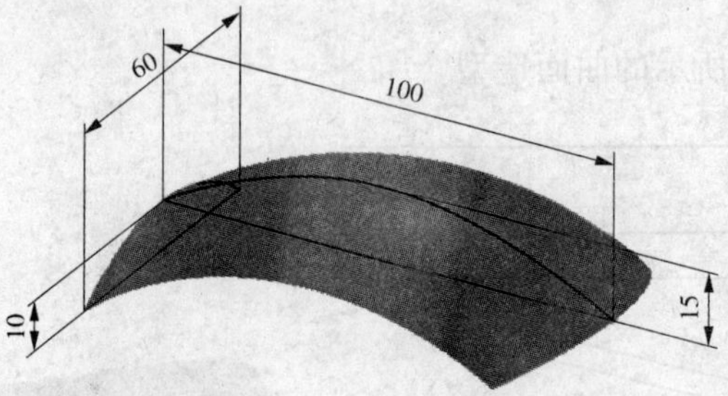

图 3-66

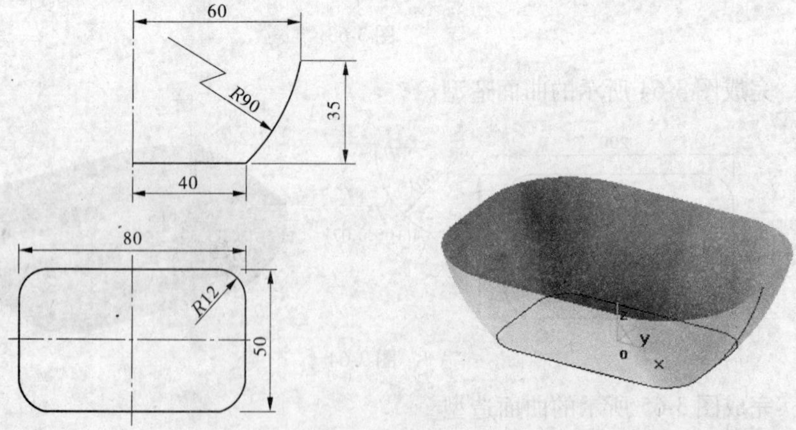

图 3-67

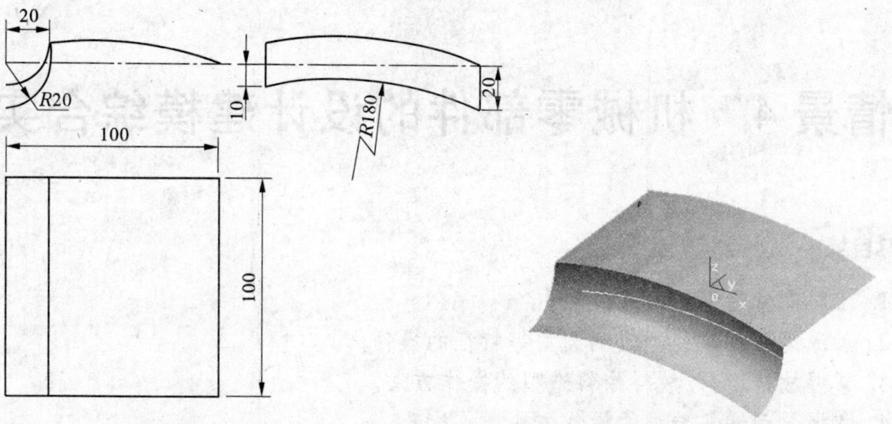

图 3-68

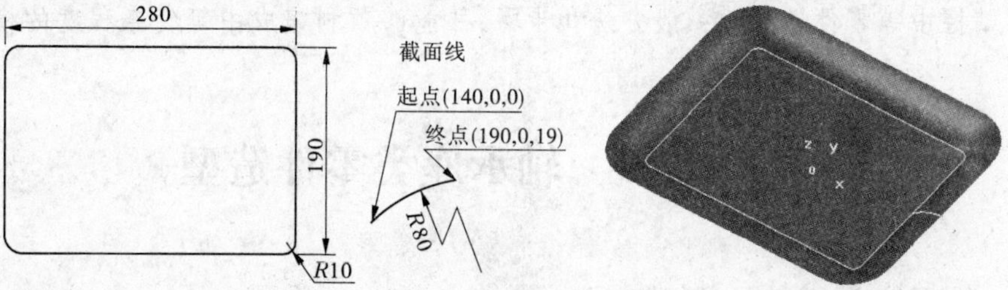

图 3-69

情景4　机械零部件的设计建模综合实训

学习目标

1. 了解零件造型的一般步骤。
2. 加深运用拉伸、拔模、倒圆角等特征的操作。
3. 掌握放样增料、放样除料造型的操作方法。
4. 掌握导动增料造型的操作方法。
5. 掌握平面旋转、缩放的基本方法。
6. 掌握曲面在实体中的应用。
7. 掌握中等零件造型的一般方法和步骤，并能够顺利完成中等复杂程度的模具类零件的造型。

任务4.1　轴承座类零件造型

4.1.1　轴承座类零件的应用

轴承座类零件主要用于支撑轴和轴上零件，从而为轴的旋转提供稳固可靠的基础。轴承分为滑动轴承和滚动轴承两大类，轴承可以起到减少转轴和支撑体之间的摩擦和磨损的作用。如图4-1所示为滑动轴承座，通常用在高速、重载的情况下，例如用在离心式压缩机、大型电机、水泥搅拌机、破碎机等设备中。

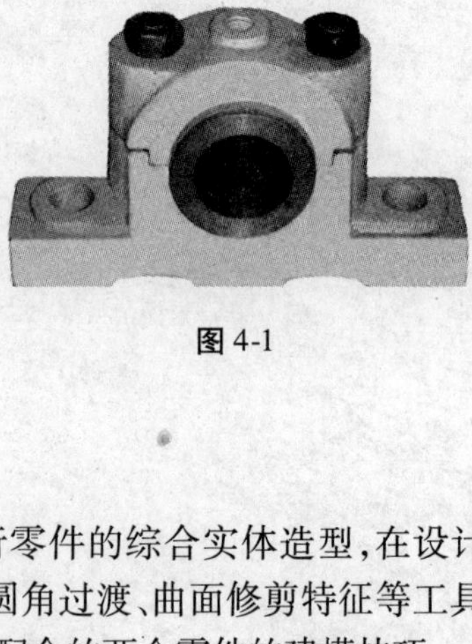

图4-1

4.1.2　造型分析

本任务将综合运用前面已学习的知识和技能进一步进行零件的综合实体造型，在设计的过程中，综合运用拉伸增料、拉伸除料、旋转除料、孔、倒角、圆角过渡、曲面修剪特征等工具来完成特征的创建，以及在一次建模的过程中分别构造出相互配合的两个零件的建模技巧。

4.1.3　滑动轴承零件造型设计

创建滑动轴承零件造型的具体操作步骤如下。

4.1.3.1　新建文件

单击工具栏中的“新建”按钮🗋。

4.1.3.2　建立零件基体

（1）选择 *XOZ* 平面，点击“草绘”命令，绘制如图4-2所示的拉伸截面，并退出草图。

（2）点击工具栏中“拉伸增料”命令，按照如图4-3所示的对话框进行输入，点击确定完成拉伸实体，如图4-4所示。

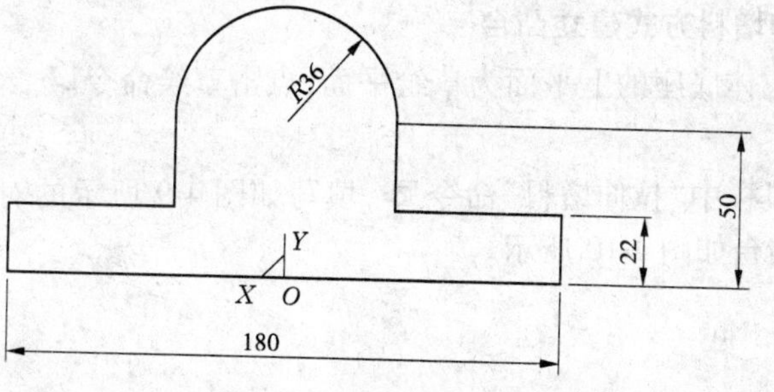

图 4-2

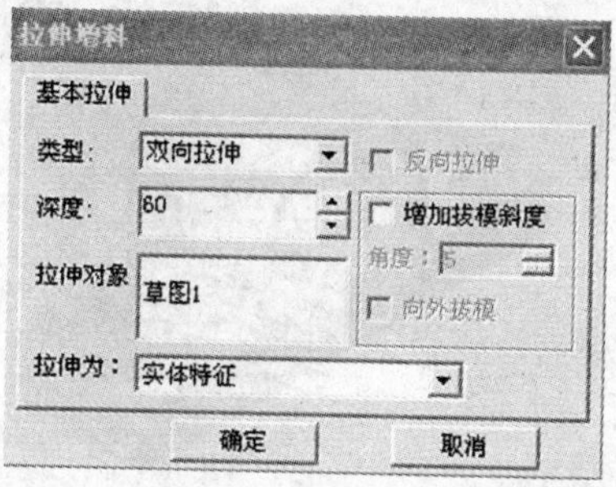

图 4-3

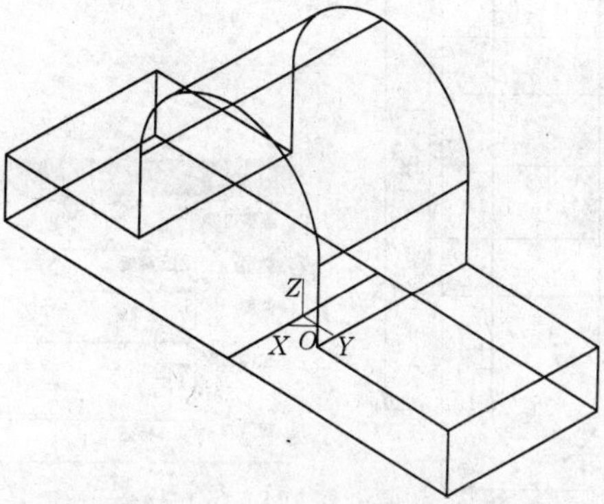

图 4-4

4.1.3.3 建立轴孔基体

(1)选择 平面XY ,点击草绘命令 ,绘制如图 4-5 所示的拉伸截面,并退出草图。

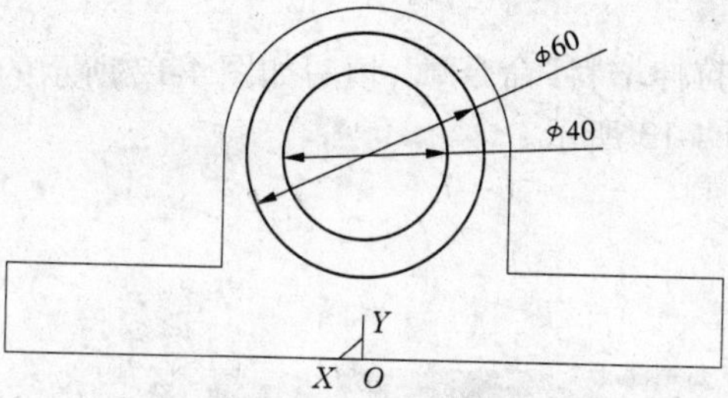

图 4-5

(2)点击工具栏中“拉伸增料”命令 ,填写如图 4-6 所示的对话框,点击确定,完成的拉伸实体如图 4-7 所示。

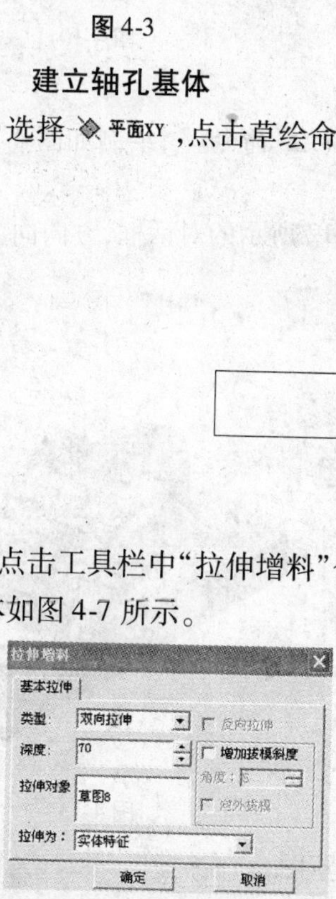

图 4-6

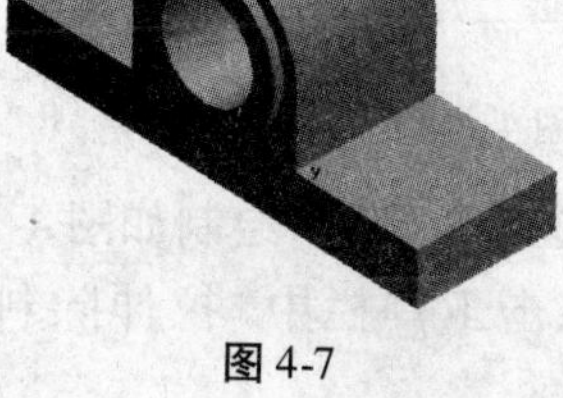

图 4-7

4.1.3.4 以拉伸增料方式建立凸台

(1)选择长方体底座的上平面为草绘平面,点击草绘命令,绘制如图4-8所示的拉伸截面。

(2)点击工具栏中“拉伸增料”命令,填写如图4-9所示的对话框,方向向上,点击确定,完成的拉伸凸台如图4-10所示。

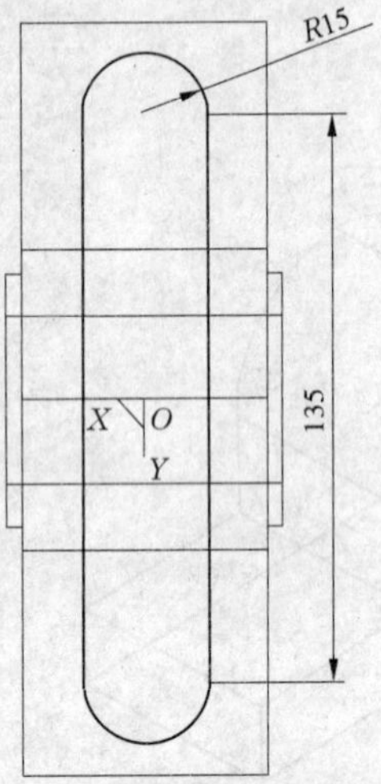

图4-8

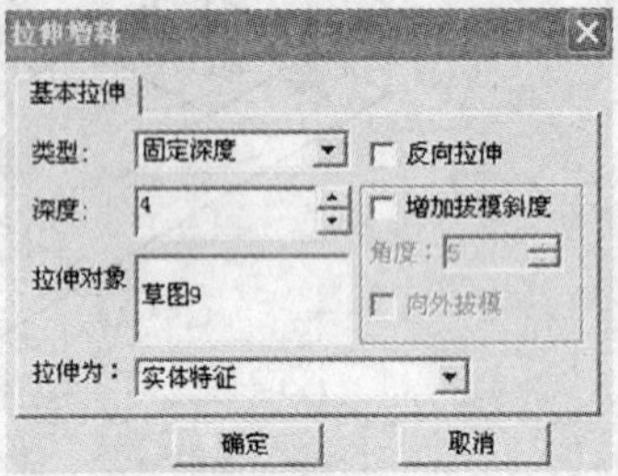

图4-9

图4-10

4.1.3.5 以拉伸增料的方式建立固定连接的基体

(1)选择长方体底座的上平面为草绘平面,点击“草绘”命令,绘制如图4-11所示的拉伸截面。

(2)点击工具栏中“拉伸增料”命令,填写如图4-12所示的对话框,方向向上,点击确定,完成的拉伸实体如图4-13所示。

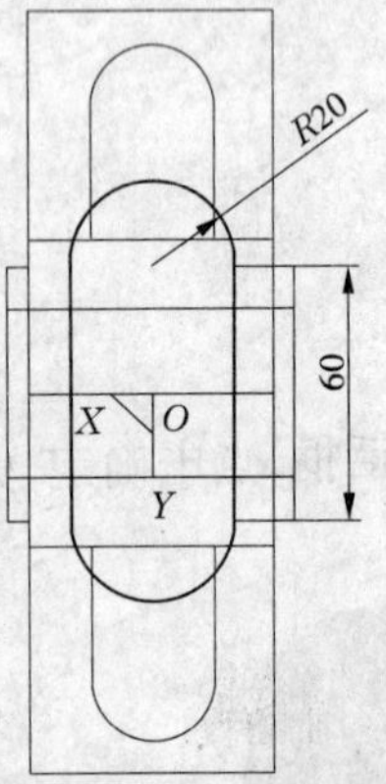

图4-11

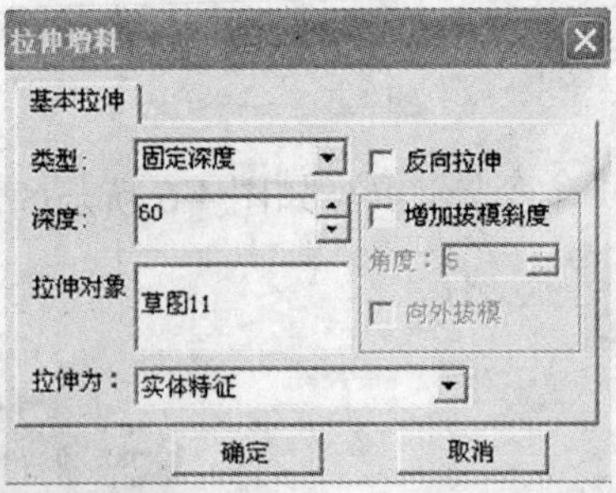

图4-12

图4-13

(3)选择 平面XY,绘制如图4-14所示的圆,并退出草图。

(4)点击工具栏中“拉伸除料”命令,填写如图4-15所示的对话框,完成特征如图4-16所示。

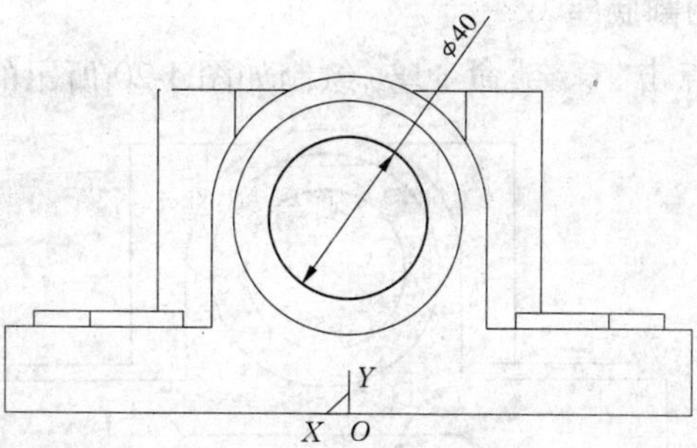

图 4-14

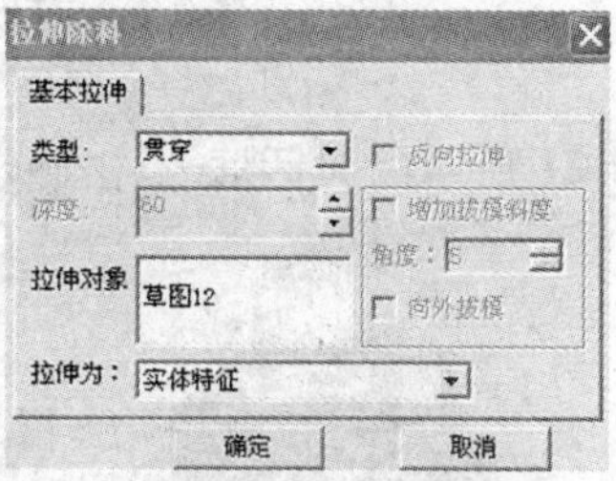

图 4-15

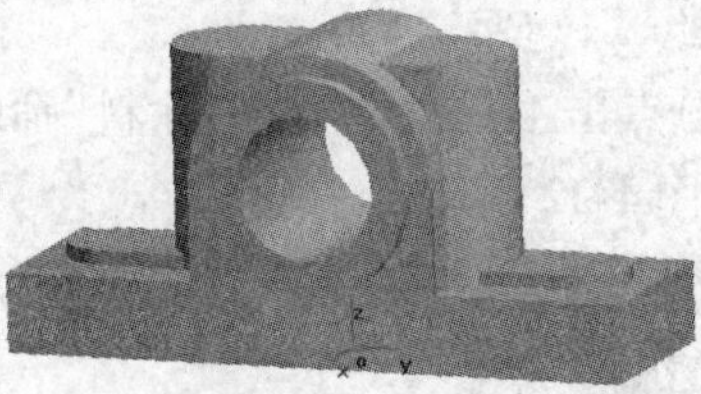

图 4-16

4.1.3.6 建立拔模特征

(1)点击拔模命令。

(2)选择图 4-17 两个圆弧面为欲拔模的面。中性面选择圆弧面的上表面,拔模角度为 7,调整拔模方向,点击确定(见图 4-18),完成的零件如图 4-19 所示。

图 4-17

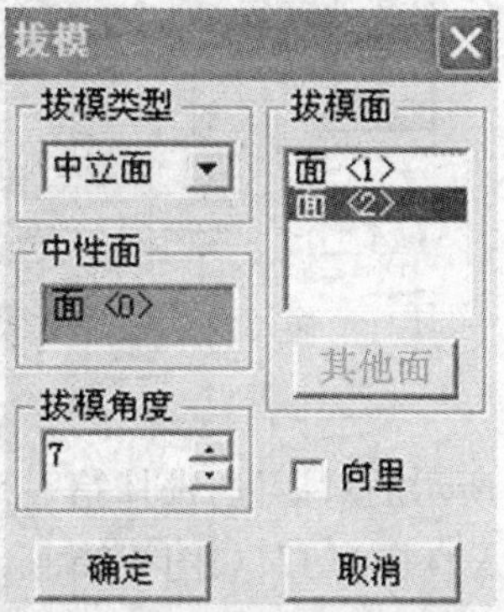

图 4-18

图 4-19

4.1.3.7　以拉伸方式切割底座

（1）选择 平面XY，点击“草绘”命令，绘制如图 4-20 所示的拉伸截面，并退出草图。

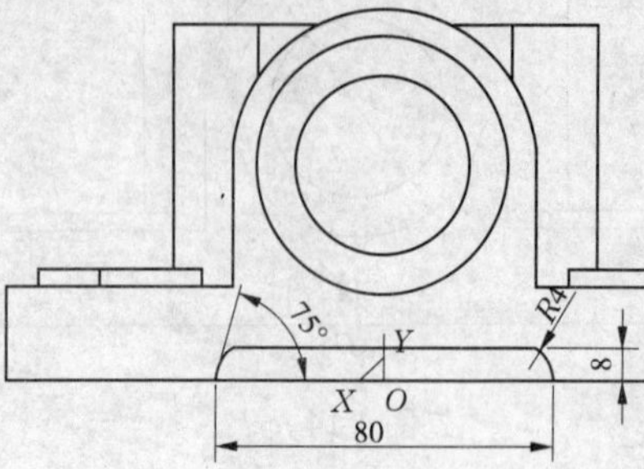

图 4-20

（2）点击工具栏中“拉伸除料”命令，填写如图 4-21 所示的对话框，点击确定，完成的特征如图 4-22 所示。

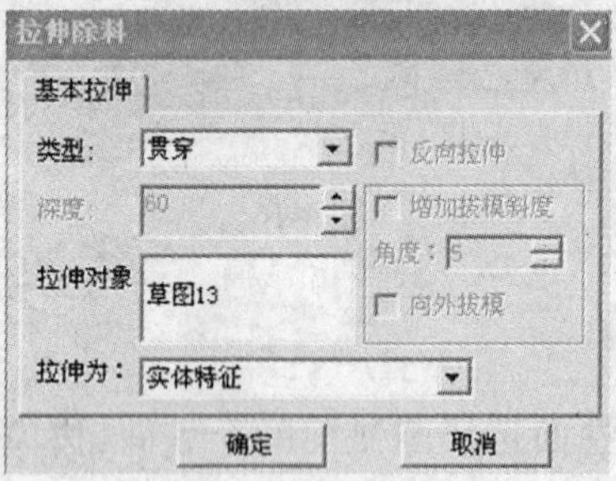

图 4-21

图 4-22

4.1.3.8　在底座上建安装孔

（1）点击工具栏中的“打孔”命令，弹出如图 4-23 所示的对话框，选择第一种孔型。

（2）选择底座的上表面为置孔面，点击“下一步”，如图 4-24 所示，直径为 16，点击空格键，选择“圆心”，单击“凸台外圆”，点击完成，完成的圆孔如图 4-25 所示。

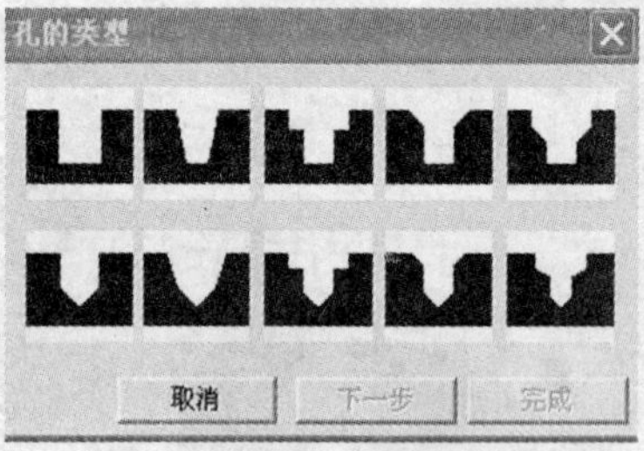

图 4-23

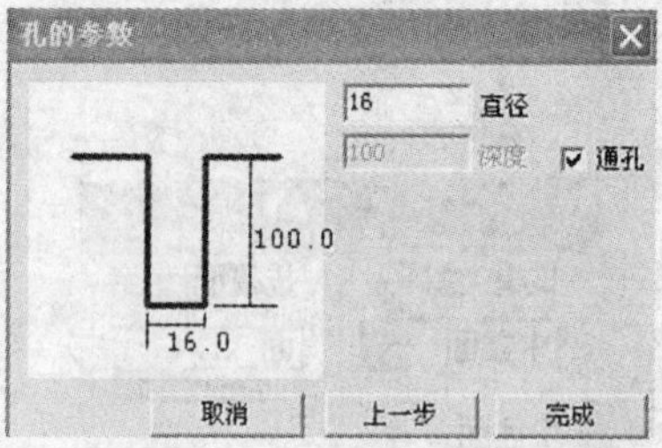

图 4-24

4.1.3.9　建立轴承座和轴承盖的装配孔

（1）点击工具栏中的“打孔”命令，弹出如图 4-23 所示的对话框，选择第一种孔型。

（2）选择底座的上表面为置孔面，点击“下一步”，输入直径为 12，如图 4-26 所示，点击空格键，选择“圆心”，单击“最上面凸台的外圆”，点击完成，完成的圆孔如图 4-27 所示。

（3）用同样的方法产生与其对称的两个孔，如图 4-28 所示。

图 4-25

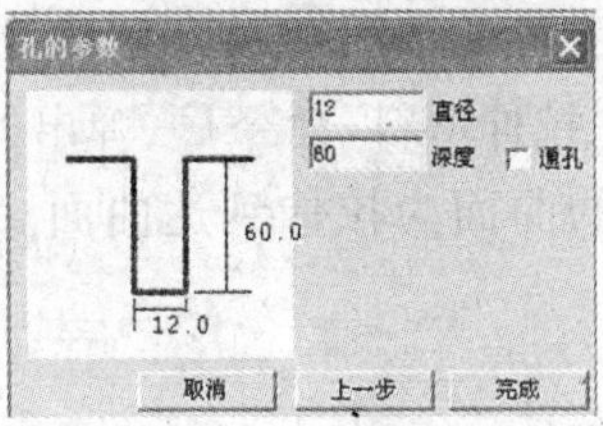

图 4-26

图 4-27

4.1.3.10 以旋转方式切割轴承装配孔

(1)选择平面XY，点击“草绘”命令，绘制如图 4-29 所示的草图。

(2)退出草图后，建立轴线，点击“造型”→“曲线生成”→“直线”，建立如图 4-30 所示的轴线。

(3)点击工具栏中的“旋转除料”命令，弹出如图 4-31所示的对话框，拾取步骤(1)的草图作为旋转截面，轴线选择步骤(2)中绘制的轴线，单向选装，角度为 360°，点击确定，完成如图 4-32 所示的实体。

图 4-28

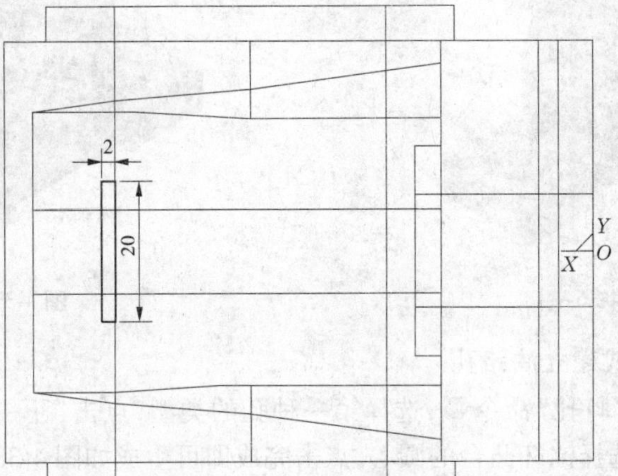

图 4-29

图 4-30

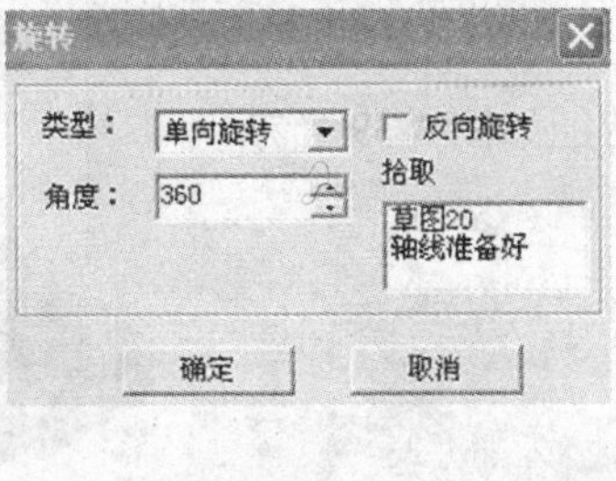

图 4-31

图 4-32

4.1.3.11 以拉伸增料的方式建立油杯凸台

(1) 点击工具栏中的“构建基准面”命令，弹出如图 4-33 所示的对话框，点击平面XY，建立一个与平面 *XOY* 平行且在其之上距离为 88 的基准面。

(2)在步骤(1)建立的基准面上绘制如图 4-34 所示的拉伸截面。

(3)退出草图，点击工具栏的“拉伸增料”命令，弹出如图 4-35 所示的对话框，调整拉伸方向向下，指定如图 4-36 所示的曲面为拉伸到达曲面。点击确定，完成的油杯凸台如图 4-37所示。

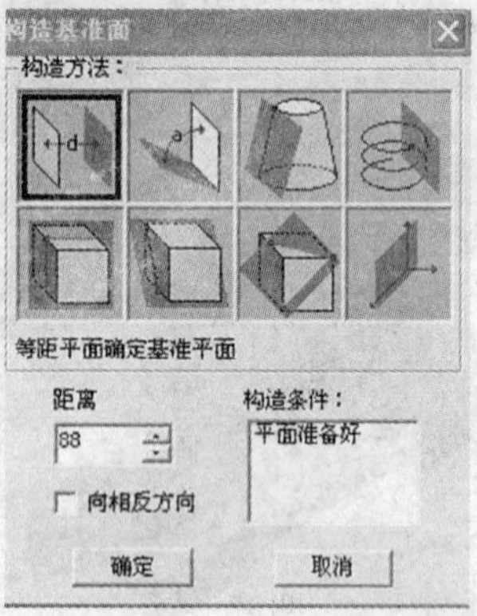

图 4-33

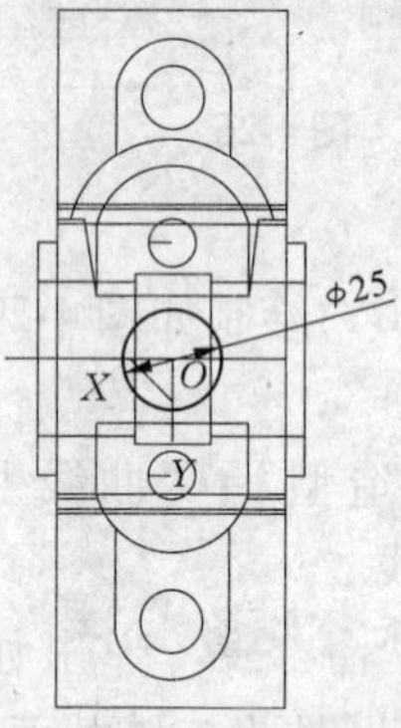

图 4-34

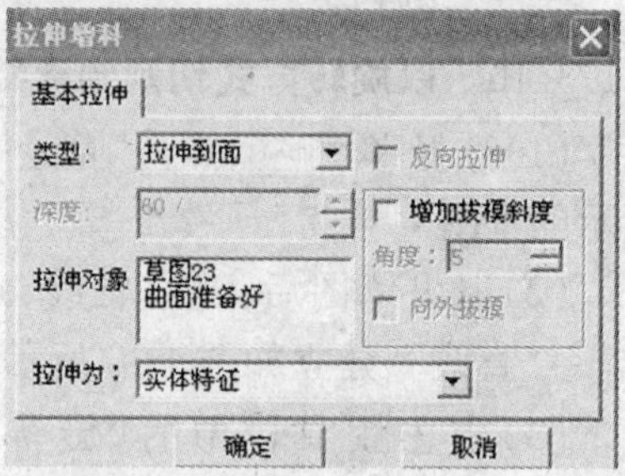

图 4-35

图 4-36

图 4-37

4.1.3.12 以拉伸方式建立油路孔

点击工具栏中的“打孔”命令，选择第一种孔的类型，点击“下一步”，孔的直径为 6、深度为 30，孔的中心选择油杯凸台的圆心，点击完成即可生成如图 4-38 所示的圆孔。

4.1.3.13 建立倒角

(1)点击工具栏中的“倒角”命令，输入距离为 2，角度为 45°，选择前后凸出来的圆台外边的两条圆弧。

(2)点击确定，完成的倒角特征如图 4-39 所示。

图 4-38

图 4-39

4.1.3.14 建立倒圆角

(1)点击工具栏中的“过渡”命令，输入半径为 2，过渡方式为等半径，选择模型中凸台、底座的相应边线，如图 4-40 所示。

(2)点击确定，完成倒圆角，如图 4-41 所示。

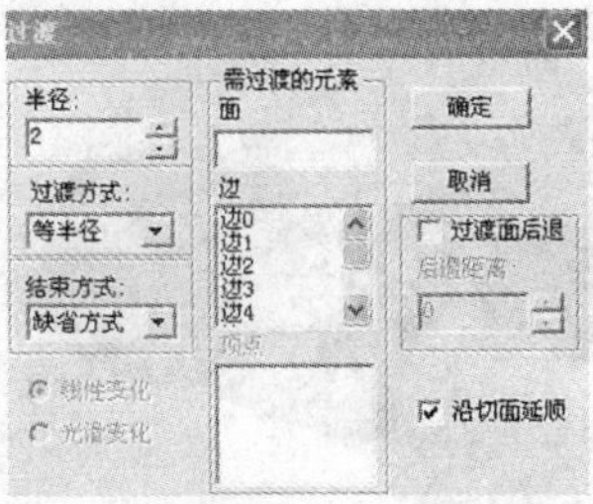

图 4-40

图 4-41

4.1.3.15 建立切割平面

(1)按 F6 键，将平面切换到 *YOZ* 平面。绘制如图 4-42 所示的扫描截面。

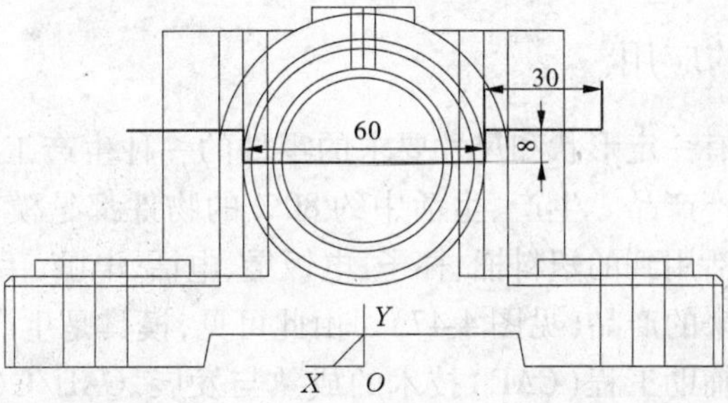

图 4-42

(2)点击“扫描面”命令，选择步骤(1)绘制的曲线，点击空格键，弹出矢量工具，选择扫描方向为 *X* 轴方向，即可产生如图 4-43 所示的曲面。

4.1.3.16 分模

(1)点击“分模”命令，弹出如图 4-44 所示的对话框，选择曲面分模，选择上一步骤曲面为分模曲面。调整方向向下即可得到轴承座，如图 4-45 所示的实体。

图 4-43

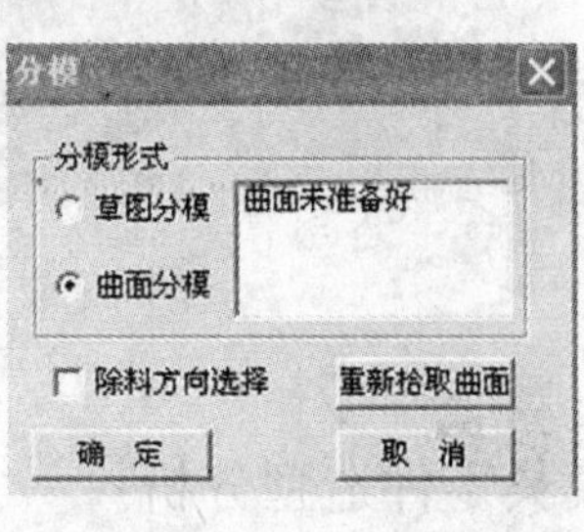

图 4-44

(2)点击“保存”，文件名为 zhouchengzuo。

（3）右键点击模型树中的“分模”，选择“修改特征”，调整方向向上即可得到轴承盖，如图4-46所示。

（4）点击“保存”，文件名为zhouchenggai。

图4-45

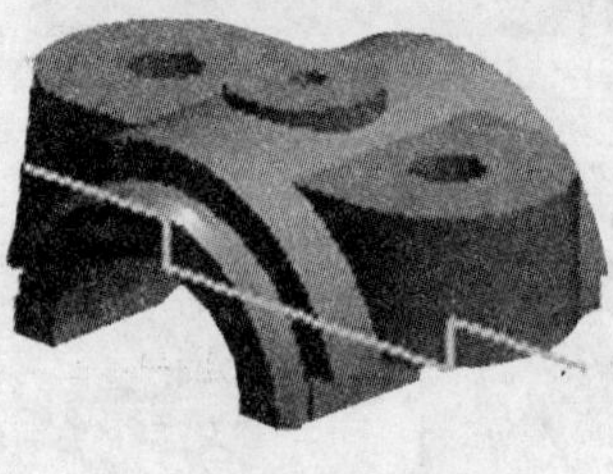

图4-46

任务4.2　模具类零件造型

4.2.1　模具类零件的应用

模具是能生产出具有一定形状和尺寸要求的零件的一种生产工具。生产、生活中我们无时无刻不接触模具生产产品。生产、生活中约80%的物件都是模具加工制作的，模具是工业之母。我们日常生活用到的塑料桶、杯子、电饭煲、电话、电脑、手机、汽车等上面的很多零件都是用模具加工出来的产品（见图4-47）。由此可见，模具是生产各种工业产品的重要工艺装备。随着计算机辅助工程（CAE）技术的成熟与发展，CAD/CAM已成为塑料产品开发、模具设计及产品加工中这些薄弱环节的最有效的途经。模具生产中均采用了可靠性设计以及CAD/CAM技术，开发新品速度快、精度高，质量有保证，同时在降低成本、减轻劳动强度等方面具有很大的优越性。

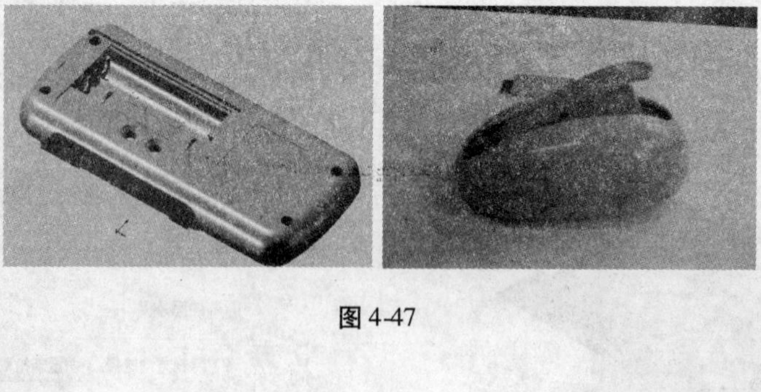

图4-47

4.2.2　模具零件造型分析

旋钮型腔模由5个部分组成，如图4-48所示，包括底座、定位柱、花形腔、凹面和旋向标。在造型中运用了拉伸、放样、旋转、导动等多种造型方法，是特征造型的综合应用实例。相信通过这类零件的造型学习，大家能更好地理解造型方法，更熟练地掌握本软件的操作。

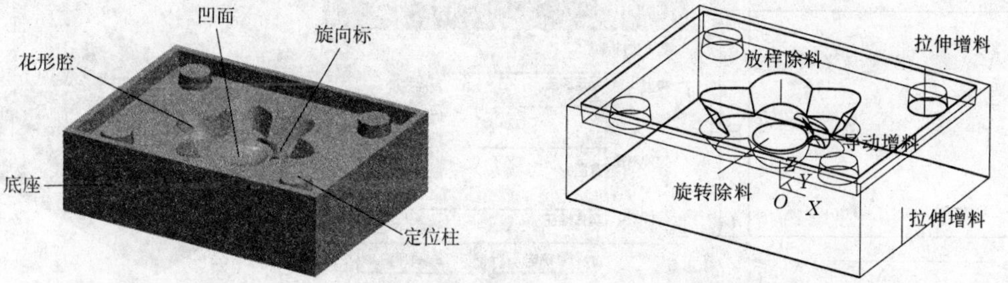

图 4-48　旋钮型腔模造型

4.2.3　模具零件造型设计

如图 4-49 所示，根据所示的简化二维工程图构建其实体模型。

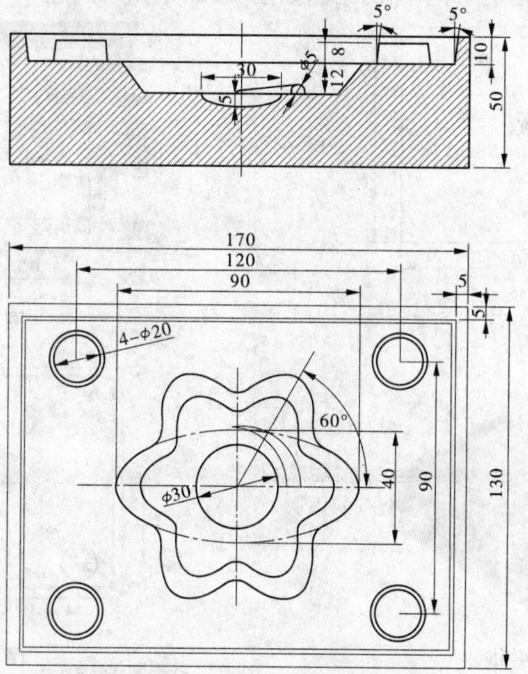

图 4-49

创建该椭圆旋钮型腔模图的具体操作步骤如下：

(1) 新建文件。

(2) 底座实体造型。

①点击 平面XY →，在 *XOY* 平面内构建草图。

②绘制如图 4-50 所示的矩形。

③退出绘制草图，选中轮廓草图。

④点击“拉伸增料”按钮，填写如图 4-51 所示的对话框，然后点击确定，即可生成如图 4-52 所示的图形。

⑤在底座顶面建立草图，绘制如图 4-53 所示的矩形。

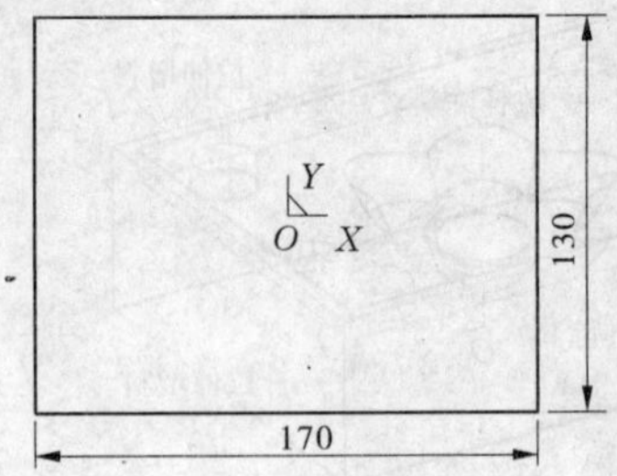

图 4-50

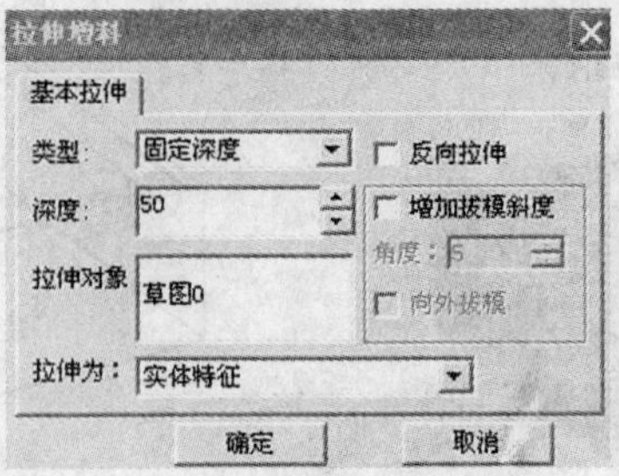

图 4-51

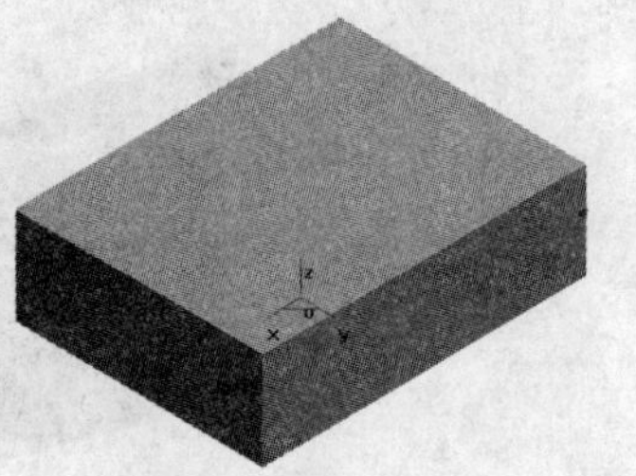

图 4-52

⑥退出草图，选中图 4-53 所示的轮廓，点击“拉伸除料”按钮，填写如图 4-54 所示的对话框，然后点击确定即可生成如图 4-55 所示的实体。

(3)定位柱造型。

①在凹槽地面建立草图，草图的绘制如图 4-56 所示。

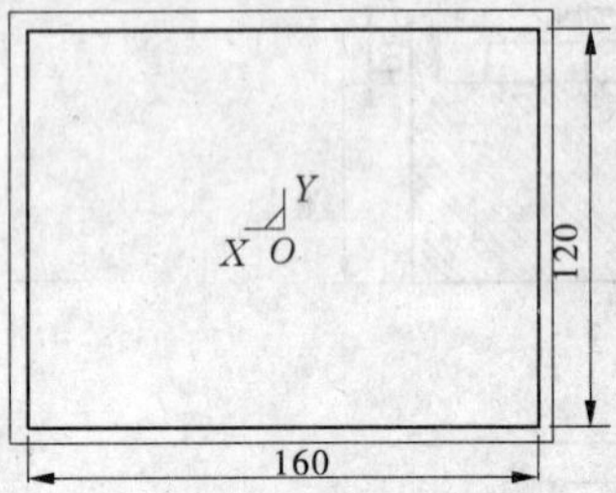

图 4-53

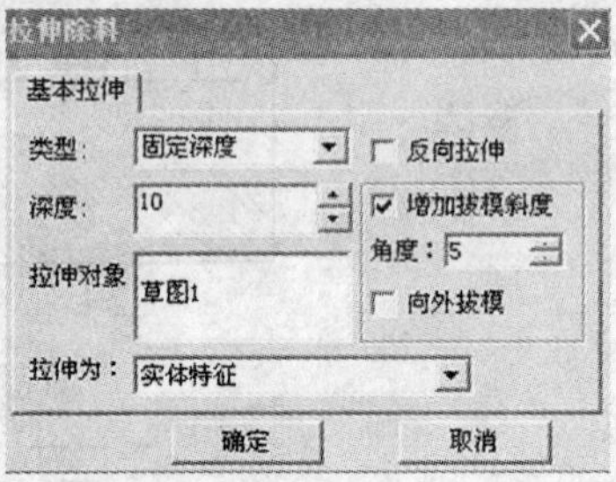

图 4-54

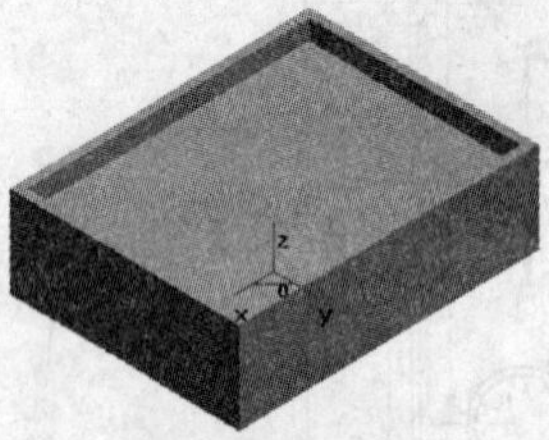

图 4-55

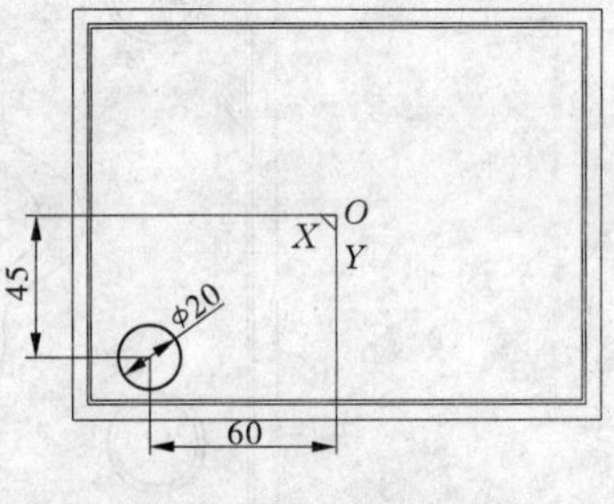

图 4-56

②退出绘制草图，选中轮廓草图。点击“拉伸增料”按钮，填写如图 4-57 所示的对话框，然后点击确定，即可生成如图 4-58 所示的图形。

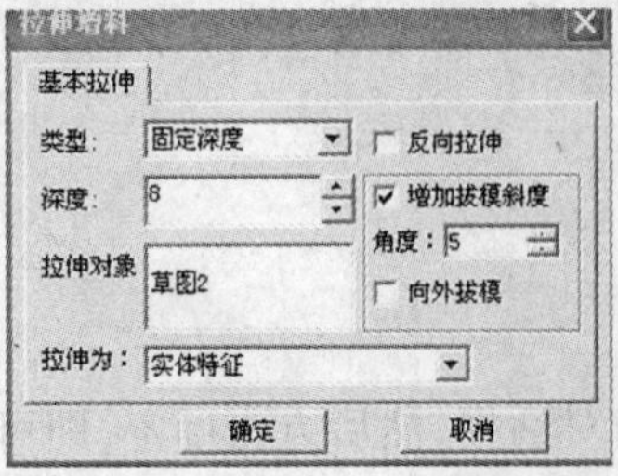

图 4-57

图 4-58

③点击“线性阵列”按钮，填写如图 4-59 所示的对话框，(注意箭头方向，如果方向不

正确,勾选反转方向),点击确定,即可生成如图4-60所示的图形。

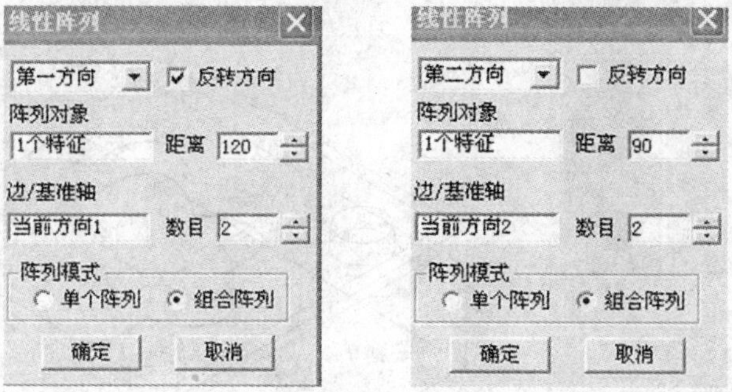

图4-59

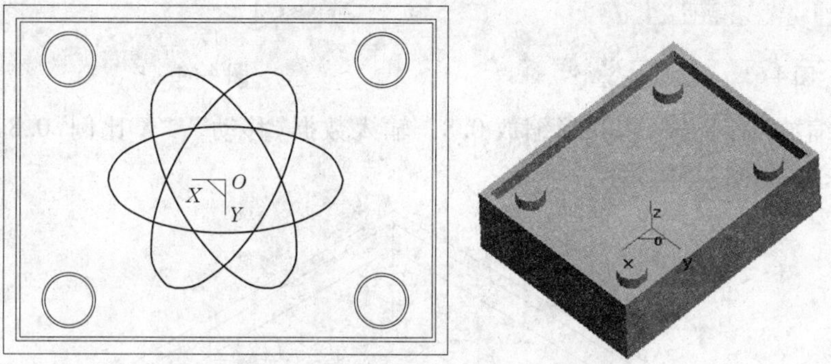

图4-60

(4)花形腔造型。

①在底座顶端建立草图,草图中绘制如图4-61所示的椭圆,椭圆的长轴半径为45,短轴半径为20,圆心位于原点。

②点击“平面旋转”命令,输入数据“拷贝”,“份数”2,“角度”60。

③修剪花形,得到如图4-62所示的图形。

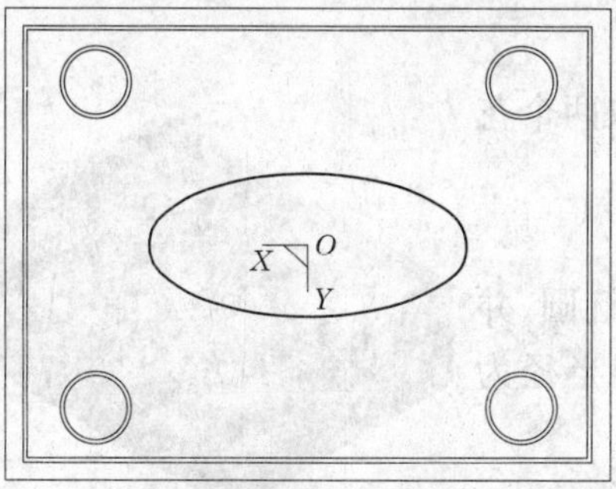

图4-61

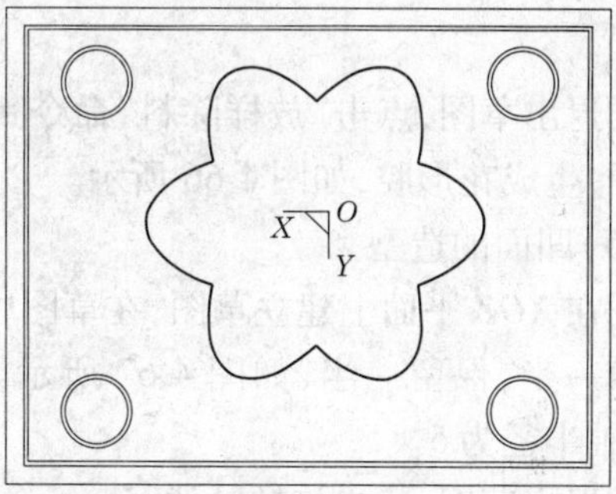

图4-62

④退出草图,构建新的基准面,点击按钮,填写如图4-63所示参数,拾取面选择花形所在的平面,等距面向下距离12。

⑤在等距平面上建立草图,点击“曲线投影”命令,将前面建立的花形投影到该草图

上，如图 4-64 所示。

图 4-63

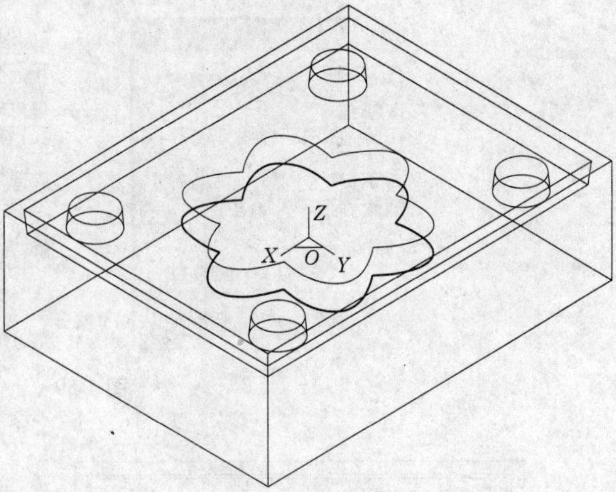

图 4-64

⑥应用“缩放”命令，将花形缩放 0.8。输入数据“移动”，“X 比例”0.8，“Y 比例”0.8，基点为原点，如图 4-65 所示。

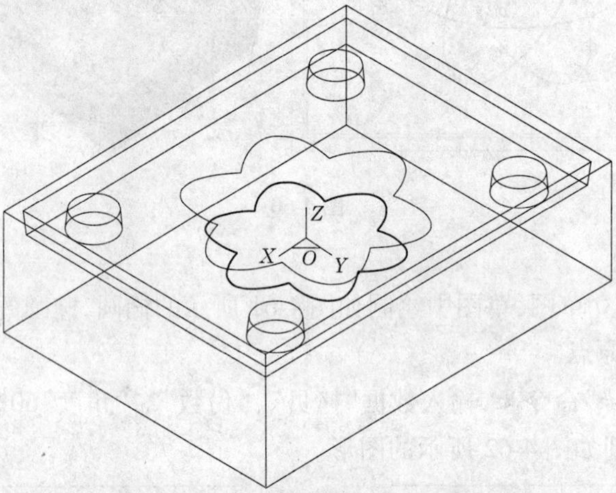

图 4-65

⑦退出草图，点击“放样除料”命令，分别拾取两个花形草图，生成花形腔，如图 4-66 所示。

图 4-66

(5)凹面的造型。

①在 *XOZ* 平面上建立草图，在草图中建立一个椭圆，并修剪掉一半，保留一半，如图 4-67 所示。椭圆长轴半径为 15，短轴半径为 5。

②退出草图，建立旋转轴线。

③点击“旋转除料”命令，拾取椭圆草图，并拾取步骤(2)建立的轴线旋转角度 360，点击确定即可生成如图 4-68 所示图形。

(6)旋向标造型。

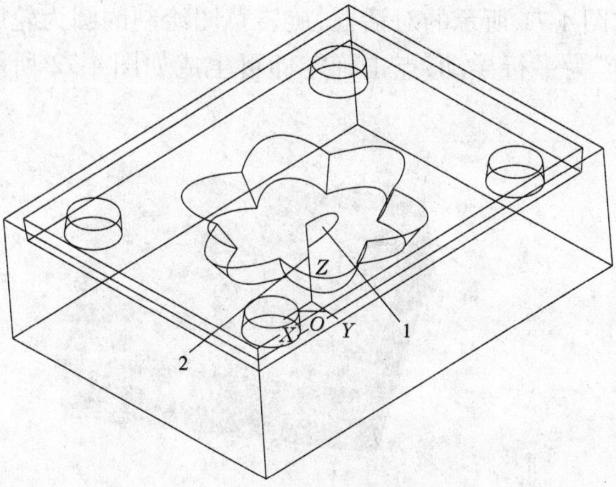

1—椭圆;2—轴线

图 4-67

图 4-68

①在空间绘制样条曲线,插值点分别为(21,0,28)、(14.8,14.8,26.8)、(0,21,26),如图 4-69 所示。

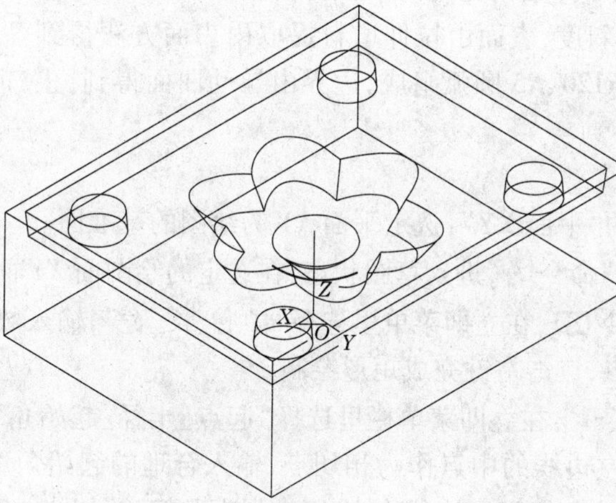

图 4-69

②在 *XOZ* 平面上建立草图,圆的直径为 5,如图 4-70 所示。

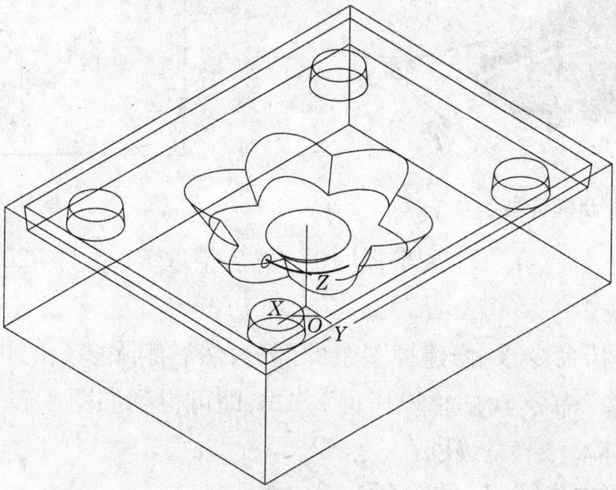

图 4-70

③点击“导动增料”命令，填写如图 4-71 所示的对话框，旋转草图绘制的圆为轮廓截面线，“轨迹线”为样条曲面，“选项控制”为平行导动，点击确定即可生成如图 4-72 所示图形。

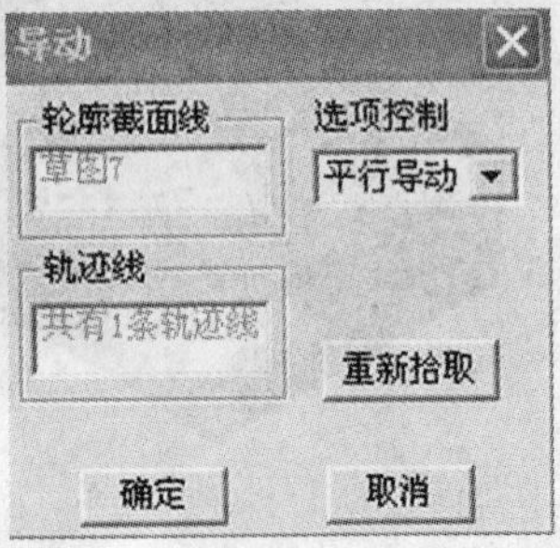

图 4-71

图 4-72

4.2.4 玩具盒凸模造型设计

由图 4-73 可知，该零件结构比较简单，上面四周由 *R*100、*R*15、*R*220、*R*10 圆弧相切过渡围成，且侧面有 1°拔模斜度，表面由拉伸增料提取内表面方法得到。顶部线架模型由直线与 *R*85 圆弧相切以及 *R*120、*R*5 圆弧组成，边界由导动曲面得到，止口形状由四周圆弧作等距线方法得到。

(1)绘制骨架线。

①单击特征树中的“平面 XY”，选定平面 *XY* 为绘图的基准面。

②点击“绘制草图”命令，进入草图状态，在选定的绘图面 *XY* 面上构建草图。

③点击“矩形”命令，在立即菜单里选择“中心_长_宽”，输入数据“长度 = 95，宽度 = 60”，光标移至坐标原点，点击右键完成矩形绘制。

④点击“圆弧”命令，在立即菜单栏里选择“起点_半径_起始角”，输入半径“100”，并以中点为捕捉点拾取左边线的中点作为相切点，输入合理的起始角度，即可绘制出一条切线；用同样的方法绘制出与矩形下边线中点相切的圆弧 *R*220，如图 4-74 所示。

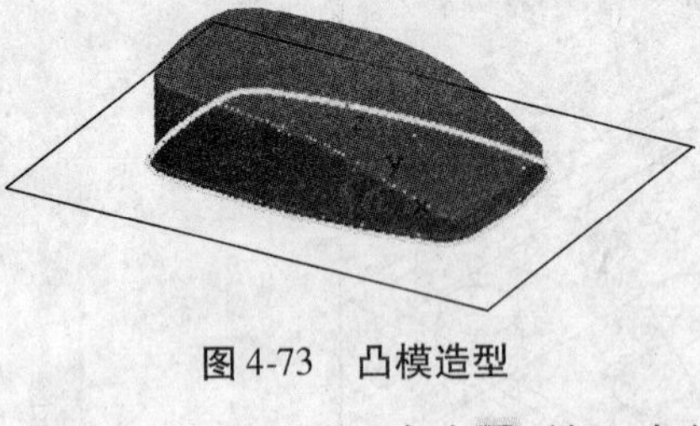

图 4-73　凸模造型

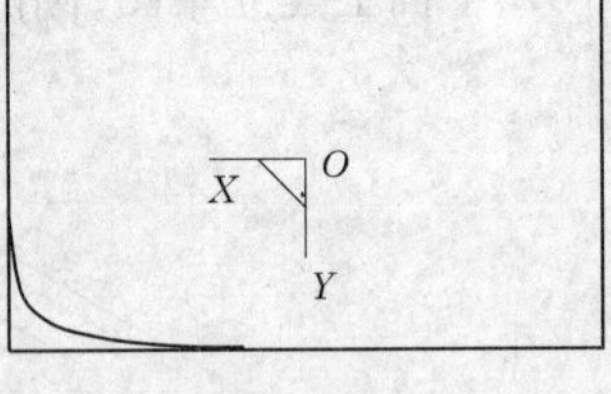

图 4-74

⑤点击“曲线过渡”命令，输入半径“10”，然后拾取 *R*100 与 *R*200 的圆弧，单击右键完成。

⑥点击“曲线修剪”命令，修建掉多余的部分，然后删除多余的矩形边线。

⑦点击“平面镜像”命令，选择“拷贝”方式，即可得到如图 4-75 所示的图形。

(2)绘制拉伸实体。

①退出草图，并选中步骤(1)的轮廓。

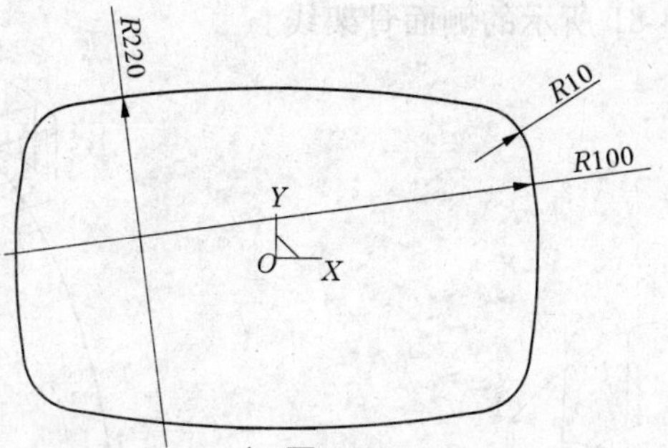

图 4-75

②点击“拉伸增料”按钮，填写如图 4-76 所示的对话框，绘制的拉伸实体如图 4-77 所示。

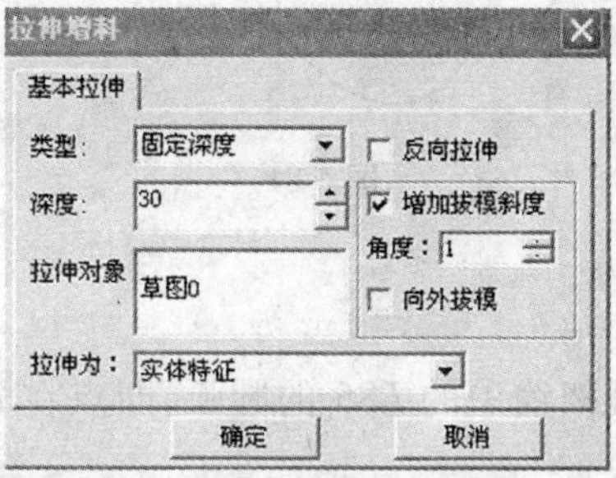

图 4-76

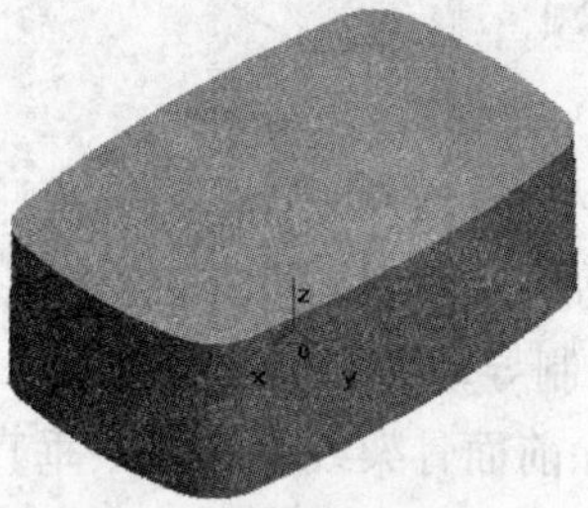

图 4-77

(3)绘制前面骨架线。

①按下 F7 键，将绘图平面切换到 *XOZ* 平面。

②绘制直线：点击“绘图”→命令，选择“两点线”、“单个”，依次输入各端点坐标为(47.5,0,0)、(47.5,0,30)、(47.5,0,0)、(−47.5,0,8)和(47.5,0,27)、(−47.5,0,27)，得到两条竖直线和一条水平线；选择“角度线”，输入端点坐标(−47.5,0,8)，“X 轴夹角”，角度“155”，得到一条斜线，如图 4-78 所示。

③点击“曲线过渡”命令，圆角半径为 85，得到如图 4-79 所示图形。

④点击“曲线修剪”命令，修剪后得到前面骨架线，如图 4-80 所示图形。

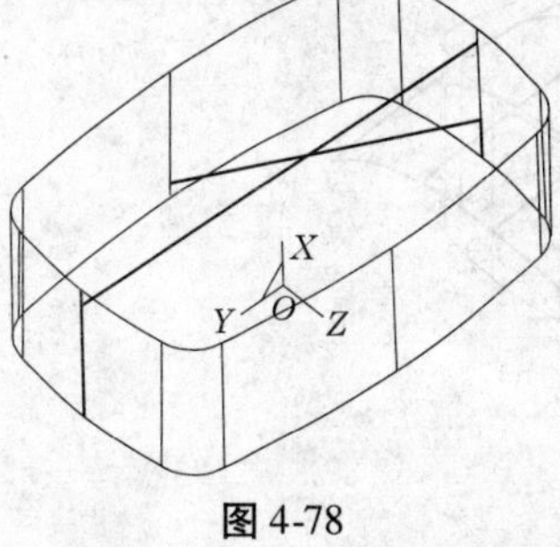

图 4-78

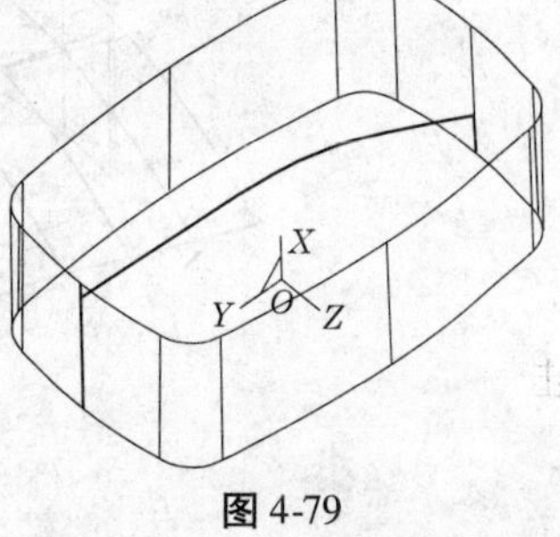

图 4-79

(4)绘制侧面骨架线。

①按下 F6 键，将绘图平面切换到 *YOZ* 平面。

②绘制 *R*120 的圆，点击“圆弧”命令，选择“圆心_半径”方式，圆心坐标为(0，−93，

-12.089 68)，绘制如图4-81所示的侧面骨架线。

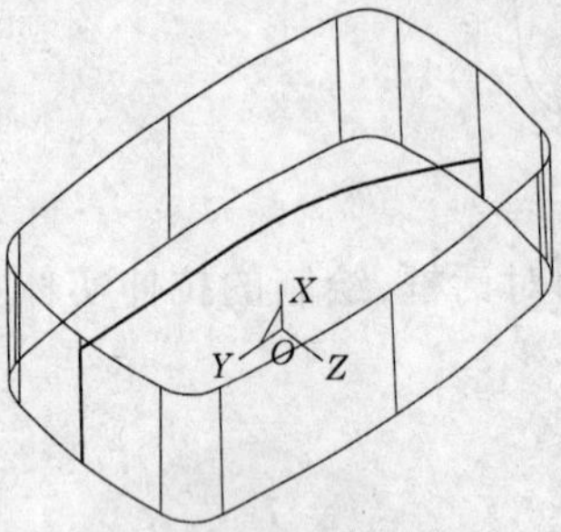

图4-80

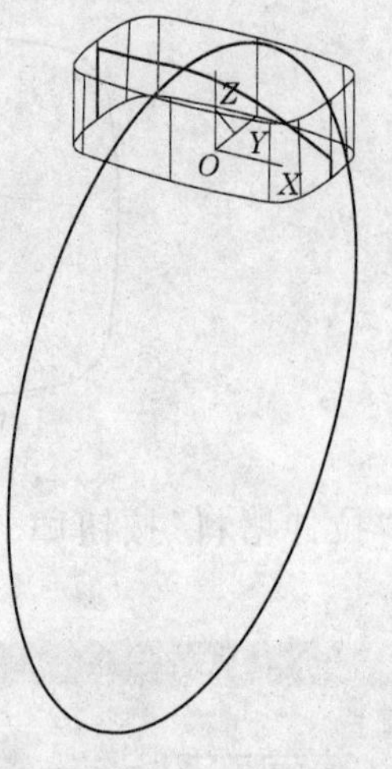

图4-81

③修剪图4-81，修剪的最终结果如图4-82所示。

(5)绘制导动曲面。

①删除前面骨架线中的两条垂直线，打断前面骨架线中的*R*85的圆弧，断点在*R*85与*R*120两圆弧交点处，如图4-83所示。

图4-82

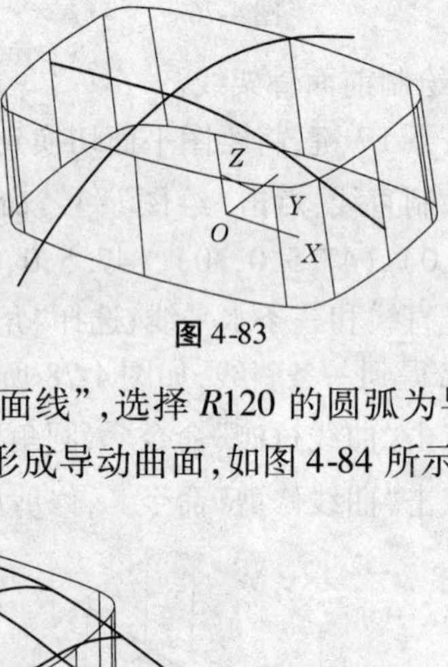

图4-83

②点击导动曲面命令，选择"固接导动"、"单截面线"，选择*R*120的圆弧为导动截面外形，打断的*R*85的圆弧为导动方向，指定方向，最终形成导动曲面，如图4-84所示。

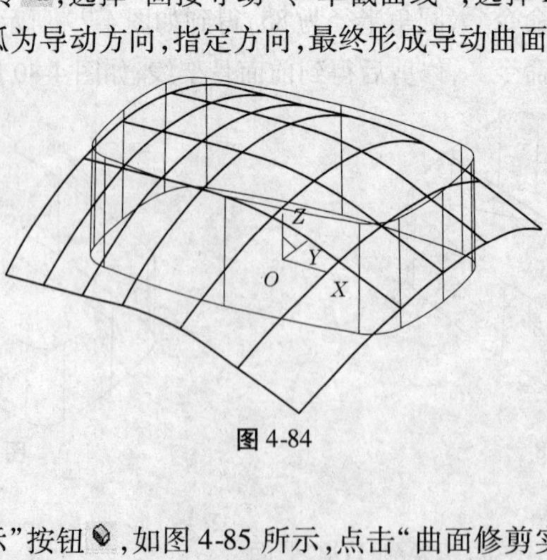

图4-84

(6)曲面修剪实体。

①点击"真实感显示"按钮，如图4-85所示，点击"曲面修剪实体"命令，弹出"曲面裁剪除料"对话框，如图4-86所示，选取步骤(5)的两个曲面作为裁剪曲面，适当的调整箭

头方向，保存实体下方的材料，如图 4-87 所示。最终裁剪的结果如图 4-88 所示。

图 4-85

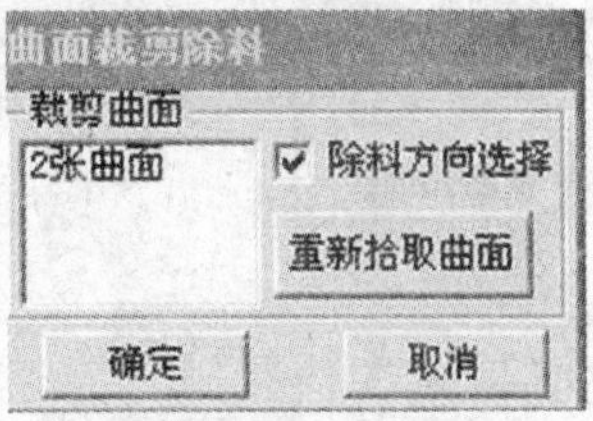

图 4-86

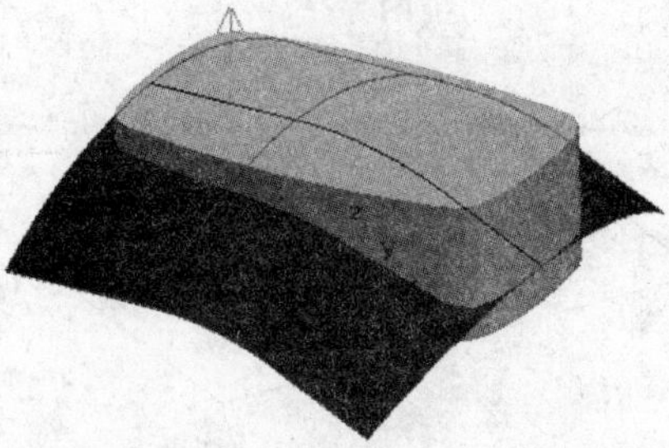

图 4-87

图 4-88

②隐藏曲面。

(7) 实体顶部倒圆角。

点击工具栏中的“过渡”命令，输入半径为 3，过渡方式为等半径，如图 4-89 所示，选择实体顶部所有的边线，点击确定，实体倒圆角结果如图 4-90 所示。

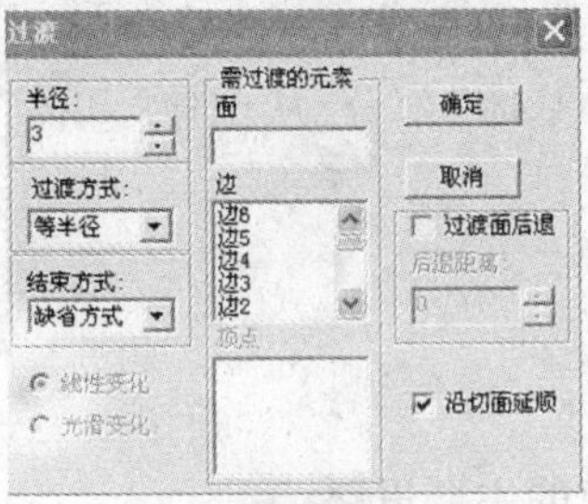

图 4-89

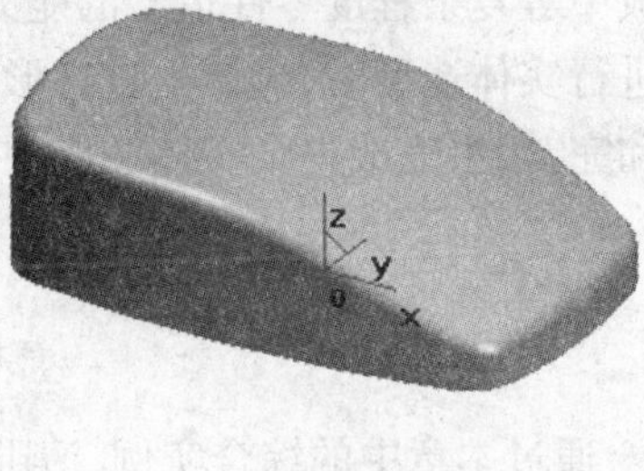

图 4-90

(8) 实体抽壳。

点击工具栏中的“抽壳”命令，如图 4-91 所示，厚度为 2，需要抽去的面为底面，点击确定，如图 4-92 所示。

(9) 绘制止口。

①点击工具栏中的“相关线”命令，选择“实体边界”，点击实体底面外边的实体曲线。

②点击“等距线”命令，选择步骤①生成的边界线，向里 1 mm 生成等距线。

③点击“拉伸除料”命令，选择步骤②的等距线，设置拉伸方向向实体内部，绘制的止口结果如图 4-93 所示。

(10) 生成凸模所用的型芯面。

选择“实体面”命令，选择“所有表面”，点击“实体”，生成实体的所用表面，隐藏或者删除实体和外侧曲面、实体模型内表面，如图 4-94 所示。

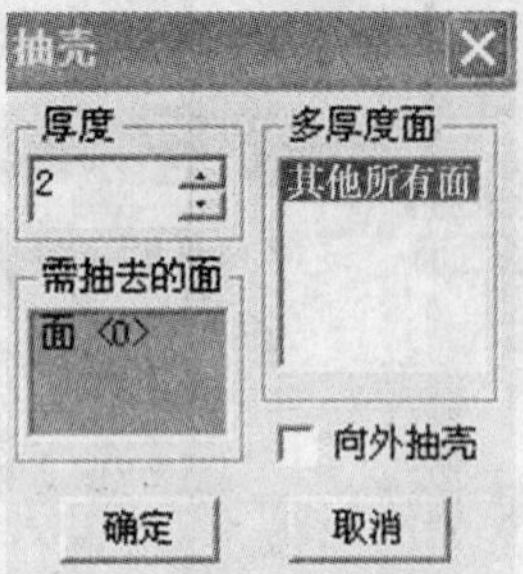

图 4-91

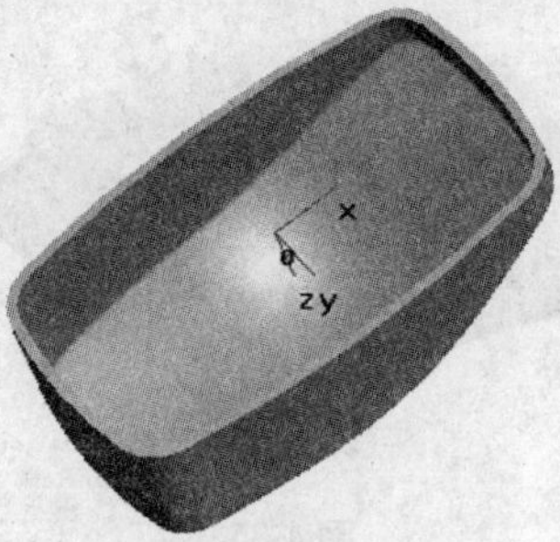

图 4-92

图 4-93

图 4-94

总　结

此情景主要讲述了曲面和实体的综合应用。在完成该部分的学习之后，读者应该具备顺利完成中等复杂程度零件造型的能力。

在进行实体造型时，应该先进行形体分析，找出其“基体”部分，从创建“基体”出发，逐步深入和完善，去完成整个实体的造型。

练习题

4-1　通过本章中的综合实例，请讲述 CAXA 中建模的主要思路。

4-2　绘制图 4-95 所示茶壶，尺寸自定。

4-3　设计绘制一款造型新颖的鼠标。

图 4-95

情景5　机械零件的虚拟制造

学习目标

1. 掌握平面、曲面、轮廓、区域、孔等常见几何要素的加工方法及质量保证方法。

2. 能根据不同的零件结构和技术要求选择合理的工序及加工功能来生成经济适用的加工轨迹和G代码。

3. 能进行轨迹仿真操作和轨迹的编辑、修改。

任务5.1　机械零件的粗加工

5.1.1　数控加工的基本概念

5.1.1.1　两轴加工

机床坐标系的 X 轴和 Y 轴两轴联动，而 Z 轴固定，即机床在同一高度下对工件进行切削。两轴加工适合于铣削平面图形。在CAXA制造工程师软件中，机床坐标系的 Z 轴即是绝对坐标系的 Z 轴，平面图形均指投影到绝对坐标系的 XOY 面的图形。

5.1.1.2　两轴半加工

两轴半加工在两轴的基础上增加了 Z 轴的移动，当机床坐标系的 X 轴和 Y 轴固定时，Z 轴可以有上下的移动。利用两轴半加工可以实现分层加工，每层在同一高度（指 Z 向高度，下同）上进行两轴加工，层间有 Z 向的移动。

5.1.1.3　三轴加工

机床坐标系的 X 轴、Y 轴和 Z 轴三轴联动。三轴加工适合于进行各种非平面图形即一般曲面的加工。

5.1.1.4　轮廓

轮廓是一系列首尾相接曲线的集合，如图5-1所示。

在进行数控编程，交互指定待加工图形时，常常需要用户指定图形的轮廓，用来界定被加工的区域或被加工的图形本身。如果轮廓是用来界定被加工区域的，则要求指定的轮廓是闭合的；如果加工的是轮廓本身，则轮廓也可以不闭合。

由于CAXA－ME对轮廓做到当前坐标系的当前平面投影，所以组成轮廓的曲线可以是空间曲线，但要求指定的轮廓不应有自交点。

5.1.1.5　区域和岛

区域指由一个闭合轮廓围成的内部空间，其内部可以有岛。

岛也是由闭合轮廓界定的。

区域指外轮廓和岛之间的部分。由外轮廓和岛共同指定待加工的区域，外轮廓用来界定加工区域的外部边界，岛用来屏蔽其内部不需加工或需保护的部分，如图5-2所示。

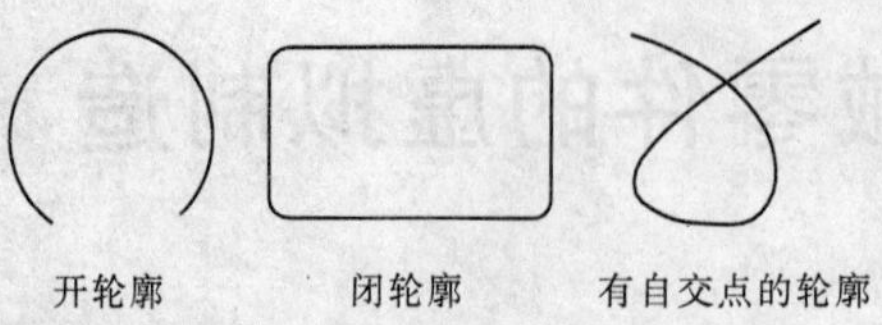

图 5-1　数控加工轮廓

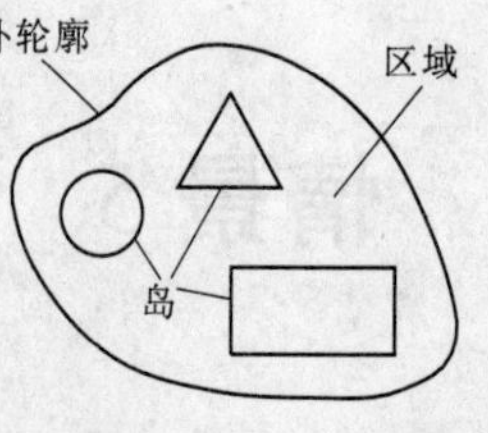

图 5-2　数控加工的区域和岛

5.1.1.6　**刀具**

CAXA 制造工程师软件主要针对数控铣加工，自带的虚拟刀具库提供 3 种铣刀：球刀（$r=R$）、端刀（$r=0$）和 R 刀（$r<R$），其中 R 为刀具的半径，r 为刀角半径。另外，刀具参数中还涉及刀杆长度 L 和刀刃长度 l，如图 5-3 所示。

在三轴加工中，端刀和球刀的加工效果有明显区别，当曲面形状复杂、有起伏时，建议使用球刀，适当调整加工参数可以达到好的加工效果。在两轴中，为提高效率建议使用端刀，因为相同的参数，球刀会留下较大的残留高度。选择刀刃长度和刀杆长度时应考虑机床的情况及零件的尺寸是否适合。

对于刀具，还应区分刀尖和刀心，两者均是刀具的对称轴上的点，其间差一个刀角半径，如图 5-4 所示。

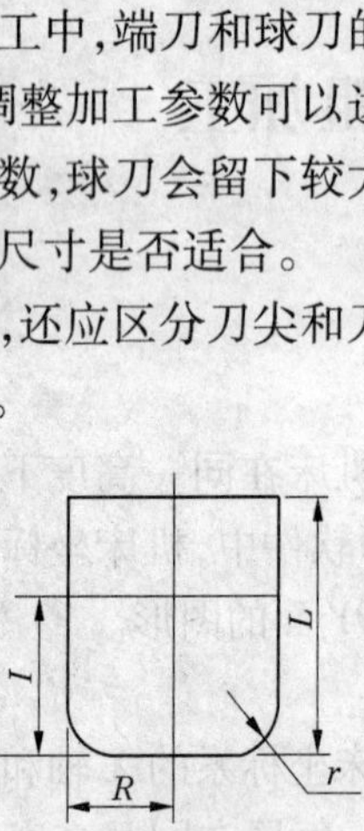

5-3　刀具参数

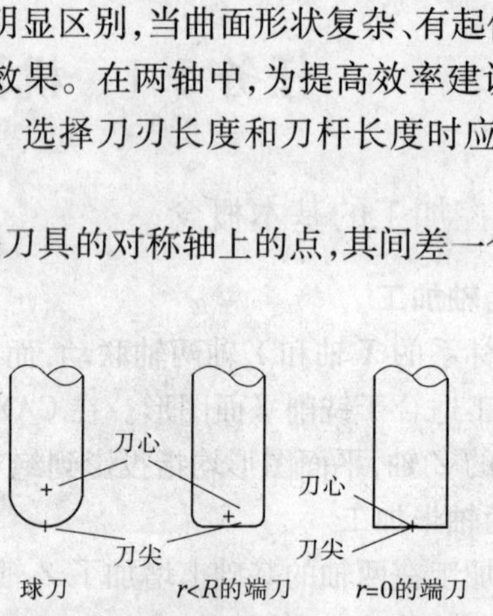

图 5-4　刀具

5.1.1.7　**刀具轨迹和刀位点**

刀具轨迹是系统按给定工艺要求生成的对给定加工图形进行切削时刀具行进的路线，如图 5-5 所示，系统以图形方式显示。刀具轨迹由一系列有序的刀位点和连接这些刀位点的直线（直线插补）或圆弧（圆弧插补）组成。制造工程师系统的刀具轨迹是按刀尖位置来计算和显示的。

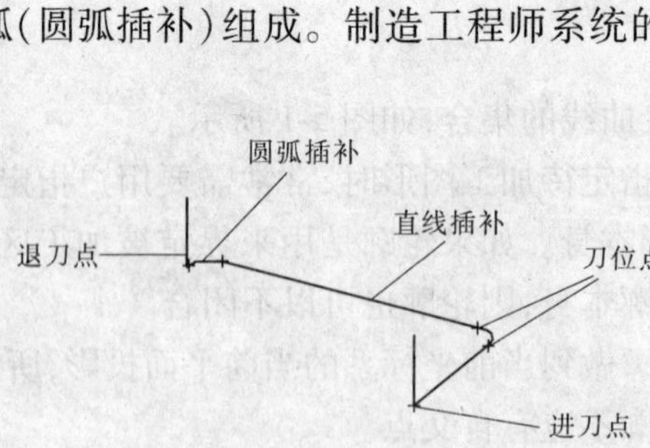

图 5-5　刀具轨迹和刀位点

5.1.1.8　**安全高度和起止高度**

安全高度是指保证在此高度以上可以快速走刀而不发生干涉的高度。此高度应高于零件的最大高度。

起止高度是进退刀时刀具的初始高度，起止高度应大于安全高度，如图 5-6 所示。

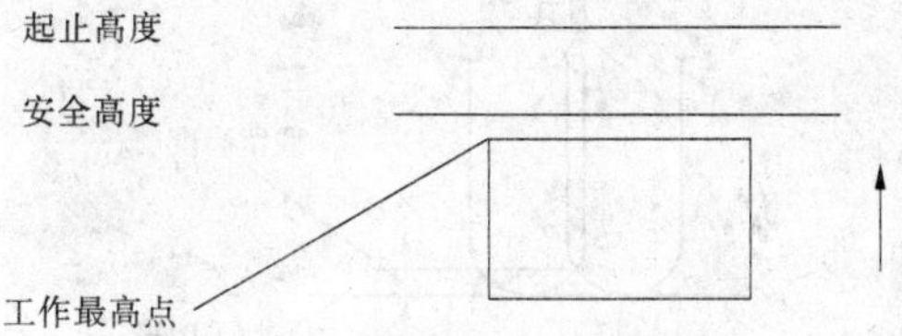

图 5-6 安全高度和起止高度

5.1.1.9 慢速下刀高度

每一次下刀,刀具都是快速运动(G00),当距下刀点某一距离时,刀具慢速下降。这个距离值称为慢速下刀高度。

5.1.1.10 加工余量

铣加工是一个去余量的过程,即从毛坯开始逐步除去多余的材料,以得到需要的零件。这种过程往往由粗加工和精加工构成,必要时还需要进行半精加工,即需经过多道工序的加工。在前一道工序中,往往需给下一道工序留下一定的余量。

实际的加工模型是指定的加工模型按给定的加工余量进行等距的结果,如图 5-7 所示。

5.1.1.11 加工误差与步长

刀具轨迹和实际加工模型的偏差即是加工误差。用户可通过控制加工误差来控制加工的精度。

用户给出的加工误差是刀具轨迹同加工模型之间的最大允许偏差,系统保证刀具轨迹与实际加工模型之间的偏离不大于加工误差。

用户应根据实际工艺要求给定加工误差,当在进行粗加工时,加工误差可以较大,否则加工效率会受到不必要的影响;而进行精加工时,需根据表面要求等给定加工误差。

在两轴加工中,对于直线和圆弧的加工不存在加工误差,加工误差指对样条线进行加工时用折线段逼近样条时的误差。

在三轴加工中,还可以用给定步长的方式控制加工的误差,步长用来控制刀具步进方向上每两个刀位点之间的距离,系统按用户给定的步长计算刀具轨迹,同时系统对生成的刀具轨迹进行优化处理,删除处于同一直线上的刀位点,在保证加工精度的前提下提高加工的效率。因此,用户给定的是加工的最小步距,实际生成的刀具轨迹中的步长可能大于用户给定的步长,如图 5-8 所示。

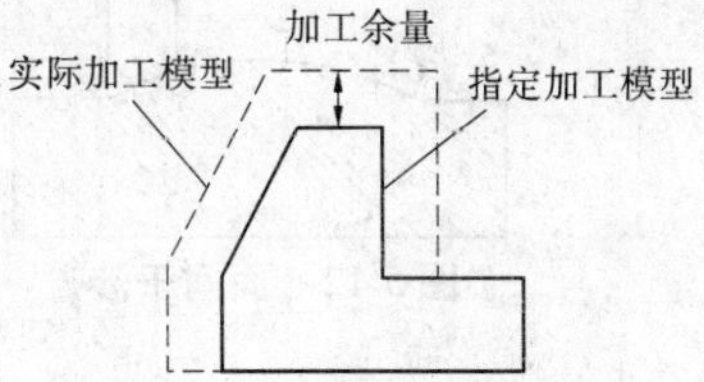

图 5-7 加工余量示意

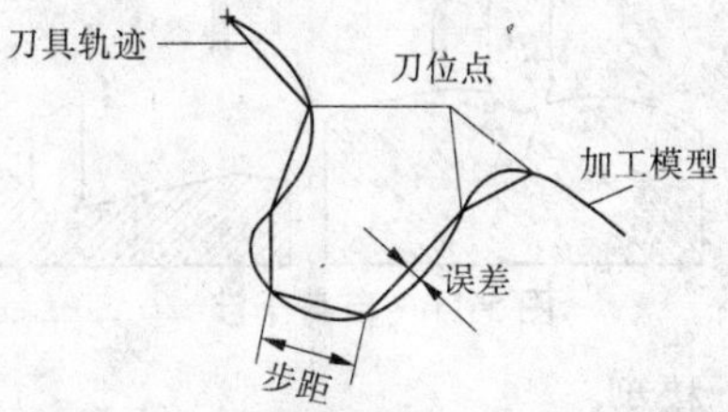

图 5-8 加工误差与步长

5.1.1.12 行距和残留高度及刀次

行距指加工轨迹相邻两行刀具轨迹之间的距离,如图 5-9 所示。

在三轴加工中,由于行距造成的两刀之间一些材料未切削,这些材料距切削面的高度即是残留高度。

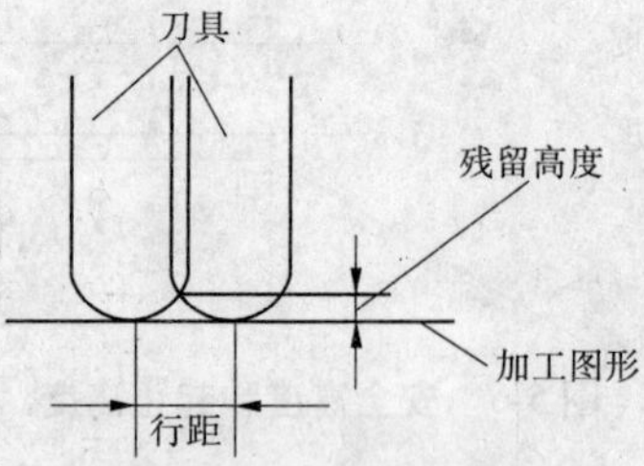

图 5-9　行距和残留高度及刀次

在加工时，可通过控制残留高度来控制加工的精度。

有时可通过指定刀具轨迹的行数及刀次来控制残留高度。

5.1.1.13　顺铣和逆铣

在铣加工中需注意顺铣和逆铣的切削效果是不同的。在数控铣削加工中，一般总是采用顺铣的方式，可以得到较好的加工效果。

顺铣和逆铣如图 5-10 所示。

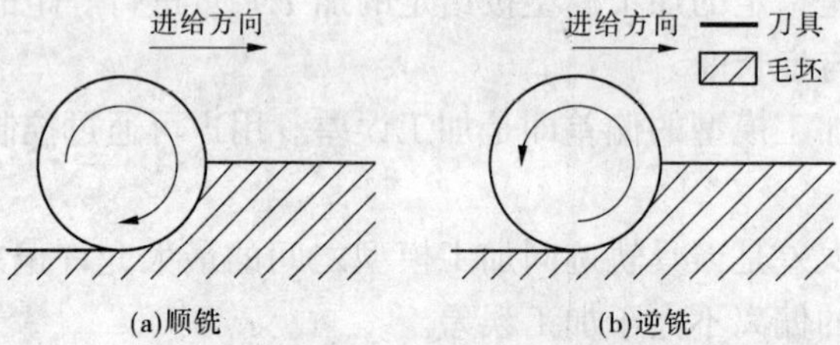

图 5-10　顺铣和逆铣

5.1.1.14　干涉

在切削被加工表面时，如果刀具切到了不应该切的部分，则称为出现干涉现象，或者叫做过切。

在制造工程师系统中，干涉分为以下两种情况：

(1)自身干涉。指被加工表面中存在刀具切削不到的部分时存在的过切现象，如图 5-11 所示。

(2)面间干涉。指在加工一个或一系列表面时，可能会对其他表面产生过切的现象，如图 5-12 所示。

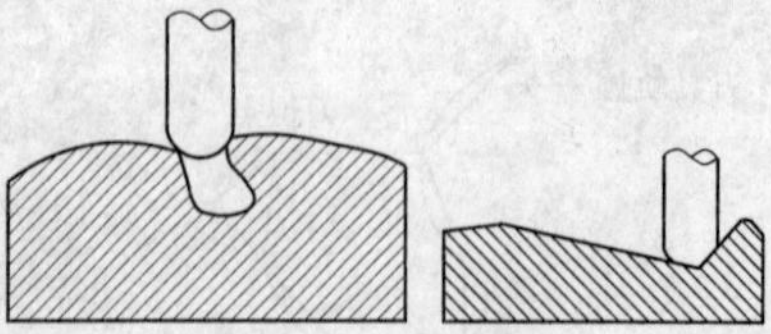
图 5-11　自身干涉

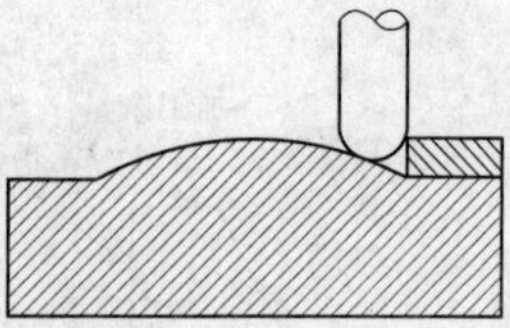
图 5-12　面间干涉

5.1.1.15　模型

模型是指系统存在的所有曲面和实体的总和(包括隐藏的曲面或实体)。在造型时，模型的曲面是光滑连续(法矢连续)的，例如球面就是一个理想的光滑连续的面。这样理想的模型，称为几何模型。但在加工时，是不可能完成这样一个理想的几何模型的。所以，我们会把一个曲面离散成一系列的三角片。由这一系列三角片所构成的模型，称加工模型。加工模型与几何模型之间的误差，称为几何精度。另外，加工精度是按轨迹加工出来的零件与加工模型之间的误差,当加工精度趋近于0时,轨迹对应的加工件的形状就是加工模型(忽略残留量)。

此外,由于系统中所有曲面及实体(隐藏或显示)的总和为模型,所以在增删面时,一定要小心,因为删除曲面或增加实体元素都意味着对模型的修改,也就意味着已生成的轨迹可能会不再适用于新的模型,甚至会导致过切。建议使用加工模块过程中不要增删曲面,如果一定要这样做,应重新计算所有的轨迹。如果仅仅用于CAD造型中的增删曲面可以另当别论。

5.1.2 制造工程师软件加工参数设置

制造工程师软件除了可以制作实体造型,轨迹模拟仿真加工也是其重要功能。制造工程师软件完全可以通过实体真实感仿真模拟加工过程。在仿真加工前,除需要有实体造型外,还应设置加工参数,例如根据造型定义毛坯、设定加工刀具等。

5.1.2.1 基础参数设置

(1)定义毛坯。

实际生产中,实体造型被加工前一定是毛坯件,换句话讲,就是毛坯件被数控车床加工成需要的形状,即实体造型。因此,在仿真加工前一定要定义毛坯。

单击"加工"菜单中的"定义毛坯",进入"定义毛坯"对话框,如图5-13所示。

图5-13 "定义毛坯"对话框

①锁定。使用户不能设定毛坯的基准点、大小、毛坯类型等。这是为了防止设定好的毛坯数据不小心被改变。

②毛坯定义。系统提供了3种毛坯定义的方式。

• 两点方式:通过拾取毛坯的两个角点(与顺序、位置无关)来定义毛坯。

• 三点方式:通过拾取基准点,拾取定义毛坯大小的两个角点(与顺序、位置无关)来定义毛坯。

• 参照模型:系统自动计算模型的包围盒,以此作为毛坯。

• 基准点:毛坯在世界坐标系(.sys)中的左下角点。

长度、宽度、高度是毛坯在 X 方向、Y 方向、Z 方向的尺寸。

毛坯类型:系统提供铸件、精铸件、锻件、精锻件、棒料、冷作件、冲压件、标准件、外购件、外协件、其他等毛坯的类型,主要是写工艺清单时需要。

毛坯精度设定:设定毛坯的网格间距,主要是仿真时需要。

③显示毛坯。设定是否在工作区中显示毛坯。

透明度:设定毛坯显示时的透明度,如图 5-14 所示为透明毛坯。

(a) 实体造型　　(b) 生成毛坯

图 5-14　实体及透明毛坯

(2)起始点。制造工程师软件计算轨迹时默认以全局刀具起始点作为刀具起始点,可以对该轨迹的刀具起始点进行修改。双击"加工管理"中的"起始点",如图 5-15 所示。

在弹出的对话框中可以看到起始点所在的加工坐标系,并且可以通过输入或者单击"拾取点"按钮来设定刀具起始点,"刀具起始点"对话框如图 5-16 所示。

(3)刀具库。对使用的刀具进行定义,确定刀具的有关数据,以便用户从刀具库中调用信息和对刀具库进行维护。用鼠标双击 "加工管理"中的"刀具库"图标,如图 5-17 所示。

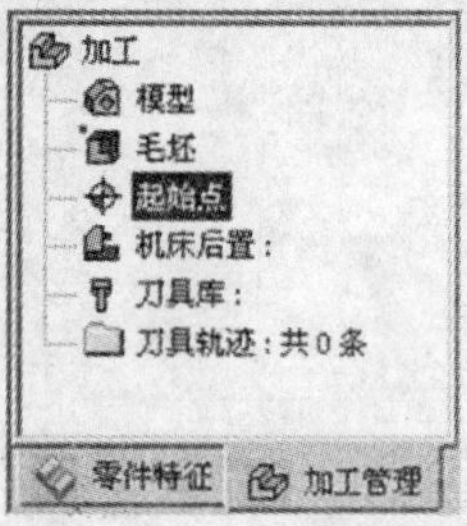

图 5-15　起始点

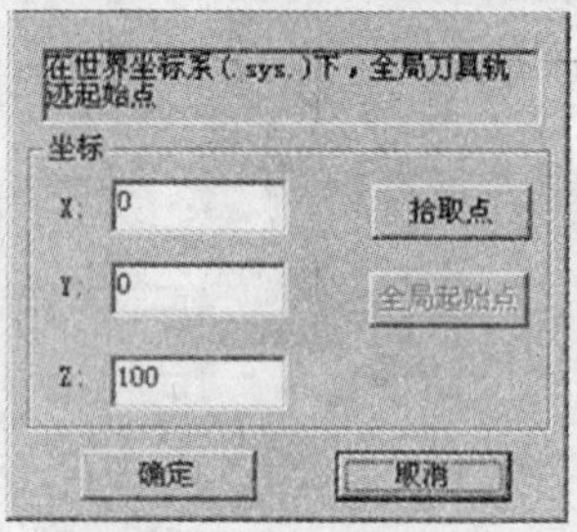

图 5-16　"刀具起始点"对话框

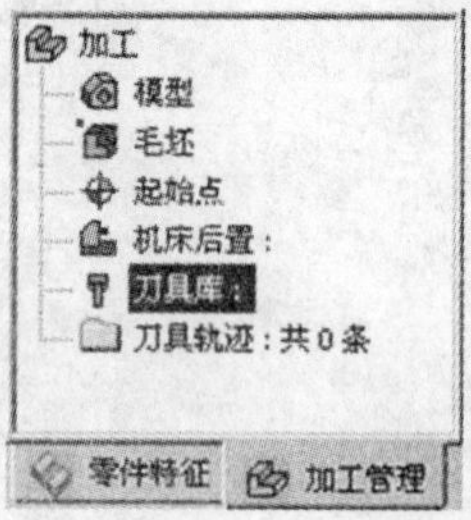

图 5-17　刀具库

在弹出的对话框中可以看到目前的刀具情况,如图 5-18 所示。

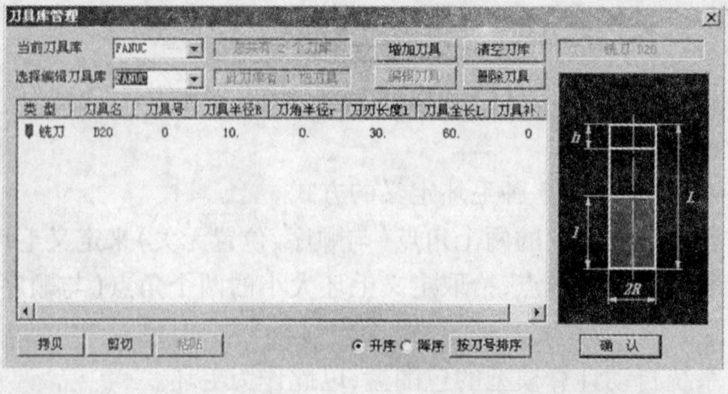

图 5-18　"刀具库管理"对话框

刀具库有两种类型:系统刀库和机床刀库。

系统刀库是与机床无关的刀具库。可以把所有要用到的刀具的参数都建立在系统刀库中,然后利用这些刀具对各种机床进行编程。

机床刀库是与不同机床控制系统相关联的刀具库。系统中每一种机床都有自己的刀具库(用户新增加的机床类型也有自己的刀具库),也可以针对每一种机床建立该机床自己的刀具库。这样,当改变机床时,相应的刀具库也会自动切换到与该机床对应的刀具库。这种刀具库可以用来同时对多个加工中心编程。

①基本操作。当前刀具库:设定当前使用的机床的刀具库。

选择编辑刀具库:选择某机床的刀具库,然后可以对其进行增加刀具、清空刀具库等编辑操作。

增加刀具:增加新的刀具到编辑刀具库。

清空刀库:删除编辑刀具库中的所有刀具。

编辑刀具:对编辑刀具库中选中的刀具参数进行修改。

删除刀具:删除编辑刀具库中选中的刀具。

②刀具列表。该列表显示编辑刀具库中的所有刀具及其相关的主要参数。

③一般操作。该操作对编辑刀具库中的所有刀具进行复制、剪切、粘贴、排序等。

④刀具示意。示意显示选中的刀具。

注意事项:刀具编辑不能取消,所以在作删除刀具、删除刀具库等操作时一定要小心。

5.1.2.2 仿真加工参数设置

在生成仿真加工轨迹前,通常还要针对需要采取的加工方式设置一些加工参数,如刀具参数、机床参数、进退刀参数、下刀参数等,每种刀具轨迹生成方式都会涉及这些参数中的一部分或全部。

仿真加工参数设置涉及的加工方式包括平面轮廓加工、平面区域加工、导动加工、参数线加工、限制线加工、曲面轮廓加工、曲面区域加工、投影加工、曲线加工、等高粗加工、等高精加工、自动区域加工、钻孔、轨迹生成批处理等。

用户可以在"加工"菜单下选取这些加工方式,例如选中"粗加工"下的"区域式粗加工",这时会弹出"仿真加工参数设置"对话框,每种加工方式的对话框中都有"确定"、"取消"、"悬挂"3 个按钮,单击"确定"按钮,确认加工参数,开始随后的交互过程;单击"取消"按钮,取消当前的命令操作;单击"悬挂"按钮,表示加工轨迹并不立即生成,交互结束后并不计算加工轨迹,而是在执行轨迹生成批处理命令时才开始计算。这样就可以将很多计算复杂、耗时的轨迹生成任务准备好,直到空闲的时间,比如夜晚才开始真正计算,大大提高了工作效率。

在此只介绍"切入切出"、"切削用量"、"下刀方式"、"切入方式"、"刀具参数"、"加工边界"6 项子设置,而"加工参数"会在后文结合加工方式来讲解。

(1)切入切出。

在如图 5-19 所示的选项卡中可以设置以下内容。

方式:接近方式有以下两种情况。

- *XY* 向:*Z* 方向垂直切入。
- 螺旋:在 *Z* 方向以螺旋状切入。

XY 向:接近方式为 *XY* 向时,有以下 3 种情况。

- 不设定:不设定水平接近。

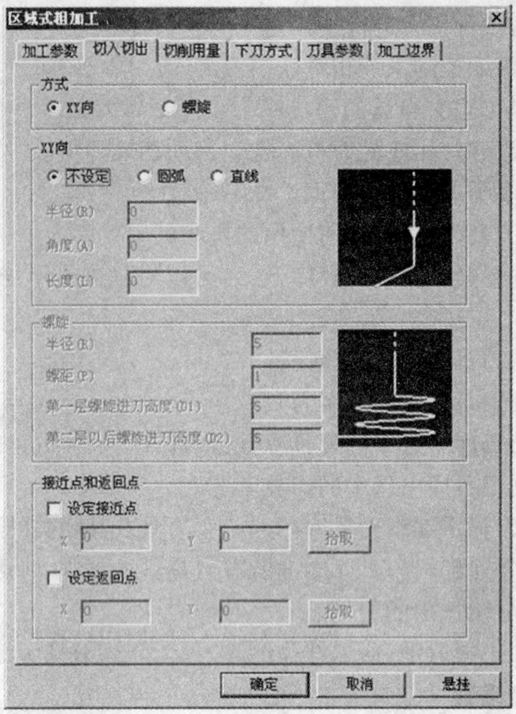

图 5-19 “切入切出”选项卡

• 圆弧:设定圆弧接近。所谓圆弧接近,是指在轮廓加工和等高线加工等功能中,从形状的相切方向开始以圆弧的方式接近工件。

• 直线:水平接近设定为直线。

半径:输入接近圆弧半径。输入 0 时,不添加圆弧。输入负值时,以刀具直径的倍数作为圆弧接近。

角度:输入接近圆弧的角度。输入 0 时,不添加圆弧。

长度:输入直线接近的长度。输入 0 时,不附加直线。

不同的切入切出方式如图 5-20 所示。

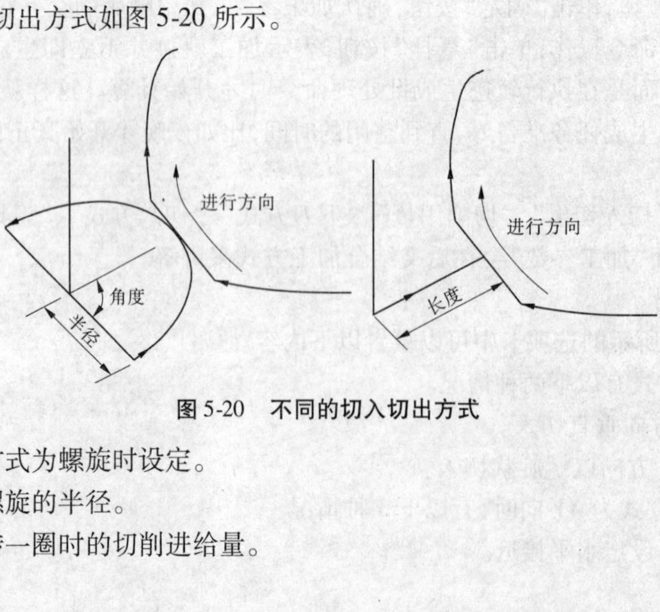

图 5-20 不同的切入切出方式

螺旋:接近方式为螺旋时设定。

半径:输入螺旋的半径。

螺距:螺旋转一圈时的切削进给量。

各切削参数如图 5-21 所示。

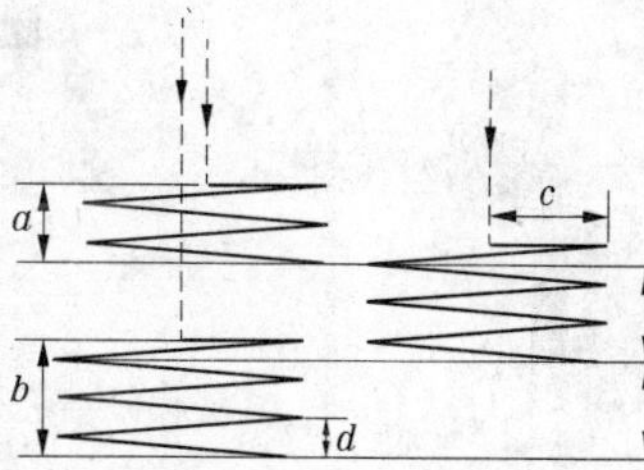

a—切削开始高度；*b*—切入深度；*c*—半径
d—螺距；*e*—轨迹切入深度

图 5-21　各切削参数

第一层螺旋进刀高度：用于第一段领域加工时螺旋切入的开始高度的输入。

第二层以后螺旋进刀高度：输入第二层以后领域的螺旋接近切入深度。切入深度由下一加工层开始的相对高度设定，需输入大于路径切削深度的值。螺旋接近不检查时对模型的干涉，请输入不发生干涉的螺旋半径。

接近点和返回点：接近方式为 *XY* 向时设定。选择是否设定接近点和返回点，如图 5-22 所示。

设定接近点：设定下刀时接近点的 *XY* 坐标。直接从屏幕上拾取。

根据模型或者加工条件，从接近点开始移动或者移动到返回点的部分可能与领域发生干涉的情况。避免的方法为可变更接近位置点或者返回位置点。

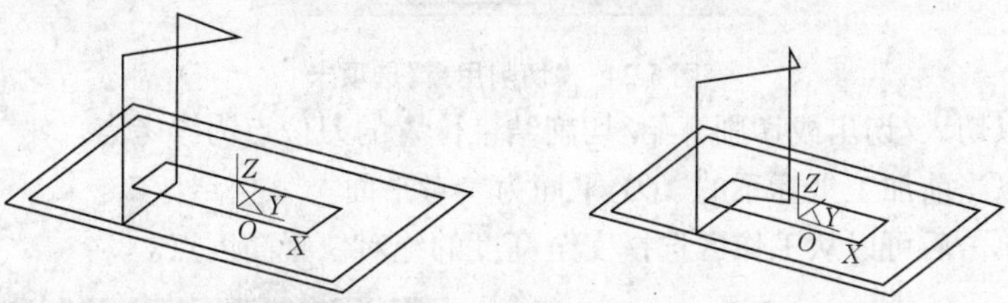

图 5-22　设定接近点和返回点

设定返回点：设定退刀时返回点的 *XY* 坐标。直接从屏幕上拾取，如图 5-23 所示。

图 5-23　设定返回点

（2）切削用量。

在如图 5-24 所示的选项卡上设定轨迹各位置的相关进给速度及主轴转速。

主轴转速：设定主轴转速的大小，单位为 r/min。

慢速下刀速度：设定慢速下刀轨迹段的进给速度的大小，单位为 mm/min。

切入切出连接速度：设定切入轨迹段、切出轨迹段、连接轨迹段、接近轨迹段、返回轨迹段的进给速度的大小，单位为 mm/min。

切削速度：设定切削轨迹段的进给速度的大小，单位为 mm/min。

退刀速度：设定退刀轨迹段的进给速度的大小，单位为 mm/min。

各参数如图 5-25 所示。

（3）下刀方式。

在如图 5-26 所示的选项卡中设置各参数。

安全高度：刀具快速移动而不会与毛坯或模型发生干涉的高度，有相对与绝对两种模式，单击“相对”或“绝对”按钮可以实现两者的互换。

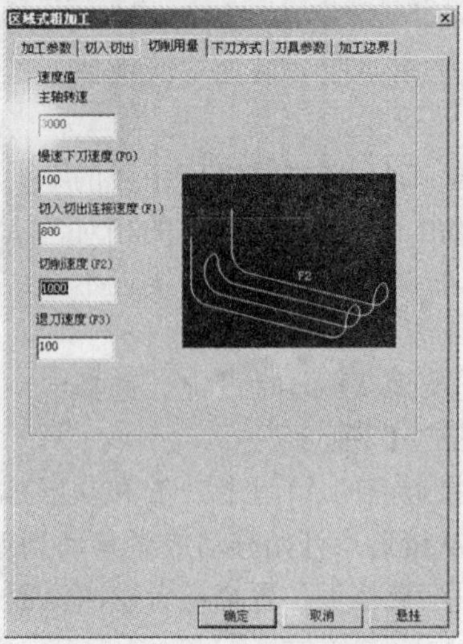

图 5-24 **“切削用量”选项卡**

- 相对:以切入/切出或切削开始/切削结束位置的刀位点为参考点。
- 绝对:以当前加工坐标系的 *XOY* 平面为参考平面。
- 拾取:单击后可以从工作区选择安全高度的绝对位置高度点。

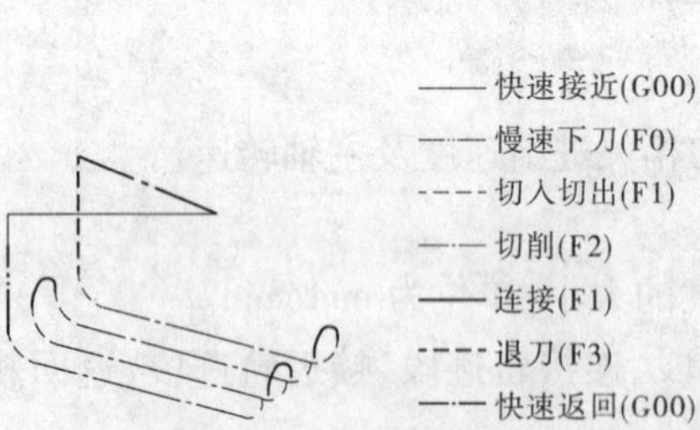

图 5-25 **切削各参数**

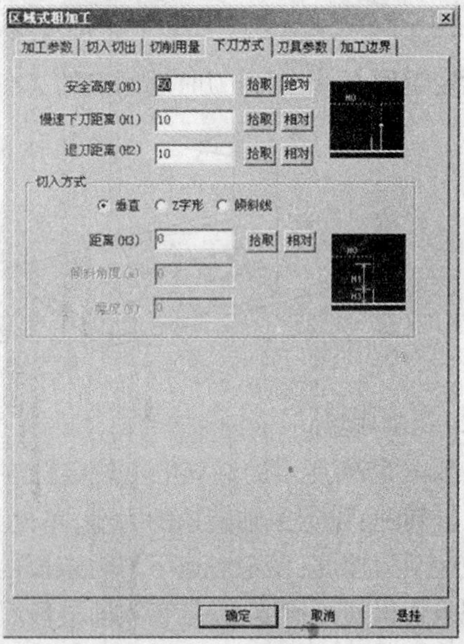

图 5-26 **“下刀方式”选项卡**

慢速下刀距离:在切入或切削开始前的一段刀位轨迹的位置长度,这段轨迹以慢速下刀速度垂直向下进给。如图 5-27 所示,有相对与绝对两种模式,单击“相对”或“绝对”按钮可以实现两者的互换,其中 δ_1 为慢速下刀距离。

- 相对:以切入或切削开始位置的刀位点为参考点。
- 绝对:以当前加工坐标系的 *XOY* 平面为参考平面。
- 拾取:单击后可以从工作区选择慢速下刀距离的绝对位置高度点。

退刀距离:在切出或切削结束后的一段刀位轨迹的位置长度,这段轨迹以退刀速度垂直向上进给。如图 5-28 所示,有相对与绝对两种模式,单击“相对”或“绝对”按钮可以实现两者的互换,其中 δ_2 为退刀距离。

- 相对:以切出或切削结束位置的刀位点为参考点。
- 绝对:以当前加工坐标系的 *XOY* 平面为参考平面。
- 拾取:单击后可以从工作区选择退刀距离的绝对位置高度点。

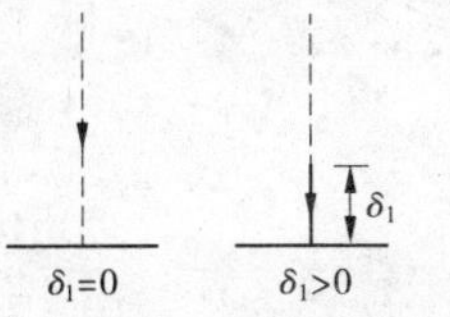

图 5-27　下刀距离

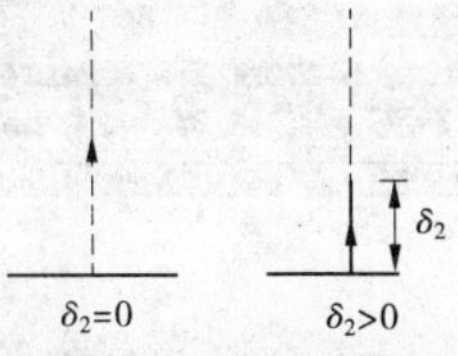

图 5-28　退刀距离

(4)切入方式。

如图 5-29 所示,提供了 3 种通用的切入方式,几乎适用于所有的铣削加工策略,其中的一些切削加工策略有其特殊的切入切出方式(“切入切出”选项卡中可以设定)。如果在“切入切出”选项卡设定了特殊的切入切出方式后,此处通用的切入方式将不会起作用。

垂直:刀具沿垂直方向切入。

Z 字形:刀具以 Z 字形方式切入。

倾斜线:刀具以与切削方向相反的倾斜线方向切入。

距离:切入轨迹段的高度,有相对与绝对两种模式,单击“相对”或“绝对”按钮可以实现两者的互换,相对指以切削开始位置的刀位点为参考点,绝对指以 *XOY* 平面为参考平面。单击“拾取”按钮后可以从工作区选择距离的绝对位置高度点。

幅度:Z 字形切入时走刀的宽度。

倾斜角度:Z 字形或倾斜线走刀方向与 *XOY* 平面的夹角。

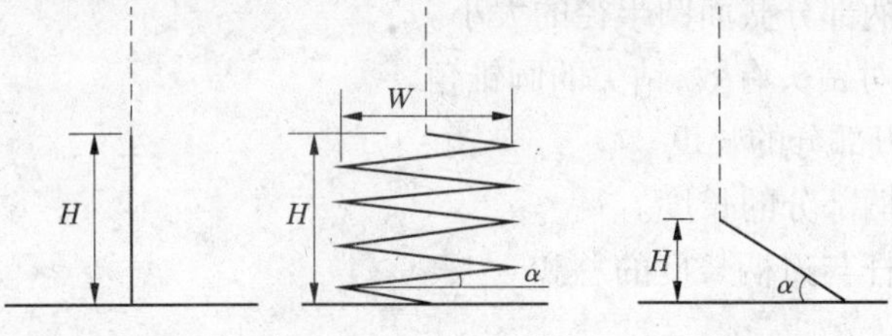

图 5-29　切入方式

(5)刀具参数。

“刀具参数”选项卡如图 5-30 所示。

刀具库中能存放用户定义的不同的刀具,包括钻头、铣刀(球刀、牛鼻刀、端刀)等,使用中用户可以很方便地从刀具库中取出所需的刀具。

增加刀具:可以向刀具库中增加新定义的刀具。

编辑刀具:选中某把刀具后,可以对这把刀具的参数进行编辑。

刀具类型、刀具名称、刀具号、刀具半径 *R*、圆角半径 *r*/*a*、切削刃长 *L*,如图 5-30 所示,刀具库中会显示这些刀具的主要参数值。

刀具参数:刀具主要由刀刃、刀杆、刀柄3部分组成,见图5-31。

类型:铣刀或钻头。

刀具名:刀具的名称。

刀具号:刀具在加工中心里的位置编号,便于加工过程中换刀。

刀具补偿号:刀具半径补偿值对应的编号。

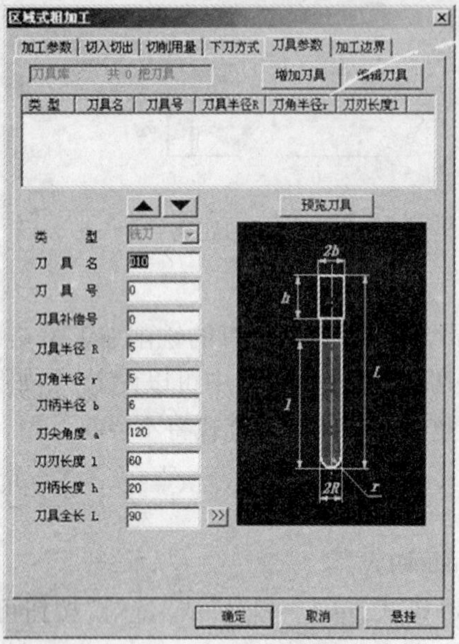

图5-30 “刀具参数”选项卡

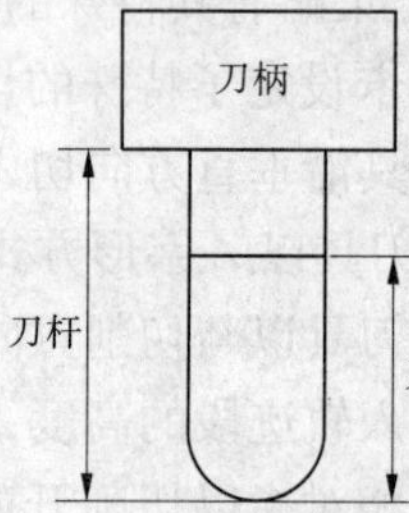

图5-31 参数的值

刀具半径R:刀刃部分最大截面圆的半径大小。

刀角半径r:刀刃部分球形轮廓区域半径的大小,只对铣刀有效。

刀柄半径b:刀柄部分截面圆半径的大小。

刀尖角度α:只对钻头有效,钻尖的圆锥角。

刀刃长度l:刀刃部分的长度。

刀柄长度h:刀柄部分的长度。

刀具全长L:刀杆与刀柄长度的总和。

(6)加工边界。

“加工边界“选项卡如图5-32所示。

①Z设定。设定毛坯的有效的Z范围。

使用有效的Z范围:设定是否使用有效的Z范围,是指使用指定的最大最小Z值所限定的毛坯的范围进行计算,而不是指使用定义的毛坯的高度范围进行计算。

最大:指定Z范围最大的Z值,可以采用输入数值和拾取点两种方式。

最小:指定Z范围最小的Z值,可以采用输入数值和拾取点两种方式。

参照毛坯:通过毛坯的高度范围来定义Z范围最大的Z值和指定Z范围最小的Z值。

②相对于边界的刀具位置。设定刀具相对于边界的位置,如图5-33所示,分为边界内侧、边界上和边界外侧3种。

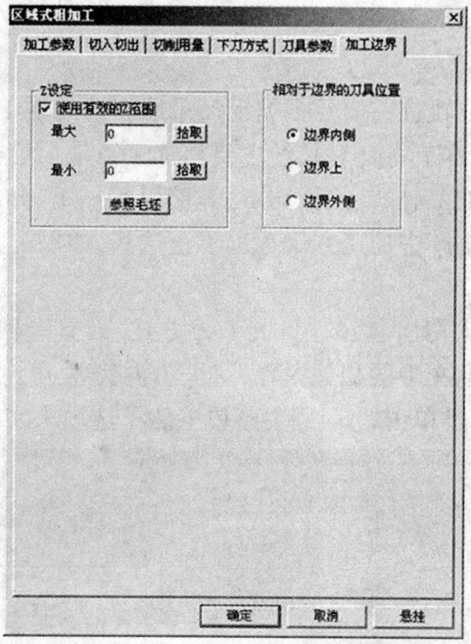

图 5-32 “加工边界”选项卡

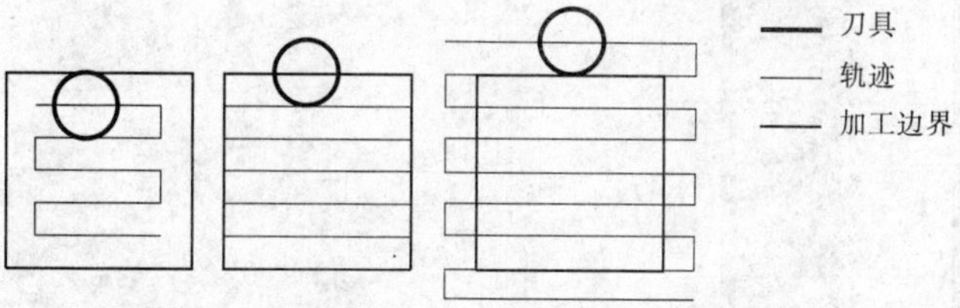

(a)边界内侧　(b)边界上　(c)边界外侧

图 5-33 刀具相对于边界的位置

5.1.3 加工功能介绍

仿真加工就是利用制造工程师软件模拟实际生产中每一道加工程序,将刀具在加工时的运行轨迹显示出来,并对加工轨迹进行动态图像模拟,实现刀具对毛坯切削的显示,以检查加工轨迹的正确性。

CAXA 制造工程师软件通过轨迹仿真器可直观、精确地对加工过程进行模拟仿真,并且可以在仿真过程中实现以下功能:

- 可以调节仿真时的速度,还可以随意放大、缩小、旋转,以便于观察细节。
- 能显示多道加工轨迹的加工结果。
- 仿真过程中可以检查刀柄干涉、快速移动过程(G00)中的干涉、刀具无切削刃部分的干涉情况。
- 可以将切削残余量用不同颜色区分表示,并把切削仿真结果与零件理论形状进行比较等。

制造工程师软件仿真加工分为两个步骤,首先需要选择正确的加工方法使软件生成加工轨迹,然后启动轨迹仿真器进行轨迹仿真。一个毛坯件采用的加工方法不同,它生成的加工轨迹也不同。

5.1.4 常用加工方法

前面已经提到,在生成轨迹前需要根据毛坯采取正确的加工方法,所以了解各种加工方法的区别是非常必要的。本节将针对几种主要粗加工方法(区域式粗加工、等高线粗加工、扫描线粗加工、摆线式粗加工、插铣式粗加工、等壁厚粗加工、导动线粗加工)的加工参数分别进行讲解。当然,实际生产中加工方式远远不止这些,如果对其他没有涉及的加工方式感兴趣可以参考相关书籍。

其他参数的含义(切入切出、切削用量、下刀方式、刀具参数、加工边界)在不同的加工方法中基本相同,可参考上文中的相关内容,这里不再赘述。

选择加工方式可以通过单击“加工”主菜单下的子选项来实现,如图 5-34 所示。

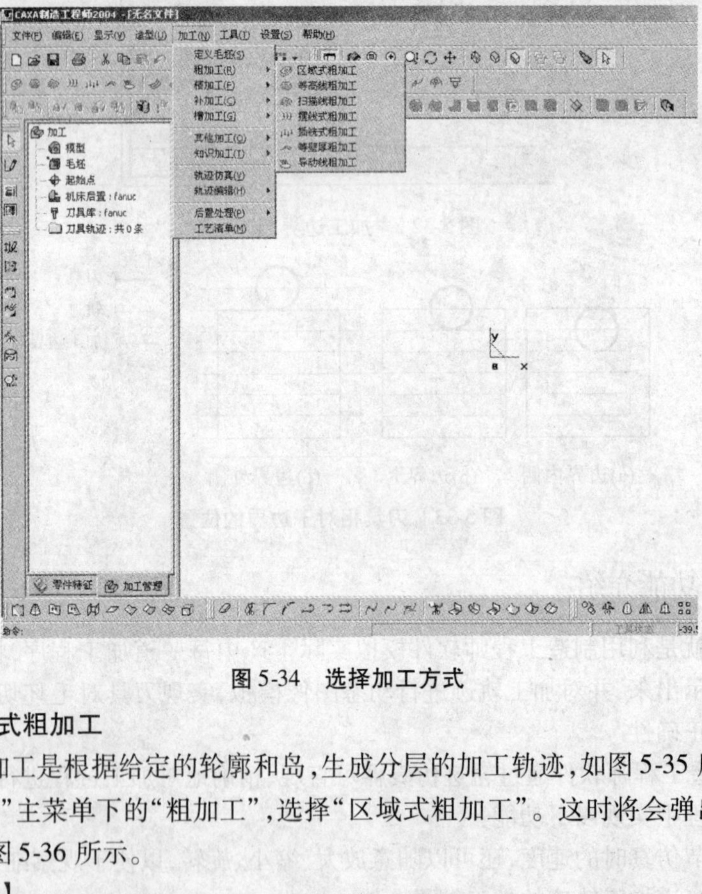

图 5-34 选择加工方式

5.1.4.1 区域式粗加工

区域式粗加工是根据给定的轮廓和岛,生成分层的加工轨迹,如图 5-35 所示。

单击“加工”主菜单下的“粗加工”,选择“区域式粗加工”。这时将会弹出“区域式粗加工”对话框,如图 5-36 所示。

【相关参数】

(1)加工方向。加工方向的设定有两种选择:顺铣或逆铣。图 5-37 说明了两种方向的含义。

(2)*XY* 切入。定义在同一层(*XY* 平面内)的加工轨迹的参数。

①切削模式:*XY* 切入模式设定有以下 3 种选择,如图 5-38 所示。

- 环切:生成环切加工轨迹。
- 平行(单向):只生成单方向的加工轨迹。快速进刀后,进行一次切入方向加工。
- 平行(往复):即使到达加工边界也不进行快速进刀,继续往复加工。

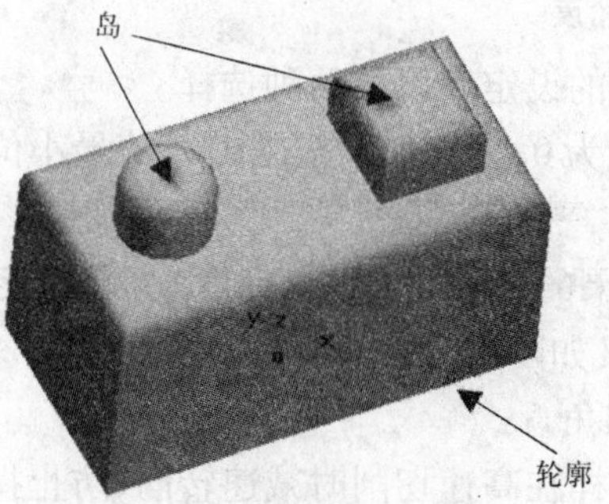

图 5-35　轮廓和岛屿

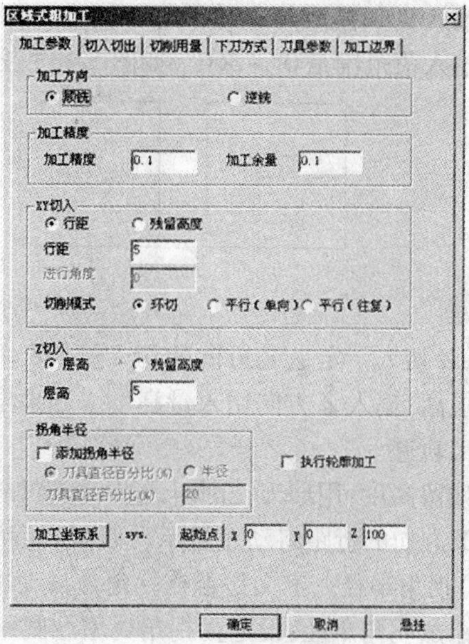

图 5-36　“区域式粗加工”对话框

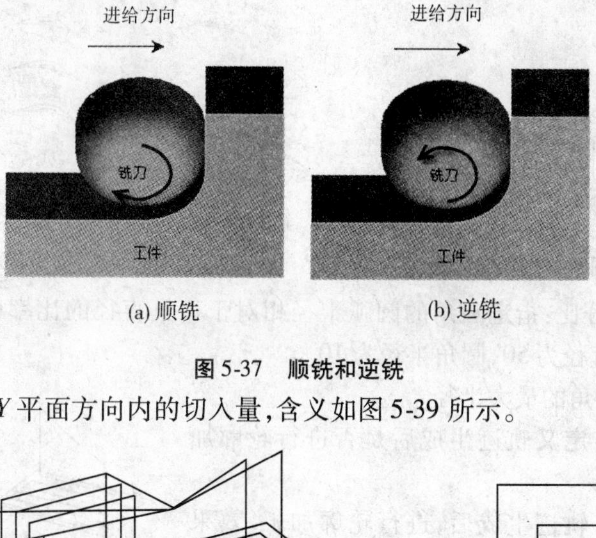

(a) 顺铣　　(b) 逆铣

图 5-37　顺铣和逆铣

②行距：定义 *XY* 平面方向内的切入量，含义如图 5-39 所示。

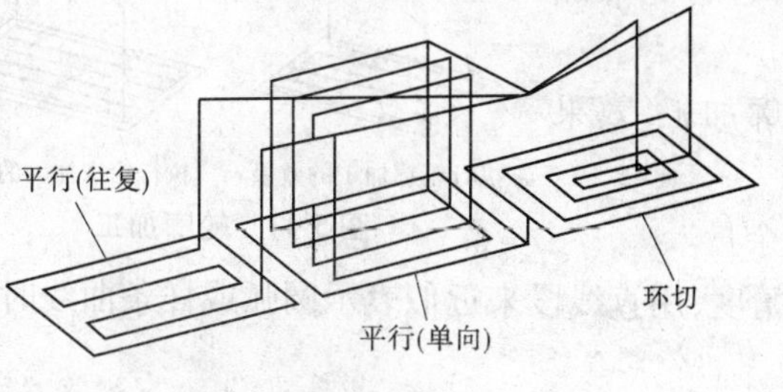

图 5-38　切入模式

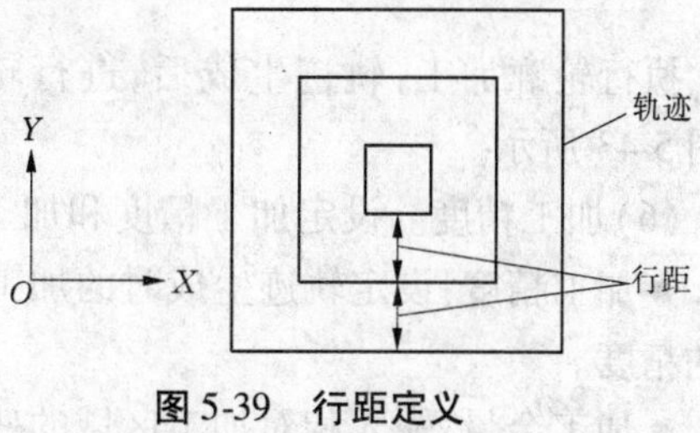

图 5-39　行距定义

③残留高度：用球刀铣削时，输入铣削通过时的残余量(残留高度)。当指定残留高度时，会提示 *XY* 方向的行距。

④进行角度：当切削模式为“平行(单向)”和“平行(往复)”时进行设定。输入切削轨迹的前进角度。

- 输入 0°，生成与 *X* 轴平行的轨迹。

• 输入 90°,生成与 Y 轴平行的轨迹。

• 输入值范围是 0° ~360°,如图 5-40 所示。

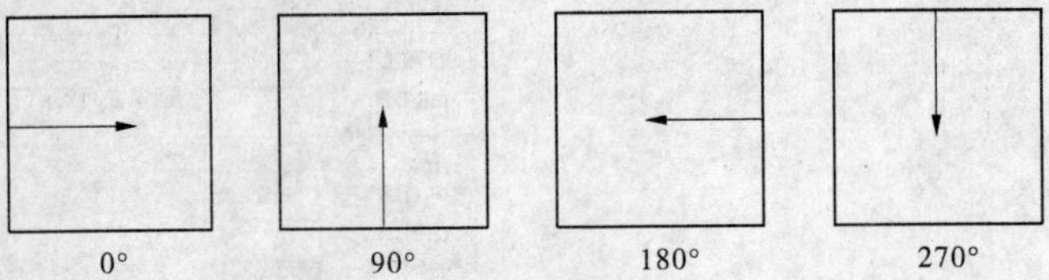

图 5-40　前进角度

(3) Z 切入。定义 Z 方向的切入量。Z 切入量的设定有以下两种选择。

①层高:输入 Z 方向切入量高度。如果层高设为 0,则在加工范围内 Z 值最小位置生成一层加工轨迹。

②残留高度:用球刀铣削时,输入要求加工结果的残余量(残留高度)。在指定残留高度时,XY 方向的行距将动态显示。残留高度的含义如图 5-41 所示。

(4) 拐角半径。定义是否在拐角处自动增加圆角。

• 添加拐角半径:设定在拐角处增加圆角。这样在高速切削时减速转向,防止拐角处的过切,效果如图 5-42 所示。

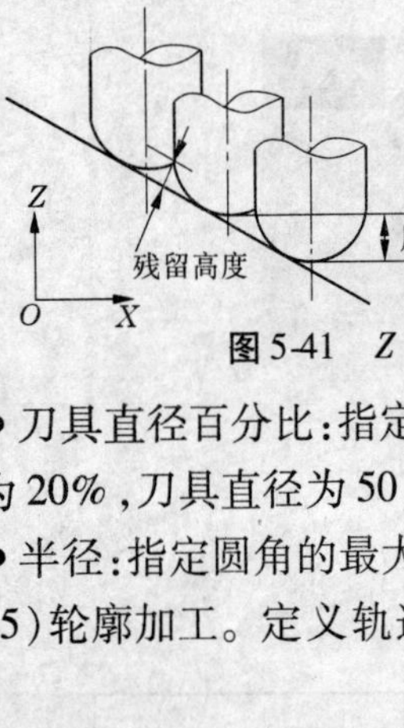

图 5-41　Z 切入量

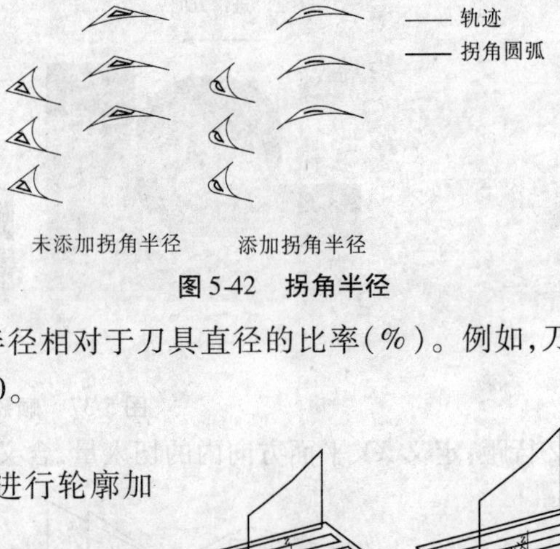

图 5-42　拐角半径

• 刀具直径百分比:指定圆角的圆弧半径相对于刀具直径的比率(%)。例如,刀具直径比为 20%,刀具直径为 50,圆角半径为 10。

• 半径:指定圆角的最大半径。

(5) 轮廓加工。定义轨迹生成后是否进行轮廓加工。

执行轮廓加工:轨迹生成后,进行轮廓加工,效果如图 5-43 所示。

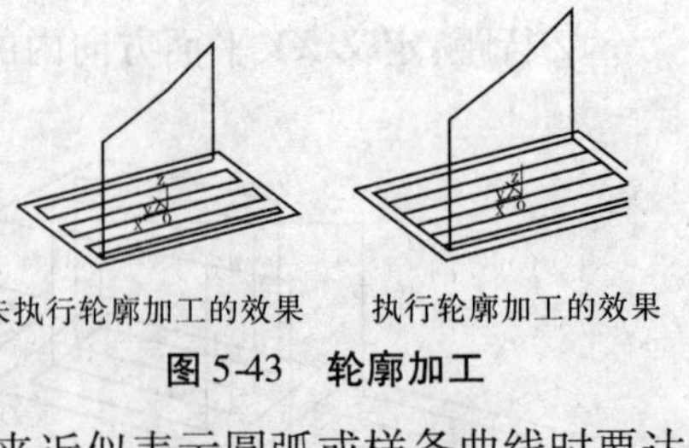

图 5-43　轮廓加工

(6) 加工精度。设定加工精度和加工余量。

• 加工精度:设定轨迹生成时的加工精度,用直线段来近似表示圆弧或样条曲线时要达到的精度。

• 加工余量:输入相对加工区域的残余量,也可以输入负值。加工余量的含义如图 5-44 所示。

(7) 加工坐标系。生成轨迹所在的局部坐标系,单击“加工坐标系”按钮可以从工作区中拾取。

(8) 起始点。刀具的初始位置和沿某轨迹走刀结束后的停留位置,单击“起始点”按钮可以从工作区中拾取。

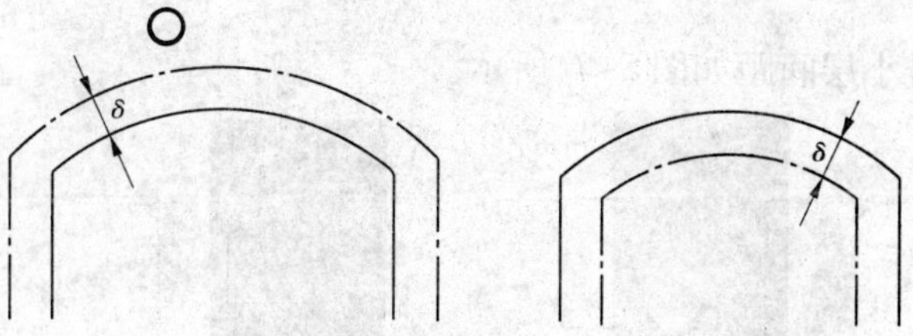

δ>0　　　　δ<0

δ 为加工余量

图 5-44　加工余量

5.1.4.2　等高线粗加工

这种加工方法可以生成分层等高式粗加工轨迹。

单击“加工”主菜单下的“粗加工”，选择“等高线粗加工”，这时将会弹出“加工参数设置”对话框。

【相关参数】

等高线粗加工的加工参数共有两组，先来介绍加工参数 1，如图 5-45 所示。

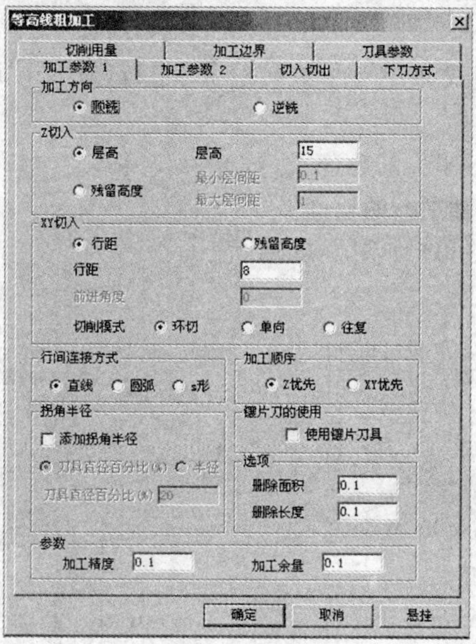

图 5-45　加工参数 1

(1)加工方向。加工方向设定有两种选择，即顺铣和逆铣。

(2) *Z* 切入。*Z* 向切削设定有以下定义方式。

- 层高：*Z* 向每个加工层的切削深度。
- 残留高度：系统会根据残留高度的大小计算 *Z* 向层高，在对话框中提示。
- 最大层间距：输入最大 *Z* 向切削深度。

根据残留高度值在求得 *Z* 向的层高时，为防止在加工较陡斜面时可能层高过大，限制层高在最大层间距的设定值之下。

- 最小层间距：输入最小 *Z* 向切削深度。

根据残留高度值在求得 *Z* 向的层高时，为防止在加工较平坦面时可能层高过小，限制层高在最小层间距的设定值之上。

最大层间距和最小层间距如图 5-46 所示。

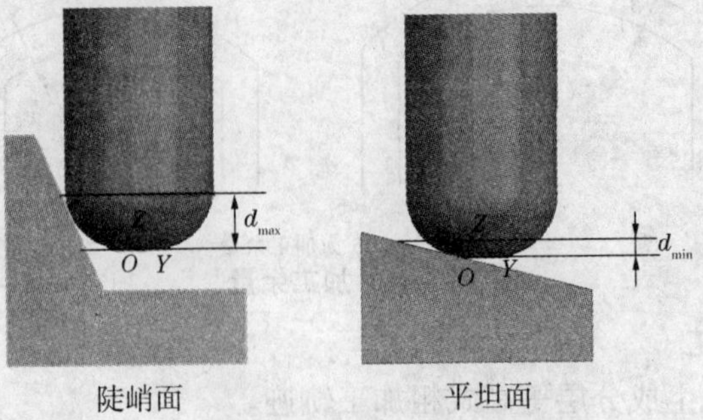

图 5-46　最大层间距和最小层间距

(3) XY 切入。XY 切入量的设定有以下选择，如图 5-47 所示。

● 行距：输入 XY 方向的切入量。

● 残留高度：用球刀铣削时，输入铣削的残余量（尖端高度）。指定残留高度时，XY 切削行距可以自动显示。

● 前进角度：当切削模式为"平行（单向）"和"平行（往复）"时进行设定。输入切削轨迹的前进角度。

○输入 0°，生成与 X 轴平行的轨迹。

○输入 90°，生成与 Y 轴平行的轨迹。

○输入值范围是 0°～360°，如图 5-48 所示。

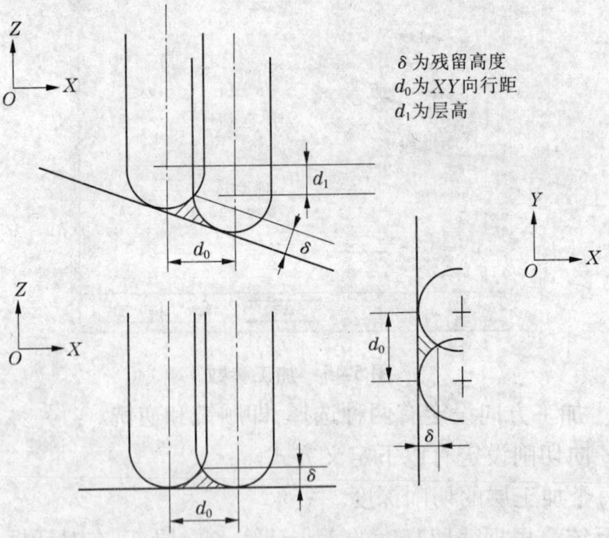

图 5-47　XY 切入量

● 输入各角度如图 5-48 所示。

● 切削模式：XY 切入模式设定有以下 3 种选择。

○环切：生成环切加工轨迹。

○单向：只生成单方向的加工轨迹。快速进刀后，进行一次切入方向加工。

○往复：即使到达加工边界也不进行快速进刀，继续往复地加工。

上述参数具体含义可参考"区域式粗加工"。

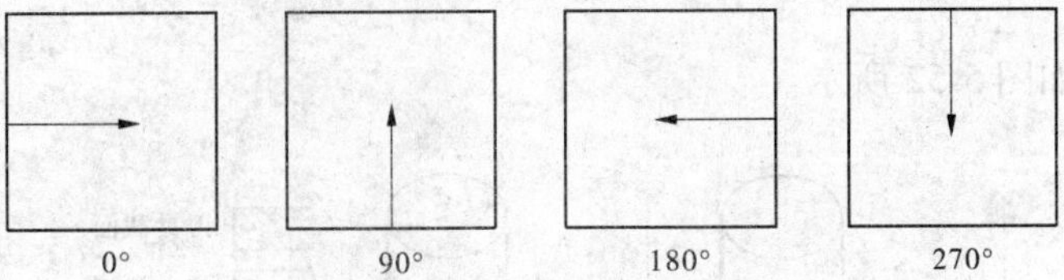

图 5-48　前进角度

(4)加工顺序。设定加工顺序有以下两种选择,如图 5-49 所示。

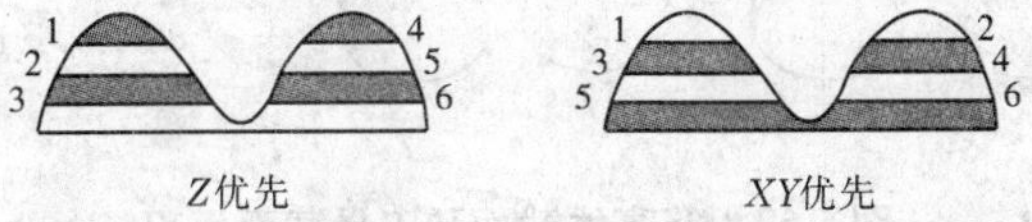

图 5-49　加工顺序

• Z 优先:先由高到低进行加工。

• XY 优先:先加工同一平面。

(5)镶片刀的使用。在使用镶片刀具时生成最优化轨迹。因为考虑到镶片刀具的底部存在不能切割的部分,选中本选项可以生成最合适的加工轨迹,如图 5-50 所示。

(6)拐角半径。在拐角部分加上圆弧。

• 添加拐角半径:设定在拐角处增加圆角。高速切削时减速转向,防止拐角处的过切,如图 5-51 所示。

• 刀具直径百分比:指定圆角的圆弧半径相对于刀具直径的比率(%)。例如,刀具直径比为 20(%),刀具直径为 50,插补的圆角半径为 10。

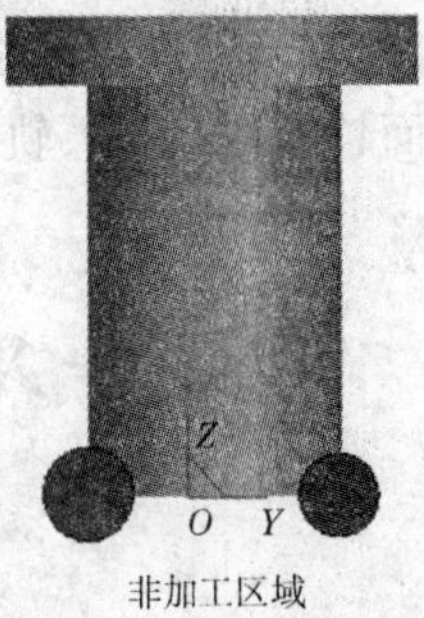

图 5-50　镶片刀的使用

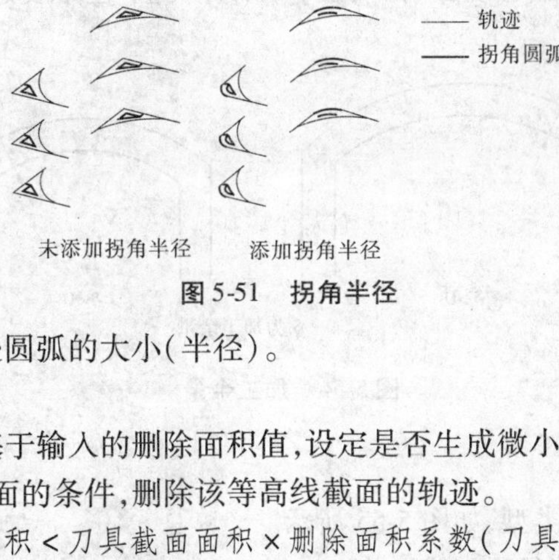

图 5-51　拐角半径

• 半径:指定拐角处圆弧的大小(半径)。

(7)选项。

• 删除面积系数:基于输入的删除面积值,设定是否生成微小轨迹。刀具截面面积和等高线截面面积若满足下面的条件,删除该等高线截面的轨迹。

等高线截面面积 < 刀具截面面积 × 删除面积系数(刀具截面面积系数)

要删除微小轨迹时,该值比较大;相反,要生成微小轨迹时,应设定小一点的值,通常使用初始值。

• 删除长度系数:基于输入的删除长度值,设定是否做成微小轨迹。刀具截面面积和等高截面线长度若满足下面的条件,删除该等高线截面的轨迹。

等高截面线长度 < 刀具直径 × 删除长度系数(刀具直径系数)

要删除微小轨迹时,该值比较大;相反,要生成微小轨迹时,应设定小一点的值,通常使用初始值。

各参数含义如图 5-52 所示。

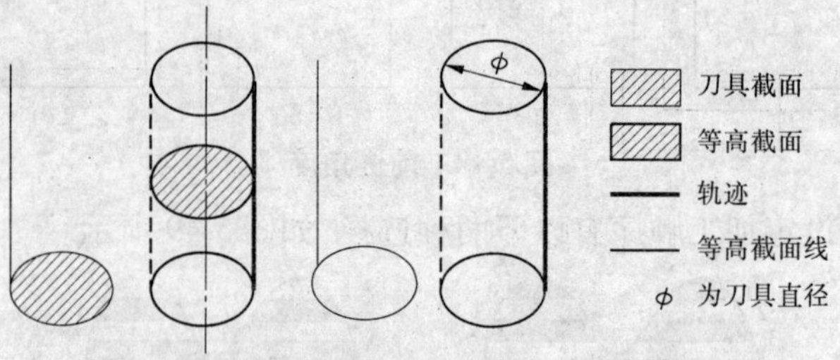

图 5-52　等高线截面和刀具截面面积

(8)参数。

• 加工精度:输入模型的加工精度。计算模型的加工轨迹的误差小于此值。加工精度越大,模型形状的误差也越大,模型表面越粗糙。加工精度越小,模型形状的误差也越小,模型表面越光滑,但是,轨迹段的数目增多,轨迹数据量变大,如图 5-53 所示。

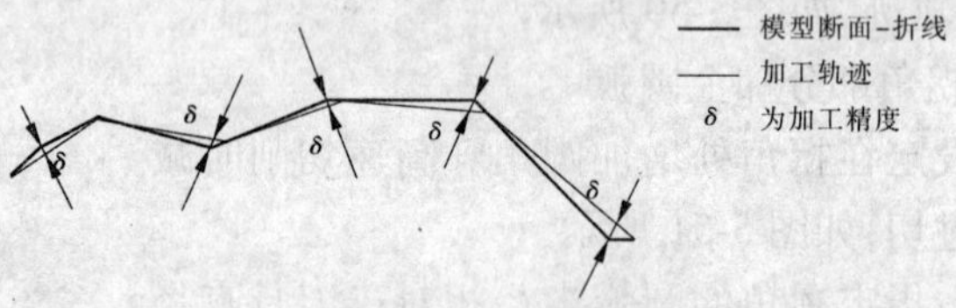

图 5-53　加工精度

• 加工余量:相对模型表面的残留高度,可以为负值,但不要超过刀角半径,如图 5-54 所示。

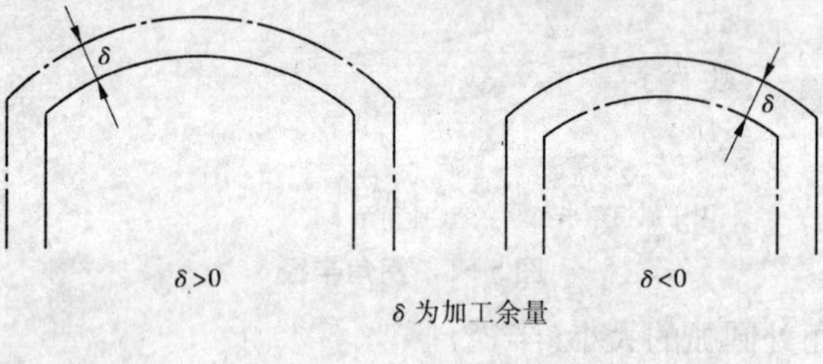

图 5-54　加工余量

(9)行间连接方式。

行间连接方式有 3 种类型,如图 5-55 所示。

• 直线:行间连接的路径为直线形状。

• 圆弧:行间连接的路径为半圆形状。

• S 形:行间连接的路径为 S 形状。

如图 5-56 所示为“加工参数 2”选项卡。

(1)稀疏化加工。

粗加工后的残余部分,用相同的刀具从下往上生成加工路径。

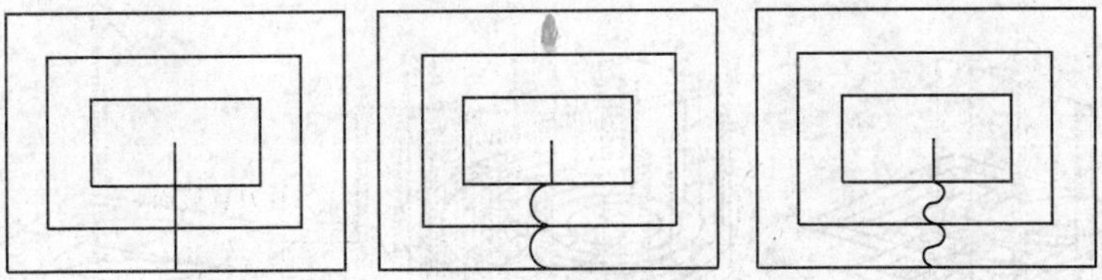

(a)直线　　　　　　　　(b)圆弧　　　　　　　　(c)S形

图 5-55　行间连接方式

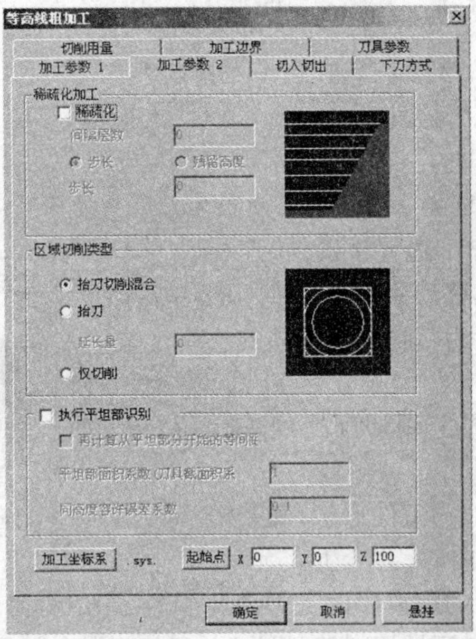

图 5-56　加工参数 2

● 稀疏化：确定是否稀疏化。

● 间隔层数：从下向上，设定欲间隔的层数。

● 步长：对于粗加工后阶梯形状的残余量，设定 *XY* 方向的切削量。

● 残留高度：用球刀铣削时，输入铣削通过时残余量（残留高度）。指定残留高度时，*XY* 切入量自动显示，如图 5-57 所示。

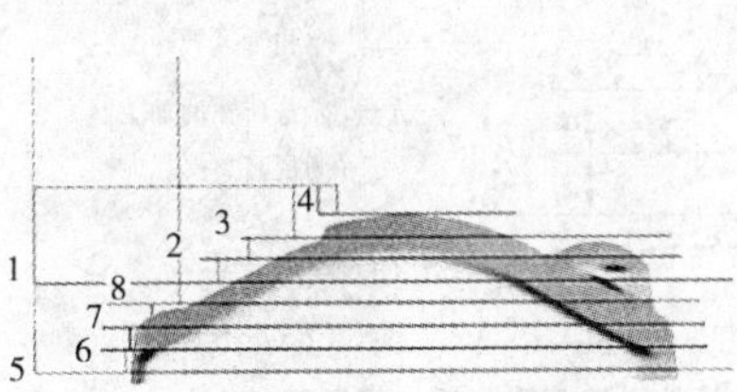

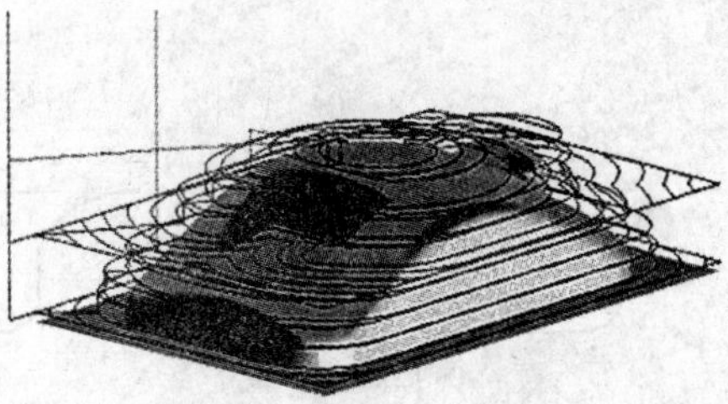

间隔为 3 时的稀疏化轨迹

图 5-57　稀疏化加工轨迹

（2）区域切削类型。

在加工边界上重复刀具路径的切削类型有 3 种选择，如图 5-58 所示。

● 抬刀切削混合：在加工对象范围中没有开放形状时，在加工边界上以切削移动进行加

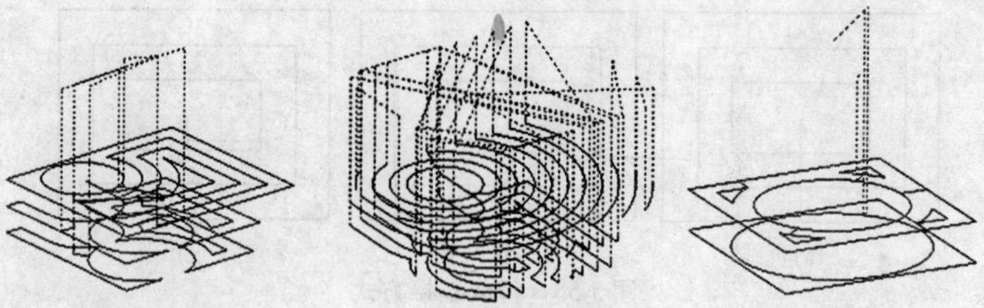
(a) 抬刀切削混合　　(b) 抬刀　　(c) 仅切削

图 5-58　切削类型

工。有开放形状时,回避全部的段。

切入量 < 刀具半径/2 时　　延长量 = 刀具半径 + 行距

切入量 > 刀具半径/2 时 延长量 = 刀具半径 + 刀具半径/2

• 抬刀:刀具移动到加工边界上时,快速往上移动到安全高度,再快速移动到下一个未切削的部分(刀具往下移动位置为"延长量"远离的位置)。

• 仅切削:在加工边界上用切削速度进行加工。

注意:加工边界(没有时为工件形状)和凸模形状的距离在刀具半径之内时,会产生残余量。对此,加工边界和凸模形状的距离要设定比刀具半径大一点,这样可以设定"区域切削类型"为"抬刀切削混合"以外的设定。

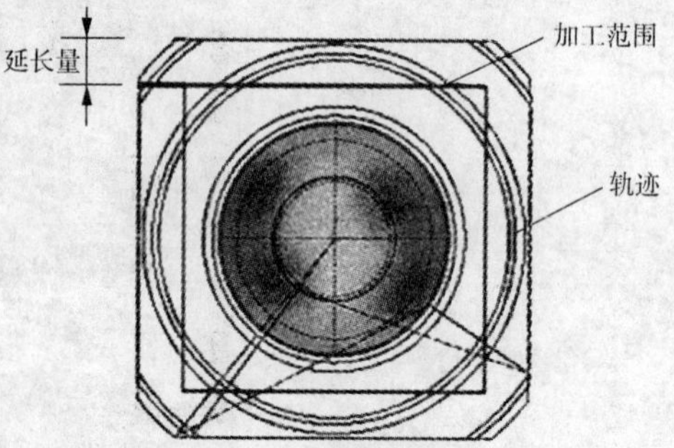

图 5-59　延长量

• 延长量:输入延长量,如图 5-59 所示。

(3) 执行平坦部识别。

自动识别模型的平坦区域,选择是否根据该区域所在高度生成轨迹。

• 再计算从平坦部分开始的等间距:设定是否根据平坦部区域所在高度重新度量 Z 向层高,生成轨迹;不选择再计算时,在 Z 向层高的路径间插入平坦部分的轨迹,如图 5-60 所示。

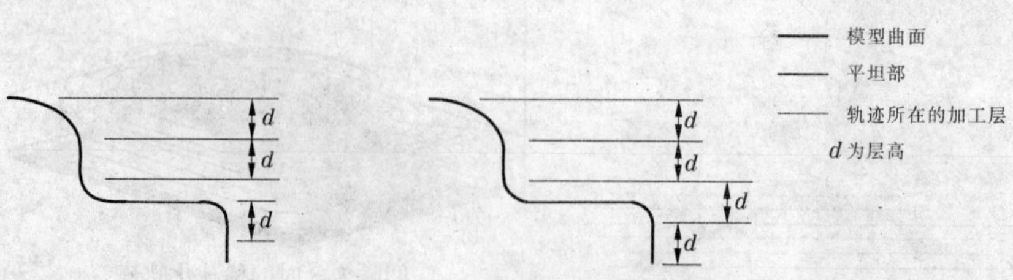

(a)计算从平坦部分开始的等间距　　(b)不再计算从平坦部分开始的等间距

图 5-60　自动识别模型的平坦区域

• 平坦部面积系数:如图 5-61 所示,根据输入的平坦部面积系数(刀具截面面积系数),设定是否在平坦部生成轨迹。比较刀具的截面面积和平坦部面积,满足下列条件时,生成平坦部轨迹:

平坦部分面积 > 刀具截面面积 × 平坦部面积系数(刀具截面面积系数)

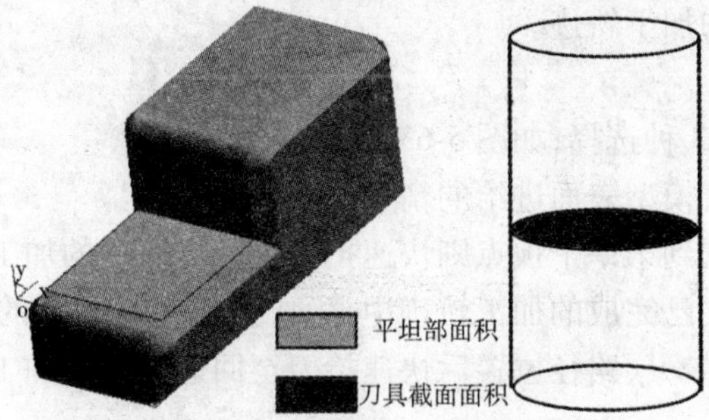

图 5-61　平坦部分和刀具截面

• 同高度容许误差系数:

Z 向同高度的容许误差量(高度量) = Z 向层高 × Z 向同高度容许误差系数

(4) 加工坐标系。

生成轨迹所在的局部坐标系,单击"加工坐标系"按钮可以从工作区中拾取。

(5) 起始点。

刀具的初始位置和沿某轨迹走刀结束后的停留位置,单击"起始点"按钮可以从工作区中拾取。

5.1.4.3　**扫描线粗加工**

单击"加工"主菜单下的"粗加工",选择"扫描线粗加工"。这时将会弹出"扫描线粗加工"对话框,如图 5-62 所示。

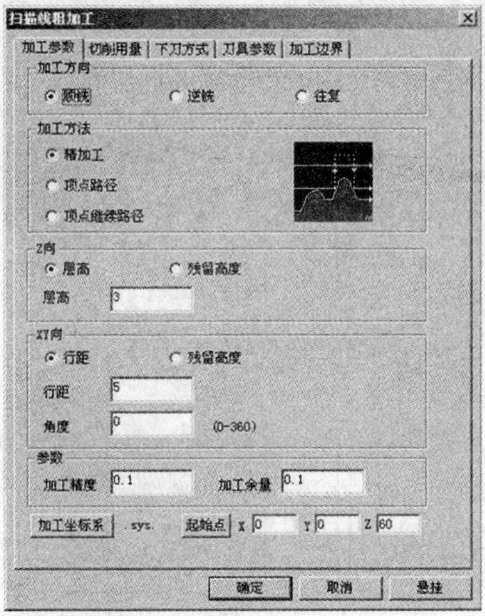

图 5-62　"扫描线粗加工"对话框

【相关参数】

(1) 加工方向。

加工方向的设定有 3 种选择,如图 5-62 所示。

• 顺铣:生成顺铣的加工轨迹。

• 逆铣：生成逆铣的加工轨迹。

• 往复：生成往复的加工轨迹。

(2) 加工方法。

加工方法的设定有 3 种选择，如图 5-63 所示。

• 精加工：生成沿着模型表面进给的精加工轨迹。

• 顶点路径：生成遇到第一个顶点则快速抬刀至安全高度的加工轨迹。

• 顶点继续路径：在已完成的加工轨迹中，生成含有最高顶点的加工轨迹，即达到顶点后继续走刀，直到上一加工层路径位置后快速抬刀至回避高度的加工轨迹。

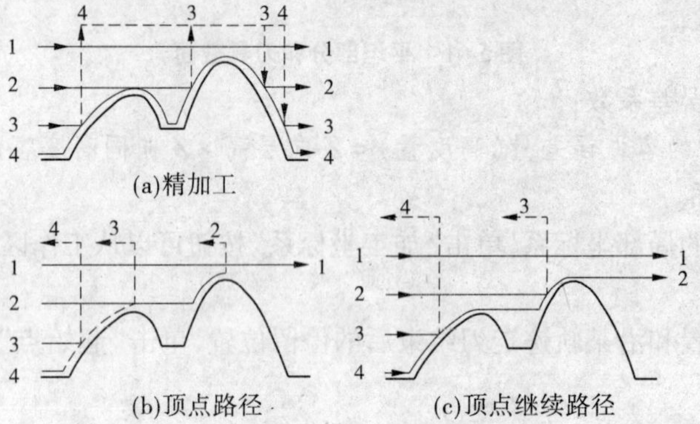

图 5-63　加工方法

(3) Z 向。

Z 向切削设定有以下两种定义方式。

• 层高：Z 向每加工层的切削深度。

• 残留高度：系统会根据残留高度的大小计算 Z 向层高在对话框中提示，如图 5-64 所示。

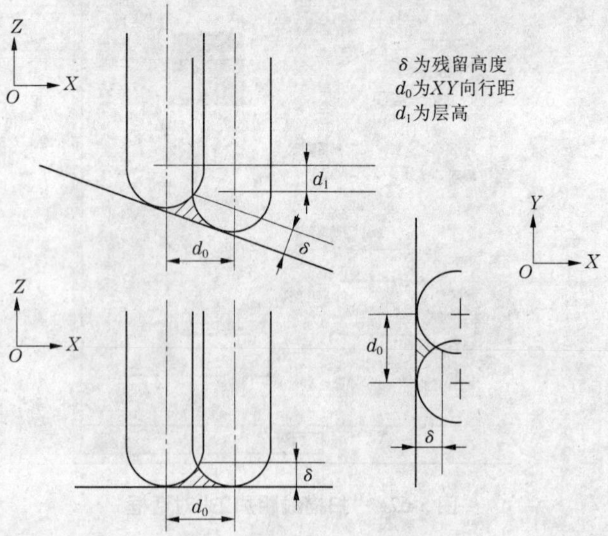

图 5-64　层高和残留高度

(4) XY 向。

XY 向切削设定有以下定义方式。

• 行距:XY 向相邻切削行间的切削间隔。

• 残留高度:系统会根据残留高度的大小计算 XY 向行距,在对话框中提示。

• 角度:输入扫描线的切削轨迹的进给角度。当输入 0°时沿着 X 轴平行方向生成扫描线轨迹。输入 90°则沿着 Y 轴平行方向生成扫描线路径。角度范围在 0° ~360°,如图 5-65 所示。

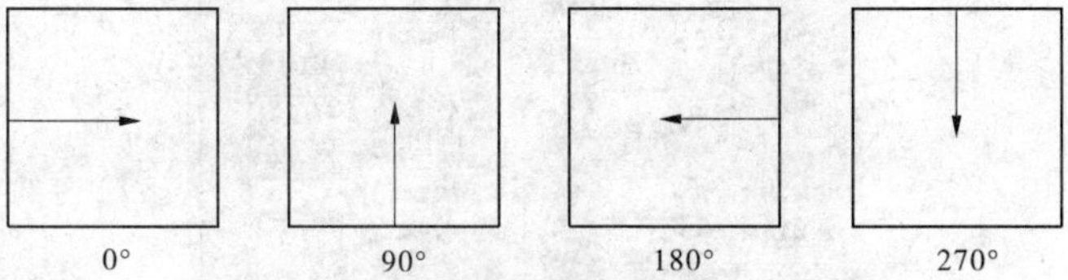

图 5-65　**进给角度**

(5)参数。

• 加工精度:输入加工轨迹的加工精度。如图 5-66 所示,曲面的误差计算要小于此值。此值增大,加工出来的形状成多角型,和基于曲面形状的误差也增大,表面会粗糙。此值减小,基于曲面形状的误差也减小,但是,轨迹的要素数目增多,生成的 NC 数据文件会变大。

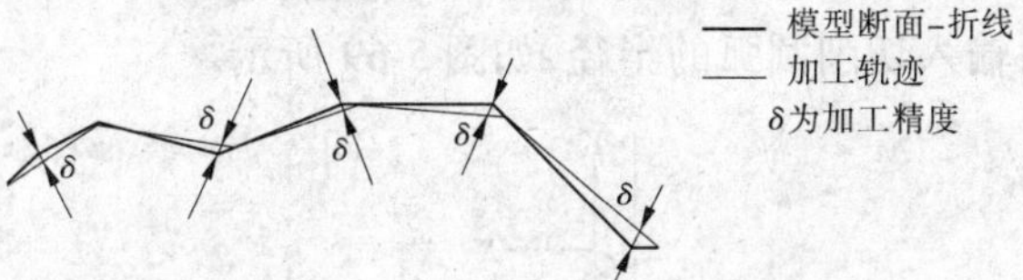

图 5-66　**加工精度**

• 加工余量:输入相对曲面的加工余量,数值可以小于刀具圆角半径的负值,如图 5-67 所示。

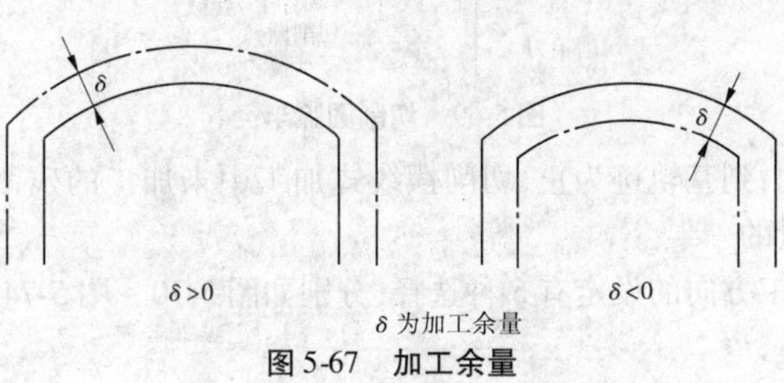

图 5-67　**加工余量**

(6)加工坐标系。

生成轨迹所在的局部坐标系,单击"加工坐标系"按钮可以从工作区中拾取。

(7)起始点。

刀具的初始位置和沿某轨迹走刀结束后的停留位置,单击"起始点"按钮可以从工作区中拾取。

5.1.4.4　摆线式粗加工

生成摆线式粗加工的加工轨迹。单击"加工"主菜单下的"粗加工",选择"摆线式粗加工"。这时将会弹出"加工参数"设置对话框,如图 5-68 所示。

【相关参数】

(1)加工条件。

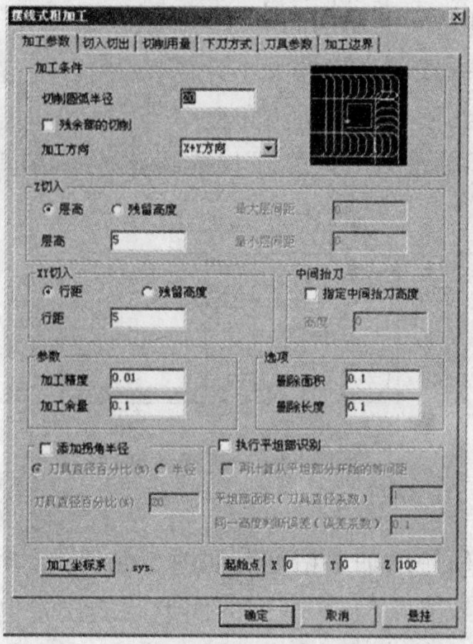

图 5-68　摆线式粗加工参数设置

• 切削圆弧半径：输入切削圆弧的半径，如图 5-69 所示。

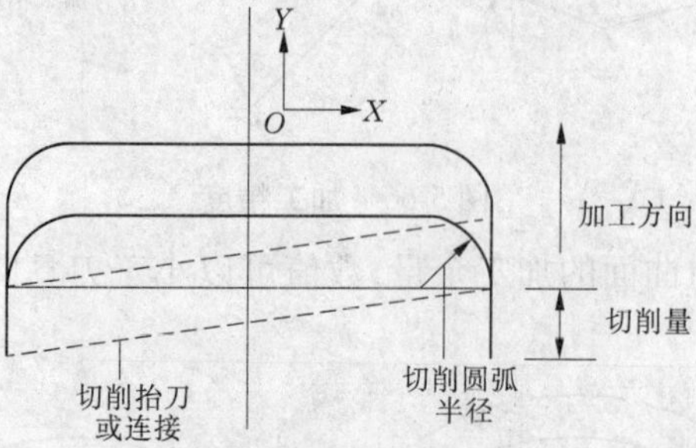

图 5-69　切削圆弧半径

• 残余部的切削：到基轨迹为止，切削摆线式加工中未加工的残留部分。*XY* 方向的切削步长为设定切削量的一半。

• 加工方向：加工方向的设定有 5 种选择，分别如图 5-70 ~ 图 5-74 所示。

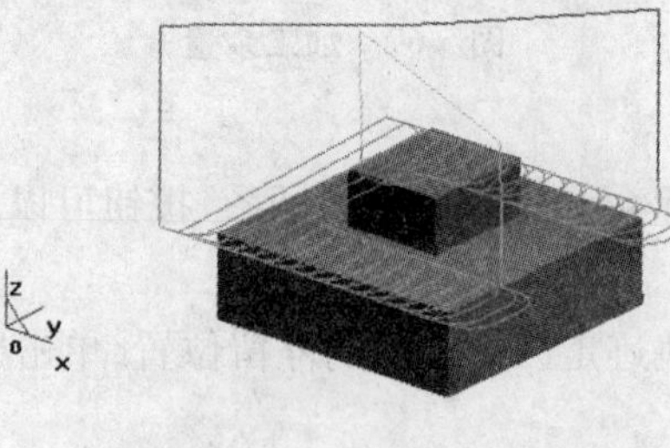

图 5-70　*X* 方向（+）：生成沿着 *X* 轴正方向的加工轨迹

（2）*Z* 切入。

Z 方向切削量的设定有以下两种选择。

• 层高：输入一次切入深度，进行 *Z* 等间距切入。

• 残留高度：从输入的残留高度量求得 *Z* 方向的步长。所谓残留高度，就是加工后某

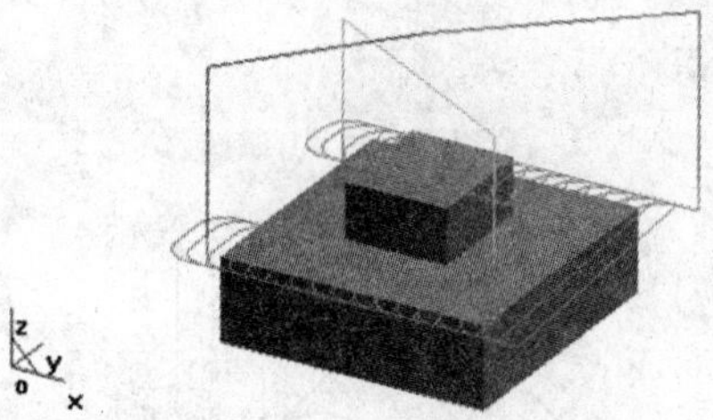

图 5-71　X 方向(－):生成沿着 X 轴负方向的加工轨迹

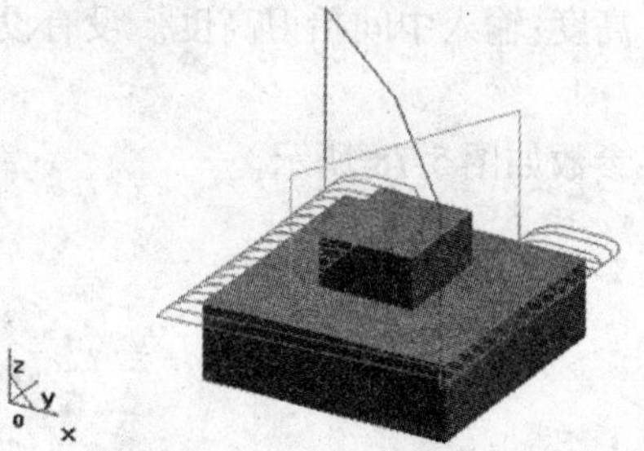

图 5-72　Y 方向(＋):生成沿着 Y 轴正方向的加工轨迹

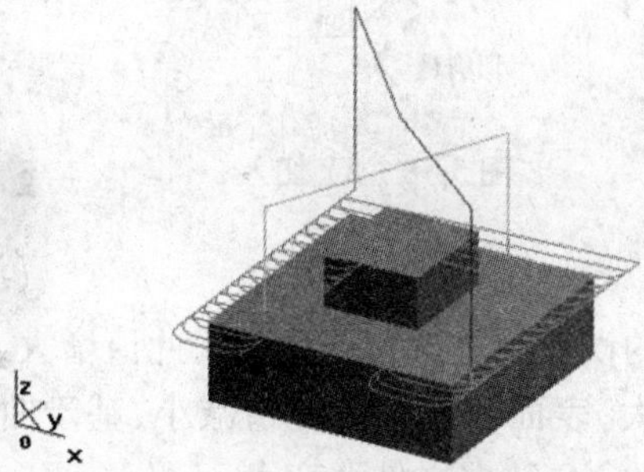

图 5-73　Y 方向(－):生成沿着 Y 轴负方向的加工轨迹

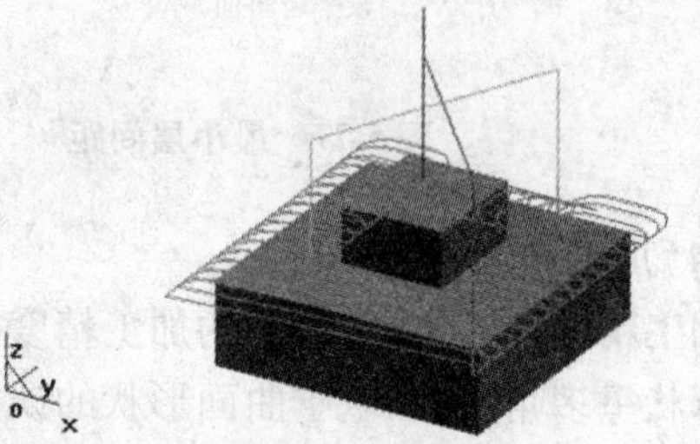

图 5-74　X＋Y 方向:生成从模型周围开始各方向的加工轨迹

些步长设定下的刀具通过间的切削残余量。由于切入量不一定,所以步长不能自动显示。

层高和残留高度如图 5-75 所示。

• 最大层间距:输入最大层间距。根据残余量的高度值在求得 Z 方向的切削量时,为防止在加工较陡斜面时可能产生切削量过大的现象出现,限制产生的切削量在"最大层间距"的设定值之下,如图 5-76 所示。

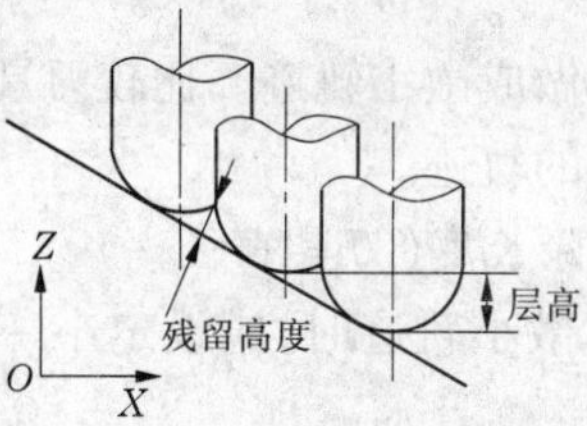

图 5-75　层高和残留高度

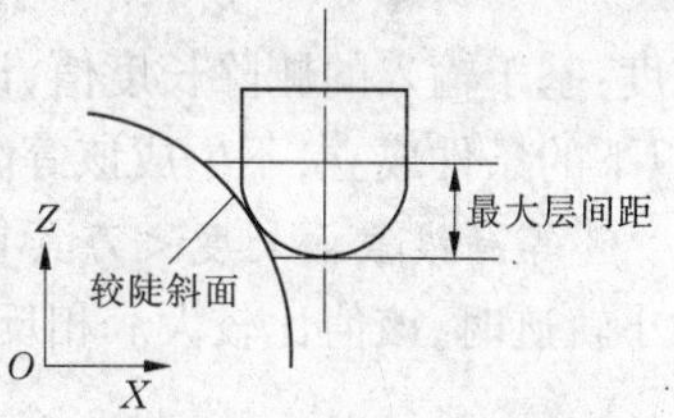

图 5-76　最大层间距

• 最小层间距:输入最小层间距。根据残余量的高度值在求得 Z 方向的切削量时,为防止在加工较平坦斜面时可能产生切削量过小的现象,限制产生的切削量在"最小层间距"的设定值之上,如图 5-77 所示。

(3)XY 切入。

XY 切入量的设定有以下两种选择。

• 行距:输入 XY 方向的切入量。

• 残留高度:用球刀进行加工时,输入通过铣削后的残余量高度值。残留高度指定时,XY 切入量自动显示。

• 中间抬刀:指定在摆线加工时的中间抬刀高度。

• 高度:输入中间抬刀高度。没有设定时,以安全高度与下一切削相连。高度通常为相对值。

各参数如图 5-78 所示。

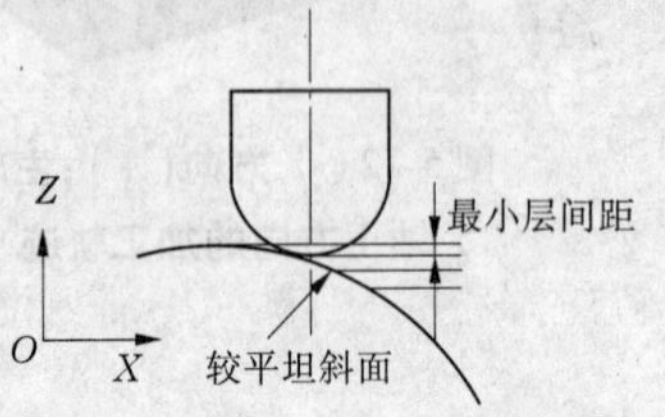

图 5-77　最小层间距

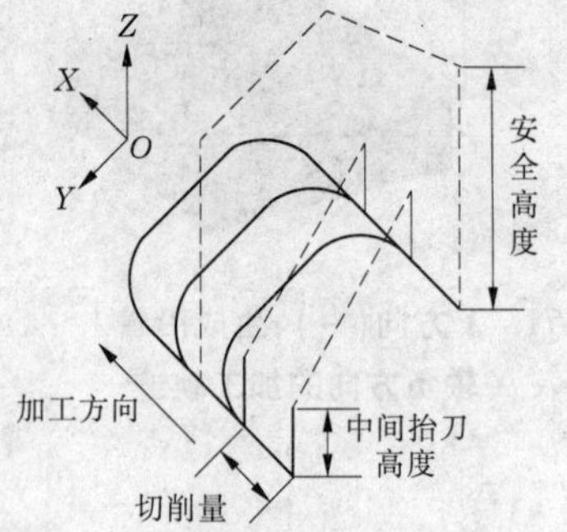

图 5-78　XY 切入

(4)加工精度。

加工精度:输入加工轨迹的加工精度。曲面的误差计算要小于此值。此值增大,加工出来的形状呈多角形,和基于曲面形状的误差也增大,表面会粗糙。此值减小,基于曲面形状的误差也减小,但是,轨迹的要素数目增多,生成的 NC 数据文件会变大。

加工余量:输入相对曲面的加工余量。数值可以小于刀具圆角半径的负值。

(5)选项。

• 删除面积:基于输入的删除面积值,设定是否做成微小轨迹。刀具截面面积和等高线截面面积之比,若以下的条件成立,不生成该等高线截面的轨迹。

等高线截面面积 < 刀具截面面积 × 微小轨迹删除系数(刀具截面面积比)

要删除微小轨迹时,该值比较大。相反,要做成微小轨迹时,应设定小一点的值。通常使用初始值。

• 删除长度:基于输入的删除长度值,设定是否做成微小轨迹。比较刀具截面面积和等高线长度,若以下的条件成立,不生成该等高线截面的轨迹。

等高线截面长度 < 刀具直径 × 删除长度(刀具直径比)

要删除微小轨迹时,该值比较大。相反,要做成微小轨迹时,应设定小一点的值。通常使用初期值。

(6)添加拐角半径。

• 刀具直径百分比:指定圆角的圆弧半径相对于刀具直径的比率(%)。例如,刀具直径比为 20%,刀具直径为 50,插补的圆角半径为 10。

• 半径:指定插补圆角的最大半径。

(7)执行平坦部识别。

自动识别加工形状的平坦部分,选择是否根据该高度生成轨迹。

再计算从平坦部分开始的等间距:设定是否根据平坦部轨迹的“层高”所设定的步长生成轨迹。选择不再计算时,在“切入量”中指定的一定步长的轨迹间插入平坦部轨迹。

平坦部面积(刀具直径系数):根据输入的平坦部面积(刀具直径系数),设定是否在平坦部生成轨迹。比较刀具的截面面积和形状的平坦部分的面积,当下列条件成立时,生成平坦部轨迹。

平坦部分面积 > 刀具截面面积 × 平坦部面积系数(刀具直径系数)

平坦部面积(刀具直径比)的值较小时,即使只是很小的平坦部也要生成轨迹。

同一高度判断误差(Z 步长系数):指定作为同一高度的范围量相对于 Z 步长的误差系数。

同一个平坦部的容许误差量(高度量) = Z 步长 × 同一高度判断误差(Z 步长系数)

(8)加工坐标系。

生成轨迹所在的局部坐标系,单击“加工坐标系”按钮可以从工作区中拾取。

(9)起始点。

刀具的初始位置和沿某轨迹走刀结束后的停留位置,单击“起始点”按钮可以从工作区中拾取。

5.1.4.5　插铣式粗加工

生成插铣式粗加工的轨迹。单击“加工”主菜单下的“粗加工”,选择“插铣式粗加工”。这时将会弹出“插铣式粗加工”对话框,如图 5-79 所示。

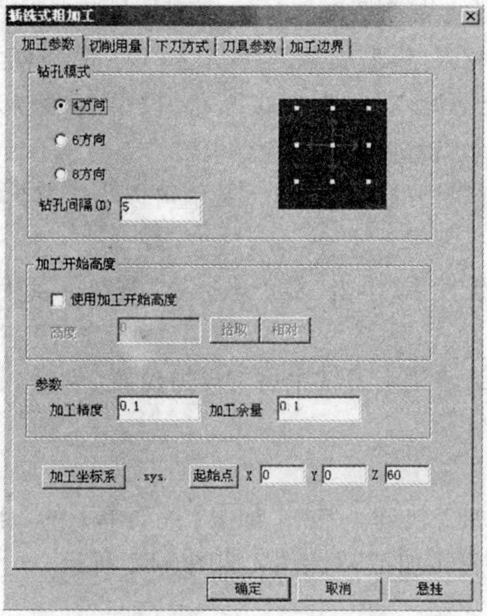

图 5-79　“插铣式粗加工”对话框

【相关参数】

(1)钻孔模式。

限制插铣式粗加工的加工方向有如下 3 种选择。

- 4 方向:插铣式粗加工的加工方向限定于 XY 的正负方向上。此形式适用于数据量少和矩形形状比较多的模型。
- 6 方向:插铣式粗加工的加工方向限定于周围 60°间隔。此形式适用于倾斜 60°或 120°的较多的模型。
- 8 方向:插铣式粗加工的加工方向限定于 XY 的正负方向上以及斜线上。这种加工形式是比 4 方向间隔更细小、能更自由移动的加工。

具体含义如图 5-80 所示。

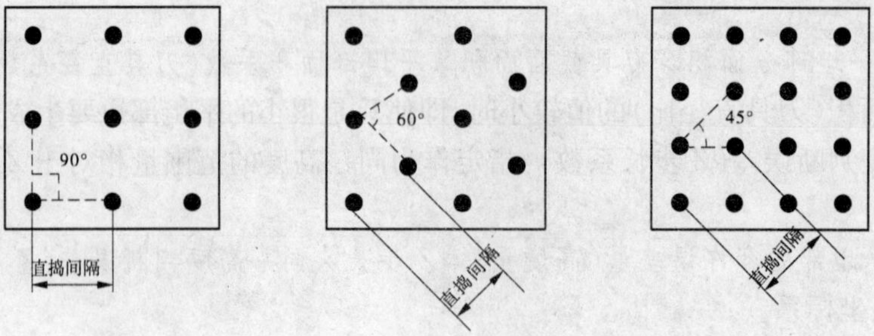

(a)4方向　　(b)6方向　　(c)8方向

图 5-80　钻孔模式

钻孔间隔:进行插铣式粗加工时的间隔,如图 5-81 所示。

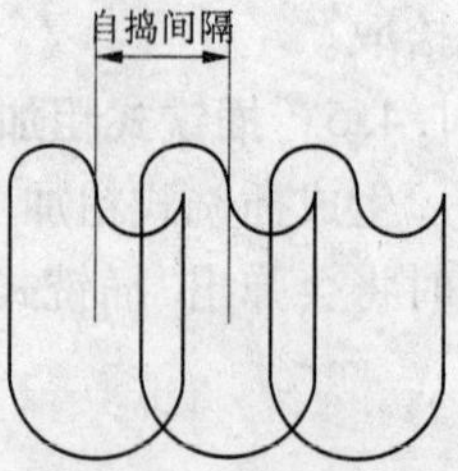

图 5-81　钻孔间隔

(2)加工开始高度。

• 使用加工开始高度:设定是否指定切削开始高度。

• 高度:输入切削开始高度。

(3)参数。

• 加工精度:输入模型的加工精度。计算模型的加工轨迹的误差小于此值。加工精度越大,模型形状的误差也增大,模型表面越粗糙。加工精度越小,模型形状的误差也减小,模型表面越光滑,但是,轨迹段的数目增多,轨迹数据量变大。

• 加工余量:输入相对模型的加工余量。数值可以小于刀具圆角半径的负值。

(4)加工坐标系。

生成轨迹所在的局部坐标系,单击"加工坐标系"按钮可以从工作区中拾取。

(5)起始点。

刀具的初始位置和沿某轨迹走刀结束后的停留位置,单击"起始点"按钮可以从工作区中拾取。

5.1.4.6　**等壁厚粗加工**

生成等壁厚粗加工的加工轨迹。单击"加工"主菜单下的"粗加工",选择"等壁厚粗加工"。这时将会弹出"等壁厚粗加工"对话框,如图 5-82 所示。

【相关参数】

(1)壁厚。

厚度:设定毛坯的厚度,如图 5-83 所示。

(2)Z 向切入。

层高:Z 方向每加工层的切削深度。

(3)XY 向切入。

• 行距:XY 方向的相邻切削行的距离。

• 残留高度:相邻切削轨行间残余量的高度。当指定残留高度时,会提示行距的大小。

(4)执行平坦部识别。

自动识别模型的平坦区域,选择是否根据该区域所在高度生成轨迹。

再计算从平坦部分开始的等间距:设定是否根据平坦部区域所在高度重新度量 Z 向层高,生成轨迹。选择不再计算时,在 Z 向层高的路径间,插入平坦部分的轨迹。

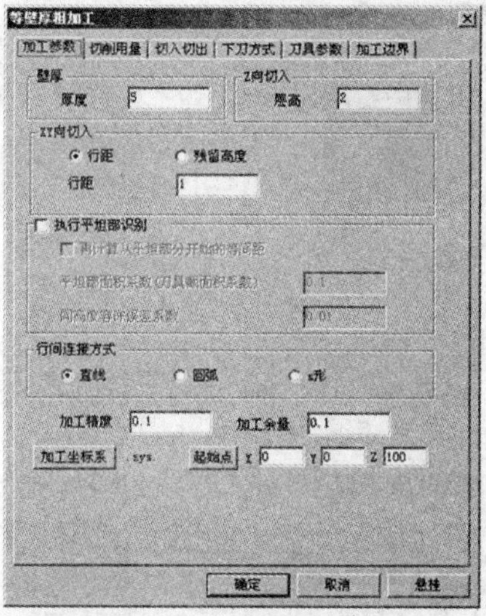

图 5-82 “等壁厚粗加工”对话框

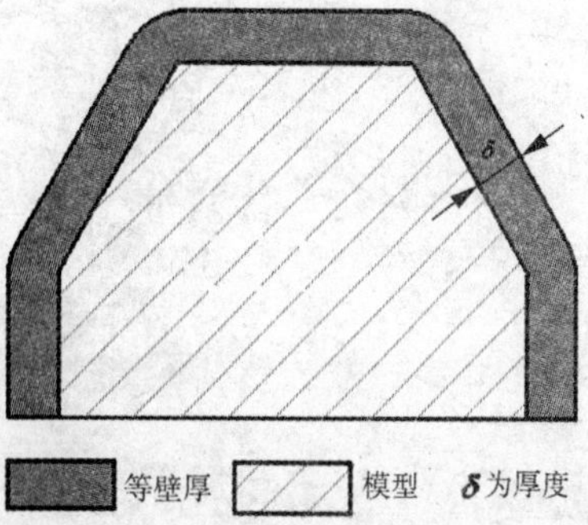

图 5-83 零件壁厚

平坦部面积系数：根据输入的平坦部面积系数（刀具截面面积系数），设定是否在平坦部生成轨迹。比较刀具的截面面积和平坦部分的面积，满足下列条件时，生成平坦部轨迹：

平坦部分面积 > 刀具截面面积 × 平坦部面积系数（刀具截面面积系数）

同高度容许误差系数（Z 向层高系数）：

同一高度的容许误差量（高度量）= Z 向层高 × 同一高度容许误差系数（Z 向层高系数）

（5）行间连接方式。

行间连接有如下 3 种方式，如图 5-84 所示。

- 直线：直线形状。
- 圆弧：半圆形状。
- S 形：半圆成 S 形状。

图 5-84 行间连接方式

（6）参数。

- 加工精度：输入模型的加工精度。计算模型的加工轨迹的误差小于此值。加工精度越大，模型形状的误差也增大，模型表面越粗糙。加工精度越小，模型形状的误差也减小，模型表面越光滑，但是，轨迹段的数目增多，轨迹数据量变大。
- 加工余量：输入相对模型的加工余量。数值可以小于刀具圆角半径的负值。

（7）加工坐标系。

生成轨迹所在的局部坐标系，单击“加工坐标系”按钮可以从工作区中拾取。

（8）起始点。

刀具的初始位置和沿某轨迹走刀结束后的停留位置，单击“起始点”按钮可以从工作区中拾取。

5.1.4.7 导动线粗加工

生成导动线粗加工的加工轨迹。单击“加工”主菜单下的“粗加工”，选择“导动线粗加工”。这时将会弹出“导动线粗加工”对话框，如图 5-85 所示。

【相关参数】

（1）加工方向。

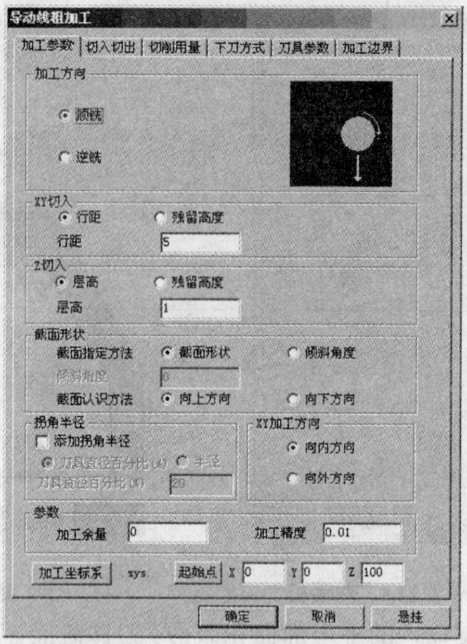

图 5-85 “导动线粗加工”对话框

加工方向设定有以下两种选择。

- 顺铣:生成顺铣的轨迹。
- 逆铣:生成逆铣的轨迹。

(2) *XY* 切入。

XY 切入的设定有以下两种选择。

- 行距:输入 *XY* 方向的切入量。
- 残留高度:由球刀铣削时,输入铣削通过时的残余量(残留高度)。当指定残留时,会提示 *XY* 切削量。

(3) *Z* 切入。

Z 切入的设定有以下两种选择。

- 层高:输入 1 次切入深度。*Z* 方向等间隔切入。
- 残留高度:球刀加工时,输入刀具通过时的残余量(残留高度)。指定残留高度能动态显示 *XY* 切削量。

(4) 截面形状。

截面指定方法有以下两种选择。

- 截面形状:参照加工领域的截面形状所指定的形状。
- 倾斜角度:以指定的倾斜角度做成一定倾斜的轨迹,输入倾斜角度。输入范围为 0° ~ 90°。

截面认识方法有以下两种选择。

- 向上方向:对于加工区域,指定朝上的截面形状(倾斜角度方向),生成的轨迹如图 5-86所示。
- 向下方向:对于加工区域,指定朝下的截面形状(倾斜角度方向),生成的轨迹如图 5-87所示。

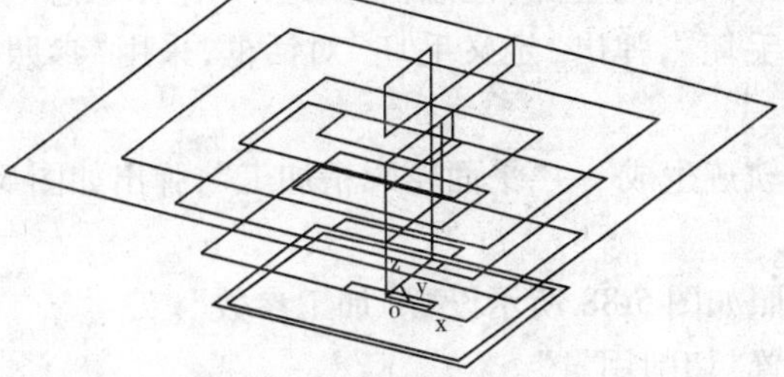

图 5-86　向上方向截面认识

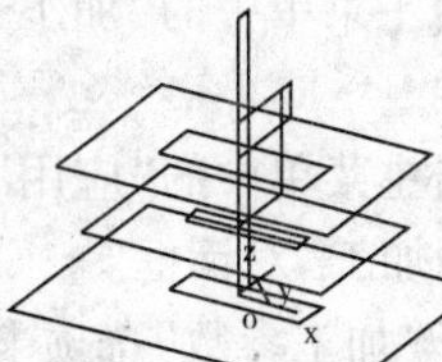

图 5-87　向下方向截面认识

注意:在三维截面形状中,指定形状为凸型形状时,不能做成轨迹。

(5)拐角半径。在拐角部插补圆角。

添加拐角半径:设定在拐角部插补圆角 *R*。高速切削时减速转向,防止拐角处的过切。

- 刀具直径百分比:指定插补圆角 *R* 的圆弧半径相对于刀具直径的比率(%)。例如,刀具直径比为 20%,刀具直径为 50,插补的圆角半径为 10。
- 半径:指定插补圆角的最大半径。

(6)*XY* 加工方向。

XY 加工方向有以下两种选择。通常指定为“向外方向”。

- 向内方向:从加工边界(基本形状)一侧向加工领域的中心方向进行加工。
- 向外方向:从加工领域的中心向加工边界(基本形状)一侧方向进行加工。

(7)参数。

- 加工精度:输入模型的加工精度。计算模型的轨迹的误差小于此值。加工精度越大,模型形状的误差也增大,模型表面越粗糙。加工精度越小,模型形状的误差也减小,模型表面越光滑,但是,轨迹段的数目增多,轨迹数据量变大。
- 加工余量:相对模型表面的残留高度,可以为负值,但不要超过刀角半径。

(8)加工坐标系。

生成轨迹所在的局部坐标系,单击“加工坐标系”按钮可以从工作区中拾取。

(9)起始点。

刀具的初始位置和沿某轨迹走刀结束后的停留位置,单击“起始点”按钮可以从工作区中拾取。

任务 5.2　机械零件的精加工

CAXA 制造工程师软件 2006 提供了多种不同的精加工方式,适合不同特性零件的加工。

5.2.1　平面轮廓精加工

平面轮廓精加工生成平面轮廓精加工轨迹。平面轮廓精加工是生成沿轮廓线切削的两轴刀具轨迹,主要用于加工外形和铣槽,属于两轴或两轴半加工方式。

【例 5-1】　加工高度为 30、轮廓半径为 50 的圆柱形零件。

操作步骤如下:

（1）在 *XOY* 作图平面上绘制半径为 50 的整圆（注意：不要进入“草图状态”）。

（2）单击主菜单中的“加工”→“毛坯”，弹出“定义毛坯”对话框，采用“参照模型”方式定义毛坯。

（3）单击主菜单中的“应用”→“轨迹生成”→“平面轮廓精加工”，弹出如图 5-88 所示的“平面轮廓精加工”对话框。

（4）打开“加工参数”选项卡，按照如图 5-88 所示设置“加工参数”。

（5）打开“切削用量”选项卡，设置“切削用量”。

注意：起止高度要比安全高度高，安全高度要比工件高。

（6）打开“接近返回”选项卡，设置“进退刀参数”。

（7）打开“下刀方式”选项卡，设置“下刀方式”，如图 5-89 所示。

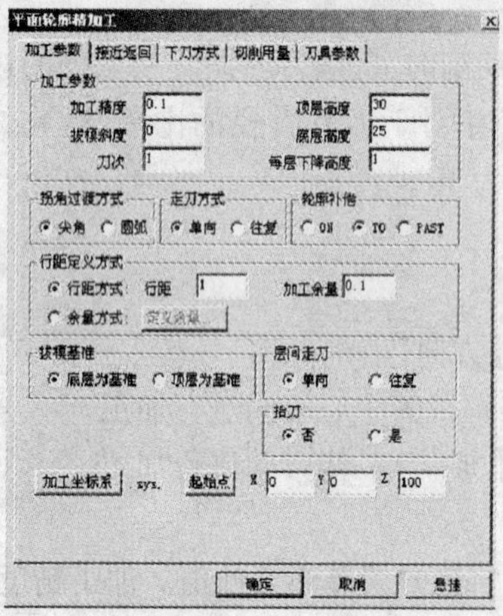

图 5-88 “平面轮廓精加工”对话框

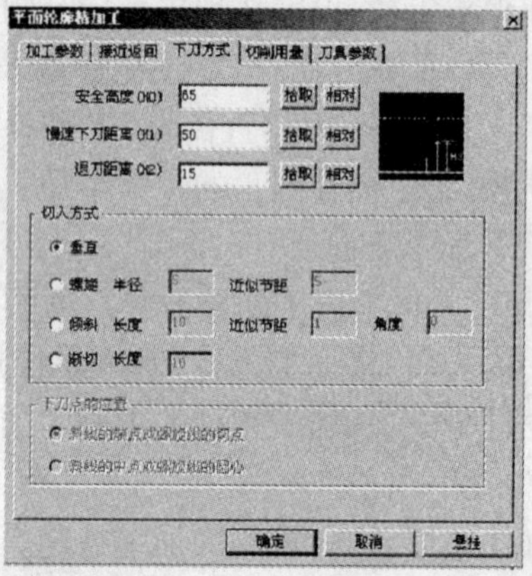

图 5-89 下刀方式

（8）打开“刀具参数”选项卡，设置“铣刀参数”。

注意：刀具参数设置完不要按回车键，直接单击“预览铣刀参数”按钮即可观看铣刀形状。

（9）单击“确定”按钮→“拾取整圆”→“拾取走刀方向箭头”→“拾取指向圆外的箭头”（确定刀尖方向），结果如图 5-90 所示。

注意与技巧：

（1）“轮廓补偿”方式为“ON”，其他参数不变时的刀具轨迹如图 5-91 所示。

（2）“轮廓补偿”方式为“PAST”，其他参数不变时的刀具轨迹如图 5-92 所示。

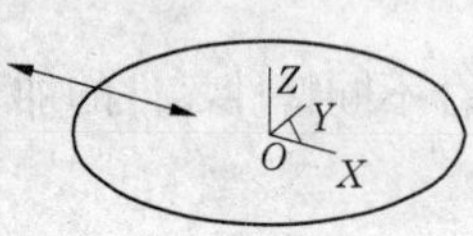

图 5-90

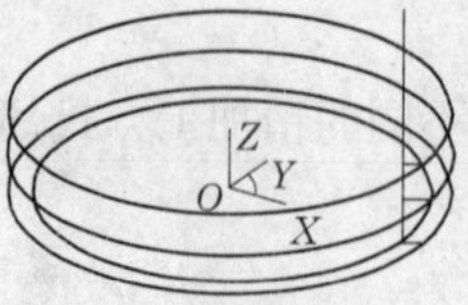

图 5-91

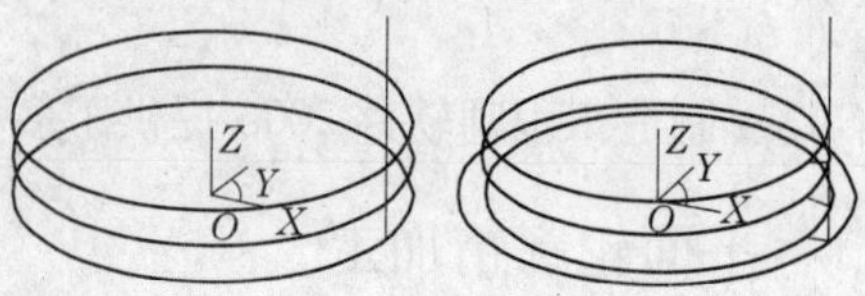

图 5-92

（3）如果将“平面轮廓精加工”对话框中的“顶层高度”设为 60、“轮廓补偿”方式设为“TO”，其他参数不变时的刀具轨迹如图 5-93 所示。

(4)如果将“平面轮廓精加工”对话框中的“顶层高度”设为 60、“每层下降高度”设为 20，其他参数不变时的刀具轨迹如图 5-94 所示，可见利用该功能可以完成分层的轮廓加工。

(5)如果“刀次”设为 2、“行距”设为 30，其他参数不变时的刀具轨迹如图 5-95 所示。

(6)如果将“拔模斜度”设为 20、“刀次”设为 1、“顶层高度”设为 60、“底层高度”设为 0、“每层下降高度”设为 10、“拔模基准”设为“底层为基准”，其他参数不变时的刀具轨迹如图 5-96 所示。

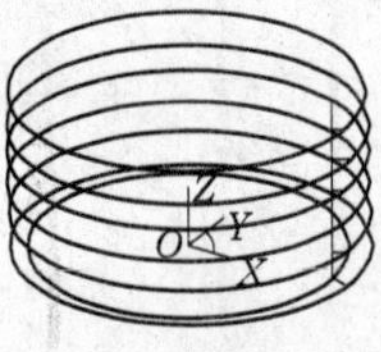

图 5-93

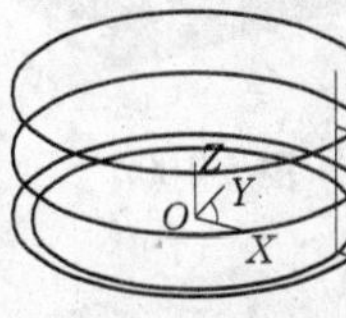

图 5-94

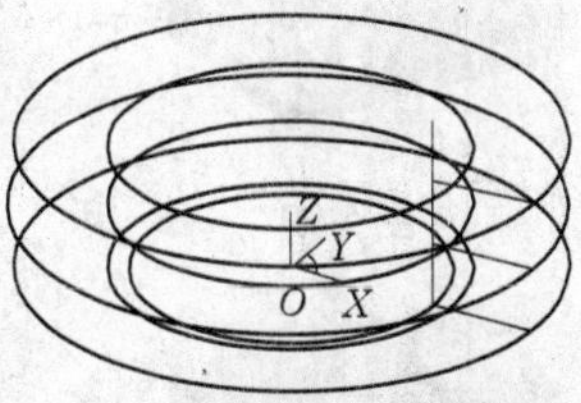

图 5-95

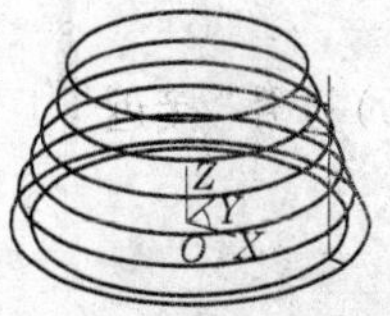

图 5-96

(7)适合 2/2.5 轴精加工不必有三维模型，只要给出零件的外轮廓和岛，就可以生成加工轨迹。支持具有一定拔模斜度的轮廓轨迹生成，可以为每次的轨迹定义不同的余量。生成轨迹速度较快。

5.2.2 参数线精加工

参数线精加工方式生成沿多个曲面的参数线精加工轨迹，是按曲面的参数线走刀行进的三轴加工方式，如图 5-97 所示。对于图 5-98 所示的自由曲面一般采用参数曲面方式来表达，因此按参数分别变化来生成加工刀位轨迹不仅便利而且适合。

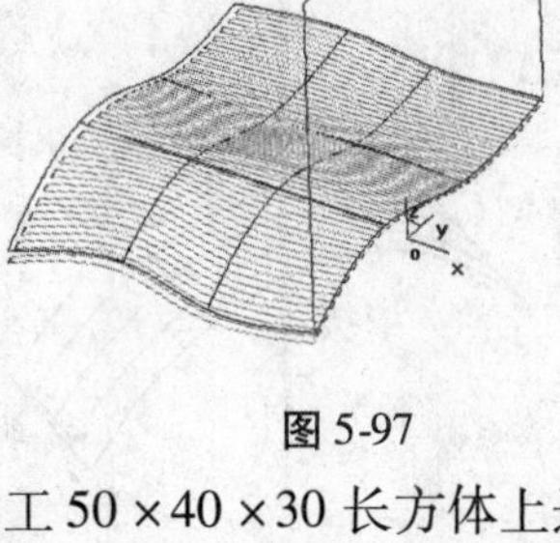
图 5-97

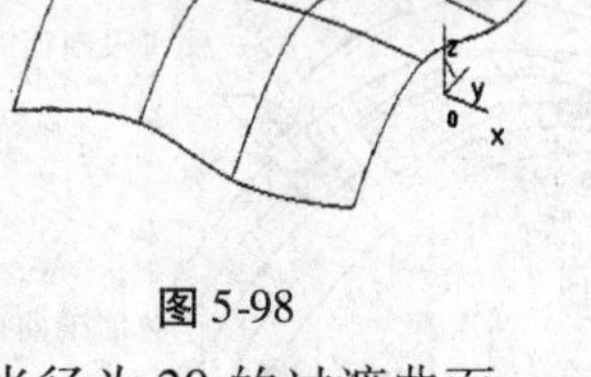
图 5-98

【例 5-2】 加工 50 × 40 × 30 长方体上过渡半径为 20 的过渡曲面。

操作步骤如下：

(1)按实例要求进行实体造型，如图 5-99 所示。

(2)单击主菜单中的“加工”→“毛坯”→弹出“定义毛坯”对话框，采用“参照模型”方式定义毛坯。

(3)单击主菜单中的“加工”→“精加工”→“参数线精加工”→弹出“参数线精加工”对话框。

(4)设置“加工参数”，设置“切削用量”，设置“进退刀参数”，设置“下刀方式”，设置“铣刀参数”。

(5)单击“确定”按钮，拾取过渡曲面，右击，拾取长方体上表面的一个角点作为进刀点，结果如图 5-100 所示(箭头指向代表加工中刀具的走刀方向),右击(走刀方向正确);右击(加工曲面的方向正确),结果如图 5-101 所示,右击(没有干涉曲面),生成的刀具轨迹如图 5-102所示。

图 5-99

图 5-100

图 5-101

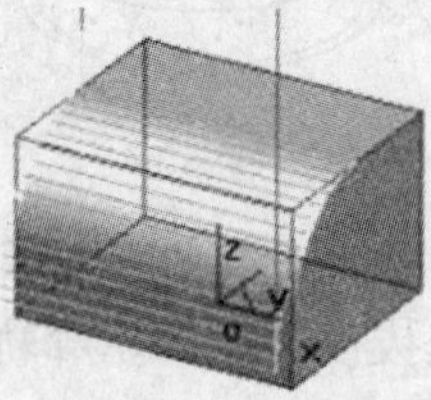

图 5-102

注意与技巧:

在数控铣削加工中,应引起高度重视的就是进刀点和加工方向的选择问题。进刀点尽量不要选取在曲面的下方,否则刀具是从下向上走刀,导致刀具在工件的下部分曲面进行加工时切削量太大,使刀具、机床很不安全。进行参数线加工时,对第一系列限制面、第二系列限制面和干涉检查要充分认识,如图 5-103 所示。CAM 系统对限制面与干涉面的处理不一样,碰到干涉面,刀具轨迹让刀;碰到限制面,刀具轨迹的该行就停止。在不同的场合,要灵活应用。同时,对进刀点和加工方向及切削用量的选择也应有足够重视,以保证工件的质量。

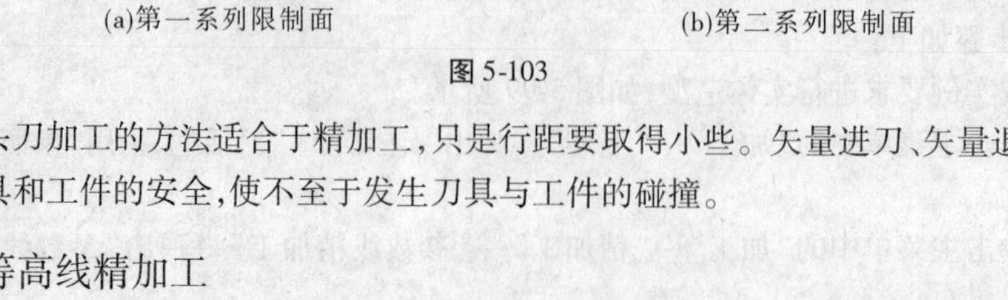

(a)第一系列限制面　　(b)第二系列限制面

图 5-103

用球头刀加工的方法适合于精加工,只是行距要取得小些。矢量进刀、矢量退刀的目的是为了刀具和工件的安全,使不至于发生刀具与工件的碰撞。

5.2.3　等高线精加工

等高线精加工功能是生成等高线精加工轨迹。等高线精加工可以完成对曲面和实体的加工,轨迹类型为 2.5 轴。其特点是按等高距离下降,一层层地加工,适用于较陡面的加工。

【例 5-3】 用等高线精加工 $S\phi80$ 球体上表面。

操作步骤如下：

(1)按实例要求进行实体造型，如图 5-104 所示；

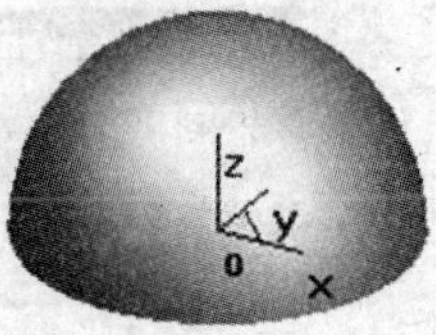

图 5-104

(2)单击主菜单中的“加工”→“毛坯”→弹出“定义毛坯”对话框，采用“参照模型”方式定义毛坯。

(3)单击主菜单中的“加工”→“精加工”→“等高线精加工”，弹出“等高线精加工”对话框。

(4)设置加工参数。设置“切削用量”，设置“进退刀参数”，设置“下刀方式”，设置“铣刀参数”，设置“加工边界”。

(5)单击“确定”按钮→拾取加工曲面→拾取加工边界→右击，生成的刀具轨迹如图 5-105 所示。

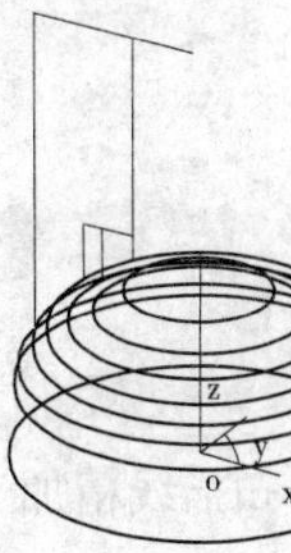

图 5-105

注意与技巧：

等高线加工方法可以用加工范围和高度限定进行局部等高加工；可以自动在轨迹尖角拐角处增加圆弧过渡，保证轨迹的光滑，使生成的加工轨迹适用于高速加工；还可以通过输入角度控制对平坦区域的识别，并可以控制平坦区域的加工先后次序。基于等高线加工的诸多优点，使用者在使用时，应该优先考虑这种加工方式。

平坦面是个相对概念，因此应给定一角度值来区分平坦面或陡峭面，即给定平坦面的“最小倾斜角度”。在指定值以下的面被认为是平坦部，不生成等高线路径，而生成扫描线路径。

5.2.4 扫描线精加工

扫描线精加工方式生成扫描线精加工轨迹。能自动识别竖直面并进行补加工的功能，提高了该功能的加工效果和效率。同时，可以在轨迹尖角处增加圆弧过渡，保证生成的轨迹光滑，适用于高速加工机床。

【例 5-4】 在 80×80×10 长方体上表面有 50×50×6 和 30×30×6 的凸台，过渡半径均为 5，如图 5-106 所示，试用扫描线精加工上表面。

图 5-106

操作步骤如下：

(1)按实例要求进行实体造型，如图 5-106 所示。

(2)单击主菜单中的“加工”→“毛坯”，弹出“定义毛坯”对话框，采用“参照模型”方式定义毛坯。

(3)单击主菜单中的“加工”→“精加工”→“扫描线精加工”，弹出“扫描线精加工”对话框。

(4)设置“加工参数”，如图 5-107 所示；设置“切削用量”；设置“进退刀参数”；设置“下刀方式”；设置“铣刀参数”；设置“加工边界”；

(5)单击“确定”按钮，拾取加工曲面，右击，拾取加工边界，右击，生成的刀具轨迹如图 5-108所示。

注意与技巧：

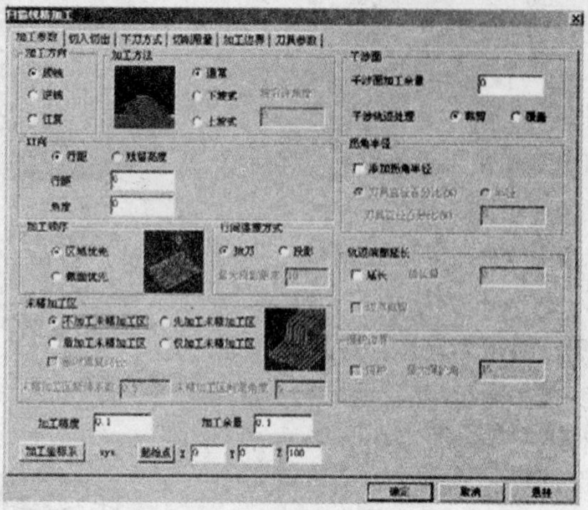

图 5-107

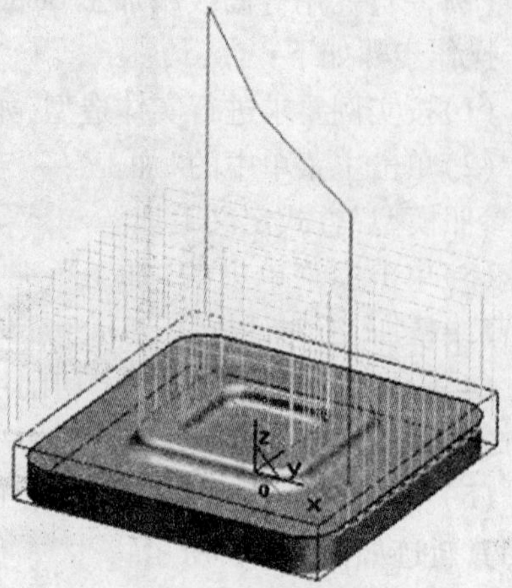

图 5-108

扫描线精加工在加工表面比较平坦的零件上能取得较好的加工效果。

5.2.5 浅平面精加工

浅平面精加工方式生成浅平面精加工轨迹，能自动识别零件模中平坦的区域，针对这些区域生成精加工刀具轨迹，大大提高了零件平坦部分的精加工效率。

【例 5-5】 试用浅平面精加工 110×50×10 长方体手机模型上表面，过渡半径均为 2，如图 5-109 所示。

图 5-109

操作步骤如下：

（1）按实例要求进行实体造型，如图 5-109 所示。

（2）单击主菜单中的“加工”→“毛坯”，弹出“定义毛坯”对话框，采用“参照模型”方式定义毛坯。

（3）单击主菜单中的“加工”→“精加工”→“浅平面精加工”，弹出“浅平面精加工”对话框。

（4）设置“加工参数”，如图 5-110 所示；设置“切削用量”；设置“下刀方式”；设置“铣刀参数”；设置“加工边界”。

（5）单击“确定”按钮，拾取加工曲面，右击，拾取加工边界，右击，生成的刀具轨迹如图 5-111所示。

5.2.6 限制线精加工

限制线精加工方式生成限制线精加工轨迹，能生成多个曲面的三轴刀具轨迹，刀具轨迹限制在两系列限制线内，适用于多曲面的整体加工和局部加工。若大刀完成加工，则要用小刀加工局部区域残留量过多的部分，用限制线加工就很方便。

【例 5-6】 试用限制线精加工 100×100×30 长方体上表面凹槽，如图 5-112 所示。

操作步骤如下：

（1）按实例要求进行实体造型，如图 5-112 所示。

（2）单击主菜单中的“加工”→“毛坯”，弹出“定义毛坯”对话框，采用“参照模型”方式

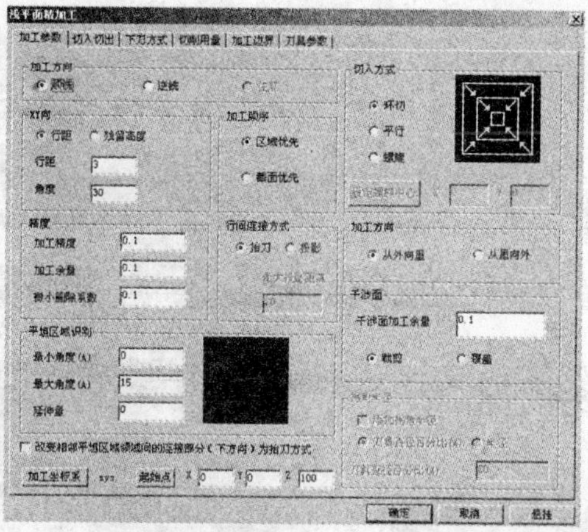

图 5-110

定义毛坯。

(3)单击主菜单中的“加工”→“精加工”→“限制线精加工”,弹出“限制线精加工”对话框。

(4)设置“加工参数”,如图 5-113 所示;设置“切削用量”;设置“下刀方式”;设置“铣刀参数”;设置“加工边界”。

(5)单击“确定”按钮,拾取加工对象,右击,拾取第一限制线,拾取第二限制线,拾取加工边界,右击,生成的刀具轨迹如图 5-114 所示。

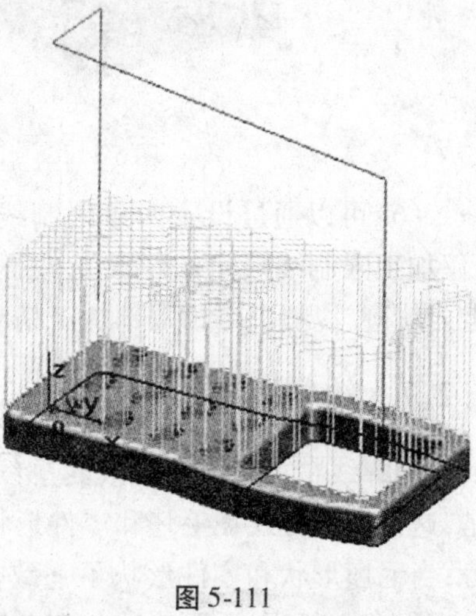

图 5-111

加工参数说明:

“路径类型”有以下 4 种方式,使用者可根据具体情况选用。这 4 种方式刀具轨迹如图 5-115(b)、(c)、(e)、(f)所示,造型如图 5-115(a)、(d)所示。

(1)“偏移”使用一条限制线,做成平行于限制线的刀具轨迹,如图 5-115(b)所示。

(2)“法线方向”使用一条限制线,做成垂直于限制线方向的刀具轨迹,如图 5-115(c)所示。

(3)“垂直方向”使用两条限制线,做成垂直于限制线方向的刀具轨迹,加工区域由两条限制线确定,如图 5-115(e)所示。

(4)“平行方向”使用两条限制线,做成平行于限制线方向的刀具轨迹,加工区域由两条限制线确定,如图 5-115(f)所示。

注意与技巧:

(1)使用一条限制线时,请设定加工边界。

(2)使用两条限制线时,限制线不要互相封闭,且方向要保持一致。

(3)限制曲线不能为封闭曲线。

(4)当加工边界比较大时,可能不能在全部加工边界内做成刀具轨迹。

(5)当限制曲线曲率较大时,可能不能生成相应的刀具轨迹,所以限制线曲率最好不要过大。

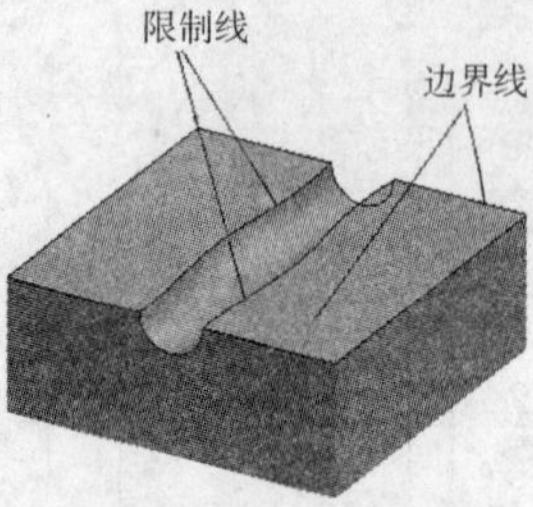

图 5-112

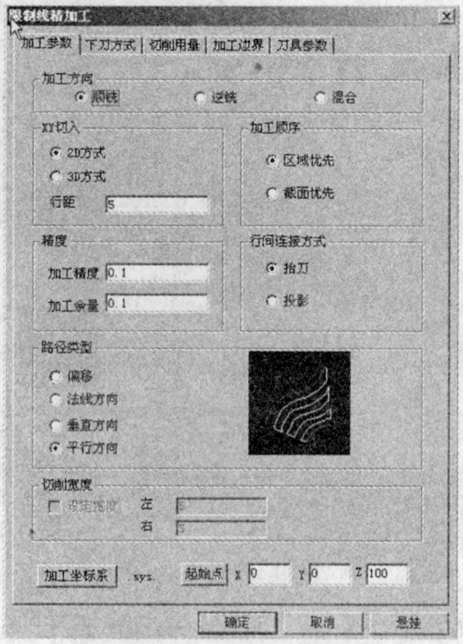

图 5-113

(6)可以通过设定两条限制线来控制零件加工的区域(仅加工限制线限定的区域),或提高一条限制线控制刀具走刀轨迹,以提高零件局部加工精度和符合工艺要求。

5.2.7 轮廓线精加工

轮廓线精加工方式生成轮廓线精加工轨迹。要注意的是,这种加工方式在毛坯和零件形状几乎一致时最能体现优势;当毛坯形状和零件形状不一致时,使用这种加工方式将出现很多空行程,反而影响加工效率,因此需要使用别的加工方法。

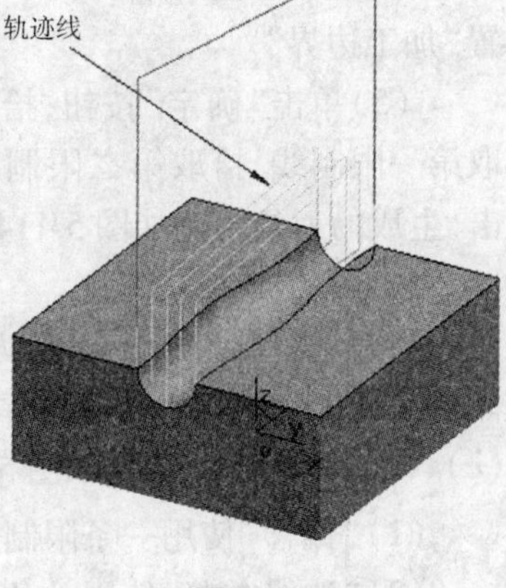

图 5-114

为了达到更好的加工效果,可以先用等高线法或其他加工方法加工出轮廓,然后用该加工方式继续加工,达到高效高速的效果。这也表明,在使用 CAXA 制造工程师 2006 软件时,很多时候不能仅仅拘泥于一种加工方法,要充分利用该软件提供的强大加工功能来提高加工质量。

【例 5-7】 试用轮廓线精加工 100×100×50 长方体,过渡半径为 20。

操作步骤如下:

(1)按实例要求进行线框造型,如图 5-116 所示。

(2)单击主菜单中的"加工"→"毛坯",弹出"定义毛坯"对话框,采用"二点方式"定义毛坯。

(3)单击主菜单中的"加工"→"精加工"→"轮廓线精加工",弹出"轮廓线精加工"对话框。

(4)设置"加工参数",如图 5-117 所示;设置"切削用量";设置"下刀方式";设置"铣刀参数";设置"加工边界"。

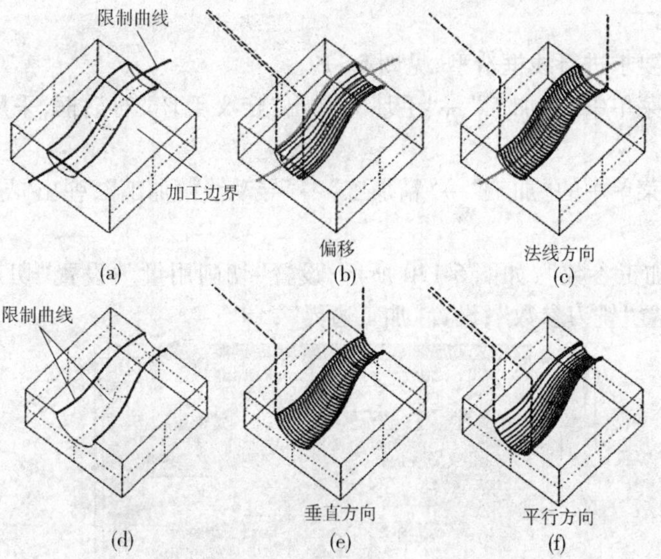

图 5-115

(5)单击“确定”按钮,拾取加工轮廓边界,右击,生成的刀具轨迹如图 5-118 所示。

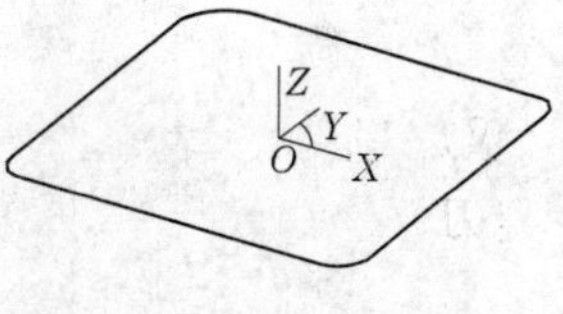

图 5-116

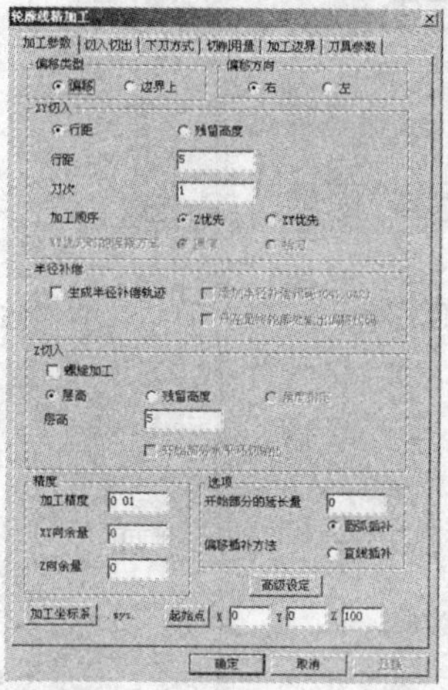

图 5-117

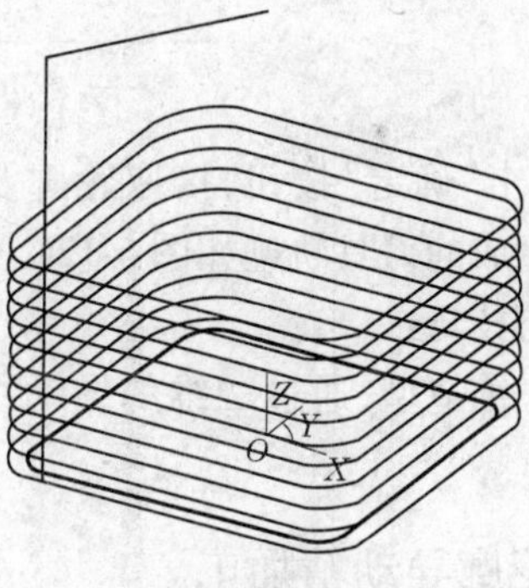

图 5-118

注意与技巧:

主要用于加工内、外轮廓或加工槽类。不需要三维模型,只要根据给出的二维轮廓线即可对单个或多个轮廓进行加工;可进行轨迹偏移,进、退刀方式设定(圆弧、直线等);自定义进行半径补偿和生成补偿代码等。

5.2.8 导动线精加工

导动线精加工方式生成导动线精加工轨迹。

【例 5-8】 试用导动线精加工 100×100×20 方盘上表面,如图 5-119 所示。

图 5-119

操作步骤如下：

(1)按实例要求进行线框造型,见图 5-119。

(2)单击主菜单中的“加工”→“毛坯”,弹出“定义毛坯”对话框,采用“二点”方式定义毛坯。

(3)单击主菜单中的“加工”→“精加工”→“导动线精加工”,弹出“导动线精加工”对话框。

(4)设置“加工参数”,如图 5-120 所示;设置“切削用量”;设置“切入切出”参数;设置“下刀方式”;设置“铣刀参数”;设置“加工边界”;

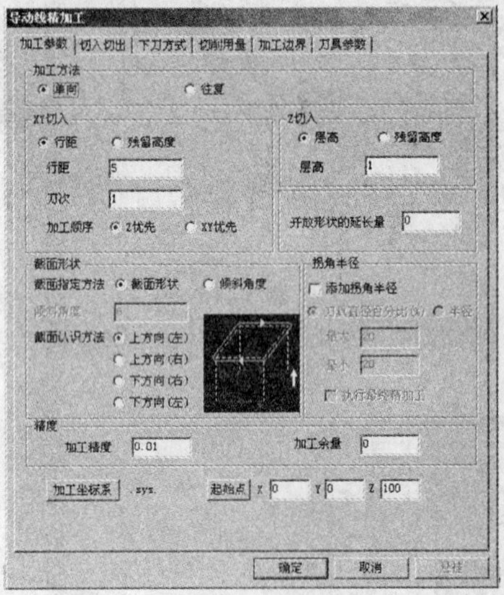

图 5-120

(5)单击“确定”按钮,拾取轮廓及加工方向,右击,拾取截面线,右击,生成的刀具轨迹如图 5-121 所示。

注意与技巧：

不用三维造型,通过二维的导动线和截面线就能作出三维加工轨迹。

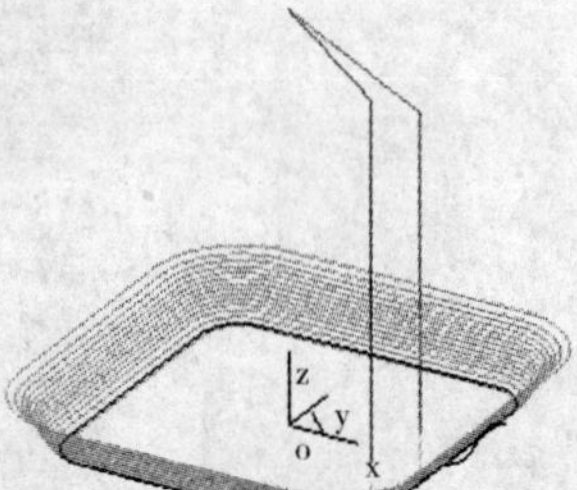

图 5-121

5.2.9 轮廓导动精加工

生成轮廓导动精加工轨迹,其设置对话框如图 5-122 所示。

【例 5-9】 试用轮廓导动线精加工长轴 50、短轴 30 的椭圆盘上表面,如图 5-123 所示。

操作步骤如下：

(1)按实例要求进行线框造型,如图 5-124 所示。

(2)单击主菜单中的“加工”→“毛坯”,弹出“定义毛坯”对话框,采用“二点”方式定义毛坯。

(3)单击主菜单中的“加工”→“精加工”→“轮廓导动线精加工”→弹出“轮廓导动精加工”对话框。

(4)设置“加工参数”,如图 5-122 所示;设置“切削用量”;设置“进退刀参数”;设置“下

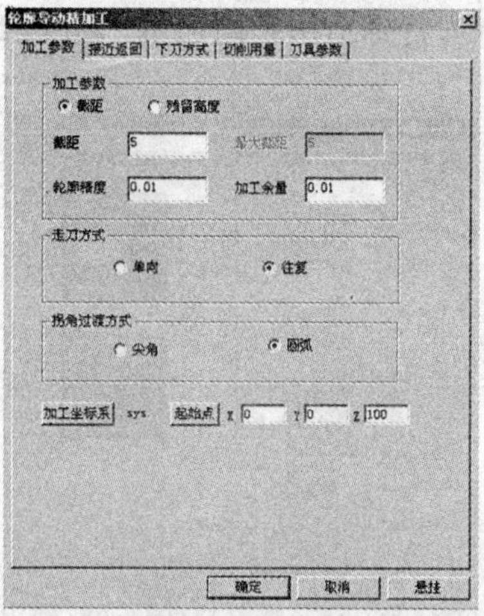

图 5-122

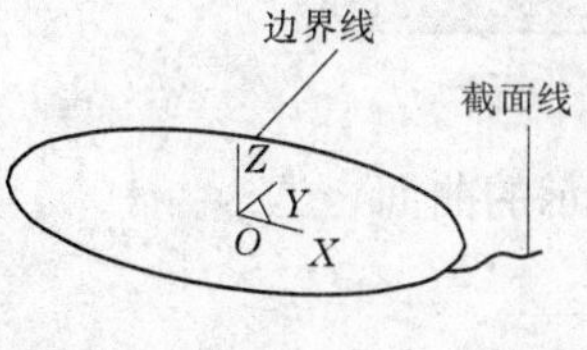

图 5-123

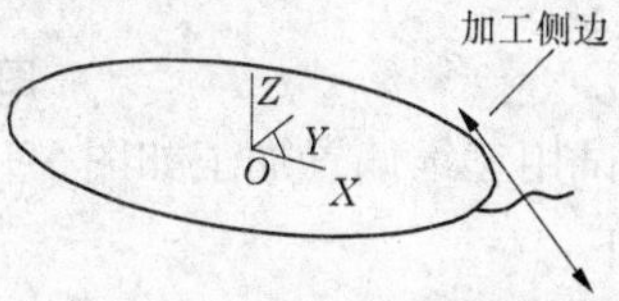

图 5-124

刀方式”;设置“铣刀参数”。

(5)单击“确定”按钮,拾取轮廓及加工方向,右击,拾取截面线,拾取加工侧边,如图 5-124所示,生成的刀具轨迹如图 5-125 所示。

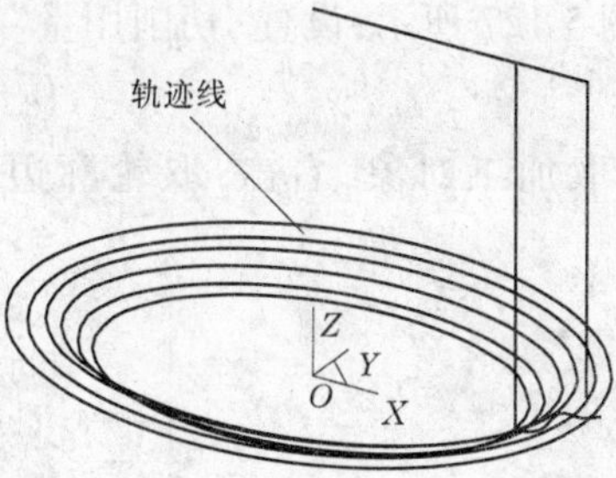

图 5-125

注意与技巧:

利用二维轮廓线和截面即可生成轨迹,生成轨迹方式简单快捷,加工代码较短,加工时间短、精度高,支持残留高度模式。可用于加工规则的圆弧、倒角或凹球类零件,生成速度快,代码短,加工时间短,精度较高。

5.2.10 三维偏置精加工

三维偏置精加工方式生成三维偏置精加工轨迹,能够由里向外或由外向里生成三维等间距加工轨迹,可以保证加工结果有相同的残留高度,提高加工质量和效果。同时,也使刀具在切削过程中保持载荷恒定,特别适用于高速机床精加工。其设置对话框如图 5-126 所示。

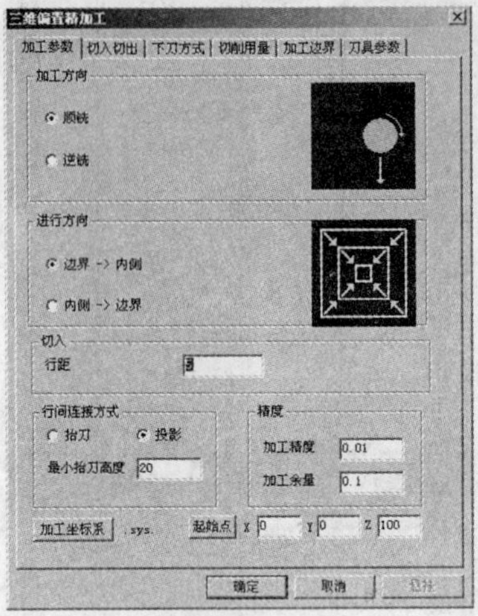

图 5-126

【例 5-10】 试用三维偏置加工如图 5-127 所示的曲面。

操作步骤如下:

(1)按实例要求进行曲面造型,如图 5-127 所示。

(2)单击主菜单中“加工”→“毛坯”,弹出“定义毛坯”对话框,采用“二点”方式定义的毛坯。

(3)单击主菜单中“加工”→“精加工”→“三维偏置加工”,弹出“三维偏置精加工”对话框。

(4)设置“加工参数”,如图 5-127 所示;设置“切削用量”;设置“下刀方式”;设置“铣刀参数”。

(5)单击“确定”按钮,拾取加工对象,右击,取轮廓边界,右击,生成的刀具轨迹如图 5-128 所示。

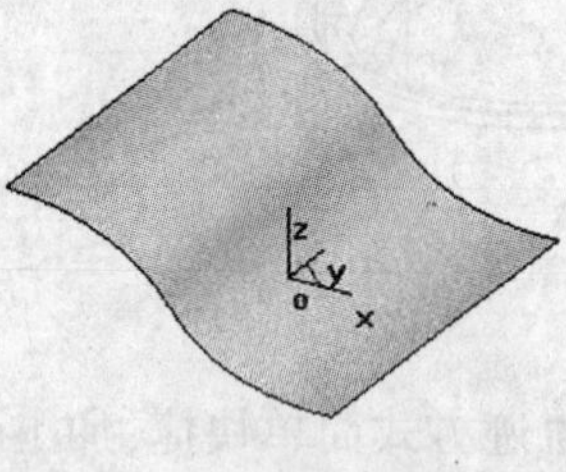

图 5-127

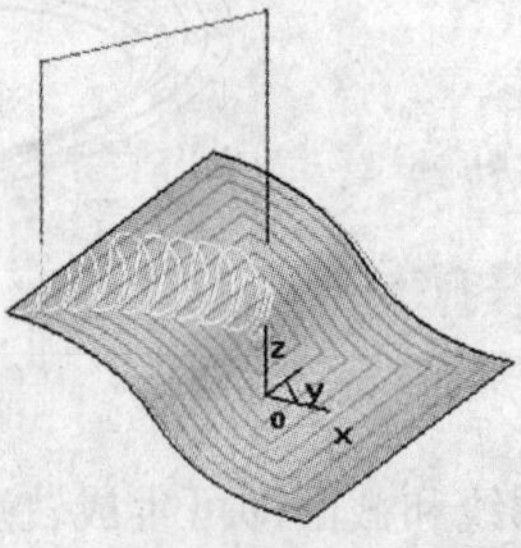

图 5-128

注意与技巧:

在下列条件下进行模型加工时,会发生轨迹计算中途退出或生成混乱的轨迹的情况。

(1)模型全部或一部分在加工范围之内。

(2)模型有垂直的立壁。

(3)模型内有贯穿模型的孔(形状不限于圆形)。

(4)模型内有与刀具直径相近宽度的沟形状。

(5)三维偏置加工适合于比较平缓的曲面加工,在编辑刀路的时候可以加入参考线,使刀路更趋近曲面形状,这样加工出来的工件表面质量要更高。三维偏置的刀路一般都是从外向内偏置的。

5.2.11 深腔侧壁精加工

深腔侧壁精加工方式生成深腔侧壁加工轨迹。这种加工方式在模具中有一定的用武之地,它需要使用特定的刀具,因而需根据具体加工条件来考虑。其设置对话框如图 5-129 所示。

【例 5-11】 试用深腔侧壁加工 100×100×40 长方体上的椭圆内壁,生成如图 5-130 所示的轨迹。

操作步骤如下:

(1)按实例要求进行实体造型,椭圆凹坑:长轴 40、短轴 25、深为 20,如图 5-131 所示。

(2)单击主菜单中的“加工”→“毛坯”→弹出“定义毛坯”对话框,采用“参考模型”方式定义毛坯。

(3)单击主菜单中的“加工”→“精加工”→“深腔侧壁加工”,弹出“深腔侧壁精加工”对话框。

(4)设置“加工参数”,如图 5-129 所示;设置“切削用量”;设置“下刀方式”;设置“铣刀参数”。

(5)单击“确定”按钮,拾取加工对象,右击,拾取轮廓边界(内偏 4 的椭圆线),右击,生成的刀具轨迹如图 5-131所示。

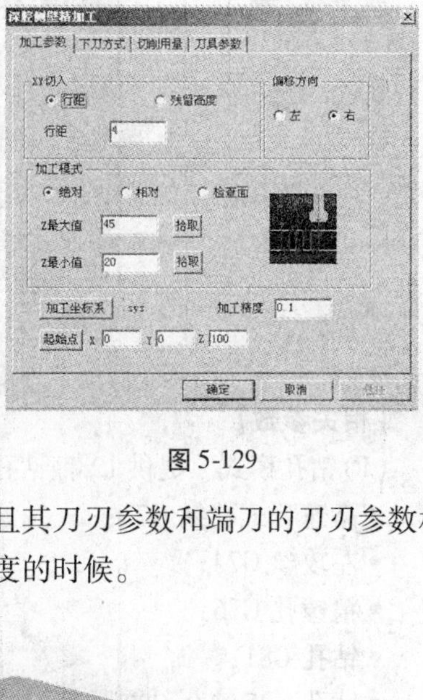

图 5-129

注意与技巧:

(1)一般选择一种特定的刀具作为深腔侧壁加工的刀具,其刀杆的直径要小于刀刃的直径。可以用端刀来生成加工轨迹,具体加工时再改用这种特殊的刀具,并且其刀刃参数和端刀的刀刃参数相同,而且刀具的刚性一定要好,特别是在型腔具有一定深度的时候。

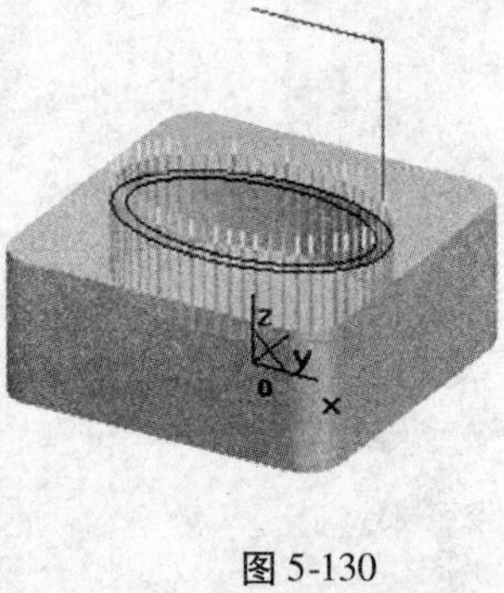

图 5-130

图 5-131

(2)不需要三维模型,只要给出二维轮廓线即可加工。可灵活设定加工深度,主要用于深腔模型侧壁的精加工。

任务 5.3 机械零件的孔加工

5.3.1 孔加工

生成孔加工的加工轨迹。单击“加工”主菜单下的“其他加工”,选择“孔加工”。这时将会弹出“孔加工”对话框,如图 5-132 所示。

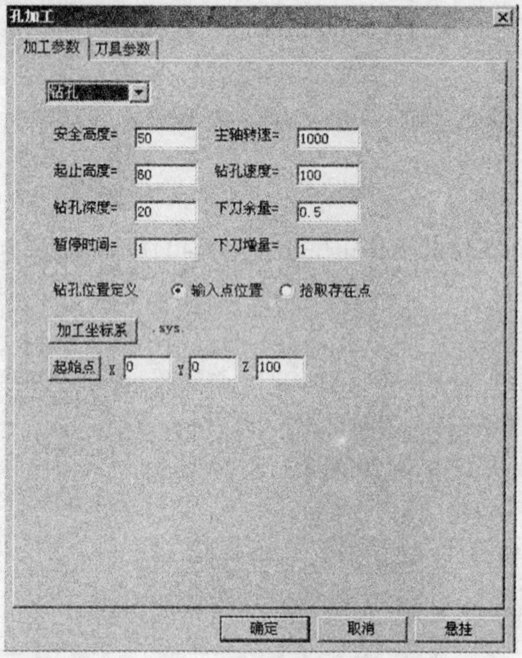

图 5-132 “孔加工”对话框

【相关参数】

(1)钻孔模式。提供 12 种钻孔模式:

- 高速啄式孔钻 G73;
- 左攻丝 G74;
- 精镗孔 G76;
- 钻孔 G81;
- 钻孔+反镗孔 G82;
- 啄式钻孔 G83;
- 逆攻丝 G84;
- 镗孔 G85;
- 镗孔(主轴停) G86;
- 反镗孔 G87;
- 镗孔(暂停+手动)G88;
- 镗孔(暂停)G89。

(2)加工参数。

● 安全高度:刀具在此高度以上任何位置,均不会碰伤工件和夹具。

● 主轴转速:机床主轴的转速。

● 起止高度:刀具初始位置。对应于老版本 ME 中钻孔的初始位置,在本版本中,该值无效。

● 钻孔速度:钻孔刀具的进给速度。

● 钻孔深度:孔的加工深度。

● 下刀余量:钻孔时,钻头快速下刀到达的位置,即距离工件表面的距离,由这一点开始按钻孔速度进行钻孔。

● 暂停时间:攻丝时刀在工件底部的停留时间。

● 下刀增量:孔钻时每次钻孔深度的增量值。

(3)钻孔位置定义。钻孔位置定义有以下两种选择方式。

● 输入点位置:可以根据需要,输入点的坐标,确定孔的位置。

● 拾取存在点:拾取屏幕上的存在点,确定孔的位置。

(4)加工坐标系。

● 加工坐标系:生成轨迹所在的局部坐标系,单击"加工坐标系"按钮可以从工作区中拾取。

● 起始点:刀具的初始位置和沿某轨迹走刀结束后的停留位置,单击起始点按钮可以从工作区中拾取。

5.3.2 工艺孔加工

5.3.2.1 设置

单击"加工"主菜单下的"其他加工",选择"工艺设置"。这时将会弹出"工艺设置"对话框,如图 5-133 所示。

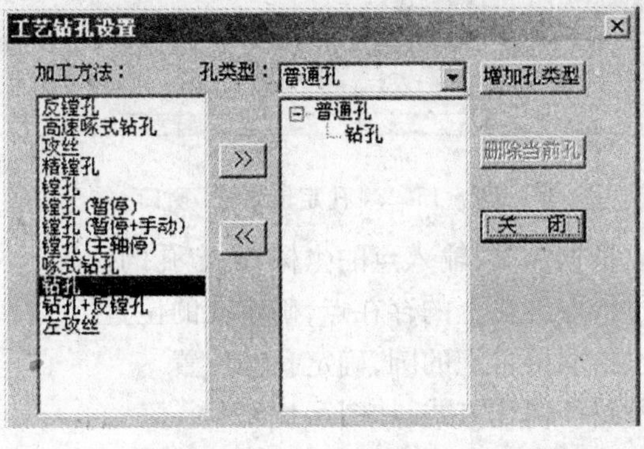

图 5-133 "工艺设置"对话框

【相关参数】

● 高速啄式孔钻 G73;

● 左攻丝 G74;

● 精镗孔 G76;

● 钻孔 G81;

● 钻孔 + 反镗孔 G82;

• 啄式钻孔 G83；

• 逆攻丝 G84；

• 镗孔 G85；

• 镗孔（主轴停）G86 ；

• 反镗孔 G87；

• 镗孔（暂停 + 手动）G88；

• 镗孔（暂停）G89。

» 按钮：将选中的孔加工方式添加到工艺孔加工设置文件中。

« 按钮：将选中的孔加工方式从工艺孔加工设置文件中删除。

增加孔类型：设置新工艺孔加工设置文件。

删除当前孔：删除当前工艺孔加工设置文件。

关闭：保存当前工艺孔加工设置文件，并退出。

5.3.2.2 加工

【相关参数】

• 孔定位方式：提供 3 种孔定位方式，如图 5-134 所示。

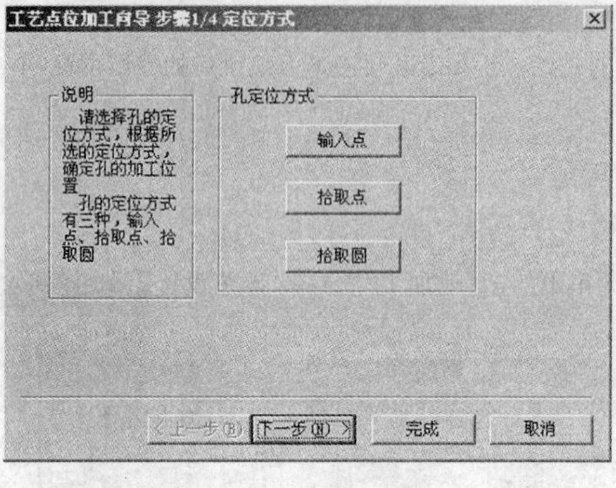

图 5-134 “孔定位方式”窗口

• 输入点：客户可以根据需要，输入点的坐标，确定孔的位置。

• 拾取点：客户通过拾取屏幕上的存在点，确定孔的位置。

• 拾取圆：客户通过拾取屏幕上的圆，确定孔的位置。

路径优化：提供 3 种路径优化方式，如图 5-135 所示。

• 缺省情况：不进行路径优化。

• 最短路径：依据拾取点间距离和的最小值进行优化。

• 规则情况：该方式主要用于矩形阵列情况，有两种方式：

X 优先：依据各点 *X* 坐标值的大小排列，如图 5-136(a) 所示。

Y 优先：依据各点 *Y* 坐标值的大小排列，如图 5-136(b) 所示。

工艺文件选择：选择已经设计好的工艺加工文件。工艺加工文件在工艺孔设置功能中设置，具体方法参照工艺孔设置。

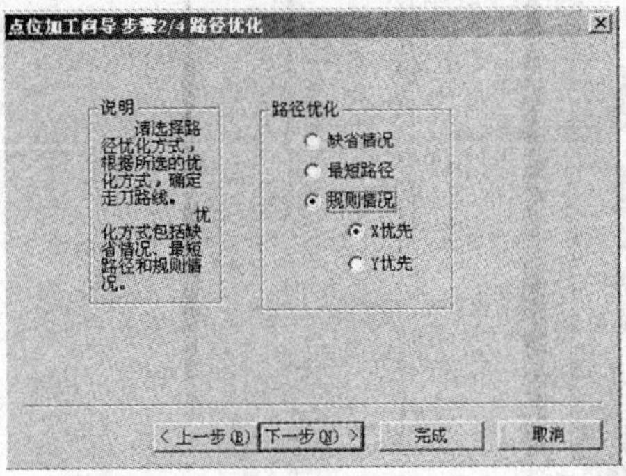

图 5-135　路径优化

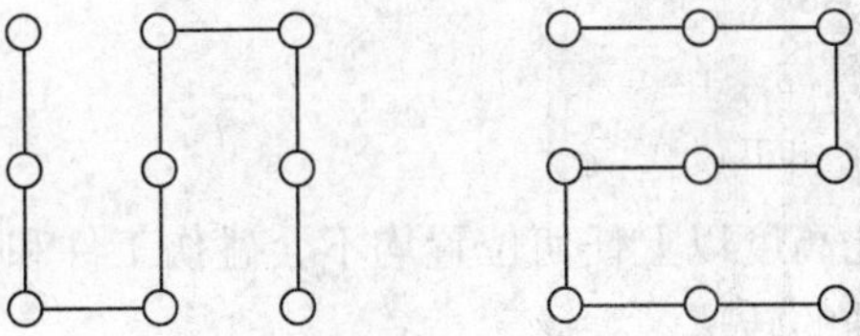

(a)*X*优先　　(b)*Y*优先

图 5-136　规则情况

工艺流程:展开工艺文件选择对话框内选择的工艺加工文件,用户可以设置每个钻孔子项的参数。钻孔子项参数设置请参考孔加工。

5.3.3　其他加工方法

制造工程师软件中除前面介绍的造型加工方法外,还提供了各种孔类加工的仿真加工,可以实现钻孔、镗孔等各种循环指令。可以通过单击“加工”主菜单下的“其他加工”,选择“孔加工”来弹出孔加工参数的设置对话框,如图 5-137 所示。

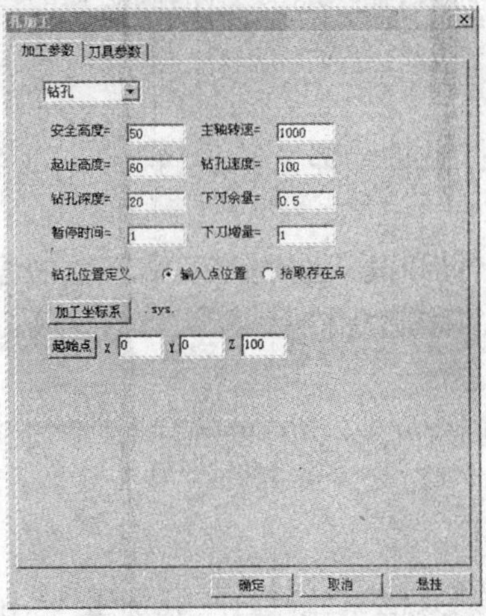

图 5-137　孔加工参数设置

【相关参数】

(1)钻孔模式。共有 12 种钻孔模式:

- 高速啄式孔钻 G73;

- 左攻丝 G74；
- 精镗孔 G76；
- 钻孔 G81；
- 钻孔＋反镗孔 G82；
- 啄式钻孔 G83；
- 逆攻丝 G84；
- 镗孔 G85；
- 镗孔（主轴停）G86；
- 反镗孔 G87；
- 镗孔（暂停＋手动）G88；
- 镗孔（暂停）G89。

（2）加工参数。

- 安全高度：刀具在此高度以上任何位置均不会碰伤工件和夹具。
- 主轴转速：机床主轴的转速。
- 起止高度：刀具初始位置（只用于制造工程师 2004 之前的版本）。
- 钻孔速度：钻孔刀具的进给速度。
- 钻孔深度：孔的加工深度。
- 下刀余量：钻孔时，钻头快速下刀到达的位置，即距离工件表面的距离，由这一点开始按钻孔速度进行钻孔。
- 暂停时间：攻丝时刀在工件底部的停留时间。
- 下刀增量：孔钻时每次钻孔深度的增量值。

（3）钻孔位置定义。钻孔位置定义有以下两种选择方式。

- 输入点位置：可以根据需要，输入点的坐标，确定孔的位置。
- 拾取存在点：拾取屏幕上的存在点，确定孔的位置。

（4）加工坐标系。

- 加工坐标系：生成轨迹所在的局部坐标系，单击“加工坐标系”按钮可以从工作区中拾取。
- 起始点：刀具的初始位置和沿某轨迹走刀结束后的停留位置，单击“起始点”按钮可以从工作区中拾取。

【实例】

如图 5-138 所示为一个圆心在（0，0，40）的圆柱，现在其圆心钻直径为 15，深度为 20 的孔。

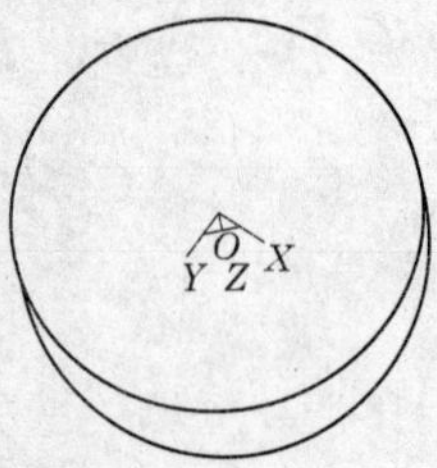

图 5-138

具体操作如下：

（1）通过“加工”菜单中的“其他加工”选择“孔加工”。在弹出的对话框中输入参数，如图 5-139 所示。

（2）按照提示选取钻孔点，单击鼠标右键结束钻孔，结果如图 5-140 所示。如果还需要在其他位置打同样规格的孔，可以利用阵列等方法来实现。

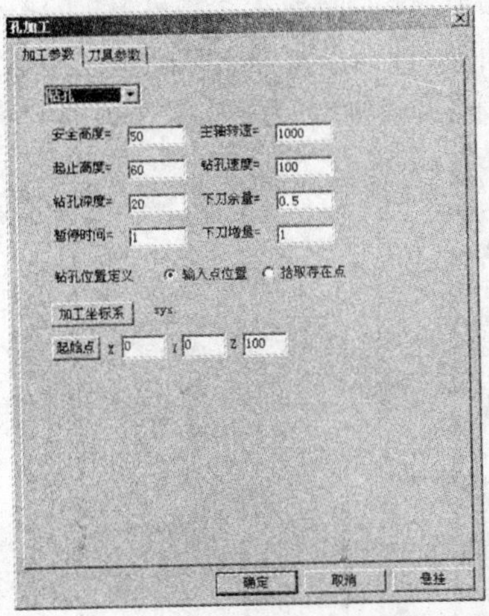

图 5-139　孔加工设置

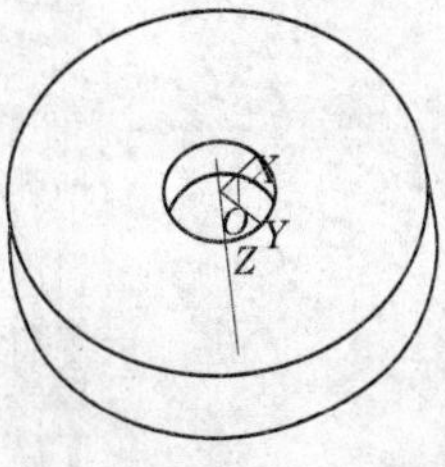

图 5-140　孔加工完成

任务 5.4　后置处理及仿真加工

后置处理就是结合特定机床把系统生成的二轴或三轴刀具轨迹转化成机床能够识别的 G 代码指令,生成的 G 代码可以直接输入数控机床用于加工。考虑到生成的 G 代码可能用于不同的数控机床,制造工程师软件允许我们针对不同的机床设置不同的机床参数和特定的数控代码程序格式,同时可以对生成的机床代码的正确性进行校核。

5.4.1　机床后置

机床后置包括两方面的内容,即机床信息和后置设置。可以单击“加工”菜单中的“后置处理”,选择“后置设置”来启动机床设置工具,如图 5-141 所示。

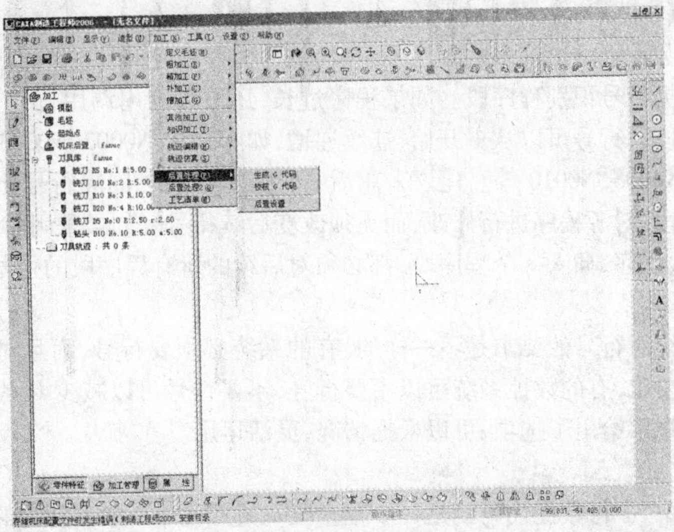

图 5-141　启动机床设置工具

5.4.1.1 机床信息

在机床信息设置中,可以选择仿真加工所采用的机床,也可以按照实际的机床参数来设置特定的数控代码、数控程序格式生成新机床。图 5-142 所示为“机床信息”选项卡。

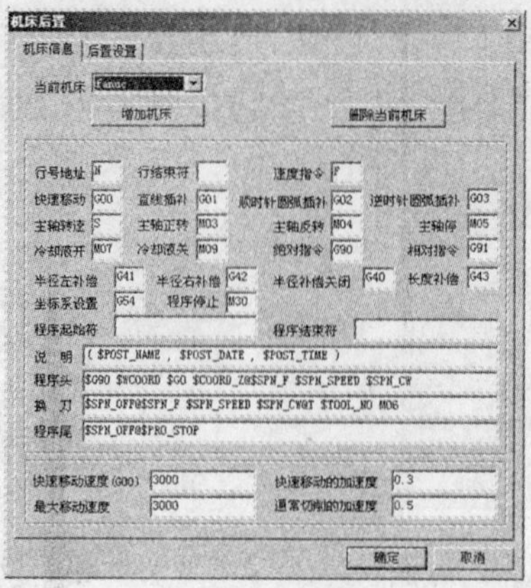

图 5-142 “机床信息”选项卡

【相关参数】

(1)机床控制参数:主轴转速及方向、插补方法、刀具补偿、冷却控制、程序起停以及程序首尾控制符等。

(2)程序格式参数:程序说明、换刀格式、程序行控制等内容。

(3)机床的实际运动参数:快速移动速度(G00)、快速移动加速度、最大移动速度和通常切削的加速度。

【实例】

现以 FANUC 系统参数配置为例,说明具体配置方法。

(1)机床参数设置。单击“增加机床”按钮,输入新的机床名,确定后即可对机床的各种指令地址进行设置。

①行号地址(Nxxxx)。

一个完整的数控程序由许多的程序段组成,每一个程序段前有一个程序段号,即行号地址。系统可以根据行号识别程序段。如果程序过长,还可以利用调用行号很方便地把光标移到所需的程序段。行号可以从 1 开始,连续递增,如 N0001、N0002、N0003 等,也可以间隔递增,如 N0001、N0005、N0010 等。建议采用后一种方式。因为间隔行号比较灵活方便,可以随时插入程序段,对源程序进行修改,而无须改变后续行号。如果采用前一种连续递增的方式,每修改一次程序,插入一个程序段,都必须对后续的所有程序段的行号进行修改,很不方便。

各种数控系统对行号的要求是不一样的,有的系统必须要行号,而且对行号的位数、格式等也有具体的要求,有的数控系统可以不要行号,不要行号可以减少 G 代码文件的长度。这些在行号设置中都给出了选项,可以根据情况,灵活运用。

②行结束符(;)。

在数控程序中,一行数控代码就是一个程序段。数控程序一般以特定的符号,而不是以回车键作为程序段结束标志,它是一段程序段不可缺少的组成部分。FANUC 系统以分号符“;”作为程序段结束符,系统不同,程序段结束符一般不同,如有的系统结束符是“ * ”,有的是“#”等。一个完整的程序段应包括行号、数控代码和程序段结束符。如：

N10G90G54G00Z30.000；

③速度指令(Fxx)。

F 指令表示速度进给。如 F100 表示进给速度为 100 mm/min。在数控程序中,数值一般都直接放在控制代码后,数控系统根据控制代码就能识别其后的数值意义。而不是像数学中以等号“ = ”的方式给控制代码赋值。控制代码之间可以用空格符把代码隔开,也可以不用。

④快速移动(G00)。

在数控控制中,G00 是快速移动指令,快速移动的速度由系统控制参数控制。用户不能通过给指令赋值改变移动速度,但可以用控制面板上的倍速/衰减控制开关控制快速移动速度,也可以直接修改系统参数。

⑤插补方式控制。

一般地,插补就是把空间曲线分解为 *XYZ* 各个方向的很小的曲线段,然后以微元化的直线段去逼近空间曲线。数控系统都提供直线插补和圆弧插补,其中圆弧插补又可分为顺圆插补和逆圆插补。

插补指令都是模态代码。所谓模态代码,就是只要指定一次功能代码格式,以后就不用指定,系统会以前面最近的功能模式确认本程序段的功能。除非重新指定同类型功能代码,否则以后的程序段仍然可以默认该功能代码。

- 直线插补(G01):系统以直线段的方式逼近该点。只需给出终点坐标即可。如:G01X100Y100 表示刀具将以直线的方式从当前点到达点(100,100)。
- 顺圆插补(G02):系统以半径一定的圆弧的方式按顺时针的方向逼近该点。要求给出终点坐标、圆弧半径,以及圆心坐标。如:G02X100Y100R20 表示刀具将以半径为 R20 圆弧的方式,按顺时针方向从当前点到达目的点(100,100);G02X100Y100I50J50 表示刀具将以当前点,终点(100,100),圆心(50,50)所确定的圆弧的方式,按顺时针方向从当前点到达目的点(100,100)。
- 逆圆插补(G03):系统以半径一定的圆弧的方式按逆时针的方向逼近该点。要求给出终点坐标、圆弧半径,以及圆心坐标。如:G03X100Y100R20 表示刀具将以半径为 R20 圆弧的方式,按逆时针方向从当前点到达目的点(100,100)。

⑥主轴控制指令。

主轴控制包括主轴的起停、主轴转向、主轴转速。

- 主轴转速(S):采用伺服系统无级控制的方式控制机床主轴转速是数控系统优越于普通机床的优点之一。S 指令表示主轴转速。如 S800,表示主轴的转速为 800 r/min。
- 主轴正转(M03):主轴以顺时针方向启动。
- 主轴反转(M04):主轴以逆时针方向启动。
- 主轴停(M05):系统接收到 M05 指令立即以最快的速度停止主轴转动。

⑦冷却液开关控制指令。

- 冷却液开(M07):M07 指令打开冷却液阀门开关,开始开放冷却液。
- 冷却液关(M09):M09 指令关掉冷却液阀门开关,停止开放冷却液。

⑧坐标设定。

用户可以根据需要设置坐标系，系统根据用户设置的参照系确定坐标值是绝对的还是相对的。

• 坐标系设置(G54)：G54 是程序坐标系设置指令。一般地，以零件原点作为程序的坐标原点。程序零点坐标存储在机床的控制参数区。程序中不设置此坐标系，而是通过 G54 指令调用。

• 绝对指令(G90)：把系统设置为绝对编程模式。以绝对模式编程的指令，坐标值都以 G54 所确定的工件零点为参考点。绝对指令 G90 也是模代码，除非被同类型代码 G91 所代替，否则系统一直默认。

• 相对指令(G91)：把系统设置为相对编程模式。以相对模式编程的指令，坐标值都以该点的前一点为参考点，指令值以相对递增的方式编程，同样 G91 也是模代码指令。

⑨刀具补偿。

刀具补偿包括刀具半径补偿和刀具长度补偿，其中半径补偿又分为左补偿和右补偿及补偿关闭。有了刀具半径补偿后，编程时可以不考虑刀具的半径，直接根据曲线轮廓编程。如果没有刀具半径补偿，编程时必须沿曲线轮廓让出一个刀具半径的刀位偏移量，如图 5-143 所示。FANUC 系统是通过如下指令来实现刀具补偿的：

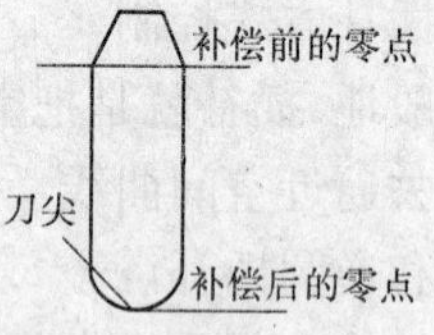

图 5-143　刀具长度补偿示意图

• 半径左补偿(G41)：指刀具轨迹以刀具进给的方向为正方向，沿轮廓线左边让出一个刀具半径的偏移量。

• 半径右补偿(G42)：指刀具轨迹以刀具进给的方向为正方向，沿轮廓线右边让出一个刀具半径的偏移量。

• 半径补偿关闭(G40)：刀具半径补偿的关闭是通过代码 G40 来实现的。左右补偿指令代码都是模代码，所以也可以通过开启一个补偿指令代码来关闭另一个补偿指令代码。

• 长度补偿(G43)：一般地，主轴方向的机床原点在主轴头底端，而加工中的主轴方向的零点在刀具的刀尖处，所以必须在主轴方向上给机床一个刀具长度的补偿。

⑩程序停止(M30)。

程序结束指令 M30 将结束整个程序的运行，所有的功能 G 代码和与程序有关的一些机床运行开关，如冷却液开关、主轴开关、机械手开关等都将关闭处于原始禁止状态。机床处于当前位置，如果要使机床停在机床零点位置，则必须用机床回零指令 G28。

(2)程序格式设置。

程序格式设置就是对 G 代码各程序段格式进行设置。“程序段”含义见 G 代码程序示例。可以对以下程序段进行格式设置：程序起始符号、程序结束符号、程序说明、程序头、程序尾换刀段。

①设置方式。

字符串或宏指令@字符串或宏指令。

其中宏指令为$ + 宏指令串，系统提供的宏指令串有：

• 当前后置文件名 POST_NAME；

• 当前日期 POST_DATE；

• 当前时间 POST_TIME；

- 系统规定的刀具号 TOOL_NO;
- 主轴速度 SPN_SPEED;
- 当前 X 坐标值 COORD_X;
- 当前 Y 坐标值 COORD_Y;
- 当前 Z 坐标值 COORD_Z;
- 当前程序号 POST_CODE;
- 当前刀具信息 TOOL_MSG;
- 当前加工参数信息 PARA_MSG。

以下宏指令内容与图 5-142 中的设置内容一致:

- 行号指令 LINE_NO_ADD;
- 行结束符 BLOCK_END;
- 速度指令 FEED;
- 快速移动 G00;
- 直线插补 G01;
- 顺圆插补 G02;
- 逆圆插补 G03;
- XY 平面定义 G17;
- XZ 平面定义 G18;
- YZ 平面定义 G19;
- 绝对指令 G90;
- 相对指令 G91;
- 刀具半径补偿取消 DCMP_OFF(G40);
- 刀具半径左补偿 DCMP_LFT(G41);
- 刀具半径右补偿 DCMP_RGH(G42);
- 刀具长度补偿 LCMP_LEN(G43);
- 刀具长度补偿 LCMP_SHT(G44);
- 刀具长度补偿 LCMP_OFF(G49);
- 坐标设置 WCOORD(G92、G54 ~ G59);
- 主轴正转 SPN_CW(M03);
- 主轴反转 SPN_CCW(M04);
- 主轴 SPN_OFF(M05);
- 主轴转速 SPN_F(S);
- 冷却液开 COOL_ON(M07、M08);
- 冷却液关 COOL_OFF(M09);
- 程序停止 PRO_STOP(M30)。

@号为换行标志。

若是字符串,则输出它本身。

$号输出空格。

②程序说明。

说明部分是对程序的名称,与此程序对应的零件名称编号、编制日期和时间等有关信息的记录。程序说明部分是为了管理的需要而设置的。有了这个功能项目,用户可以很方便地进行管理。比如要加工某个零件时,只需要从管理程序中找到对应的程序编号即可,而不需要从复杂的程序中去一个一个地寻找需要的程序。

例如,(N126 - 60231, $POST_NAME, $POST_DATE, $POST_TIME),在生成的后置程序中的程序说明部分输出如下说明:(N126 - 60231,O1261,1996,9,2,15:30:30)。

③程序头。

针对特定的数控机床来说,其数控程序开头部分都是相对固定的,包括一些机床信息,如机床回零、工件零点设置、主轴启动以及冷却液开启等。

例如:根据本实例中快速移动指令内容为 G00,那么, $G0 的输出结果为 G00,同样 $COOL_ON的输出结果为 M07, $PRO_STOP 为 M30,依此类推。

例如: $G90$ $WCOORD$G0$COORD_Z@ G43H01@$SPN_FSPN_SPEEDSPN_CW,在后置文件中的输出内容为:

G90G54G00Z30.00

G43H011

S500M03

④换刀。

换刀指令提示系统换刀,换刀指令可以由用户根据机床设定,换刀后系统要提取一些有关刀具的信息,以便于必要时进行刀具补偿。

下面是按照 FANUC 系统程序格式设置,后置处理所生成的数控程序,读者可以结合上面的讲解进行学习。

```
% 程序起始符号
(111. CUT,1996.6.26, 9:15:1.30)程序说明
N10G90G54G00Z30.000;程序头
N11T01;
N12G43H01;
N14M03S100;
N16X - 42.6Y - 1.100;程序
N18Z20.000;
N20G01Z - 2.000F10;
N22X - 20.400Y14.500F10;
N24Z20.000F10;
N26G00Z30.000;
N28M05;
N30T02;  换刀
N31G43H01;
N32M03S100;
N33G00X - 6.129Y - 3.627; 程序
```

N34Z20.000;

N36G01Z0.000F10;

N38G02X15.000Y-8.100I9.329J-8.073F10;

N40G01Z20.000F10;

N42G00Z30.000;

N44G49M05;程序尾

N46G28Z0.0;机床回零

N48X0.0Y0.0;

N46M30

% 程序结束符

5.4.1.2 后置设置

后置设置就是针对特定的机床,结合已经设置好的机床配置,对后置输出的数控程序的格式,如程序段行号、程序大小、数据格式、编程方式、圆弧控制方式等进行设置。

图5-144所示为“后置设置”选项卡。

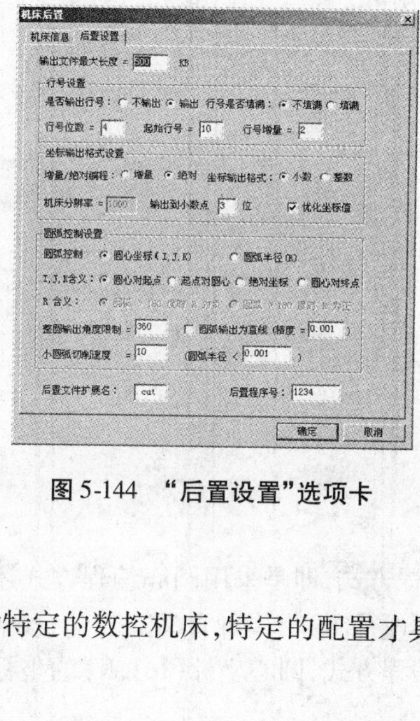

图5-144 “后置设置”选项卡

【相关参数】

(1)机床系统。

首先,数控程序必须针对特定的数控机床,特定的配置才具有加工的实际意义,所以后置设置必须先调用机床配置。

(2)文件长度控制。

输出文件长度可以对数控程序的大小进行控制,文件大小控制以K为单位。当输出的代码文件长度大于规定长度时系统自动分割文件。例如:当输出的G代码文件post.cut超过规定的长度时,就会自动分割为post0001.cut、post0002.cut、post0003.cut、post0004.cut等。

(3)行号设置。

程序段行号设置包括行号的位数,行号是否输出,行号是否填满,起始行号以及行号递增数值等。是否输出行号:选中行号输出则在数控程序中的每一个程序段前面输出行号,反之亦然。行号是否填满是指行号不足规定的行号位数时是否用0填充。行号填满就是不足所要求的行号位数的前面补零,如N0028;反之亦然,如N28。行号递增数值就是程序段行号之间的间隔，如 N0020 与 N0025 之间的间隔为 5，建议选取比较适中的递增数值，这样有利于程序的管理。

(4)编程方式设置。

编程方式设置有绝对编程 G90 和相对编程 G91 两种方式。

(5)坐标输出格式设置。

决定数控程序中数值的格式：小数输出还是整数输出；机床分辨率就是机床的加工精度，如果机床精度为 0.001 mm，则分辨率设置为 1 000，以此类推；输出小数位数可以控制加工精度。但不能超过机床精度，否则是没有实际意义的。

“优化坐标值”指输出的 G 代码中，若坐标值的某分量与上一次相同，则此分量在 G 代码中不出现。下一段是没有经过优化的 G 代码。

```
X0.0  Y0.0  Z0.0;
X100.  Y0.0  Z0.0;
X100.  Y100.  Z0.0;
X0.0  Y100.  Z0.0;
X0.0  Y0.0  Z0.0;
```

经过坐标优化，结果如下：

```
X0.0  Y0.0  Z0.0;
X100. ;
Y100. ;
X0.0;
Y0.0;
```

(6)圆弧控制设置。

主要设置控制圆弧的编程方式，即是采用圆心编程方式还是采用半径编程方式。当采用圆心编程方式时，圆心坐标(I,J,K)有 4 种含义：

- 绝对坐标：采用绝对编程方式，圆心坐标(I,J,K)的坐标值为相对于工件零点绝对坐标系的绝对值。
- 圆心对起点：I、J、K 的含义为圆心坐标相对于圆弧起点的增量值。
- 起点对圆心：I、J、K 的含义为圆弧起点坐标相对于圆心坐标的增量值。
- 圆心对终点：I、J、K 的含义为圆心坐标相对于圆弧终点坐标的增量值。

按圆心坐标编程时，圆心坐标的各种含义是针对不同的数控机床而言的。不同机床其圆心坐标编程的含义不同，但对于特定的机床其含义只有其中一种。当采用半径编程时，采用半径正负区别的方法来控制圆弧是劣圆弧还是优圆弧。圆弧半径 R 的含义即表现为以下两种：

- 优圆弧：圆弧大于 180°，R 为负值。
- 劣圆弧：圆弧小于 180°，R 为正值。

要特别注意的是:用 R 来编程时,不能输出整圆,因为过一点可以作无数个圆,圆心的位置无法确定。所以在用 R 编程时,一定要在整圆输出角度限制中设为小于 360°。

“整圆输出角度限制”是整圆的输出选项,有的机床不认整圆,此时需要将整圆打散成几段,若整圆输出角度限制为 90°,则将整圆打散为 4 段。若为 360°,则对整圆没有限制。绝大多数机床没有限制,所以默认值是 360°。

“圆弧输出为直线”选项指将圆弧按精度离散成直线段输出。有的机床不认圆弧,需要将圆弧离散成直线段。精度由用户输入。

(7)扩展名控制和后置设置编号。

后置文件扩展名是控制所生成的数控程序文件名的扩展名。有些机床对数控程序要求有扩展名,有些机床没有这个要求,应视不同的机床而定。后置程序号是记录后置设置的程序号,不同的机床,其后置设置不同,所以采用程序号来记录这些设置,以便于用户日后使用。

5.4.1.3 生成 G 代码

设置好机床后置后,就可以根据当前机床类型的配置要求,把已经生成的刀具加工轨迹转化生成 G 代码,即 CNC 数控程序,并将 G 代码直接输入到机床中进行数控加工。可以单击“加工”菜单中的“后置处理”,选择“生成 G 代码”来启动此功能。

【实例】

将上文中生成的加工轨迹输出为 G 代码。

(1)单击“加工”菜单中的“后置处理”,选择“生成 G 代码”启动输出 G 代码功能。

(2)在弹出的对话框中输入文件名,然后拾取刀具轨迹,刀具轨迹被拾取后变为红色的虚线,如图 5-145 所示。

图 5-145 拾取轨迹示意图

(3)拾取结束后,单击鼠标右键结束,系统即生成数控程序。

5.4.1.4 校核 G 代码

与生成 G 代码功能相反,校核 G 代码就是把已经生成的 G 代码文件反读进来,生成刀具轨迹,然后进行轨迹仿真以检查 G 代码的正确性。

这里需要读者注意,制造工程师软件不能读取坐标格式为整数且分辨率为非 1 的情况。另外,如果反读的刀位文件中包含圆弧插补,需要指定相应的圆弧插补格式,否则可能得到错误的结果。

5.4.2 轨迹仿真

5.4.2.1 生成轨迹

通常情况下，将构造完的造型生成毛坯，并选择正确的加工方式后，只需按照状态栏的提示进行操作即可生成轨迹。图 5-146 为等高线粗加工生成的加工轨迹。

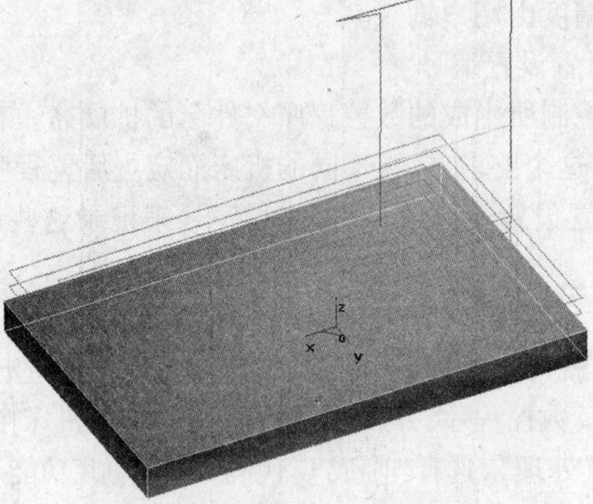

图 5-146 等高线粗加工生成的加工轨迹

为了加深读者对轨迹生成的认识和了解，这里以简单的实例介绍仿真加工的相关操作。

【实例】

需加工如图 5-147 所示的圆台锥体，高度为 50 mm，拔模斜度为 60°，底面正方形边长为 200 mm。

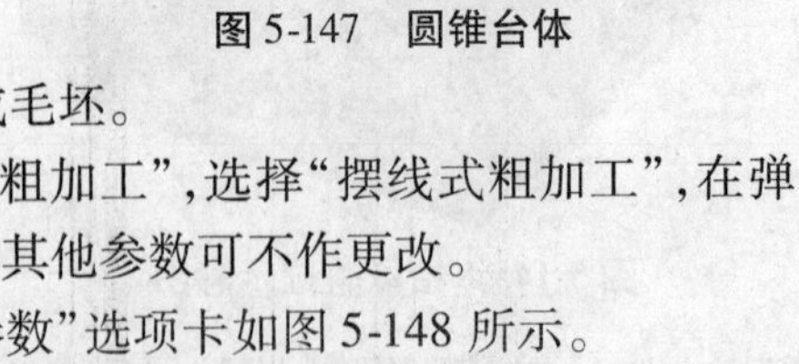

图 5-147 圆锥台体

(1)绘制好造型后生成毛坯。

(2)单击“加工”下的“粗加工”，选择“摆线式粗加工”，在弹出的对话框中按以下图示输入加工参数和刀具参数，其他参数可不作更改。

①加工参数。“加工参数”选项卡如图 5-148 所示。

②刀具参数。“刀具参数”选项卡如图 5-149 所示。

③设置完所有的参数后单击“确定”按钮，按提示依次拾取加工对象和加工边界，如图 5-150所示。本例的加工边界可以选择底面的 4 条边。

注意：加工边界必须是单纯的线段，直接造型实体是无效的，我们需要利用“相关线——实体边界”功能来生成直线作为加工边界。

拾取轮廓线可以利用曲线拾取工具菜单，用空格键弹出工具菜单，如图 5-151 所示。工

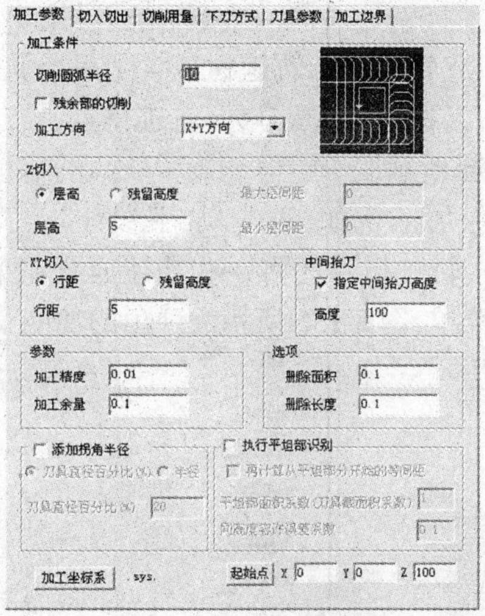

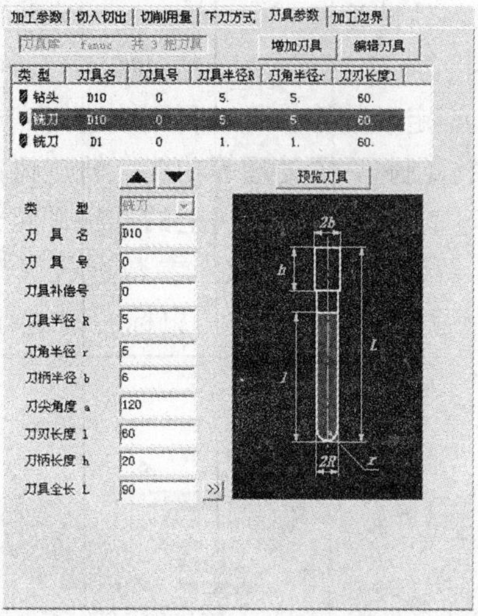

图 5-148 加工参数　　　　图 5-149 刀具参数

具菜单提供 3 种拾取方式：单个拾取、链拾取和限制链拾取。此处采用单个拾取。单个拾取用在轮廓线不多且易拾取的场合，链拾取用在轮廓线较多且首尾相连的场合，限制链拾取用于选定在两条限制线之间的连接链部分。

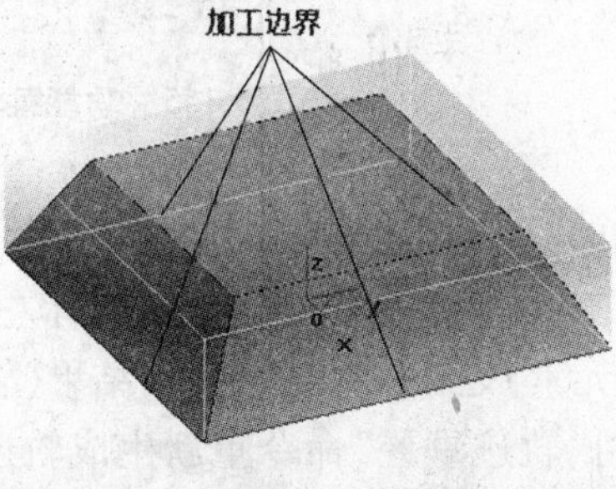

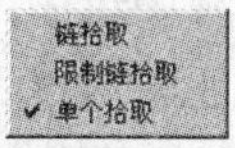

图 5-150 拾取加工对象和加工边界　　　　图 5-151 拾取菜单

④拾取完毕后，系统进行相关计算。稍等片刻后（如果计算机配置较低，等待时间会很长），屏幕上会显示生成如图 5-152 所示的轨迹，“加工管理”中也会出现轨迹树，如图 5-153 所示。

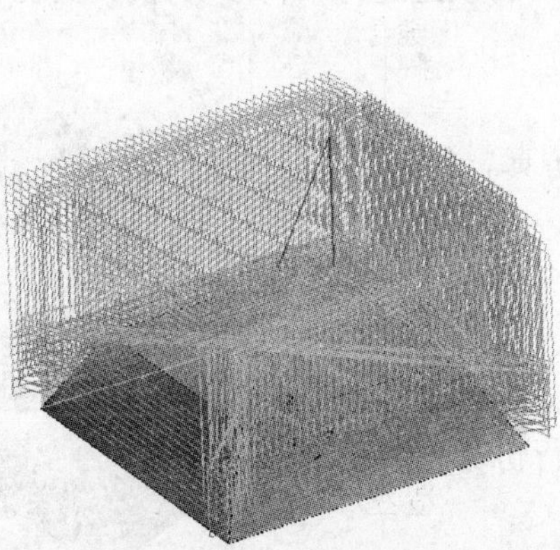

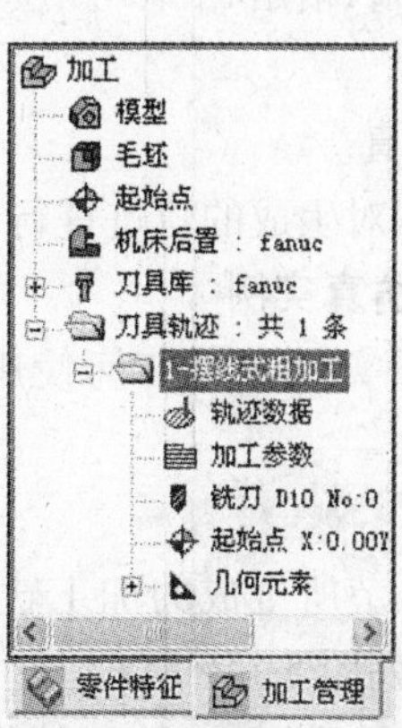

图 5-152 生成轨迹　　　　图 5-153

5.4.2.2　轨迹管理

当生成一个或多个轨迹后,加工管理中将会生成轨迹树。轨迹树包含了每条轨迹的基本情况、设定参数等。可以利用轨迹树完成修改加工参数、选择刀具、轨迹重置、轨迹编辑、轨迹参数复制、后置处理等功能。轨迹树如图 5-154 所示。

一般来讲,双击轨迹树上的选项即可激活相关功能,例如,双击"加工参数"会弹出"参数设置"对话框,可以直接对参数进行修改。另外,轨迹树中还将一些功能放置在菜单中,只需在一条轨迹名称上单击鼠标右键就可以弹出菜单,图 5-155 所示为弹出的功能菜单。

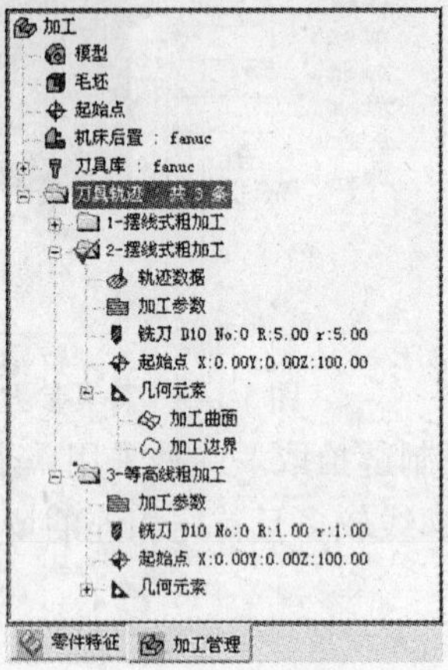

图 5-154　轨迹树

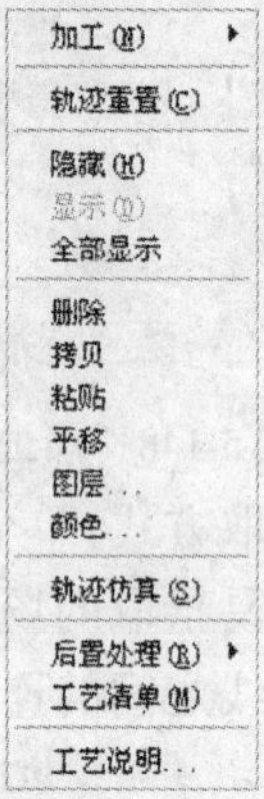

图 5-155　功能菜单

(1)轨迹重置。

在轨迹树中拾取一个或多个轨迹后,单击右键,在弹出的快捷菜单中选择"轨迹重置"命令,系统按轨迹树中选中的轨迹的顺序重新计算各个轨迹。轨迹图标左上角有一点表示该轨迹的原因(加工参数、刀具参数和几何元素)之一发生了改变而结果(轨迹数据)并没有作相应的改变,即提醒用户该轨迹需要调用"轨迹重置"命令重新生成轨迹数据,使原因与结果一致。"轨迹重置"命令也可作用于无须重新生成的轨迹。

通常,应用知识加工后需要进行轨迹重置。

①隐藏\显示\全部显示。将已有的轨迹隐藏或显示,以便获得更好的显示效果。

②删除\复制\粘贴\平移\图层\颜色。对轨迹进行编辑修改,使其实现移动位置或更改颜色等操作。

(2)轨迹仿真。

启动仿真器对生成的轨迹进行动画仿真。

5.4.2.3　轨迹仿真实例

本节将通过实例介绍如何使用制造工程师软件进行轨迹仿真。

【实例】

对 5.2.1 小节所生成的加工轨迹进行仿真,并得到加工结果,如图 5-156 所示。

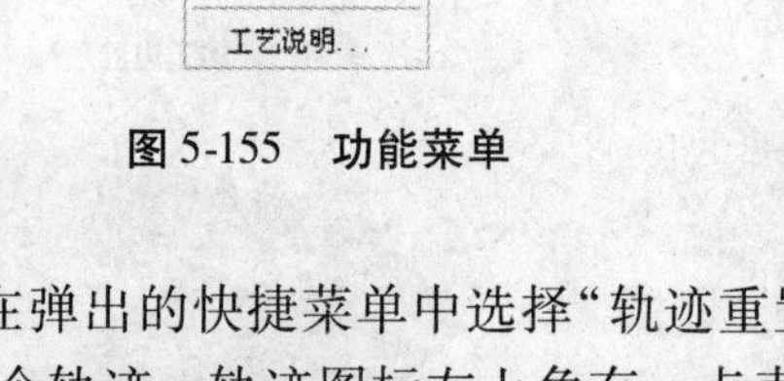

图 5-156　加工轨迹

(1)单击"加工"下的"轨迹仿真",然后选择需要仿真的轨迹。可以直接单击轨迹线,也可以单击轨迹树中的轨迹名称，被选中的轨迹将变成红色且轨迹树中的图标变为。

(2)单击鼠标右键会启动轨迹仿真器，其界面如图 5-157 所示。

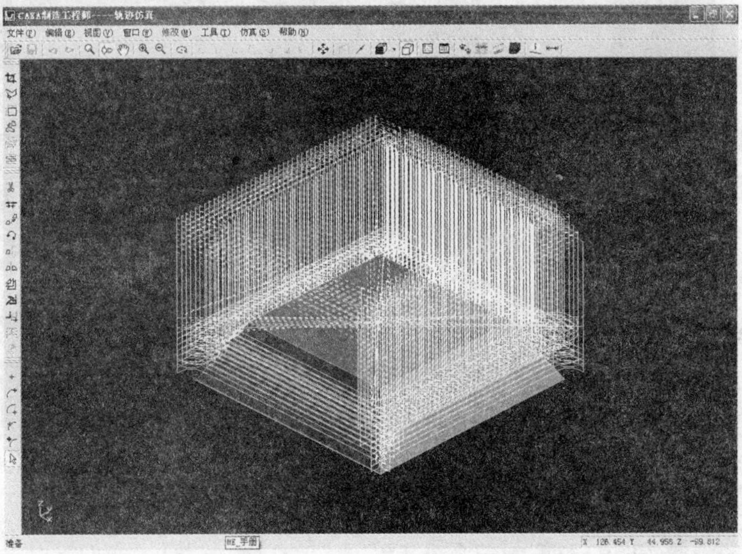

图 5-157　轨迹仿真器界面

(3)单击“工具”下的“仿真”，或直接单击图标，系统进入仿真状态，并弹出“仿真”对话框。如图 5-158 所示，在“仿真”对话框中可以对显示时间、显示内容、是否进行干涉检查等进行设置。

(4)设置完成后，单击开始仿真，“仿真”对话框中将实时显示相应的加工参数。如图 5-159所示。这里提醒读者注意，即使是在仿真过程中，也可以移动或旋转整个造型以便更清楚地观察仿真过程。

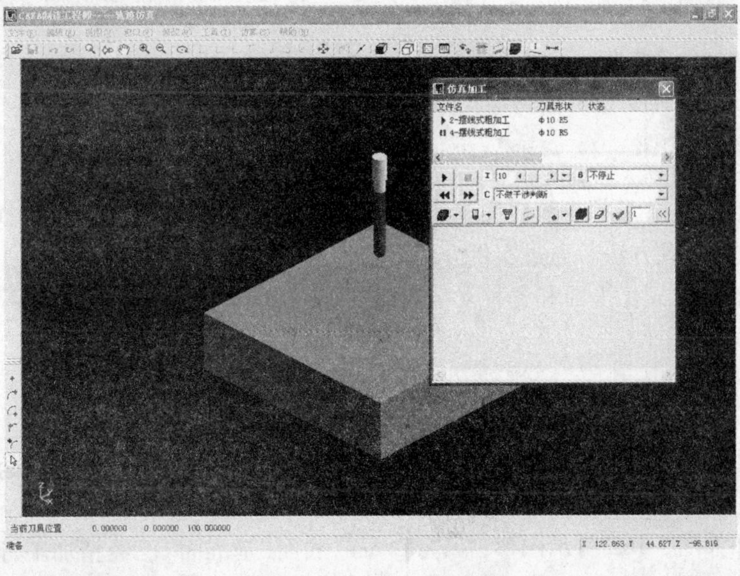

图 5-158　准备轨迹仿真

(5)仿真完成后，还可以对结果进行分析，得到更多的有用信息，有兴趣的读者可以自行研究，这里不再专门介绍。图 5-160 所示为最终仿真结果。

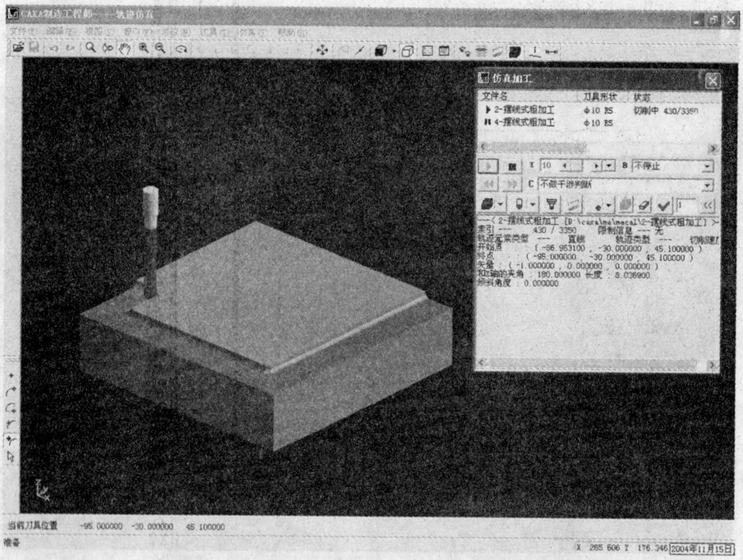

图 5-159　开始轨迹仿真

图 5-160　轨迹仿真结果

总　结

在此情境里，讲解了关于数控加工的基本概念、基本工艺知识、各种加工功能中参数的含义以及参数的设置方法。通过实例介绍了软件提供的 20 多种生成数控加工轨迹的方法。掌握这些方法，足以满足平面和各种复杂曲面的加工需要。

练习题

5-1　已知如图 5-161 所示图形，底面(基准面)已经精加工，请生成零件的加工造型，参考生成零件的造型完成其粗、精加工轨迹，并进行加工仿真和生成 G 代码。

5-2　已知如图 5-162 所示图形，板厚 15 mm，底面(基准面)已经精加工，请生成零件的加工造型，参考生成零件的造型完成其粗、精加工轨迹。

5-3　已知如图 5-163 所示图形，底面(基准面)已经精加工，请生成零件的加工造型，参考生成零件的造型完成其粗、精加工轨迹。

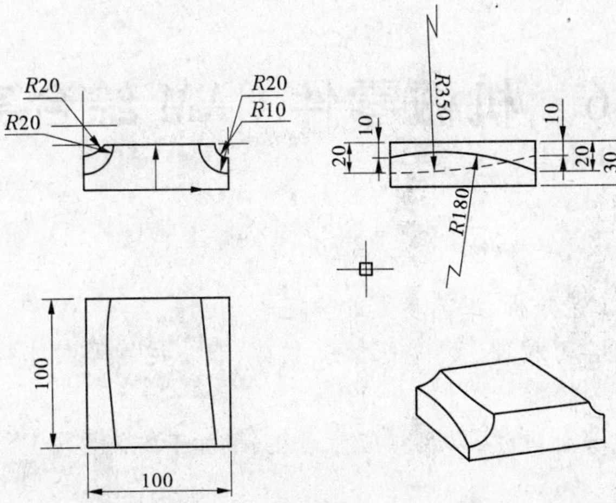

图 5-161

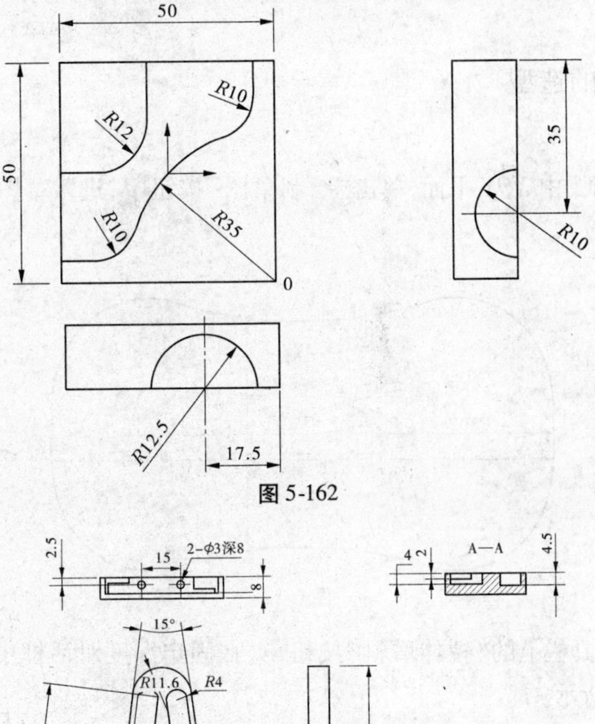

图 5-162

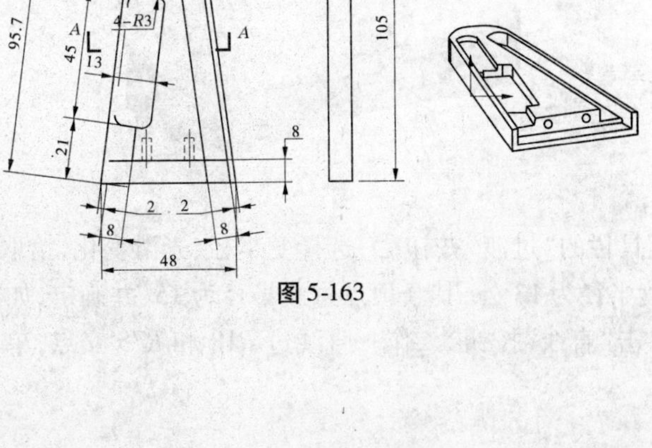

图 5-163

情景 6　机械零件 CAM 综合实训

学习目标

1. 了解数控加工、工艺分析、工艺参数的确定。

2. 通过香皂的造型学习拉伸、变半径过渡、裁剪、布尔运算等实体特征及放样面的生成方法。

3. 熟练掌握造型的设计方法，以及相应曲面粗、精加工的使用。

任务 6.1　香皂模型的造型与加工

6.1.1　香皂模型的造型

作图步骤：

(1)在“零件特征”中 *XOY* 平面，单击“绘制草图”按钮，进入草图绘制状态。绘制草图如图 6-1 所示。

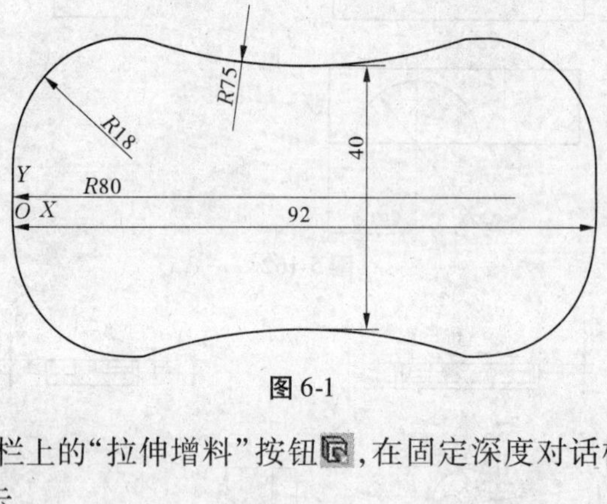

图 6-1

(2)单击特征工具栏上的“拉伸增料”按钮，在固定深度对话框中输入深度为 15，并确定，结果如图 6-2 所示。

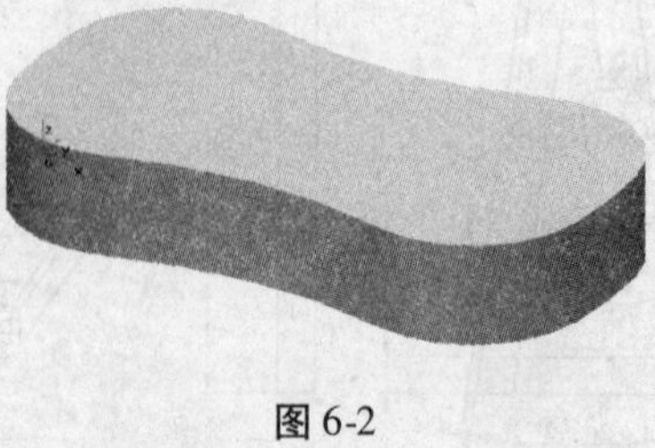

图 6-2

(3)单击特征工具栏的“过渡”按钮，选择变半径、光滑变化，拾取上表面所有棱线，除顶点 2 和顶点 7 过渡半径为 13 外，其余顶点过渡半径为 15，并确定，如图 6-3 所示。

(4)按 F5 键，单击“直线”按钮，作一直线过 *R*18 和 *R*75 交点，单击“扫描面”按钮，

图 6-3

输入起始距离 -20、扫描距离 4，扫描 Z 轴正方向，拾取直线，作出扫描面如图 6-4 所示。

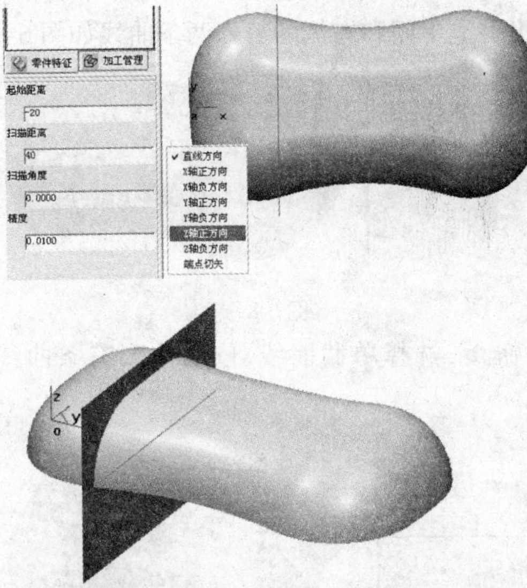

图 6-4

(5)单击“曲面裁剪除料”按钮，拾取扫描面，确定后隐藏直线和扫描面，结果如图 6-5 所示。

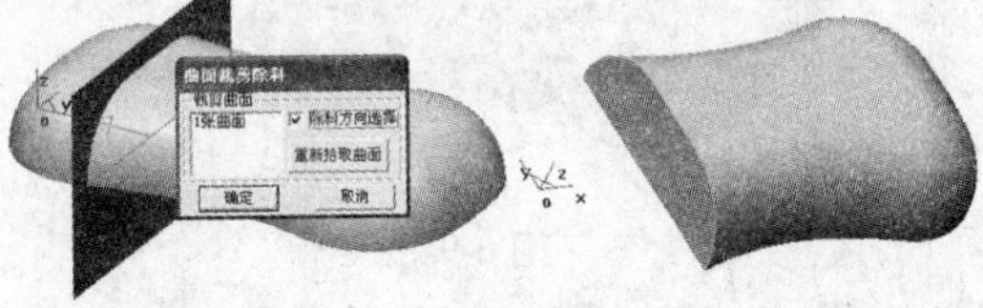

图 6-5

(6)单击“相关线”按钮，选择实体边界，拾取实体边界确定，结果如 6-6 所示。

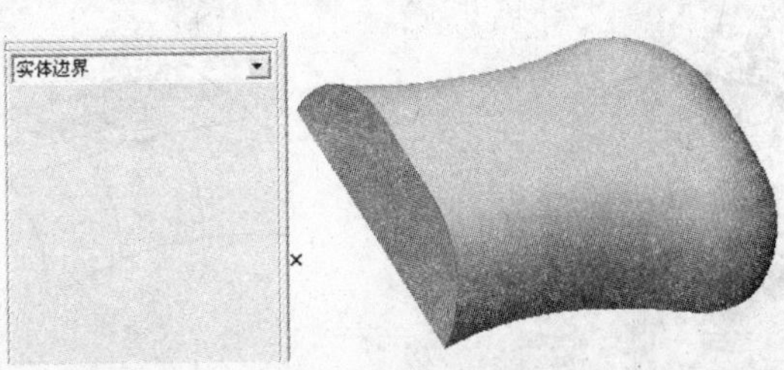

图 6-6

(7)单击“曲线组合”按钮，选择删除原曲线，拾取实体边界线组合成一条曲线后，将特征树中的裁剪特征删除，结果如6-7所示。

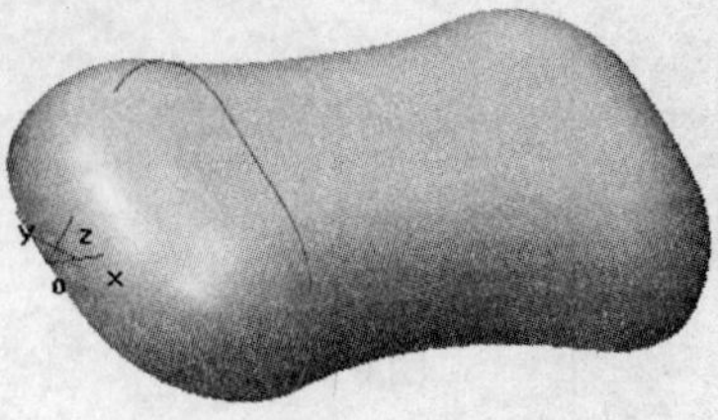

图6-7

(8)用同样的方法作出香皂中间和右侧的另外两条曲线如图6-8所示。

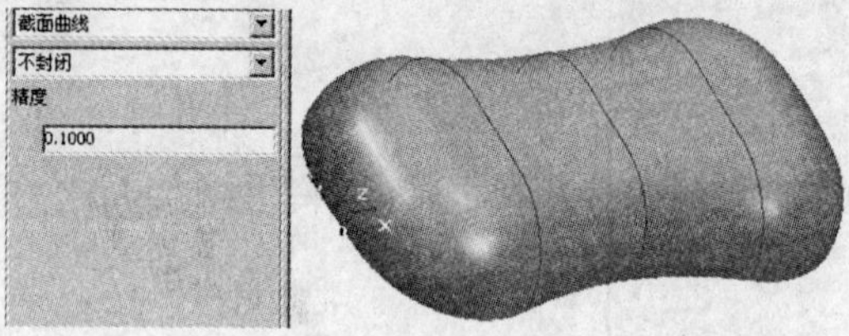

图6-8

(9)单击“放样面”按钮，选择单截面线，依次拾取三条曲线，生成放样面如图6-9所示。

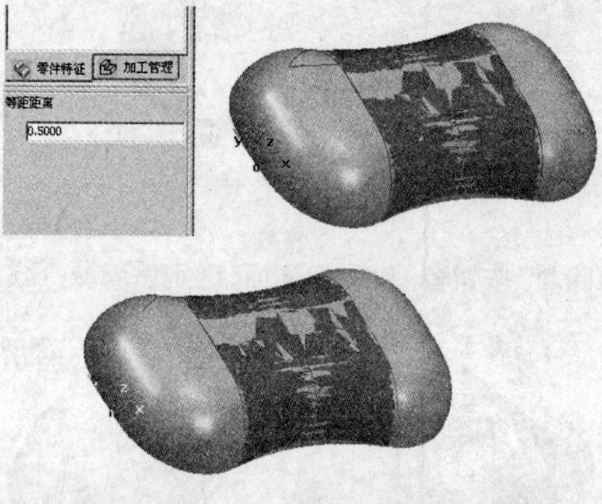

图6-9

(10)单击“等距面”按钮，选择放样面，等距距离为0.5，方向朝下，如图6-10所示。

(11)单击“消隐显示”按钮，单击香皂上平面，按F2键，进入草图状态，绘制草图如图6-11所示。

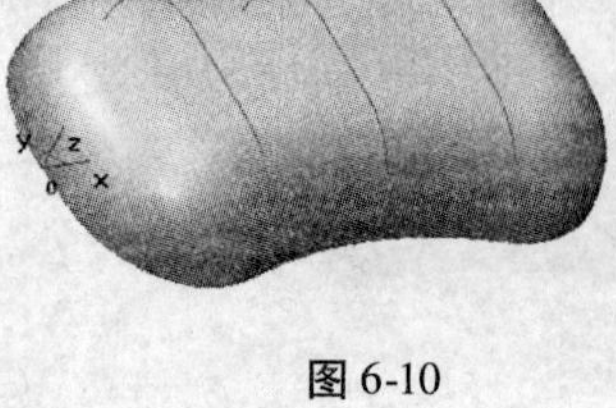

图6-10

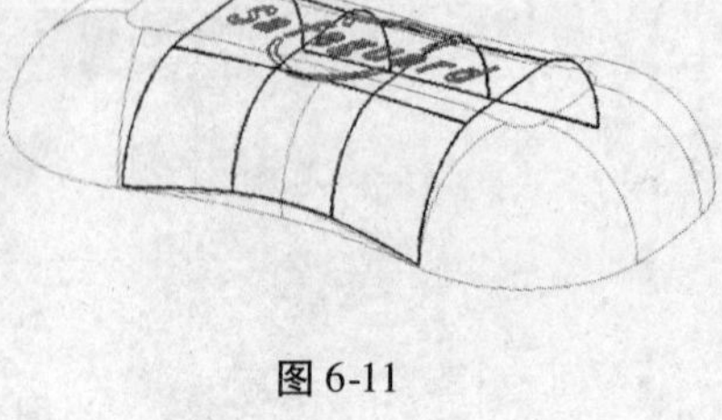

图6-11

（12）单击特征工具栏的“拉伸除料”按钮，选择拉伸到面，拾取等距面并确定，隐藏扫描面，单击“真实感显示”按钮，结果如图 6-12 所示。

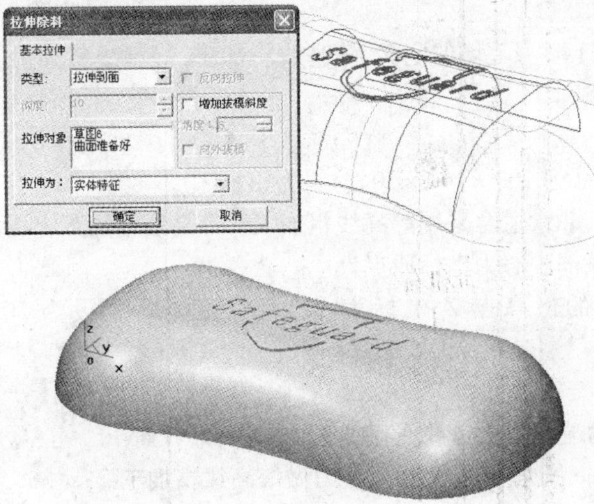

图 6-12

（13）单击“保存”按钮，将文件保存为“香皂 . X－t”格式文件。

（14）按 F5 键，单击“直线”按钮，作一过原点的水平线，单击“实体布尔运算”按钮，打开“香皂 . X_t”格式文件，如图 6-13 所示。

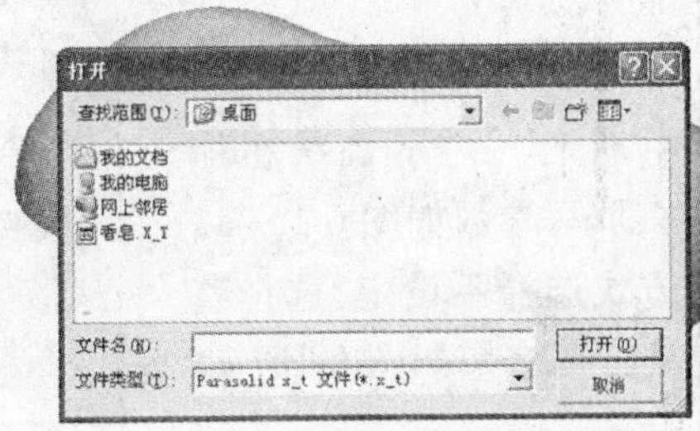

图 6-13

（15）选择当前零件并入输入零件，拾取原点为定位点，定位方式选择拾取定位的 *X* 轴，拾取水平线为 *X* 轴，输入旋转角度 180°，并确定，结果如图 6-14 所示。

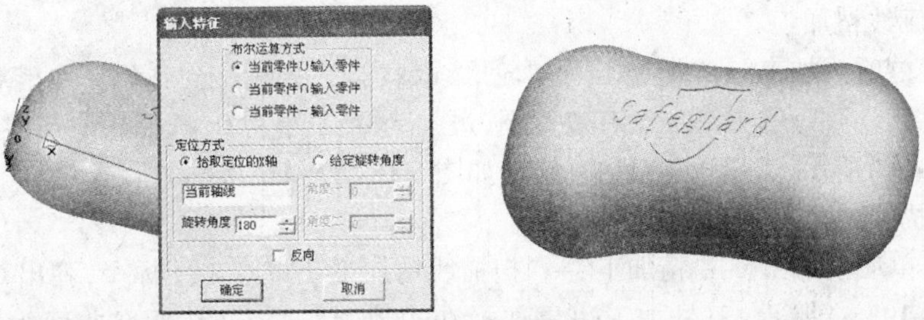

图 6-14

6.1.2 香皂模型的加工

6.1.2.1 学习目的

通过香皂模型的加工学习毛坯的定义、等高线粗加工、等高线精加工、轮廓线精加工及扫描线精加工的加工方法。

6.1.2.2 工艺分析

香皂模型的毛坯尺寸为 103×160×30,材料为铝材。

零件整体形状平坦,非常适合采用等高线粗加工和等高线精加工完成加工。

加工原点:零件的底部中心为坐标原点。

安全高度:因零件的最高点 Z 坐标为 15,所以安全高度设为 50,起始点坐标为(0,0,50)。

加工步骤如下:

(1)直径为 8 mm 的端铣刀做等高线粗加工。

(2)用直径为 10 mm、圆角为 r_2 的圆角铣刀做等高线精加工。

(3)用直径为 8 mm 的端铣刀做轮廓线精加工。

(4)用直径为 0.2 mm 的雕铣刀做扫描线精加工铣花纹。

6.1.2.3 具体步骤

(1)定义毛坯。

点击"定义毛坯"菜单或图标,定义毛坯的尺寸和位置,如图 6-15 所示。

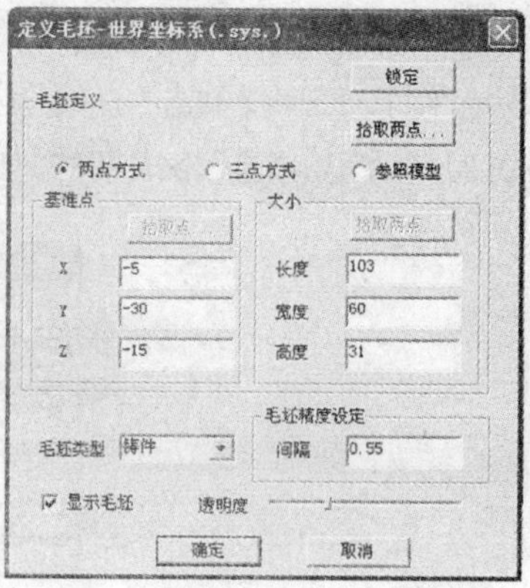

图 6-15

(2)等高线粗加工。

点击菜单项:"加工"→"粗加工"→"等高线粗加工",或点击图标,弹出对话框,填写参数如图 6-16(a)和图 6-16(b)所示。切入切出方式选择不设定,选择整个实体为加工对象,刀具轨迹及仿真结果如图 6-16(c)和图 6-16(d)所示。

(3)等高线精加工。

点击菜单项:"加工"→"精加工"→"等高线精加工",或点击图标,弹出对话框,填写参数如图 6-17(a)和图 6-17(b)所示。切入切出方式选择不设定,选择整个实体为加工对象,刀具轨迹及仿真结果如图 6-17(c)和图 6-17(d)所示。

(4)轮廓线精加工。

点击菜单项:"加工"→"精加工"→"轮廓线精加工",或点击图标,弹出对话框,填写参数如图 6-18(a)所示,刀具加工有效范围,最大为 0,最小为 0,选择轮廓边界线为加工对象如图 6-18(b)所示,刀具轨迹及仿真结果如图 6-18(c)和 6-18(d)所示。

(5)扫描线精加工。

点击菜单项:"加工"→"精加工"→"扫描线精加工",或点击图标,弹出对话框,填写参数如图 6-19(a)所示,刀具加工边界选择在边界上,选择花纹所在曲面为加工对象如图 6-19(b)所示,拾取花纹边界为加工边界如图 6-19(c)所示,刀具轨迹及仿真结果如图 6-19(c)、(d)、(e)所示。

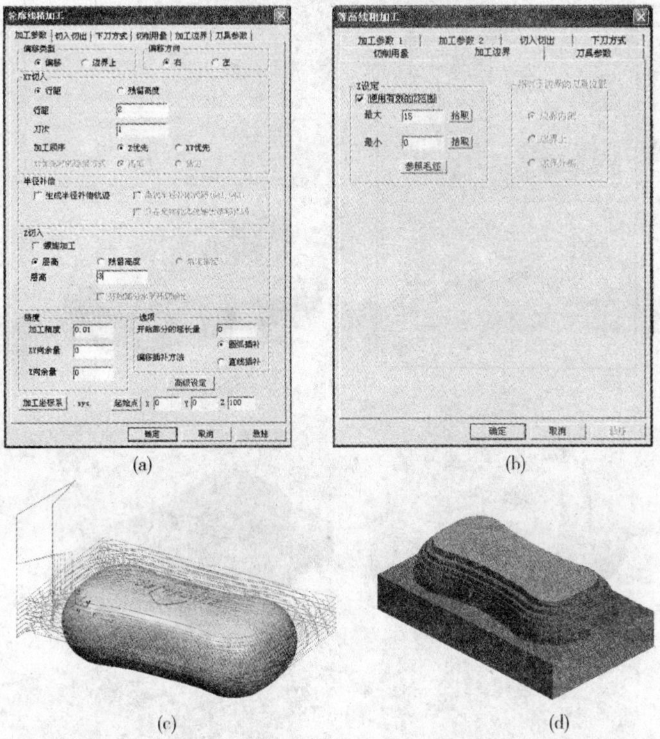
等高线精加工
加工参数
切入切出
下刀方式
切削用量
加工边界
刀具参数
偏移类型
偏移方向
XY切入
行距
残留高度
刀次
加工顺序
Z优先
XY优先
半径补偿
生成半径补偿轨迹
Z切入
层高
精度
加工精度
XY向余量
Z向余量
选项
开始部分的延长量
偏移插补方法
圆弧插补
直线插补
高级设定
加工坐标系
起始点
确定
取消
悬挂
等高线粗加工
加工参数 1
加工参数 2
Z设定
使用有效的Z范围
最大
最小
拾取
参照毛坯

图 6-16

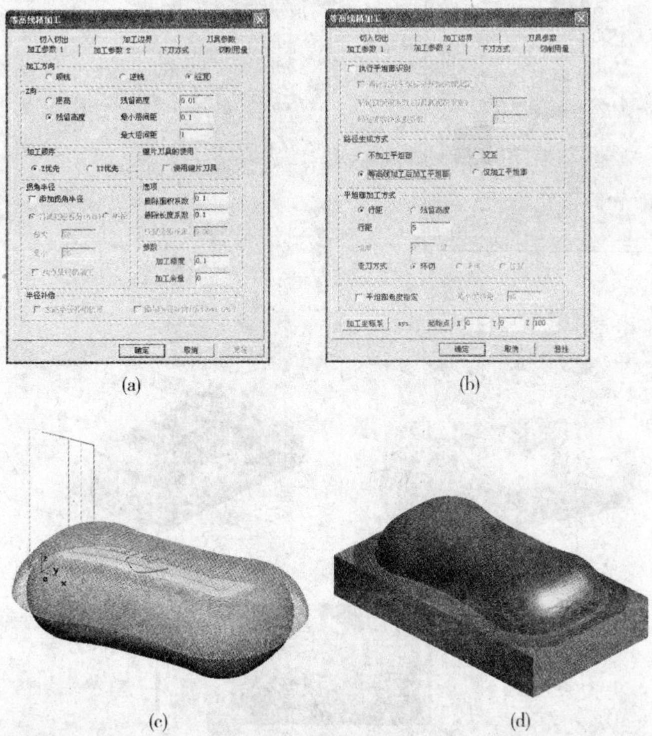
等高线精加工
切入切出
加工边界
刀具参数
加工参数 1
加工参数 2
下刀方式
切削用量
加工方向
顺铣
逆铣
往复
Z向
层高
残留高度
最小层间距
最大层间距
加工顺序
Z优先
XY优先
镶片刀具的使用
使用镶片刀具
选项
删除面积系数
删除长度系数
参数
加工精度
加工余量
添加拐角半径
半径补偿
确定
取消
执行平坦部识别
路径生成方式
不加工平坦部
交互
等高线加工后加工平坦部
仅加工平坦部
平坦部加工方式
行距
残留高度
走刀方式
环切
平坦部角度指定
加工坐标系
起始点
悬挂

图 6-17

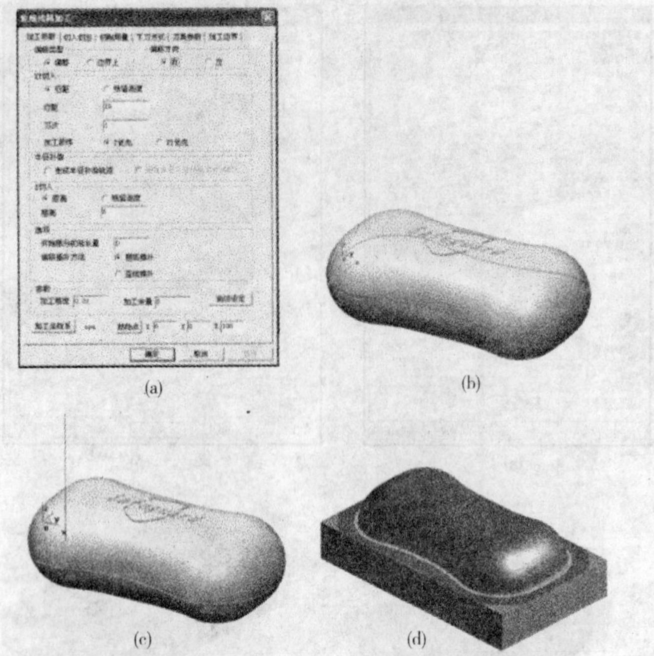

图 6-18

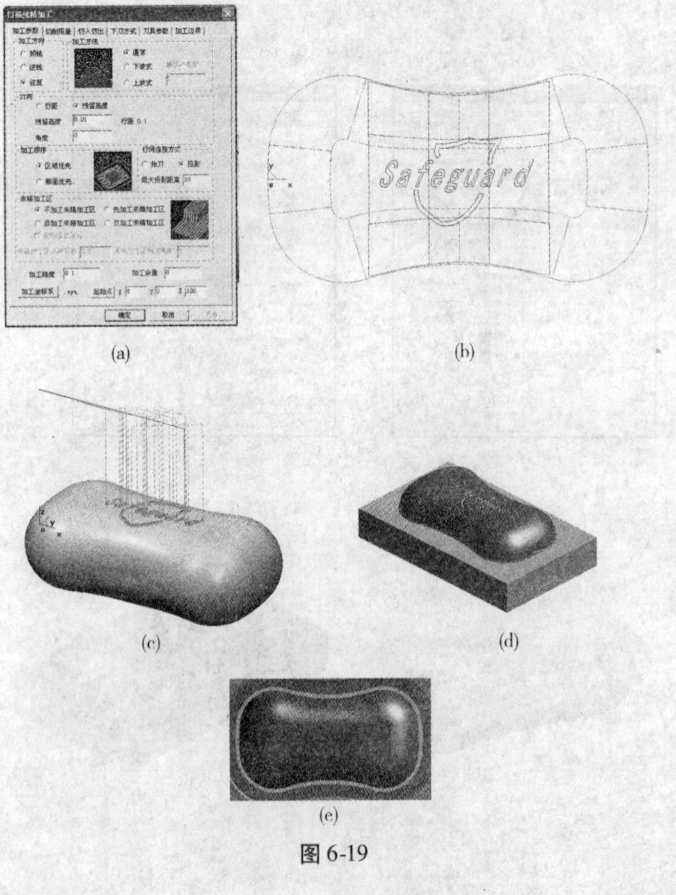

图 6-19

任务6.2　可乐瓶的数控加工

6.2.1　零件的形状分析

由图6-20和图6-21可知,该曲面造型比较复杂,有5个完全相同的部分。通过CAXA制造工程师软件强大的曲面造型功能中的网格面来实现。首先作出一个突起的两根截面线和一个凹进的一根截面线,通过进行圆形阵列得到其他几个突起和凹进的所有截面线。然后使用网格面功能生成5个相同部分的曲面。可乐瓶底的最下面的平面使用直纹面中的"点+曲线"方式来做,这样做的好处是在做加工时两张面(直纹面和网格面)可以一同用参数线加工。最后以瓶底的上口为准,构造一个立方体实体,然后用可乐瓶底的两张面把不需要的部分裁剪掉,就可以得到图示的凹模型腔。

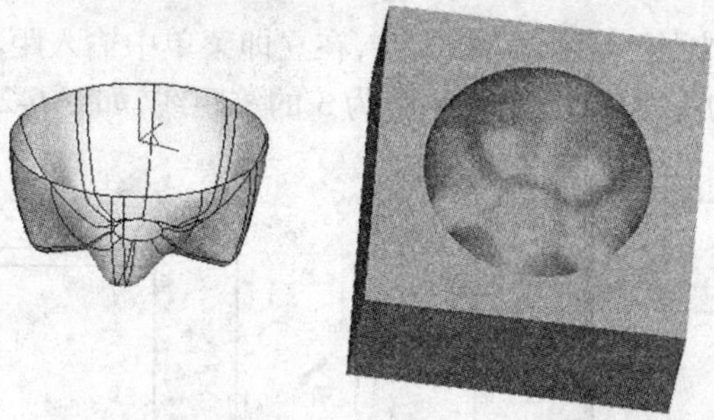

图6-20　可乐瓶底曲面造型和凹模型腔造型

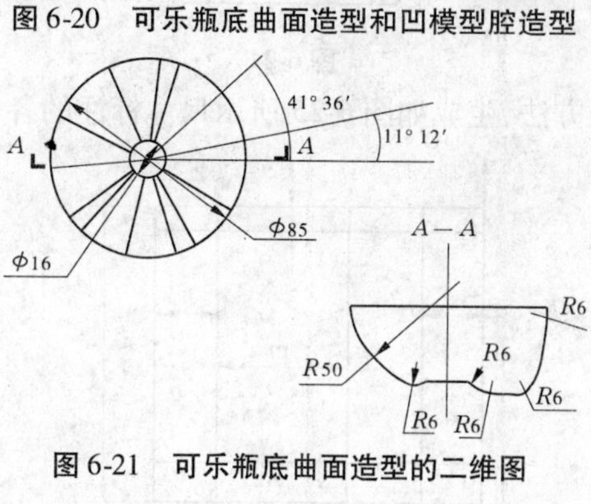

图6-21　可乐瓶底曲面造型的二维图

6.2.1.1　零件造型步骤

(1)绘制截面线。

①按下F7键,将绘图平面切换到*XOZ*平面。

②点击曲线工具中的"矩形"命令□,在界面左侧的立即菜单中选择"中心_长_宽"方式,输入长度42.5、宽度37,光标拾取到坐标原点,绘制一个42.5×37的矩形,如图6-22所示。

③点击几何变换工具栏中的"平移"命令,在立即菜单中输入"DX = 21.2500,DZ = −18.5",然后拾取矩形的四条边,单击鼠标右键确认,将矩形的左上角平移到原点(0,0,0),如图6-23所示。

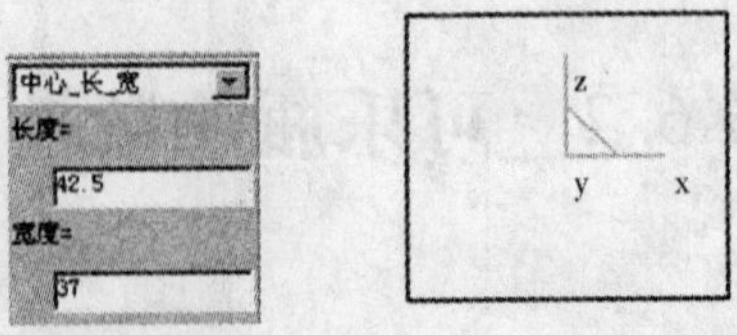

图 6-22

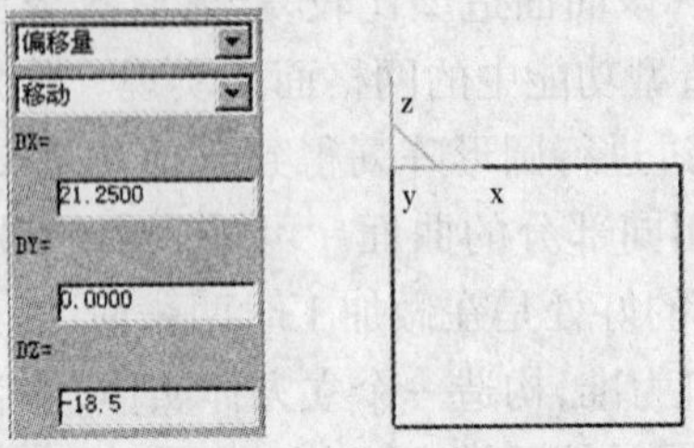

图 6-23

④点击曲线工具栏中的“等距线”命令，在立即菜单中输入距离 3，拾取矩形的最上面一条边，选择向下箭头为等距方向，生成距离为 3 的等距线，如图 6-24 所示。

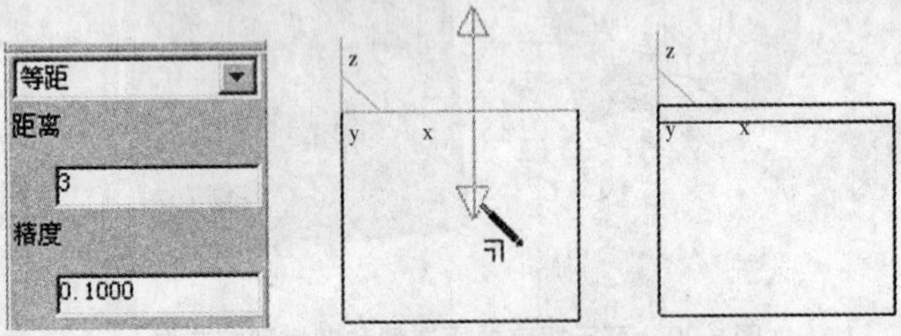

图 6-24

⑤同上一步骤的等距方法，生成如图 6-25 所示尺寸标注的各个等距线。

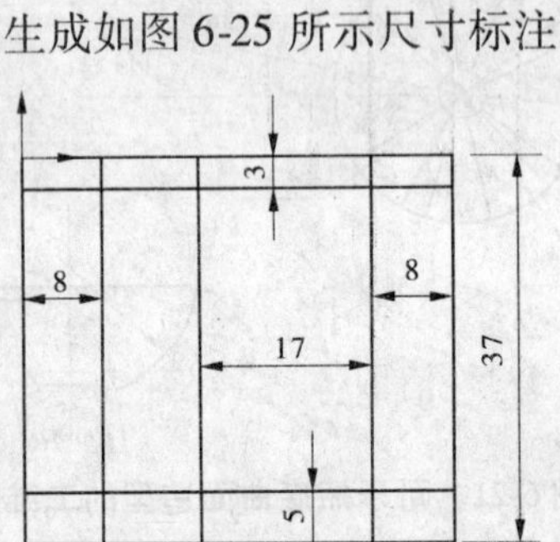

图 6-25

⑥单击曲面编辑工具栏中的“裁剪”命令，拾取需要裁剪的线段，结果如图 6-26(a)所示，然后单击“删除”按钮，拾取需要删除的直线，按右键确认删除，结果如图 6-26(b)所示。

⑦作过 P_1、P_2 点且与直线 L_1 相切的圆弧。点击“圆弧”命令，选择“两点_半径”方式，拾取 P_1 点和 P_2 点，然后按空格键在弹出的点工具菜单中选择“切点”命令，拾取直线 L_1。

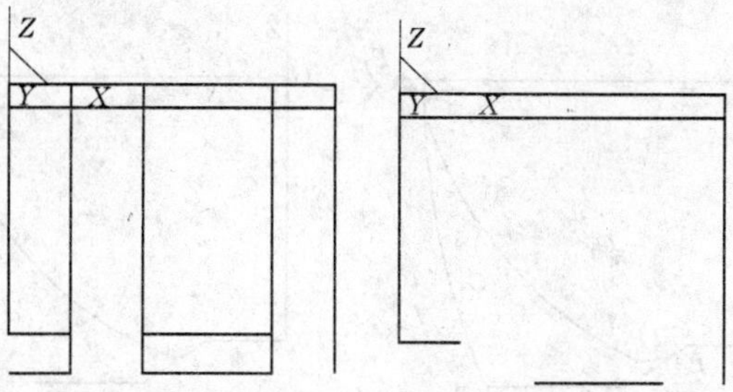

(a) (b)

图 6-26

作过 P_4 点且与直线 L_2 相切，半径为 6 的圆。点击“整圆”命令，拾取直线 L_2（上一步中点工具菜单中选中了“切点”命令），切换点工具为“缺省点”命令，然后拾取 P_4 点，按回车键输入半径 6。

作过直线端点 P_3 和圆 R_6 的切点的直线。点击“直线”命令，拾取 P_3 点，切换点工具菜单为“切点”命令，拾取圆 R_6 上一点，得到切点 P_5，如图 6-27 所示。

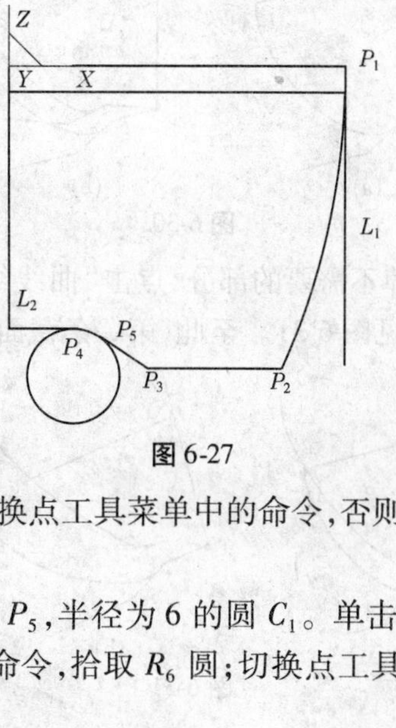

图 6-27

注意：在绘图过程中注意切换点工具菜单中的命令，否则容易出现拾取不到需要点的现象。

⑧作与圆 R_6 相切并通过点 P_5，半径为 6 的圆 C_1。单击“整圆”命令，选择“两点_半径”方式，切换点工具为“切点”命令，拾取 R_6 圆；切换点工具为“端点”，拾取 P_5 点；按回车键输入半径 6。

作与圆弧 C_4 相切，过直线 L_3 与圆弧 C_4 的交点，半径为 6 的圆 C_2。单击“整圆”命令，选择“两点_半径”方式，切换点工具为“切点”命令，拾取圆弧 C4；切换点工具为“交点”命令，拾取 L_3 和 C_4 得到它们的交点；按回车键输入半径 6。

作与圆 C_1 和 C_2 相切，半径为 50 的圆弧 C_3。单击“圆弧”命令，选择“两点_半径”方式，切换点工具为“切点”命令，拾取圆 C_1 和 C_2，按回车键输入半径 50 结果，如图 6-28 所示。

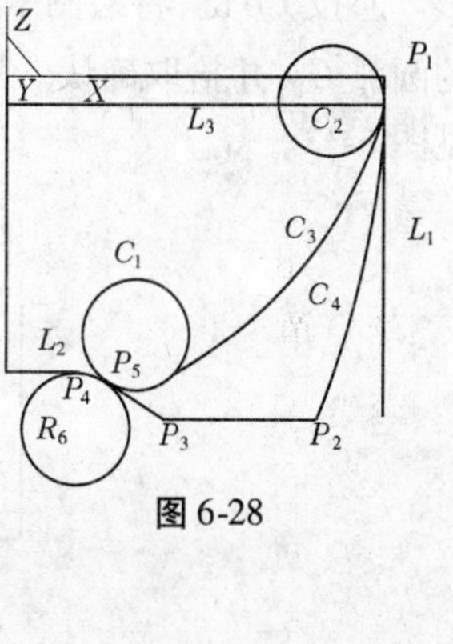

图 6-28

⑨点击曲面编辑工具栏中的“裁剪”命令和“删除”命令，去掉不需要的部分。在圆弧 C_4 上单击鼠标右键选择“隐藏”命令，将其隐藏掉，见图 6-29。

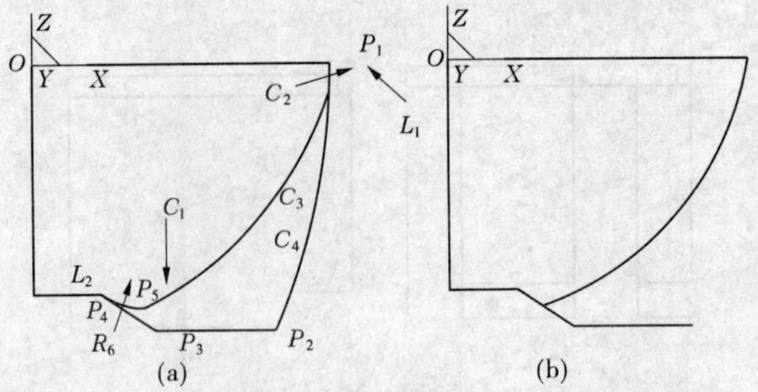

图 6-29

⑩按 F5 键，将绘图平面切换到 XOY 平面，然后再按 F8 键，显示其轴侧图。

⑪点击曲面编辑工具栏中的"平面旋转"命令，在立即菜单中选择"拷贝"方式，输入角度为 41.6°，拾取坐标原点为旋转中心点，然后框选所有线段，单击右键确认，结果见图 6-30。

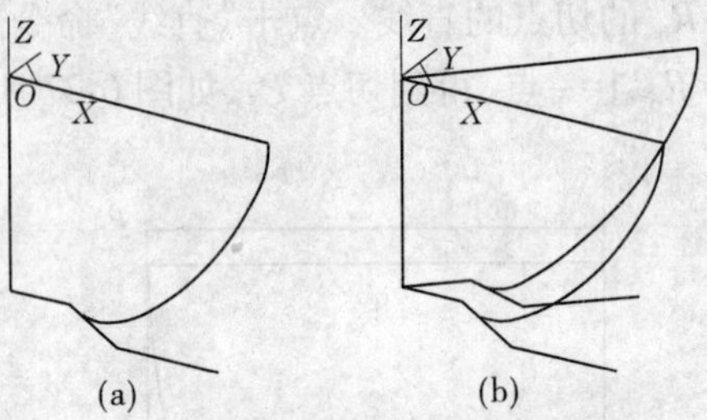

图 6-30

⑫点击"删除"命令，删掉不需要的部分，点击"曲线组合"按钮，拾取截面线，选择方向，将其组合成一样条曲线，见图 6-31。至此，第一条截面线完成。

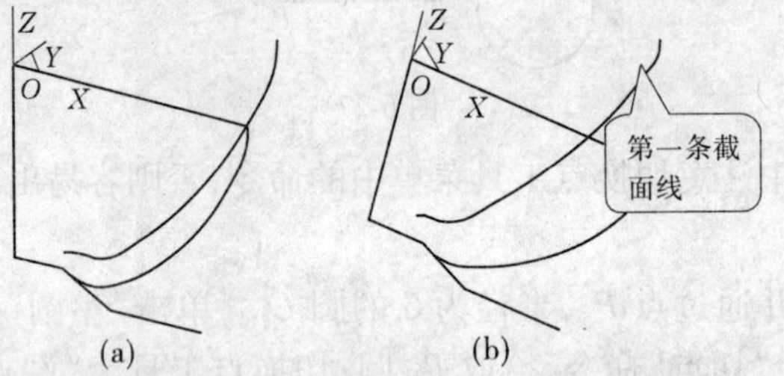

图 6-31

⑬按 F7 键，将绘图平面切换到 XOZ 面内。点击"线面可见"命令，显示前面隐藏掉的圆弧 C_4，并拾取确认。然后拾取第一条截面线，单击右键选择"隐藏"命令，将其隐藏掉，见图 6-32。

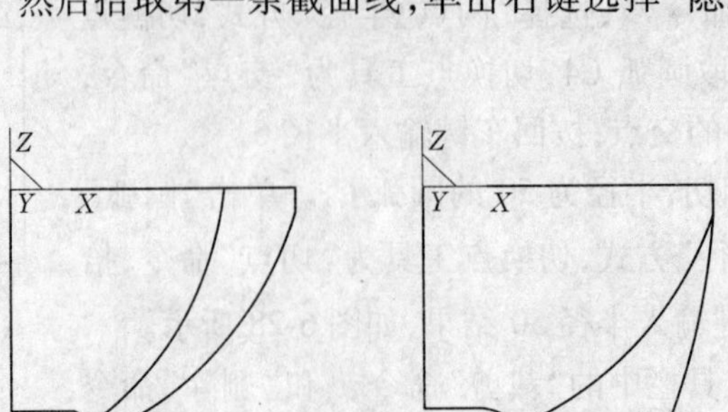

图 6-32

⑭点击“删除”命令，删掉不需要的线段。点击“曲线过渡”命令，选择“圆弧过渡”方式，半径为6，对P_2、P_3两处进行过渡。

⑮点击“曲线组合”命令，拾取第二条截面线，选择方向，将其组合成一样条曲线，见图6-33。

⑯按下F5键，将绘图平面切换到*XOY*平面，然后按F8键，显示其轴侧图。

⑰点击“圆弧”命令，选择“圆心_半径”方式，以*Z*轴方向的直线两端点为圆心，拾取截面线的两端点为半径，绘制如图所示的两个圆，见图6-34。

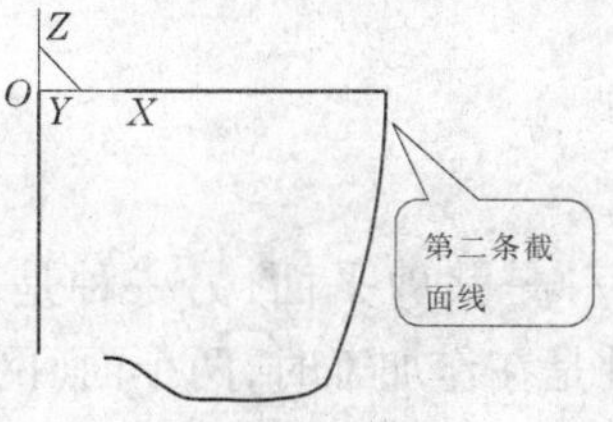

图6-33

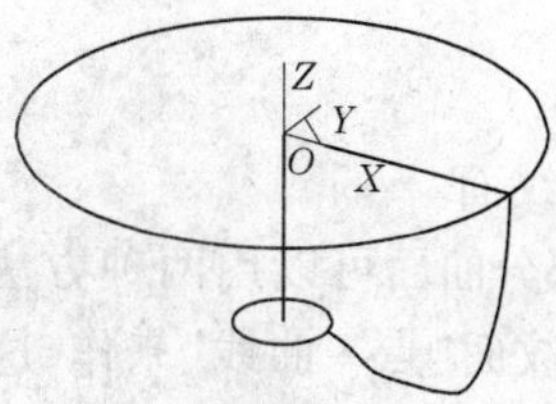

图6-34

⑱删除两条直线，点击“线面可见”命令，显示前面隐藏的第一条截面线。

⑲点击曲面编辑工具栏中的“平面旋转”命令，在立即菜单中选择“拷贝”方式，输入角度11.2°，拾取坐标原点为旋转中心点，拾取第二条截面线，单击右键确认，结果如图6-35所示。

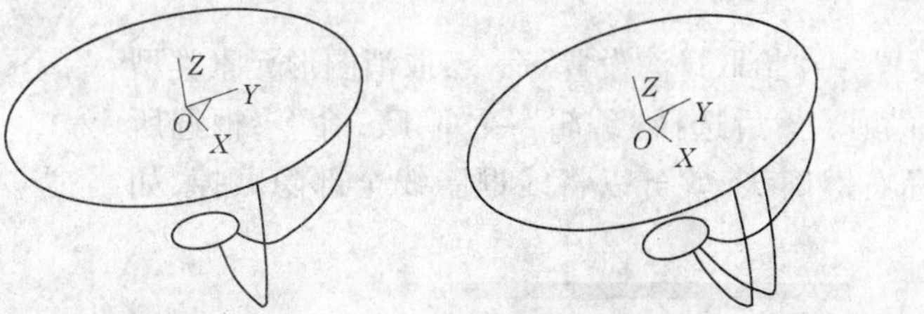

图6-35

可乐瓶底有5个相同的部分，至此完成了其一部分的截面线，通过阵列可以得到全部，这是一种简化作图的有效方法。

⑳点击“阵列”命令，选择“圆形”阵列方式，份数为5，拾取3条截面线，单击鼠标右键确认，拾取原点(0,0,0)为阵列中心，按鼠标右键确认，立刻得到如图6-36所示结果。

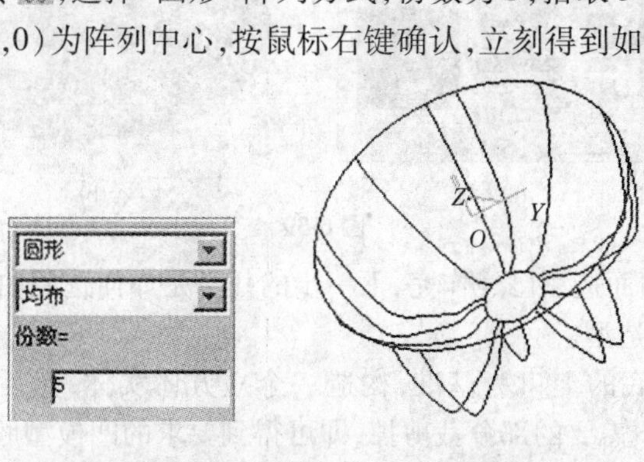

图6-36

至此为构造曲面所作的线架已经完成。

(2)生成网格面。

将视图进入俯视图，按 F5 键，进入 *XOY* 平面，点击曲面工具栏中的“网格面”命令，依次拾取 U 截面线共 2 条，按鼠标右键确认；再依次拾取 V 截面线共 15 条，按鼠标右键确认，即可生成如图 6-37 所示的曲面。

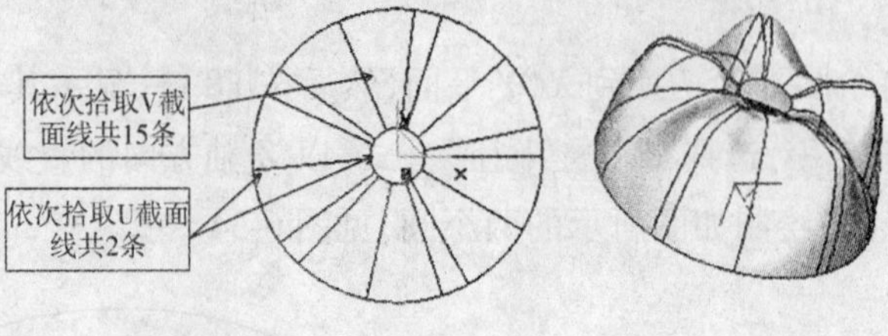

图 6-37

(3)生成直纹面。

底部中心部分曲面可以用两种方法来作：一种是裁剪平面，另一种是直纹面（点 + 曲线）。这里用直纹面“点 + 曲线”来作，这样的好处是在作加工时，两个面（网格面和直纹面）可以一同用参数线来加工，而面裁剪平面不能与非裁剪平面一起来加工。

①点击曲面工具栏中的“直纹面”命令，选择“点 + 曲线”方式。

②按空格键在弹出的点工具菜单中选择“圆心”命令，拾取底部圆，得到先圆心点，再拾取圆，直纹面立即生成，如图 6-38 所示。

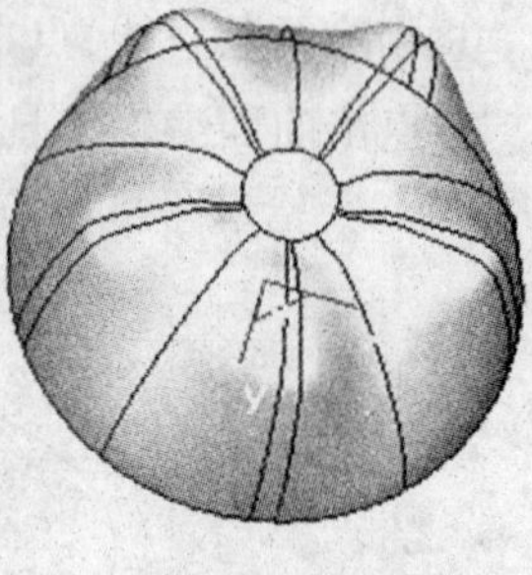

图 6-38

③点击“设置”→“拾取过滤设置”命令，取消图形元素类型中的“空间曲面”项。然后选择“编辑”→“隐藏”命令，框选所有曲线，按鼠标右键确认，就可以将线框隐线全部隐藏掉，如图 6-39所示。

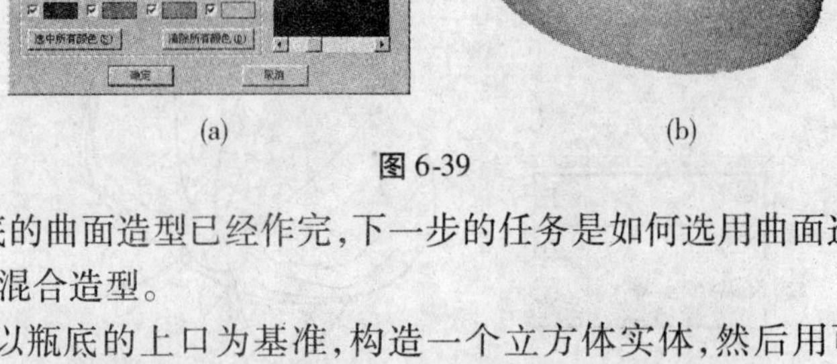

(a)　　(b)

图 6-39

至此可乐瓶底的曲面造型已经作完，下一步的任务是如何选用曲面造型造出实体。

(4)曲面实体混合造型。

造型分析：先以瓶底的上口为基准，构造一个立方体实体，然后用可乐瓶底的两个面（网格面和直纹面）把不需要的部分裁剪掉，即可得到要求的凹模型腔。

①单击特征树中的平面 *XY*，选定平面 *XY* 为绘图的基准面，见图 6-40。

②点击“绘制草图”命令，进入草图状态，在选定的绘图面 *XOY* 面上构建草图。

③点击曲线工具栏中的“矩形”命令，选择“中心_长_宽”方式，输入长度 120、宽度

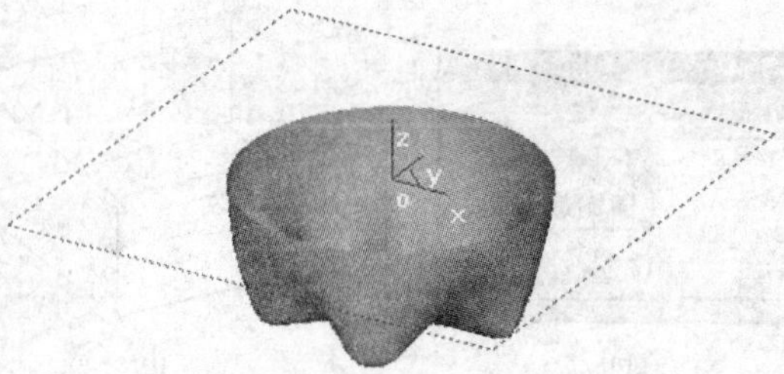

图 6-40

120，拾取坐标原点（0,0,0）为中心，得到一个 120×120 的正方形，如图 6-41 所示。

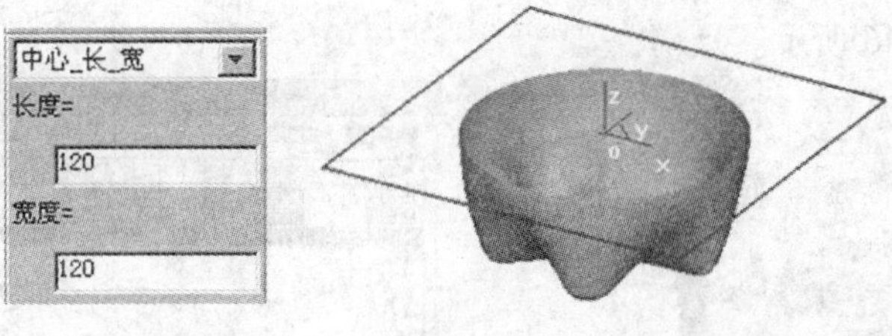

图 6-41

④点击特征生成工具栏中的“拉伸”命令，在弹出的“拉伸”对话框中，填写如图 6-42 所示的对话框，单击“确定”按钮，得到立方实体。

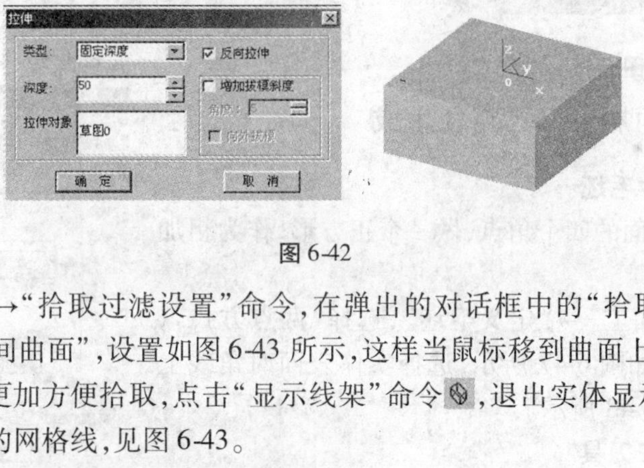

图 6-42

⑤选择“设置”→“拾取过滤设置”命令，在弹出的对话框中的“拾取时的导航加亮设置”项选中“加亮空间曲面”，设置如图 6-43 所示，这样当鼠标移到曲面上时，曲面的边缘会被加亮。同时为了更加方便拾取，点击“显示线架”命令，退出实体显示，进入线架显示，可以直接点取曲面的网格线，见图 6-43。

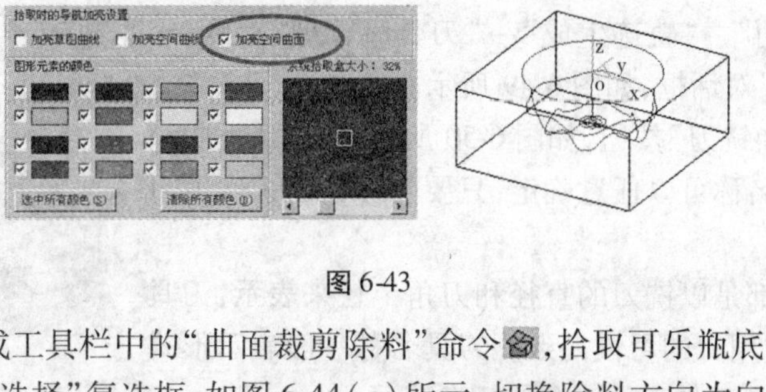

图 6-43

⑥点击特征生成工具栏中的“曲面裁剪除料”命令，拾取可乐瓶底的两个曲面，选中对话框中“除料方向选择”复选框，如图 6-44（a）所示，切换除料方向为向里，以便得到正确的结果，如图 6-44（b）所示。

⑦点击“确定”按钮，曲面除料完成。选择“编辑”→“隐藏”命令，拾取两个曲面将其隐

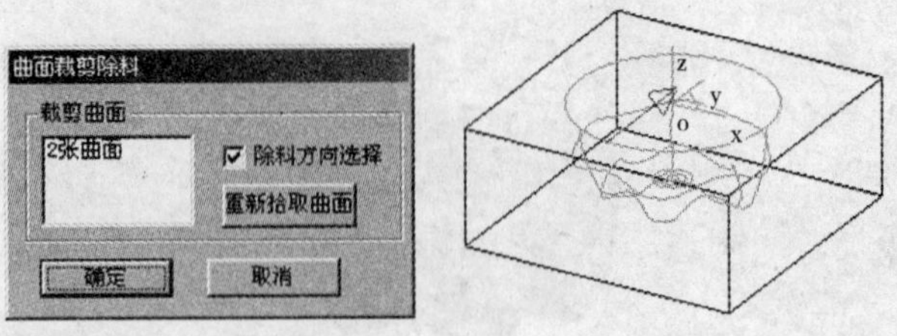

(a) (b)

图 6-44

藏掉。然后点击按钮，造型结果如图 6-45 所示。

注：在建模的过程中，通过设置图层将线架、曲面、实体分别设置在不同的图层上，便于管理图素，如图 6-46 所示。

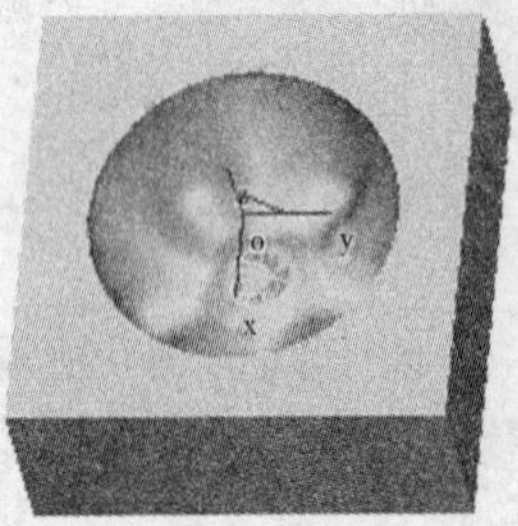

图 6-45

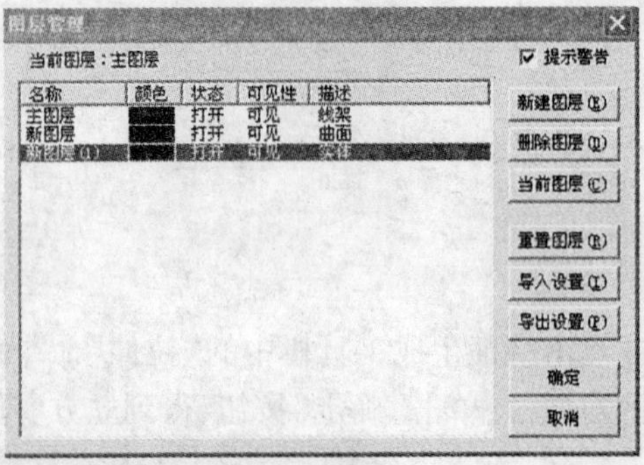

图 6-46

6.2.2 可乐瓶的加工刀具路径生成

6.2.2.1 设置工件毛坯

利用实体上表面的四个角点，做一个正方形，作为粗加工的轮廓。

选择菜单栏“加工”→“定义毛坯”，选择“两点方式”，点击“拾取两点”，如图 6-47 所示，选择实体表面对角线上的两点即可，如图 6-48 所示。

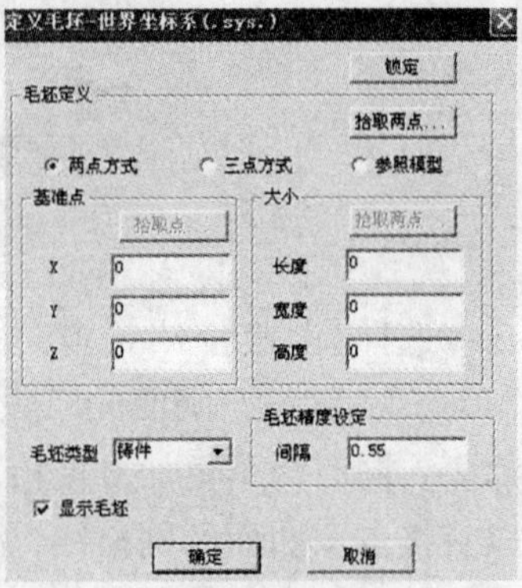

图 6-47

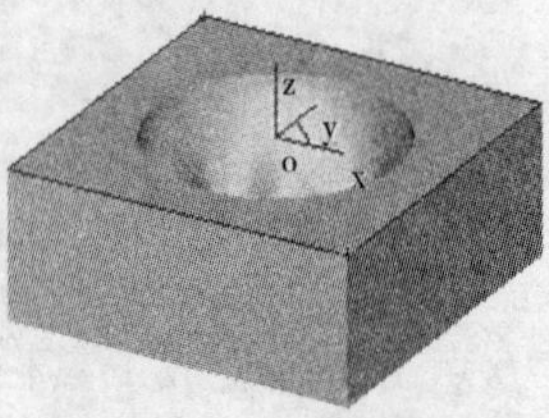

图 6-48

6.2.2.2 设定加工刀具

(1)选择“应用”→“轨迹生成”→“刀具库管理”命令，弹出“刀具库管理”对话框，如图 6-49 所示。

(2)点击“增加铣刀”按钮，如图 6-50 所示，在对话框中填写铣刀名称，刀具名称可以任意确定，只要能够便于识别就可以了。

一般情况下，都是以铣刀的直径和刀角半径来表示，刀具名称尽量和工厂中用刀的习惯一致。刀具名称一般表示形式为“D10，r3”，D 代表刀具直径，r 代表刀角半径。

(3)设置增加的铣刀的参数。键入正确的数值，刀具定义即可完成。其中“刀刃长度”和“刃杆长度”与仿真有关而与实际加工无关，在实际加工中要

图 6-49

图 6-50

正确选择吃刀量和吃刀深度,以免刀具损坏。

6.2.2.3 后置设置

用户可以增加当前使用的机床,给出机床名,定义适合自己机床的后置格式。系统默认的格式为 FANUC 系统的格式。

(1)选择“加工”→“后置设置”命令,弹出“后置设置”对话框。

(2)选择当前机床类型,如图 6-51 所示。

(3)后置设置。选择“后置设置”标签,根据当前的机床,设置各参数,如图 6-52 所示。

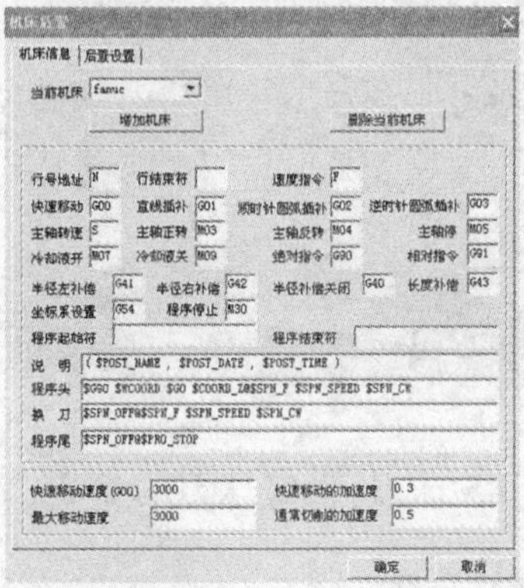

图 6-51

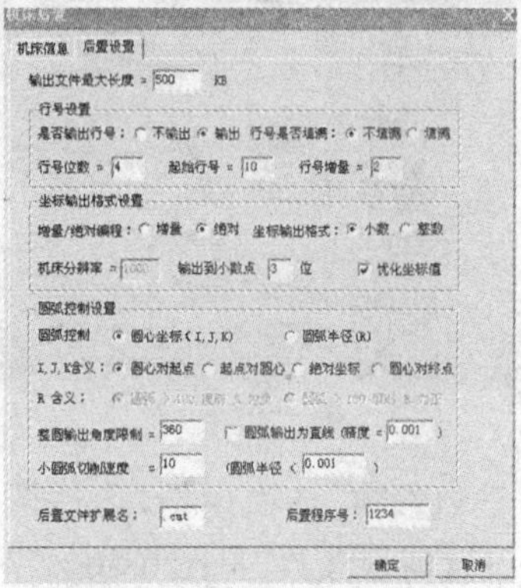

图 6-52

6.2.2.4 可乐瓶底的数控加工

为了使用户更方便、更容易地使用和掌握利用 CAXA 制造工程师软件进行加工生产,同时为了新的技术人员容易入门,不需要掌握多种加工功能的具体应用和参数设置,解决企业技术人员缺少的问题,CAXA 制造工程师专门提供了知识加工功能,针对复杂曲面的加工,为用户提供一种零件整体加工思路,用户只需观察出零件整体模型是平坦或者陡峭,运用加工经验,就可以快速地完成加工过程。可乐瓶的整体形状较为陡峭。

加工思路:等高粗加工、参数线加工

根据本例的形状特点,难以用普通铣床进行粗加工,而用 CAXA 制造工程师软件,却是一件轻而易举的事。因为可乐瓶底凹模型腔的整体形状较为陡峭,所以粗加工采用等高粗加工方式。然后我们采用参数线加工方式对凹模型腔中间曲面进行精加工。

等高粗加工刀具轨迹：

(1)设置工艺参数。选择“加工”→“粗加工”→“等高线粗加工”，出现“粗加工参数表”对话框，在“粗加工参数”选项中如图所示设置各项参数。注意：毛坯类型选择“拾取轮廓”，如图 6-53 所示。

(2)设置切削用量。输入相应的主轴转速、切削速度(进给速度)、起止高度、安全高度，单击“确定”按钮，如图 6-54 所示。

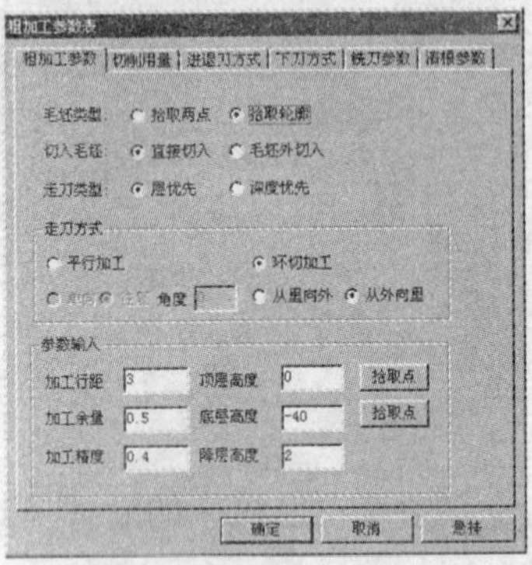

图 6-53

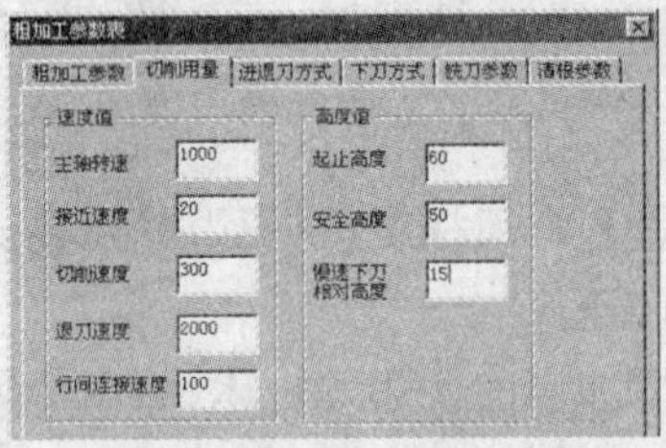

图 6-54

(3)选择“进退刀方式”和“下刀方式”选项标签，设定进退刀方式和下刀切入方式均为“垂直”，见图 6-55。

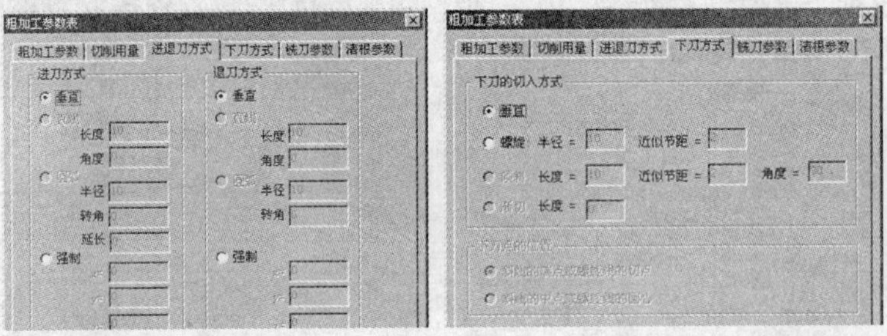

图 6-55

(4)选择“铣刀参数”选项标签，选择铣刀为 R5 球刀，设定球刀的参数。选择“清根参数”选项标签，设置清根参数，见图 6-56。

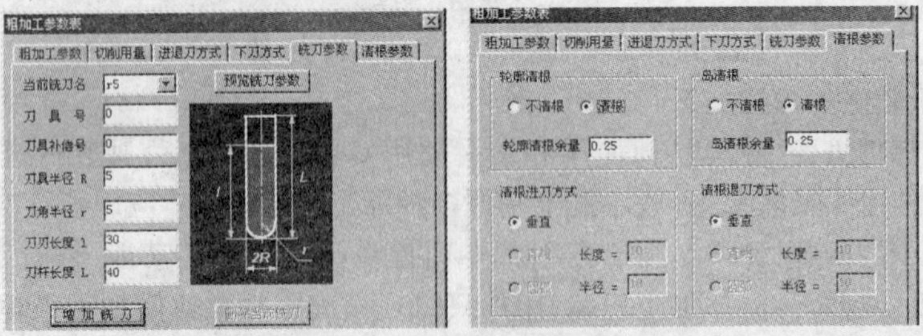

图 6-56

(5)根据左下方的提示拾取轮廓，然后拾取曲面。拾取曲面可以按 W 键，全部选中。按右键确认以后系统开始计算，稍候，得出轨迹如图 6-57 所示。

(6)拾取粗刀具轨迹，单击右键选择“隐藏“命令，将粗加工轨迹隐藏掉，以便观察下面的精加工轨迹。

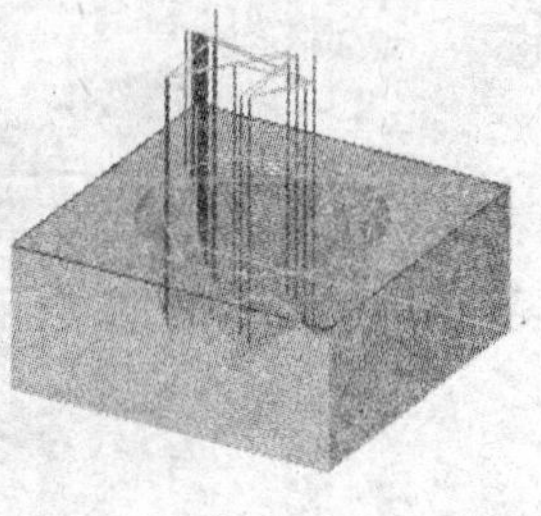

图 6-57

精加工－参数线加工刀具轨迹

本例可以直接加工原始的曲面，这样会显得更简单一点，也可以直接加工实体。但曲面截实体以后形成的实体表面比原始的曲面要多一些。本例内型腔表面为 5 张曲面。本例精加工可以采用多种方式，如参数线、等高线 + 等高线补加工、放射线加工等。下面仅以参数线加工为例介绍软件的使用方法和注意事项。曲面的参数线加工要求曲面有相同的走向、公共的边界，点取位置要对应。

(1)选择“加工”→“粗加工”→“参数线精加工”命令，弹出参数线加工参数表，按照表中内容设置参数线加工参数。刀具和其他参数按粗加工的参数来设定。完成后点击“确定”按钮，见图 6-58。

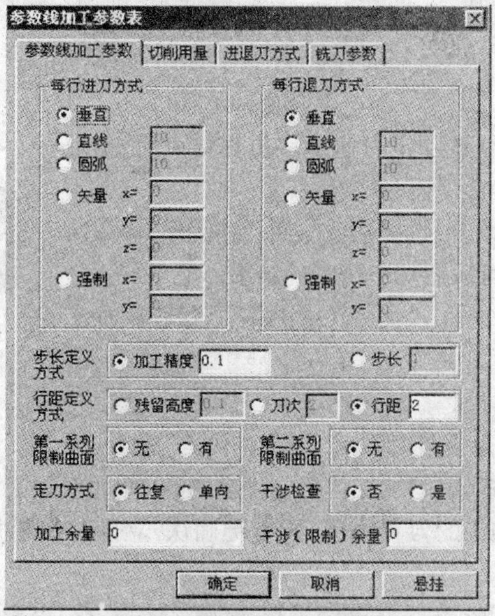

图 6-58

(2)根据状态栏提示拾取曲面，当把光标移到型腔内部时，曲面自动被加亮显示，拾取同一高度的两张曲面后，按鼠标右键确认，根据提示完成相应的工作，最后生成轨迹，见图 6-59。

(3)如果把轨迹生成的功能灵活运用一下，也可以得到软件未提供的轨迹生成方式。下面的放射状加工就是一例，见图 6-60。用户可以试着去做。

6.2.2.5 轨迹仿真、检验与修改

(1)点击“线面可见”按钮，显示所有已经生成的加工轨迹，然后拾取粗加工轨迹，按右键确认。

(2)选择“加工”→“轨迹仿真”命令。在立即菜单中选择“拾取两点”方式。拾取粗加工/精加工的刀具轨迹，按右键结束。

(3)拾取两角点。拾取模具的两个对角点，系统将立即进行加工仿真，见图 6-61。

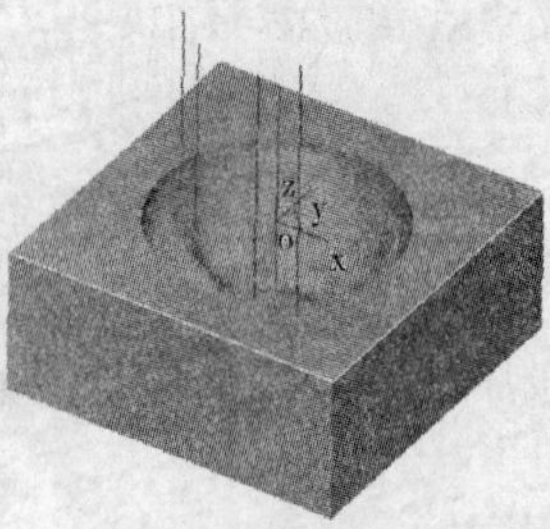

图 6-59

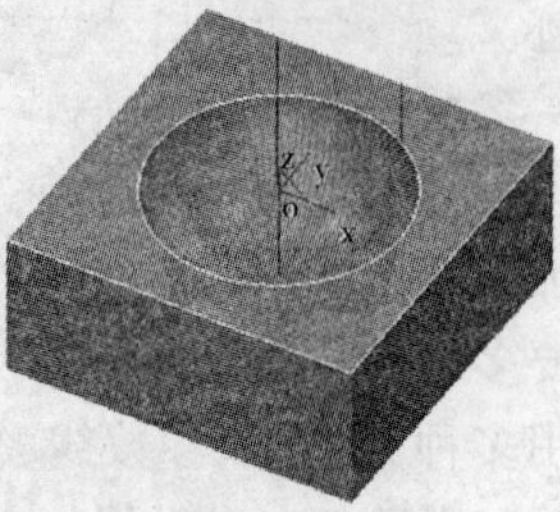

图 6-60

图 6-61

(4)仿真过程中,系统显示走刀速度。仿真结束后,拾取点观察仿真截面,如图 6-62 所示。

图 6-62

(5)单击鼠标右键,弹出“选择仿真文件”对话框,输入文件名,单击“保存”,存储可乐瓶加工仿真的结果。

(6)仿真检验无误后,单击“文件”—“保存”,保存粗加工和精加工轨迹。

6.2.2.6 生成 G 代码

(1)选择“加工”→“后置处理”→“生成 G 代码”命令,弹出“选择后置文件”对话框,填写加工代码文件名“可乐瓶底粗加工”,单击“保存”。

(2)拾取生成的粗加工的刀具轨迹,按右键确认,立即弹出粗加工代码文件保存即可,见图 6-63。

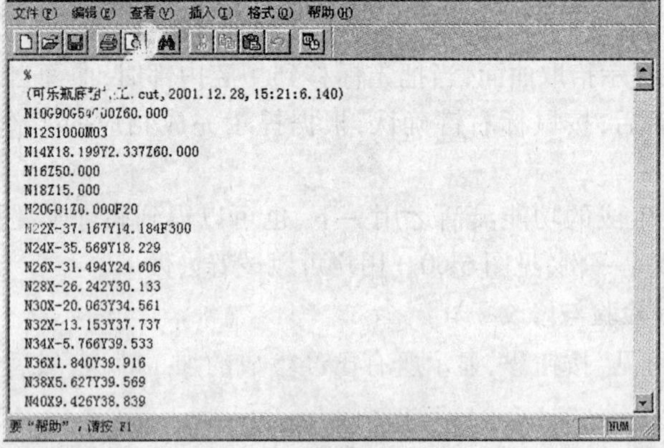

图 6-63

(3)同样方法生成精加工 G 代码,见图 6-64。

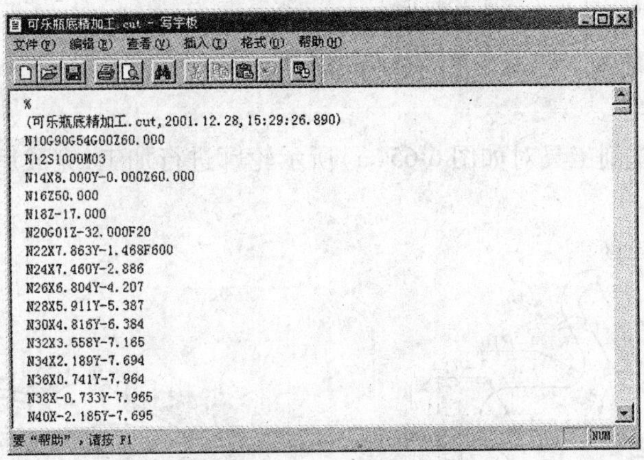

图 6-64

6.2.2.7 生成工序单

(1)选择“加工”→“工艺清单”命令,弹出“选择 HTML 文件名”对话框,输入文件名“可乐瓶底加工”,单击“保存”。

(2)左下角提示拾取加工轨迹,用鼠标选取或用窗口选取或按 W 键,选中全部刀具轨迹,点右键确认,立即生成加工工艺单。生成结果如表 6-1 所示。

表 6-1

加工轨迹明细单

序号	代码名称	刀具号	刀具参数	切削速度(r/min)	加工方式	加工时间(min)
1	可乐瓶粗加工. cut	0	刀具直径 = 10.00 刀角半径 = 5.00 刀刃长度 = 30.00	300	粗加工	120
2	可乐瓶底精加工. cut	0	刀具直径 = 10.00 刀角半径 = 5.00 刀刃长度 = 30.000	600	参数线	65

究竟用哪一种加工方式来生成轨迹要根据所要加工形状的具体特点,不能一概而论。对于本例来说,参数线方式加工效果最好。最终加工结果的好坏,是一个综合性的问题,它不单纯取决于程序代码的优劣,还取决于加工的材料、刀具、加工参数设置、加工工艺、机床特点等。几种因素综合考虑配合恰当才能够得到最好的加工结果。

总 结

此情景主要讲述了 CAXA 制造工程师软件提供的加工方法的综合应用。在完成该部分的学习之后,读者应该具备顺利生成中等复杂程度零件加工轨迹及 G 代码的能力。

练习题

6-1　通过外形铣削工具对如图 6-65(a)所示轮廓进行加工,完成后刀路如图 6-65(b)所示。

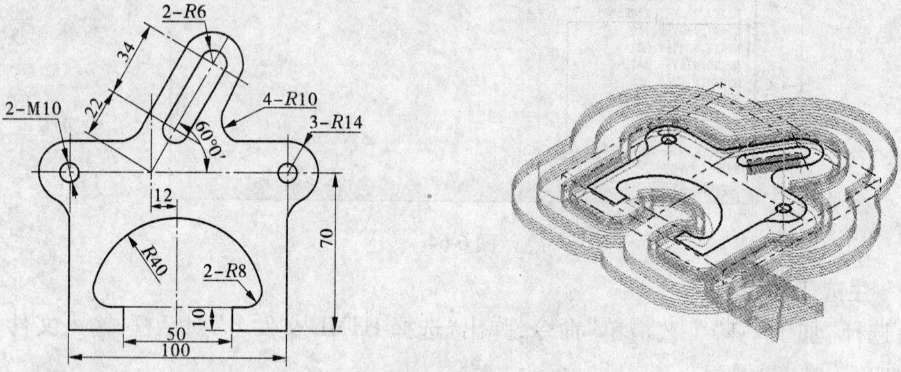

(a)　　　　　　　　　　　　(b)

图 6-65

6-2　绘制如图 6-66 所示的二维图形,说明其加工过程,要求编制出面铣、挖槽(需要保证图形的加工精度)等加工路径,并进行模拟加工。

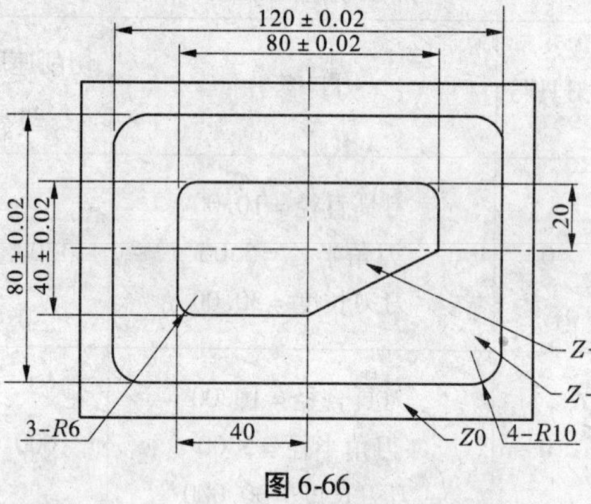

图 6-66

参 考 文 献

[1] 王贤坤. 机械 CAD/CAM 技术、应用与开发[M]. 北京:机械工业出版社,2002.

[2] 明兴祖,姚建民. 机械 CAD/CAM[M]. 北京:化学工业出版社,2003.

[3] 冯荣坦. CAXA 制造工程师 2004 基础教程[M]. 北京:机械工业出版社,2005.

[4] 胡松林. CAXA 制造工程师 V2/XP 实例教程[M]. 北京:北京航空航天大学出版社,2003.

[5] 杨伟群. CAXA 实体设计实例教程[M]. 北京:北京航空航天大学出版社,2002.

[6] 李超. CAD/CAM 实训—CAXA 软件应用[M]. 北京:高等教育出版社,2003.

[7] 彭志强. CAXA 制造工程师实用教程[M]. 北京:化学工业出版社,2005.

[8] 钱珊. CAD/CAM 软件应用技术基础—基于 CAXA[M]. 北京:北京航空航天大学出版社,2007.

[9] 田美丽. CAD/CAM 应用技术[M]. 大连:大连理工大学出版社,2009.

[10] 邓劲莲. 机械 CAD/CAM 综合实训教程[M]. 北京:机械工业出版社,2008.

[11] 睦润舟. 数控编程与加工技术[M]. 北京:机械工业出版社,2004.

[12] 北航 CAXA 教育培训中心. CAXA 制造工程师实例教程[M]. 北京:北京航空航天大学出版社,2002.

[13] 北航 CAXA 教育培训中心. CAXA 数控车 V2 实例教程[M]. 北京:北京航空航天大学出版社,2002.

[14] 杨伟群. 数控工艺培训教程[M]. 北京:清华大学出版社,2002.

[15] 田美丽. 黄艳群. 机械 CAD/CAM[M]. 北京:中国电力出版社,2005.

[16] 孙春华. CAD/CAPP/CAM 技术基础与应用[M]. 北京:清华大学出版社,2004.

[17] 葛巧琴,张德强. CAXA 数控铣 CAD/CAM 技术[M]. 北京:机械工业出版社,2005.

[18] 许超. 机械 CAD/CAM[M]. 南京:东南大学出版社,2004.